国家“双高计划”特色教材

冶金生产工艺仿真实训

主　编　李亚东　张金梁
副主编　保思敏　徐　征　杨桂生
　　　　刘振楠　徐肖伟

哈尔滨工程大学出版社
Harbin Engineering University Press

内容简介

随着冶炼技术数字化、原料化、智能化、信息化，节能减排、一体化教材、课程思政等的推进，现有的冶金专业基础课程很难让学生直观地了解冶金工业生产现场情况，理论课已经难以满足冶金专业教学的全过程。本书制作了配套的微课视频、动画等数字资源，使学生能快速掌握设备的工艺流程、操作步骤、故障处理等，最大限度地提升教学效率，更好地培养高职学生的实践动手能力，从而避免理论与实际脱节的现象发生。本书的出版目的是让学生能够更全面、更直观、更快速地了解冶金生产的现场工艺、设备及操作状况，为冶金企业培养出基础知识扎实、实际操作能力强的优秀人才。

本书适用于冶金类及其相关专业学生。

图书在版编目(CIP)数据

冶金生产工艺仿真实训 / 李亚东，张金梁主编. —哈尔滨：哈尔滨工程大学出版社，2023.11
ISBN 978-7-5661-4159-0

Ⅰ.①冶… Ⅱ.①李… ②张… Ⅲ.①冶金-仿真系统 Ⅳ.①TF

中国国家版本馆 CIP 数据核字(2023)第 230520 号

冶金生产工艺仿真实训
YEJIN SHENGCHAN GONGYI FANGZHEN SHIXUN

选题策划 田 婧
责任编辑 李 暖
封面设计 李海波

出版发行 哈尔滨工程大学出版社
社　　址 哈尔滨市南岗区南通大街 145 号
邮政编码 150001
发行电话 0451-82519328
传　　真 0451-82519699
经　　销 新华书店
印　　刷 哈尔滨午阳印刷有限公司
开　　本 787 mm×1 092 mm　1/16
印　　张 17.75
字　　数 415 千字
版　　次 2023 年 11 月第 1 版
印　　次 2023 年 11 月第 1 次印刷
书　　号 ISBN 978-7-5661-4159-0
定　　价 69.80 元
http://www.hrbeupress.com
E-mail:heupress@hrbeu.edu.cn

前　言

冶金工业是国民经济的基础工业，对国家工业化和现代化有着举足轻重的作用。近年来，许多金属冶炼企业在自动化、信息化建设的基础上，积极推进互联网、大数据、人工智能、5G、边缘计算、虚拟现实等前沿技术的应用，期望构建设备、物料、能源等制造资源要素的数字化、网络化和共享化协同的智能生产体系，建成清洁环保、优质低耗、安全高效的有色金属智能冶炼工厂，促进企业转型升级，提升企业的综合竞争力和可持续发展能力。面对新的机遇与挑战，冶金技术专业急需转型升级，主动对接国家智能制造战略开展人才培养。

金属冶炼是危险系数较大的行业，其生产过程很难在学校环境中进行实操，在教学中普遍面临理论教学抽象、实训条件与冶金企业生产实际脱节、实训教学资源普遍滞后、“三高三难”等问题，这些问题极大地影响了冶金类专业学生的学习兴趣和教师的教学效果。

本书以学校双高建设为契机，大力推进冶金专业群实训条件建设，建成了国家有色冶金柔性智能虚拟仿真实训基地，开发了具有冶金特色的虚拟仿真实训资源。本书以“坚定、踏实、精益求精、节能降效”的冶金职业精神为根基，面向金属生产工作岗位，对接全国职业院校技能大赛金属冶炼与设备检修赛项（赛）及“1+X”冶金机电设备电解职业技能证书（证），培养学生掌握铁、钢、铝、铜等典型金属智能化生产与控制的专业核心技能。本书以金属典型生产单元工作过程为导向，以任务为驱动，整合双高建设成果——虚拟仿真实训资源，安排炼铁工艺仿真实训、炼钢工艺仿真实训、LF 精炼工艺仿真实训、板坯连铸工艺仿真实训、电解铝生产工艺仿真实训、艾萨炉炼铜工艺仿真实训、转炉炼铜工艺仿真实训、阳极炉炼铜工艺仿真实训 8 个项目。

本书由昆明冶金高等专科学校李亚东担任第一主编，张金梁担任第二主编；昆明冶金高等专科学校保思敏、徐征、杨桂生、刘振楠，北京金恒博远科技股份有限公司徐肖伟担任副主编。具体编写分工为：项目 1、2 由李亚东编写，项目 5、8 由张金梁编写，项目 3、4、6、7 由保思敏、李亚东、徐征、杨桂生、刘振楠、徐肖伟编写。全书由李亚东负责统稿和审定。另外，在教材资料收集、整理及编写过程中，感谢北京金恒博远科技股份有限公司、楚雄滇中有色金属有限责任公司给予的帮助与支持。

由于编者水平所限，书中难免有不妥之处，敬请广大读者批评指正。

编　者

2023 年 7 月

目　录

项目1　炼铁工艺仿真实训

【项目描述】

1. 通过炼铁工艺仿真实训，熟知高炉炼铁主要生产控制工艺，掌握高炉工长、配料系统、槽下系统、炉顶系统、热风炉、喷煤系统、炉前系统、除尘系统及冷却系统的操作技能。

2. 操作过程中能按照仿真实训规程控制好配料、风温、风量、炉顶压力等参数，获得较好的炼铁技术经济指标。

3. 能够分析高炉炼铁仿真过程的操作记录曲线、热风炉曲线、冷却曲线及风口曲线。

【项目分析】

1. 知识目标

(1)能表述高炉炼铁生产的基本原理和工艺过程。

(2)能描述高炉炼铁系统主要设备名称和操作要点。

2. 技能目标

(1)能根据所炼铁种的要求进行配料计算并调整下料，为后续冶炼计划提供保障。

(2)能操作高炉炼铁系统主要设备及调试工艺参数，完成一炉铁水的冶炼。

【项目实施】

通过对高炉炼铁的高炉工长、配料系统、槽下系统、炉顶系统、热风炉、喷煤系统、炉前系统、除尘系统及冷却系统的仿真操作，完成对冶炼一炉铁水的仿真操作过程。项目具体实施以下分解任务。

任务 1　仿真系统基本操作

1.1　高炉炼铁操作流程图(图 1-1)

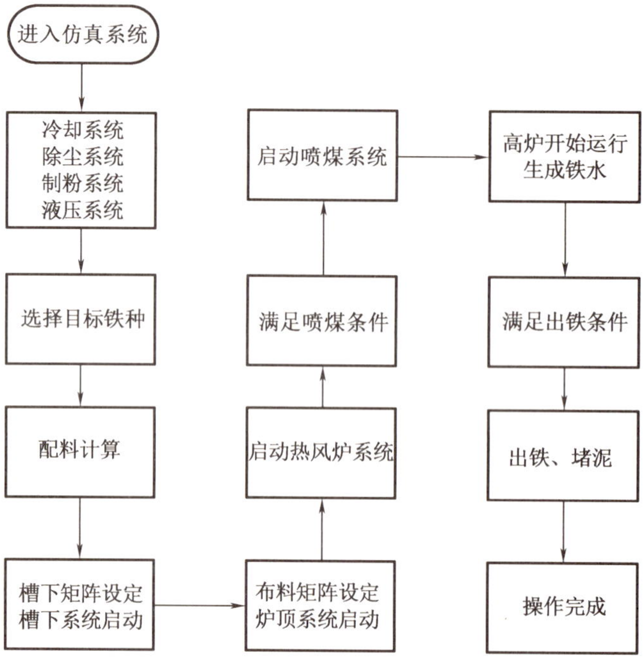

图 1-1

1.2　系统登录操作

程序进入【高炉炼铁虚拟仿真平台操作系统】系统初始界面,如图 1-2 所示。

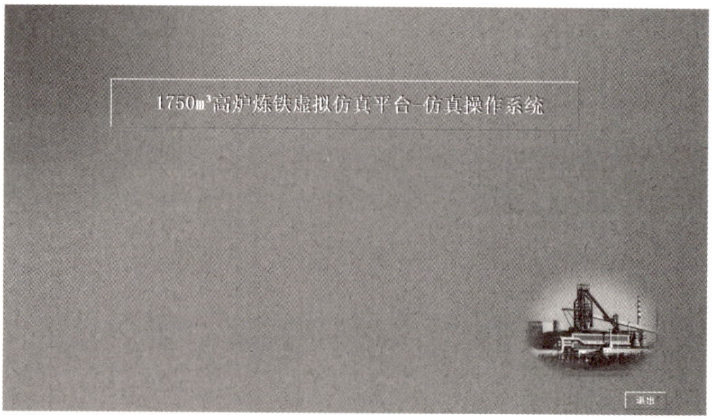

图 1-2

点击“1 750 m^3 高炉炼铁虚拟仿真操作系统”按钮，进入高炉炼铁主页面。

1.3　系统退出操作

在【高炉炼铁生产仿真实训】初始界面，点击“退出”按钮，打开退出小窗口，点击“确认”即可退出软件，点击“放弃”则返回首页。

1.4　按钮说明

1. 方形按钮，可以点击，执行相应操作。绿色表示该设备已启动或者该阀门已打开到位，绿色闪烁表示该设备正在启动或者该阀门正在打开。红色表示该设备已停止运行或者该阀门已关闭到位，红色闪烁表示该设备正在停止或者该阀门正在关闭。

2. 圆形为指示灯，起到指示作用，有两种颜色。绿色表示该设备已启动或者该阀门已打开到位，绿色闪烁表示该设备正在启动或者该阀门正在打开。红色表示该设备已停止运行或者该阀门已关闭到位，红色闪烁表示该设备正在停止或者该阀门正在关闭。

3. 带三角的文本框，用于设置参数。重要参数会有最大值、最小值及精度的限制。

4. 文本显示，不可更改。用于显示设备参数、技术指标及仪表数值等。

5. 档位指示。用于显示设备控制模式。

任务2　准备工作

2.1　选择炉容进入仿真程序（以 1 750 m^3 为例）（图 1-3）

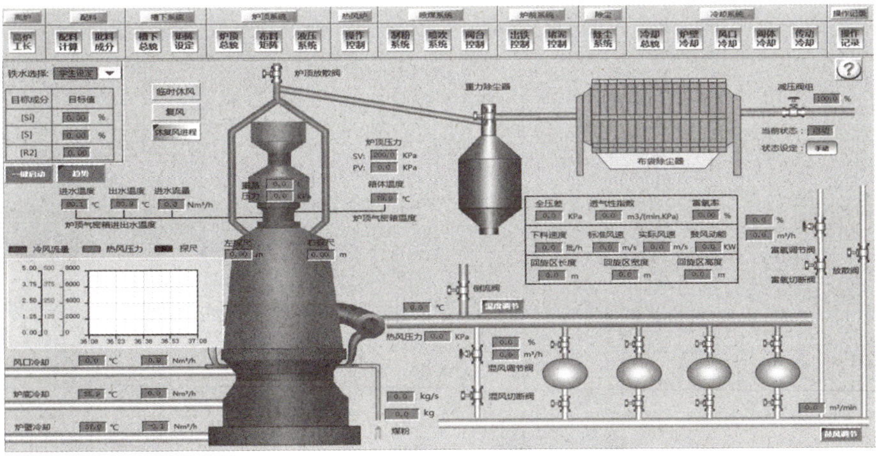

图 1-3

2.2 辅助系统准备

进入【冷却总貌】界面(图 1-4),点击“主循环泵启动”“1#增压泵启动”“2#增压泵启动”按钮,系统根据生产要求给予不同的设备需要的进出水流量和温度。

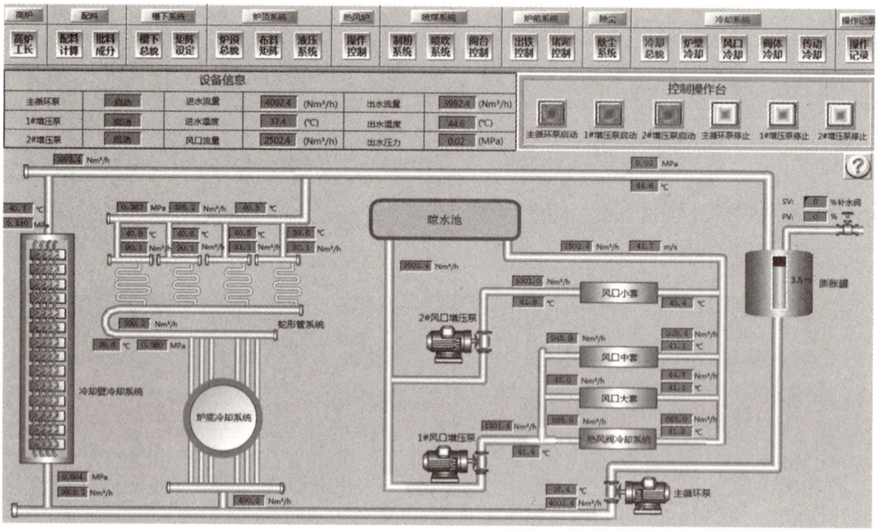

图 1-4

进入【传动冷却】界面(图 1-5),点击“1#水泵启动”“2#水泵启动”按钮,系统根据生产要求开启冷却水。

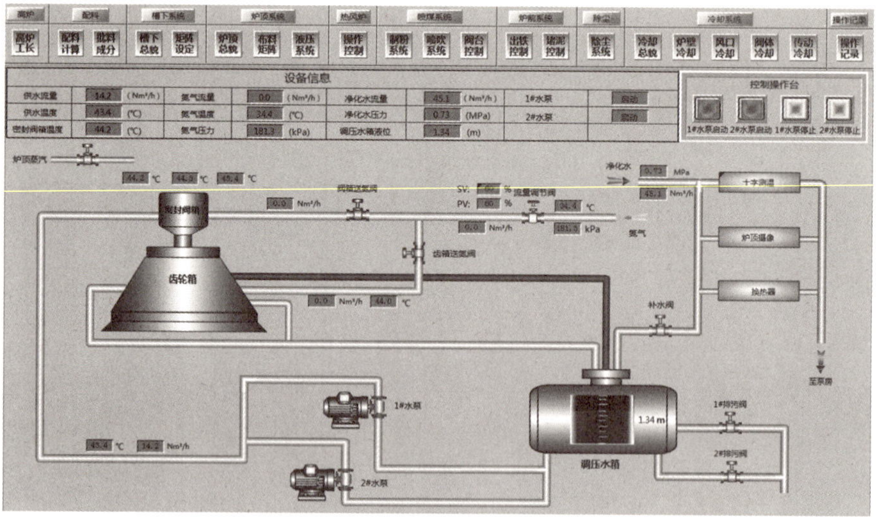

图 1-5

点击“阀箱送氮阀”,弹出,点击“打开”按钮,将阀箱送氮阀打开。同样步骤

打开齿箱送氮阀。

进入【除尘系统】界面(图 1-6),将“模式选择”选为“自动”,除尘系统将按照预定的程序自动运行。

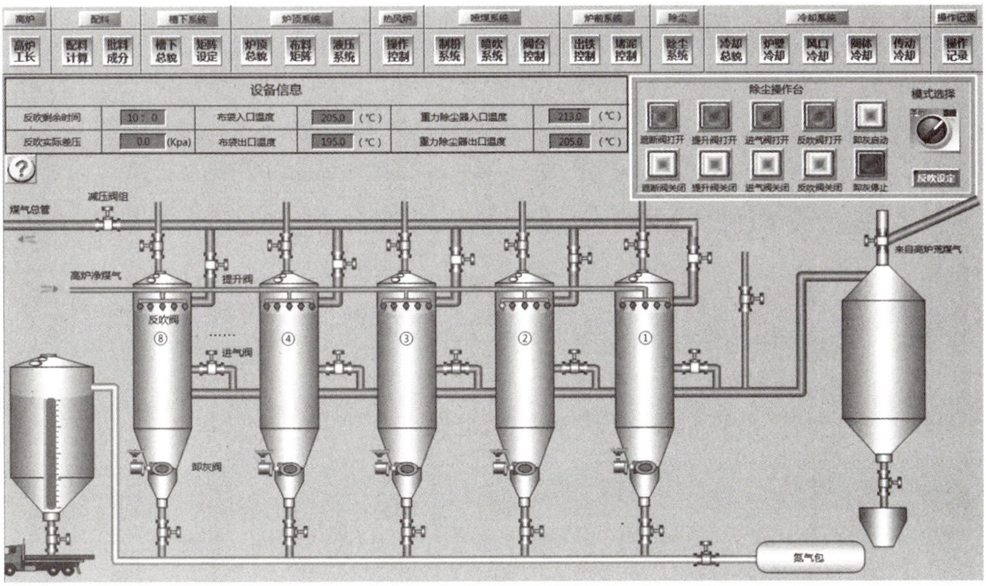

图 1-6

进入【制粉系统】界面(图 1-7),将“模式选择”选为“自动”,制粉系统将按照预定的程序自动运行。

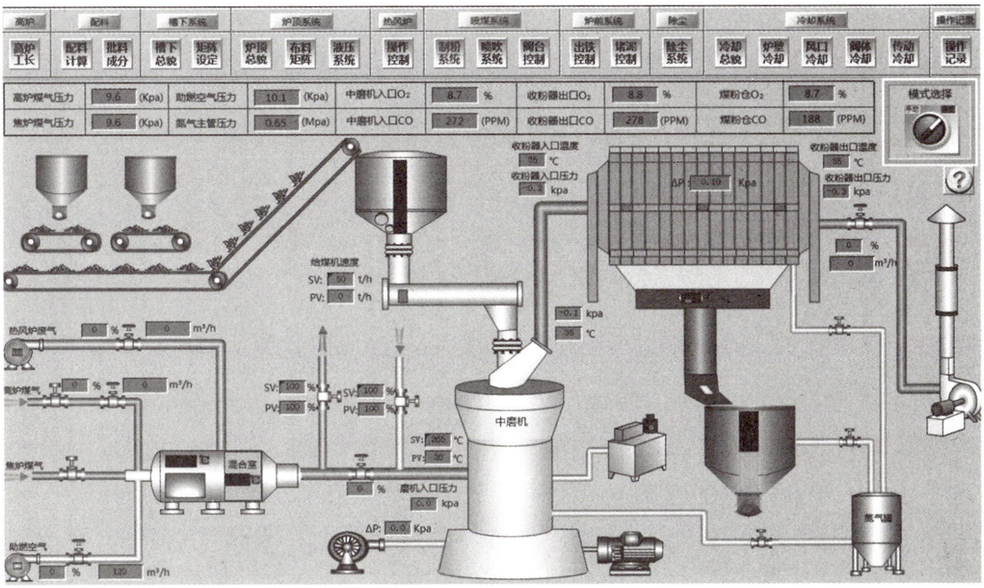

图 1-7

进入【喷吹系统】界面(图 1-8),将“模式选择”选为“自动”,喷吹系统将按照预定的程序自动运行。

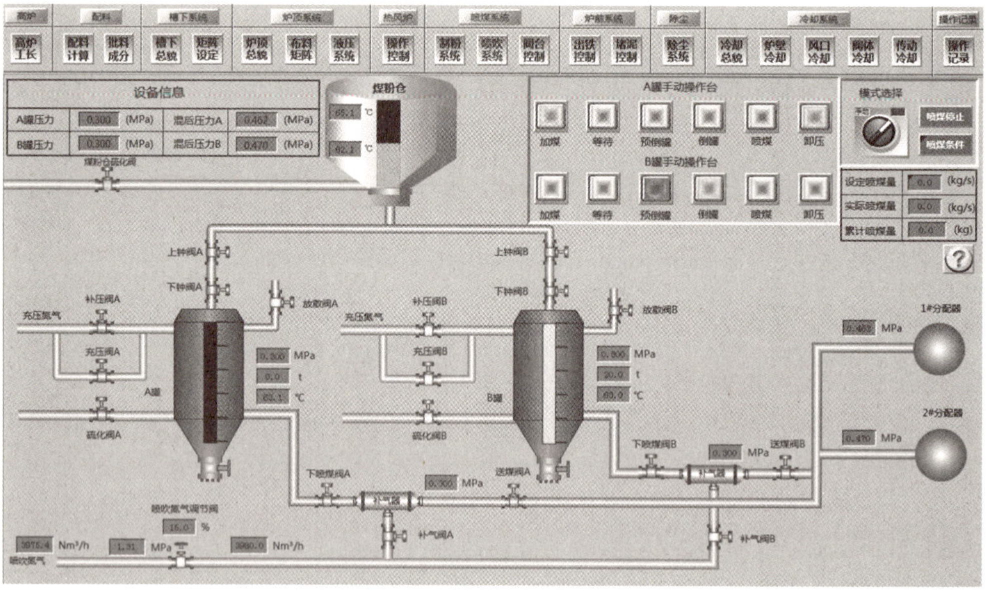

图 1-8

进入【液压系统】界面(图 1-9),将“模式选择”选为“自动”,点击“自动启动”按钮,液压系统将按照预定的程序自动运行。

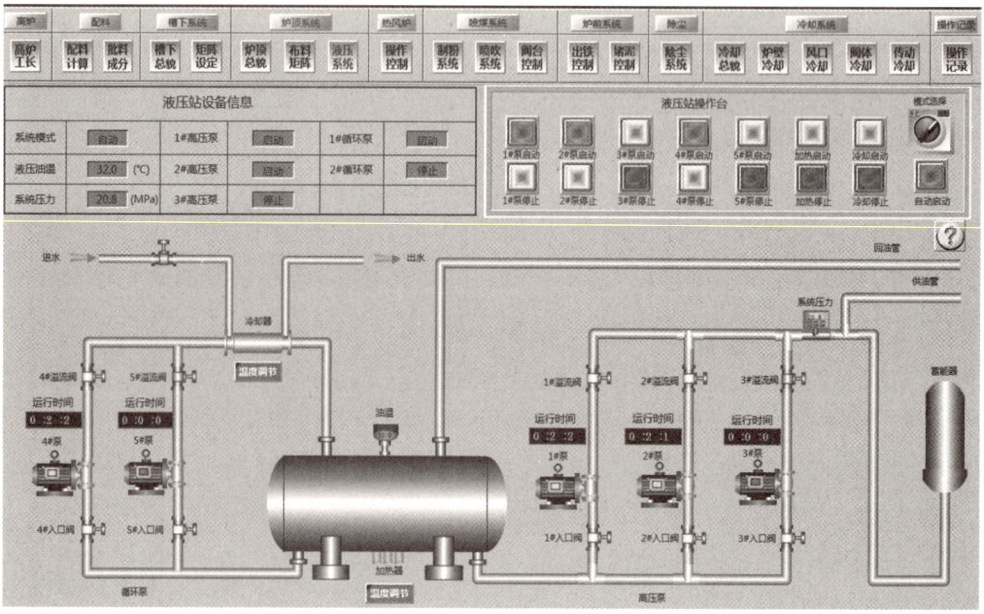

图 1-9

任务3　高炉工长操作

3.1　【高炉工长】界面操作规程

1. 界面简介

【高炉工长】界面主要具有高炉生产全局浏览、风温、风量、炉顶压力调节等控制功能，如图1-10所示。

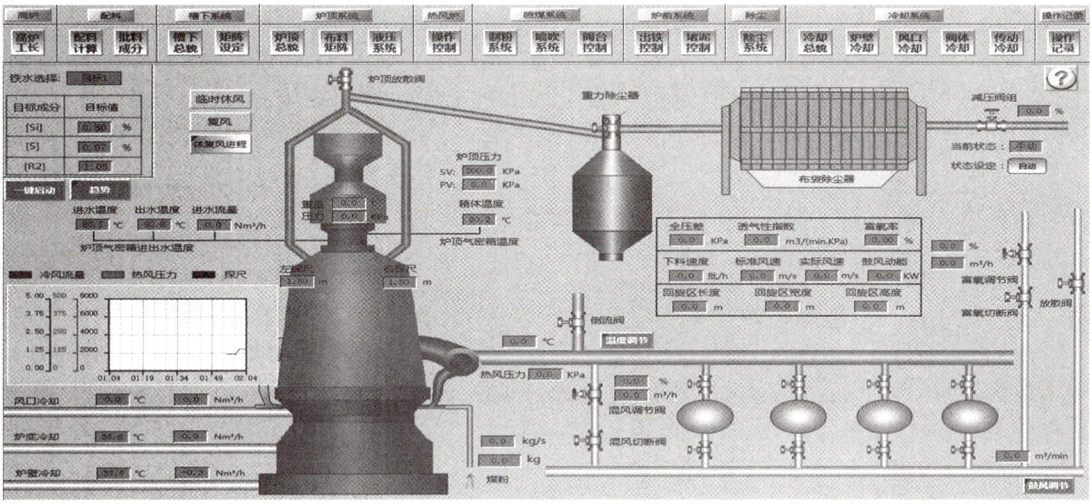

图1-10

2. 操作规程

(1)风温调节

点击温度调节按钮，弹出图1-11所示页面。可以在此页面调节风温的设定值。

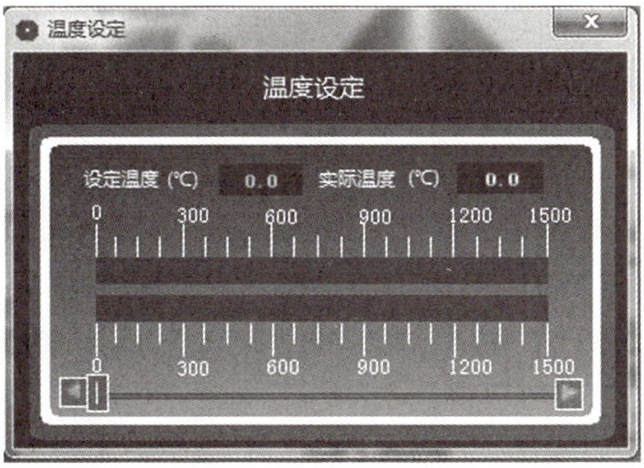

图1-11

(2)风量调节

点击按钮,弹出图 1-12 所示页面。可以在此页面调节风量的设定值。

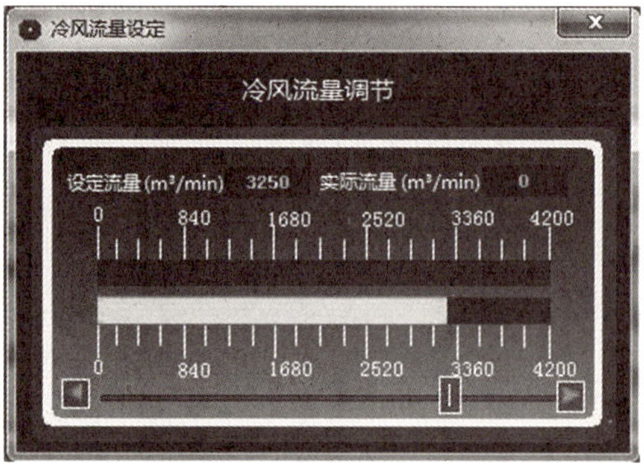

图 1-12

(3)炉顶压力调节

炉顶状态可以通过点击"状态设定"后面的按钮来调节,当前状态如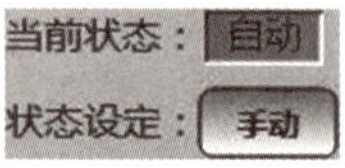,点击"手动",当前状态变为手动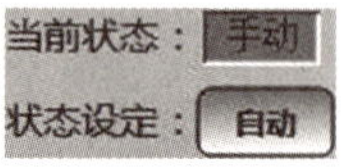,点击按钮,弹出图 1-13 所示页面。在手动情况下,可以通过调节减压阀组的开度来调节炉顶压力;在自动情况下,可以直接调节炉顶压力的设定值。

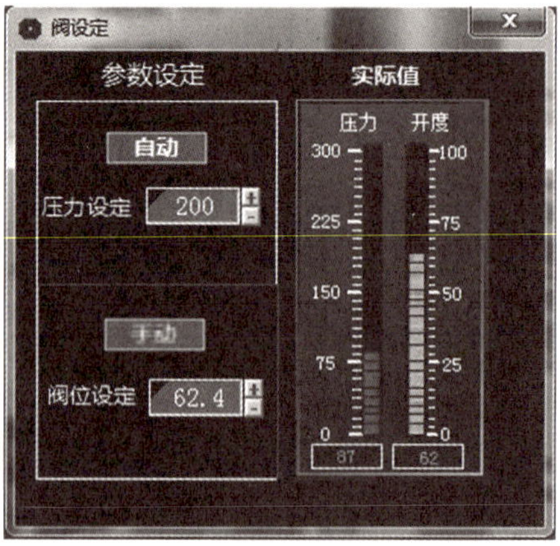

图 1-13

3.2 选择铁水

进入【高炉工长】界面,选择目标 1,如图 1-14 所示。

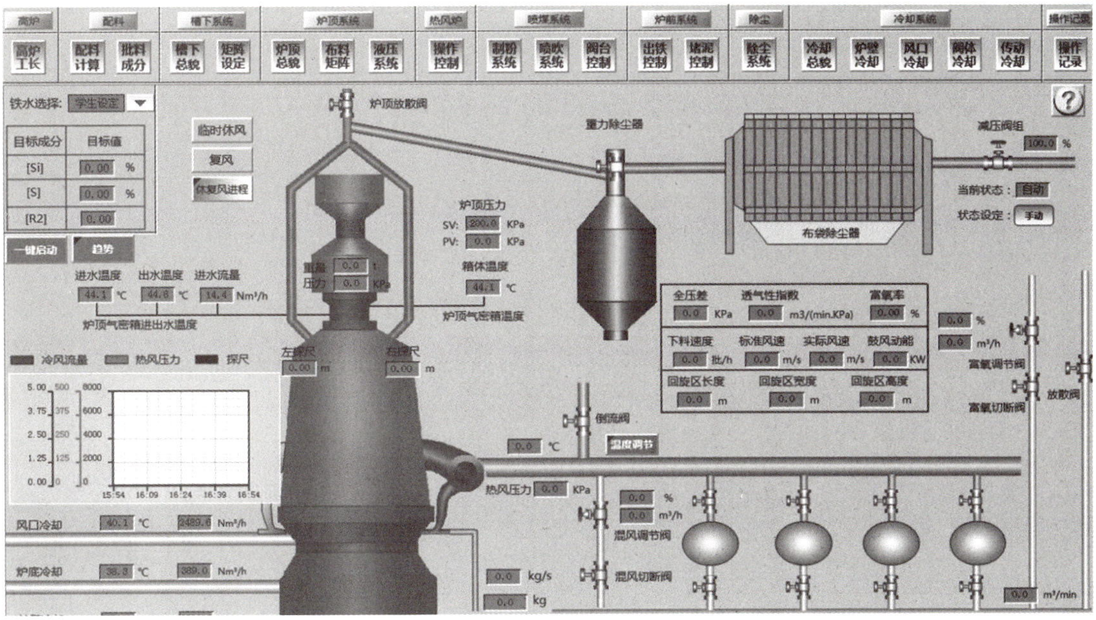

图 1-14

选择好目标后,铁水目标成分将自动生成,如图 1-15 所示。

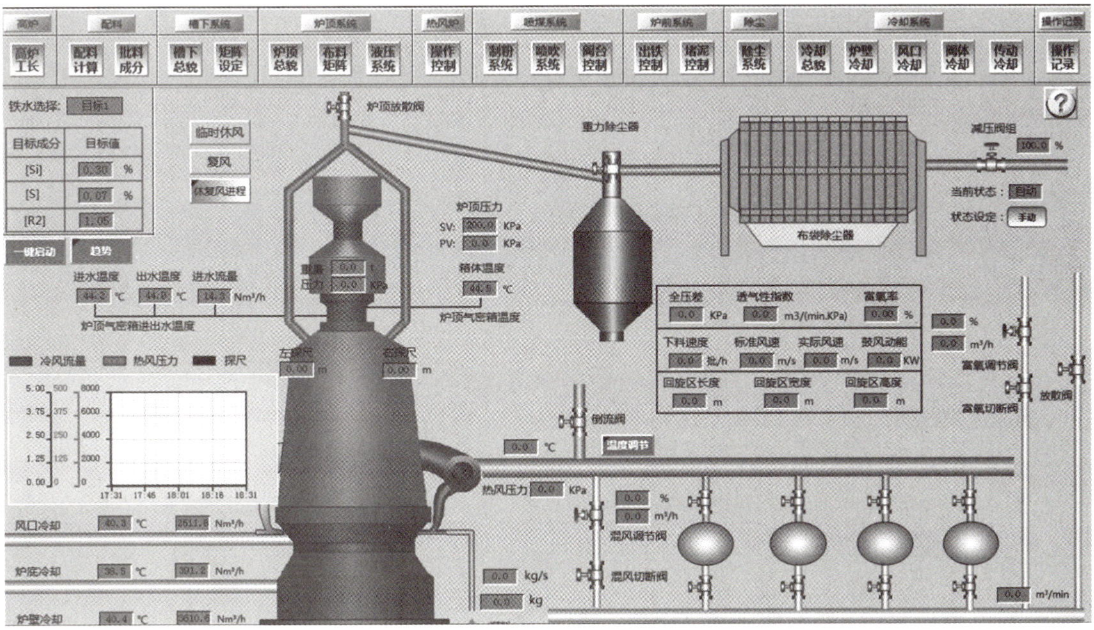

图 1-15

任务 4 配料系统操作

4.1 【配料计算】界面操作规程

1. 界面简介

配料计算只是一个工具，根据冶炼目标先进行配料的计算，为后续冶炼提供依据。【配料计算】界面如图 1-16 所示。

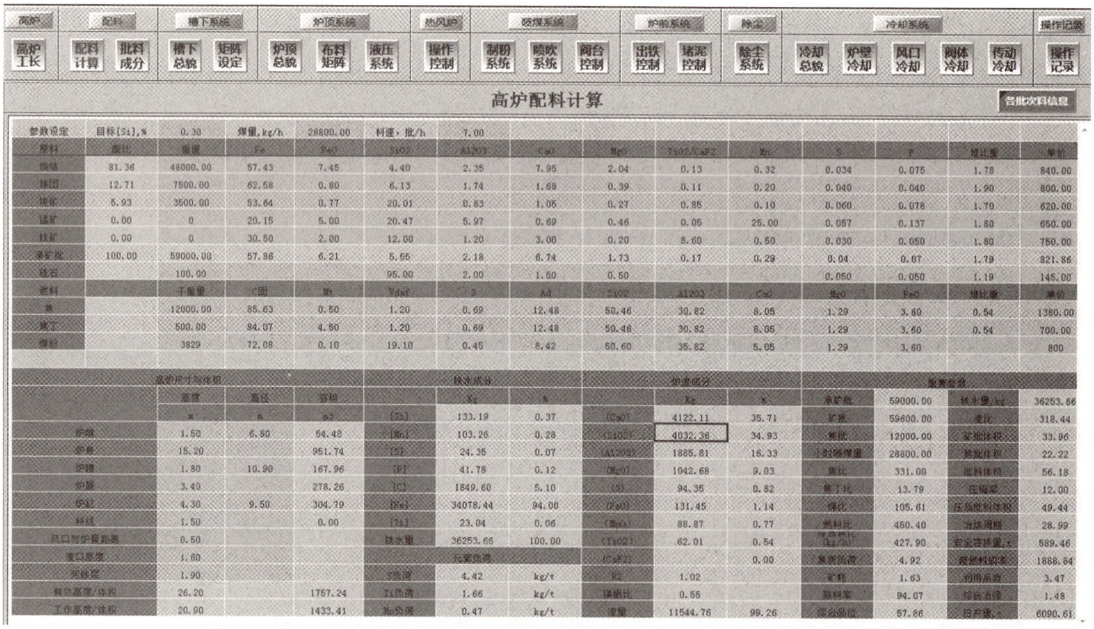

图 1-16

2. 操作规程

灰底色为计算输出值；浅蓝色为输入值；暗绿色为项目名称。

4.2 【批料成分】界面

【批料成分】界面主要对各批次下料信息及各批次生成铁水炉渣信息进行监控。【批料成分】界面如图 1-17 所示。

4.3 根据配料计算结果进行矩阵设定

进入【矩阵设定】界面（图 1-18），根据配料计算结果进行矩阵设定。

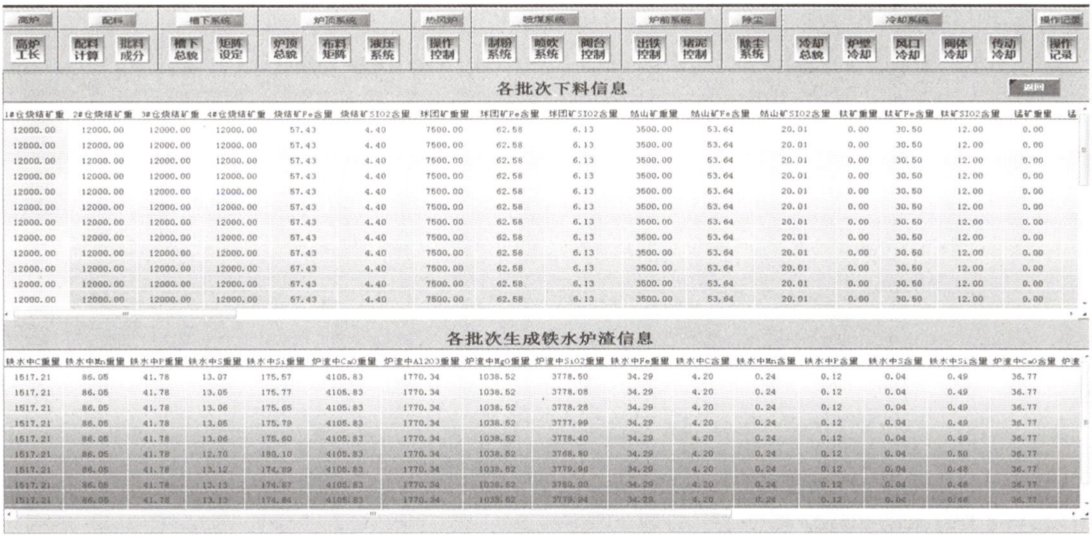

图 1-17

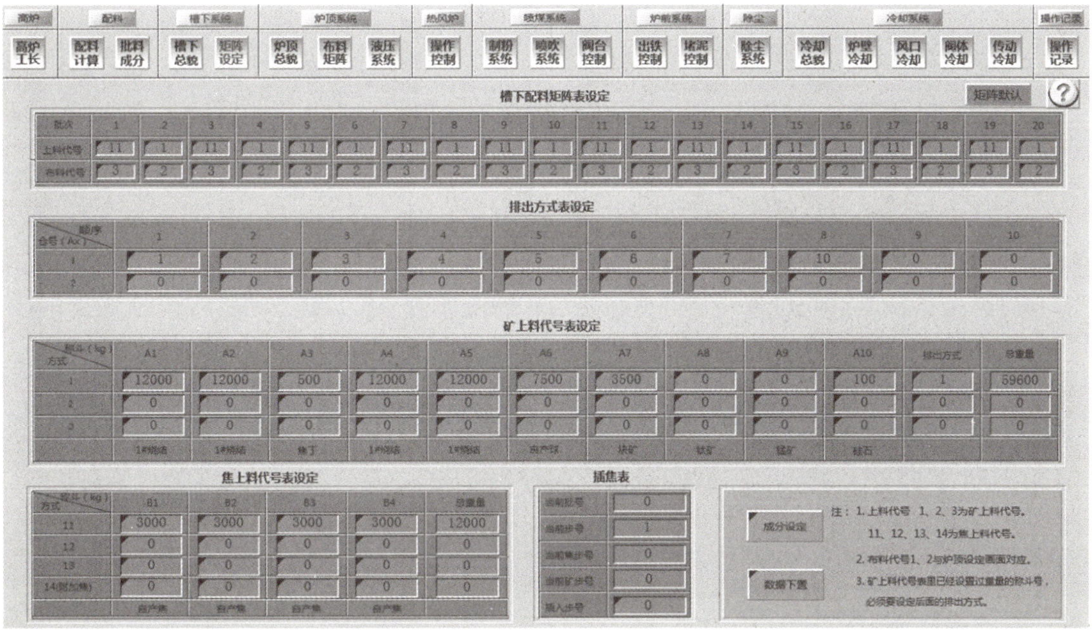

图 1-18

在“槽下配料矩阵表设定”和“排出方式设定”中，可以对上料代号、布料代号和排出方式进行设置。

在“矿上料代号表设定”和“焦上料代号表设定”中，可以对上料代号 1~3，11~14 各种原料的重量[①]按照配料计算的重量进行转换后设定。

在“插焦表”中，根据需要选择插入的步号位置。

---

① 为与软件保持一致，本书中所指“重量”均为“质量”。

在右上方有“矩阵默认”加载按钮，可以加载默认矩阵。

以上设置完以后，点击“成分设定”按钮，进入图 1-19 所示界面。

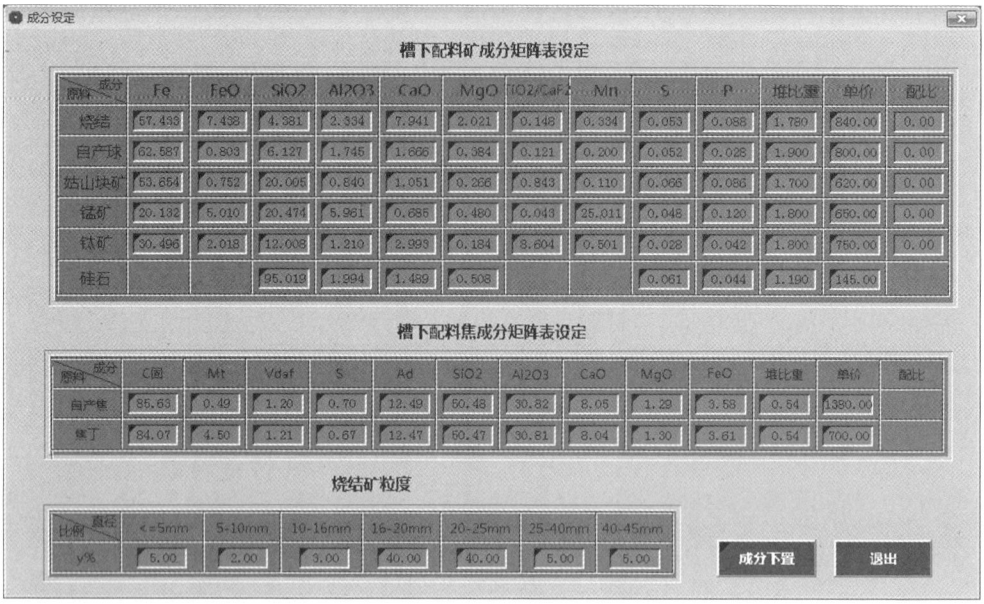

图 1-19

在“槽下配料矿成分矩阵表设定”和“槽下配料焦成分矩阵表设定”中，可以对各种原料的成分进行设定。

在“烧结矿粒度”中，可以对不同直径烧结矿所占比例进行设定，如图 1-20 所示。

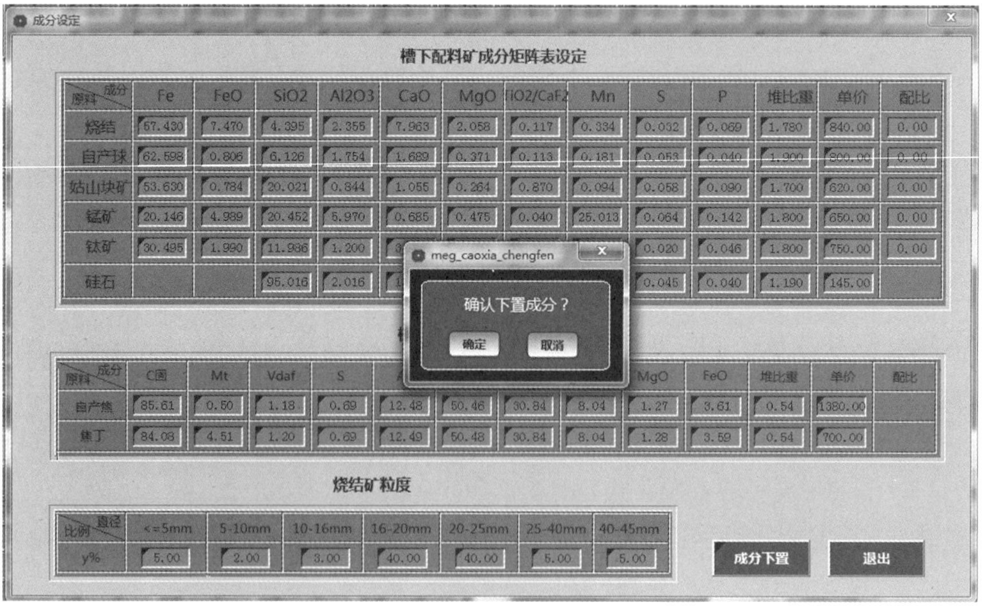

图 1-20

设定完成以后，将“成分下置”，如图 1-21 所示。

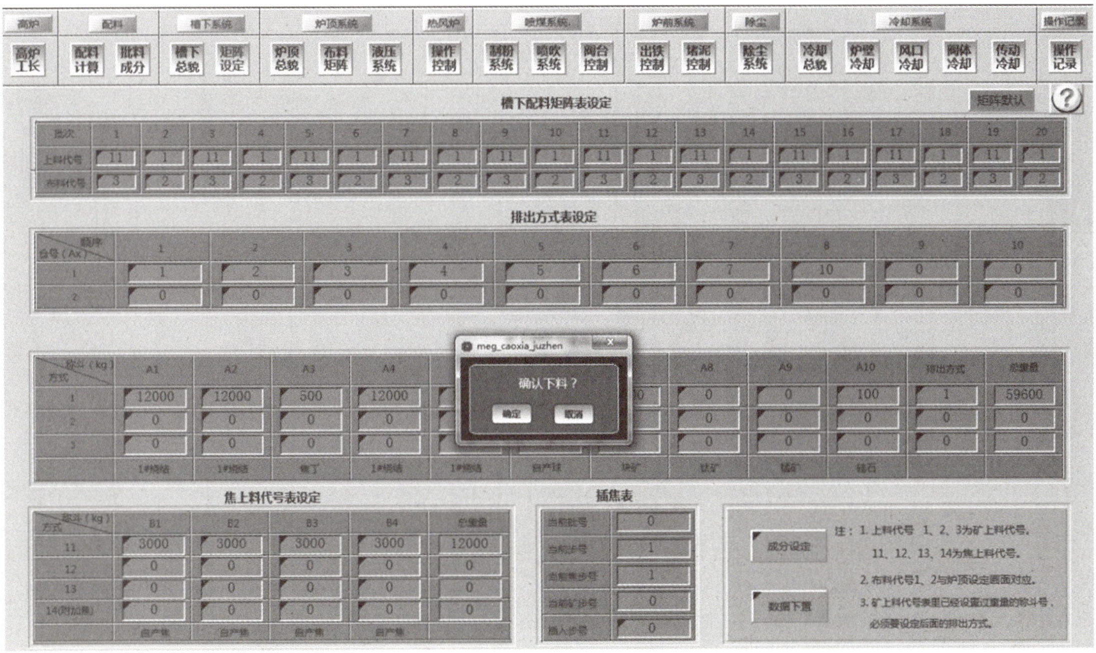

图 1-21

返回【矩阵设定】界面，将“数据下置”。

注意：必须进行“成分下置”“数据下置”操作，否则，所做的设定不能进入后台程序中。

任务 5　槽下系统操作

5.1　【槽下总貌】界面操作规程

1. 界面简介

【槽下总貌】界面（图 1-22）主要实现原料（烧结矿、球团矿、块矿、焦炭等）下料控制、原料称量、原料皮带传输、原料消耗统计等功能。

2. 操作规程

在右上方操作栏中，手动选择按钮。将“模式选择”选为“自动”，点击“供料启动”，槽下系统将按照上料矩阵设置批次的原料重量进行自动称量、自动传输、自动下料等操作，无须人工干预。

选择“手动”则需要手动进行上料操作。上焦的顺序是：打开振动筛→打开给料机→关闭振动筛→打开皮带→打开闸门→关闭闸门。上矿的顺序也是如此。

3. 操作要领

槽下供矿自动按钮，必须在上料矩阵、料批重量设定完成后，才能操作。

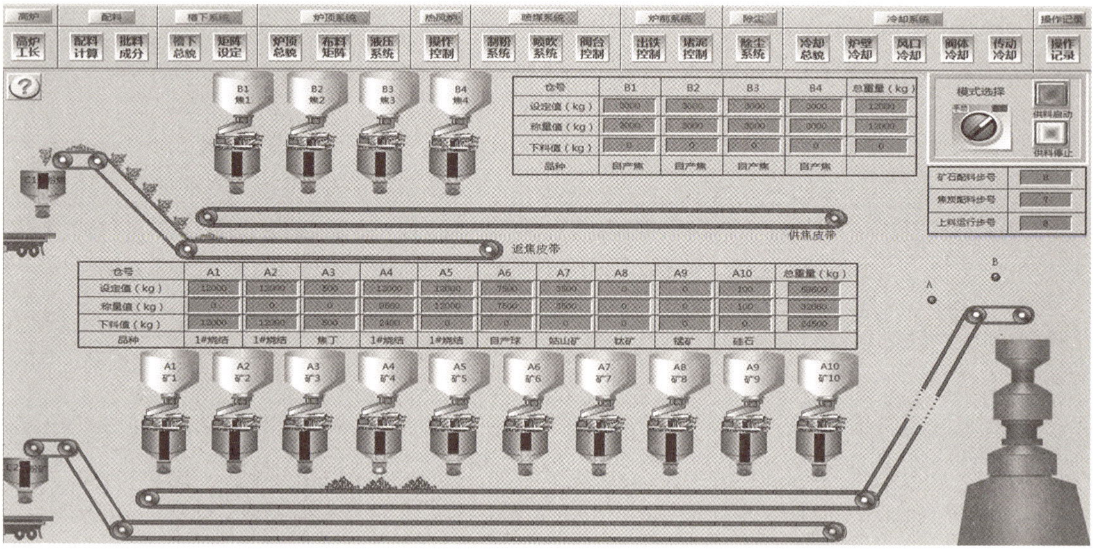

图 1-22

5.2 【矩阵设定】界面操作规程

1. 界面简介

【矩阵设定】界面(图 1-23)主要实现上料矩阵的设定等功能。上料代号是矿上料代号与焦上料代号的统称。1、2、3 为矿上料代号。11、12、13、14 为焦上料代号,其中上料代号 14 为附插焦代号。插焦表中设定附加焦插入的位置,仅在炉况异常时使用。

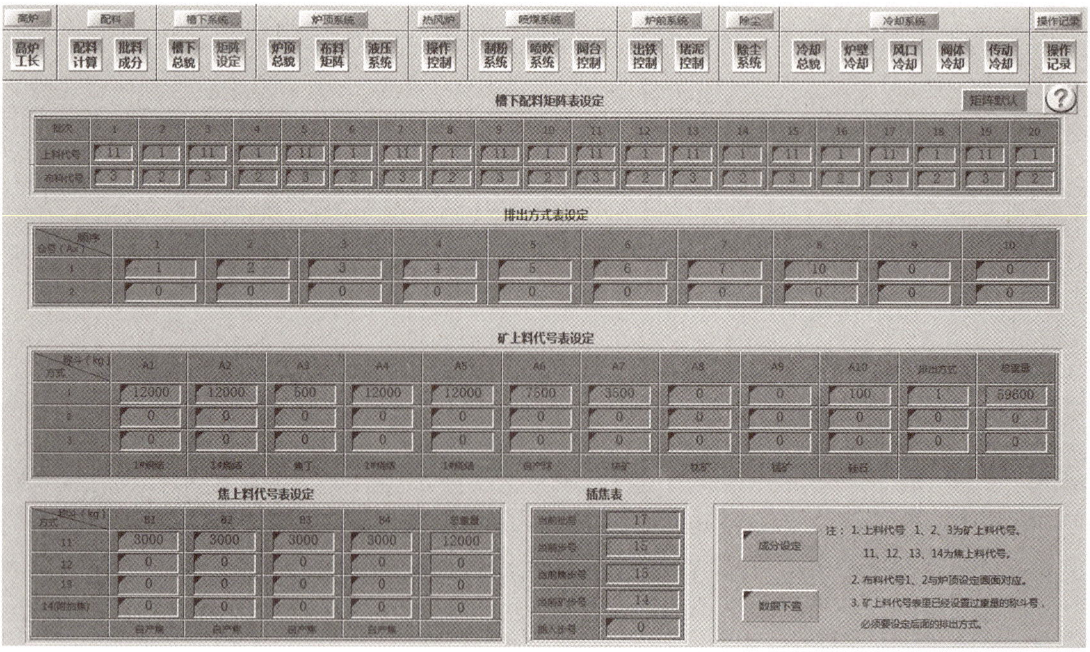

图 1-23

2. 操作规程

在“槽下配料矩阵表设定”和“排出方式设定”中，可以对上料代号、布料代号、排出方式进行设置。

在“矿上料代号表设定”和“焦上料代号表设定”中，可以对上料代号 1~3，11~14 各种原料的重量按照配料计算的重量进行转换后设定。假定配料计算结果矿批为 140 t，焦坯为 25 t，其中 1#烧结矿为 122 t，自产球为 9 t，块矿为 9 t，在“矿上料代号表设定”中对应烧 1~烧 4 输入的值为 122 t/4 = 30.5 t，自产球输入的值为 9 t，块矿输入的值为 9 t。

在“插焦表”中，根据需要选择插入的步号位置。

在右上方有“矩阵默认”加载按钮，可以加载默认矩阵。

3. 操作要领

(1)“矿上料代号表设定”，必须设定排除方式。

(2)烧结矿仓最大容量 50 000 kg，焦丁仓最大容量 5 000 kg，自产球仓最大容量 20 000 kg，块矿仓最大容量 10 000 kg，焦炭仓最大容量 20 000 kg。

以上设置完成以后，必须点击“成分设定”按钮。

任务 6　炉顶系统操作

6.1　【炉顶总貌】界面操作规程

1. 界面简介

【炉顶总貌】界面(图 1-24)主要实现炉顶各设备的操作与显示等功能，主要操作动作有槽下原料进入受料罐、料罐均压、称量罐装料、料流控制、旋转流槽控制、探尺投用等。

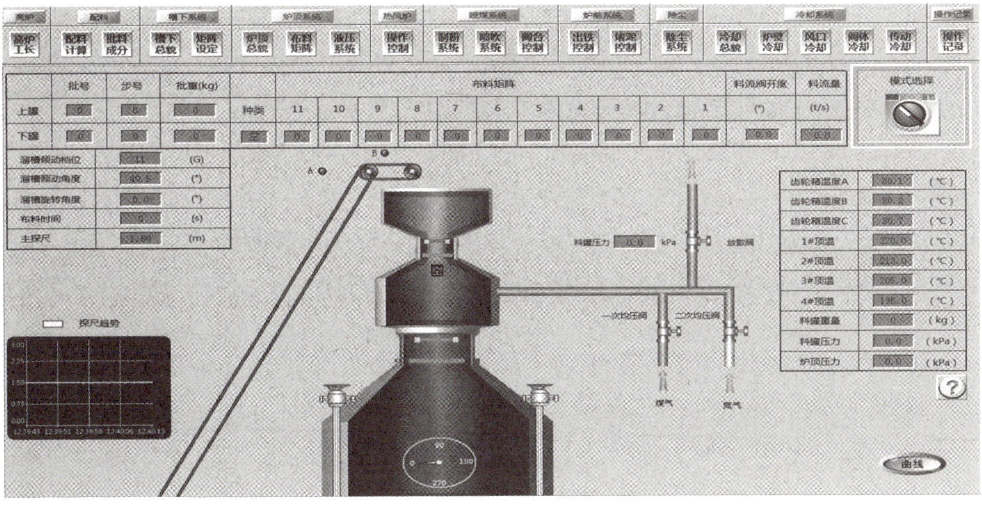

图 1-24

在右侧信息栏中，实时显示高炉炉顶操作有关信息。

在顶部信息栏中，显示当前批次布料后的料流分布情况，并保存至下一布料批次。

2. 操作规程

炉顶操作分为自动操作模式和手动操作模式。在画面右上角有“手动/自动”模式转换开关。

(1)自动操作模式

在自动操作模式下，各设备将自动完成料罐装料、料罐均压、旋转溜槽布料、探尺投用等操作。

在高炉生产模式下，槽下物料按照上料矩阵分批次进入炉内，高炉探尺可以实时监测炉内物料高度，炉喉为探尺零位，料空时显示“料空”信号；当探尺显示物料高度大于当前批次矿设定高度或焦设定高度时，显示“赶料”信号；当探尺显示物料高度小于当前批次矿设定高度或焦设定高度时，槽下停止上料；当物料高度小于探尺料线设定值时，槽下停止上料。

(2)手动操作模式

在手动操作模式下，可以单独对炉顶设备进行操作控制。

在高炉生产模式下，炉顶手动操作时，各阀门开关顺序如下：当槽下物料到达上料皮带“B”点时，打开放散阀，上料罐受料完成，打开上密封阀、上料闸阀，物料向下料罐装料，上料罐料放完，关闭上密封阀、上料闸阀，装料阶段完成过程。

下料罐装料后，打开均压阀，均匀结束后，探尺升起，打开下密封阀、料流调节阀，旋转溜槽开始转动，按照布料矩阵设置角度、布料圈数进行布料。布料结束后，关闭下密封阀、料流调节阀，旋转溜槽停止转动，放下探尺，布料阶段完成。槽下系统将会按照上料矩阵自动完成下一批次上料过程，手动操作时请重复上述过程。

3. 操作要领

(1)液压系统异常时，炉顶阀及设备将不能正常工作。

(2)先开上密封阀，再开上料闸；先关上料闸，再关上密封阀。

(3)先开下密封阀，再开下截流阀；先关下截流阀，再关下密封阀。

6.2 【布料矩阵】界面操作规程

1. 界面简介

【布料矩阵】界面(图 1-25)主要完成布料圈数、旋转溜槽倾角及料线的设定。

2. 操作规程

【布料矩阵】界面有“矩阵默认”按钮，点击后，会有一组值生成，可以加载默认矩阵，也可以手动进行修改。旋转溜槽 α 角设定可调，探尺测定物料 0.9~1.8 m 10 个区域、中心到边缘 11 个位置调节，炉料能布到边缘至中心任意半径圆面上，α 增大使得炉料布到边缘区域的量增加，α 减小使得炉料布到中心区域的量增加。增大矿石倾角 α_k 加重边缘，减小则相反，焦炭与之相反。α_k 不变，α_j 增加则发展边缘，减小则相反。α_j 不变，α_k 增大则加重边缘，减小则相反。α_k 和 α_j 同时增加，则使边缘和中心同时加重，反之相反。此为固定值，不可修改。

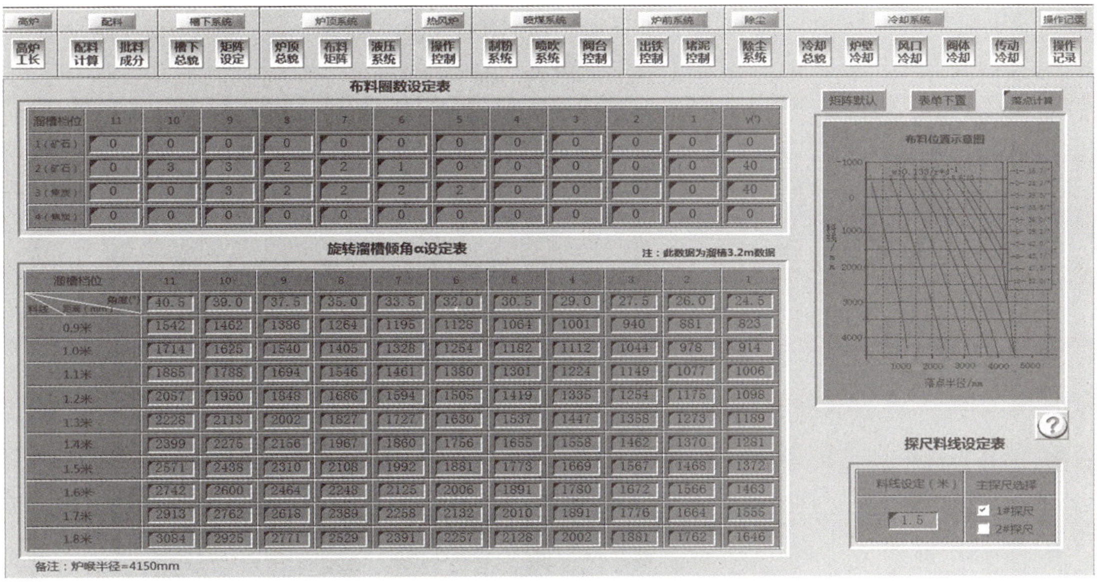

图 1-25

上部为布料代号对应的布料圈数，为上料矩阵中的布料代号 1～11 的布料圈数在中心到边缘的设定值及料流调节阀的开度计算值。

上料矩阵中料流调节阀的开度值，一般根据给定的布料圈数和料重自动确定料流（焦炭、矿石）速度，需保证料漏空时规定的布料圈数正好结束。

右下部为探尺料线设定表，可以对主探尺、料线进行设定。

设定完成以后将“表单下置”，如图 1-26 所示。

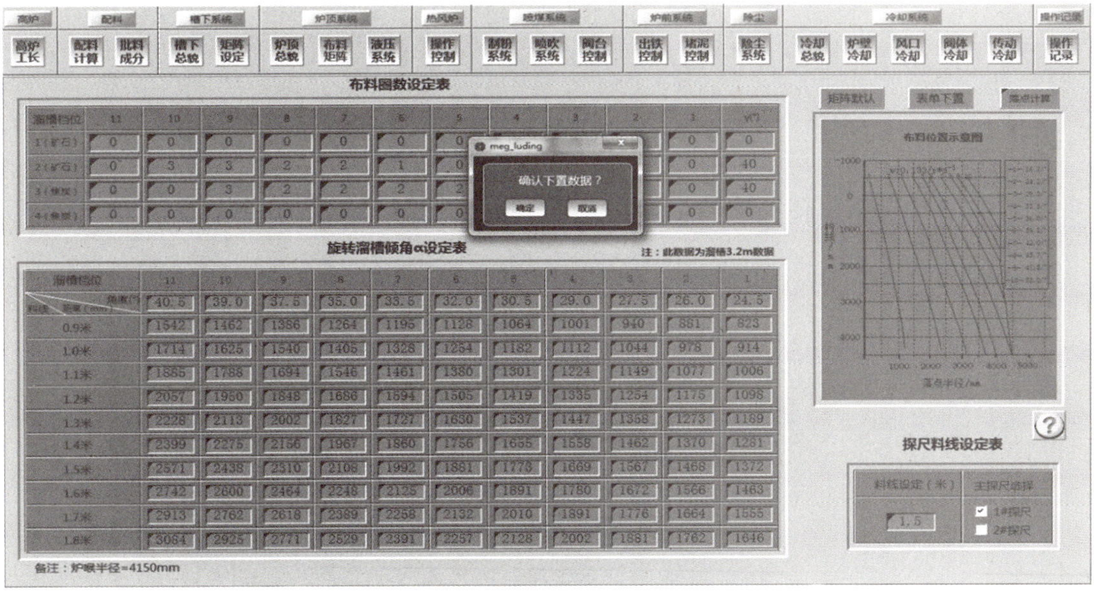

图 1-26

布料矩阵设置完成以后，进入【炉顶总貌】界面（图 1-27），将“模式选择”选为“自动”，系统将按照预定的程序自动运行。

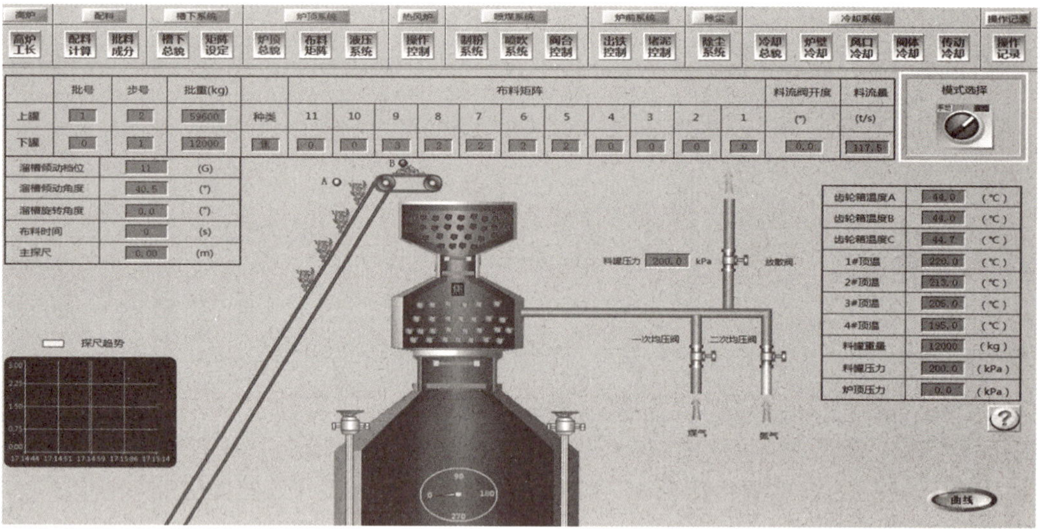

图 1-27

3. 操作要领

设置完成后，必须进行“表单下置”操作，否则所做的设定不能进入后台程序。

6.3 【液压系统】界面操作规程

1. 界面简介

【液压系统】界面（图 1-28）用于对液压站内各设备实时监视与操作控制。冶炼前准备需要启动液压，给设备提供能源。在界面右上部，实时显示液压站运行信息。

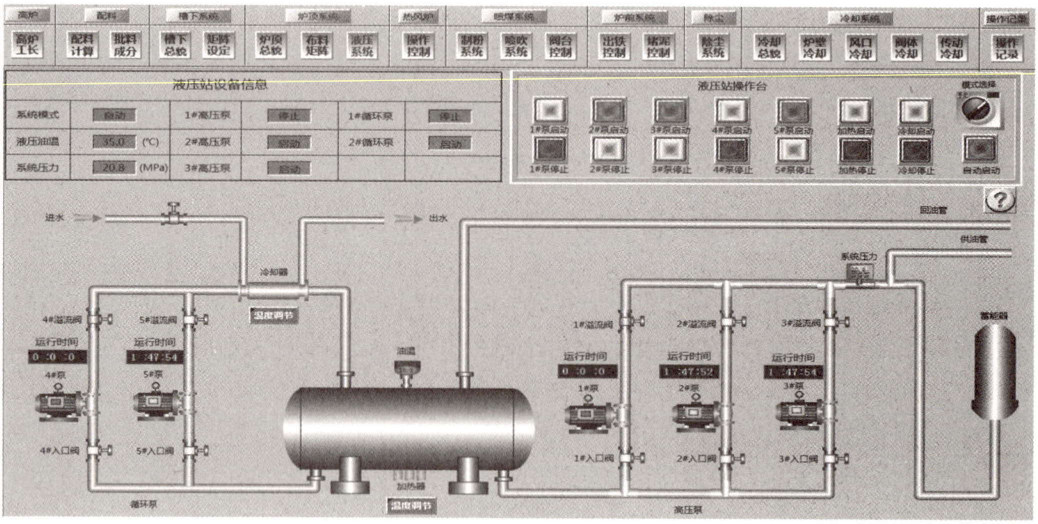

图 1-28

2. 操作规程

操作分为自动操作模式和手动操作模式。

(1) 自动操作模式

在界面左上部有液压站“手动/自动”模式转换开关，选择自动操作模式，点击“自动启动”按钮，液压站将自动启动运行，高压泵为用二备一，循环泵为用一备一。

(2) 手动操作模式

在手动操作模式下，可以对液压站内单个设备如3个高压泵、2个循环泵、5个溢流阀等进行操作控制；入口阀和溢流阀需要点击相应设备按钮弹出子窗口进行操作，如图1-29所示。

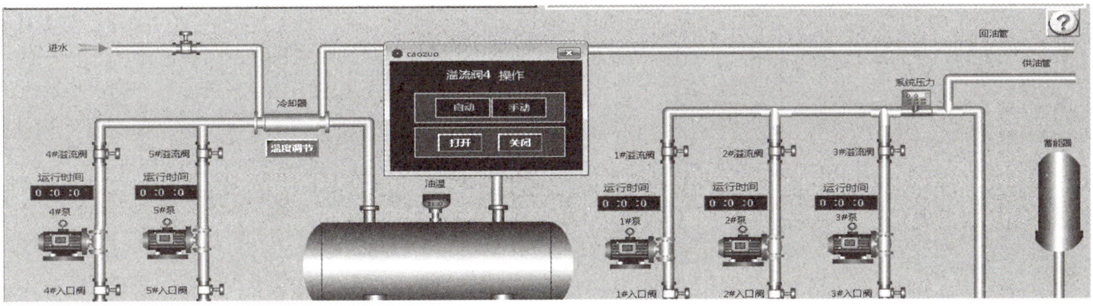

图 1-29

3. 操作要领

(1) 无论选择手动操作模式还是自动操作模式，都必须手动打开入口阀。

(2) 开溢流阀必须先开泵，关泵必须先关溢流阀。

(3) 在自动操作模式下，油温高于55 ℃时，打开冷凝器；油温低于30 ℃时，关闭冷凝器。

只有液压系统工作正常，炉顶各阀门及设备才能正常工作。

任务7　热风炉操作

7.1　【操作控制】界面操作规程

1. 界面简介

【热风炉】界面(图1-30)主要实现4座热风炉的操作与信息监控等功能。

2. 操作规程

热风炉操作制度：采用“二烧二送”工作制度，即2座热风炉燃烧，2座热风炉送风。每座热风炉送风与燃烧交替进行。热风炉换炉的操作顺序有2种：燃烧→焖炉→送风，送风→焖炉→燃烧；有燃烧、焖炉、送风3种工作状态；有燃烧转送风、送风转燃烧、送风转焖炉、燃烧转焖炉、焖炉转燃烧、焖炉转送风 6 种工作方式；实现 1#、2#、3#、4#热风炉换炉自动化。

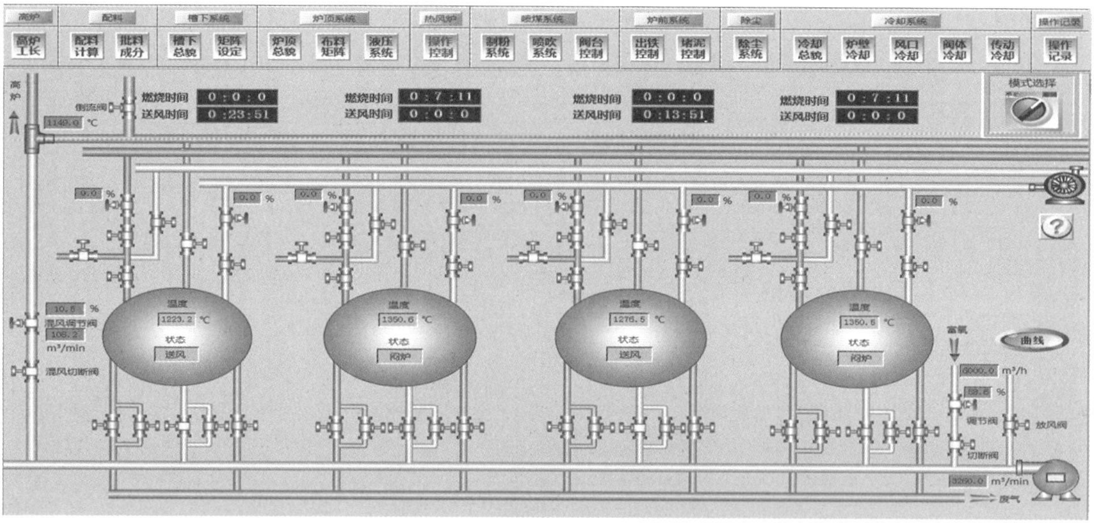

图 1-30

热风炉操作分为自动操作模式和手动操作模式。

(1) 自动操作模式

当选择自动操作模式时，热风炉系统将会按照上述工作制度自动运行，如图 1-31 所示。

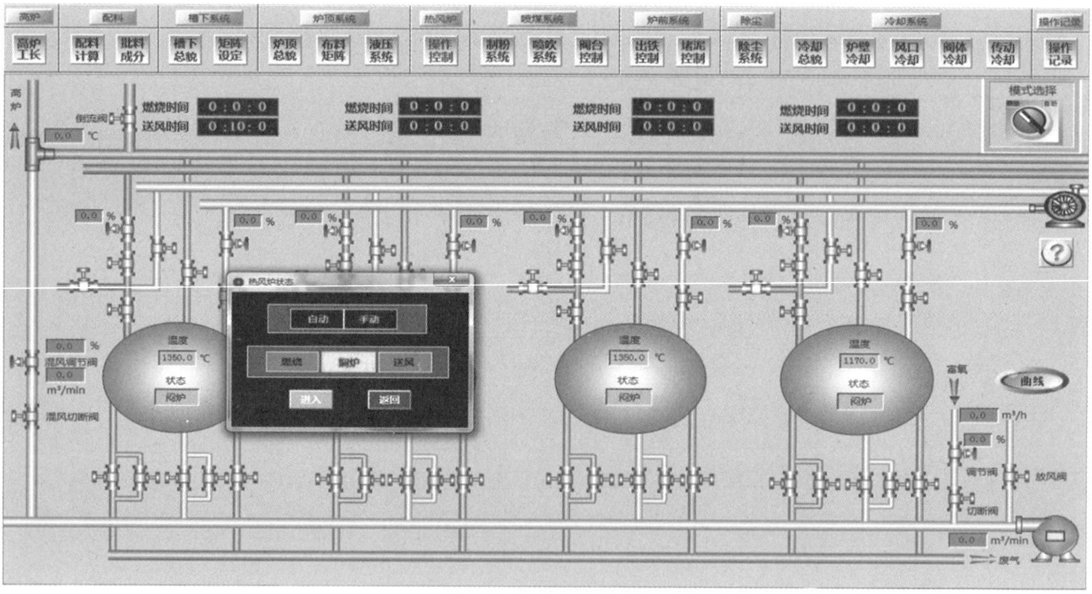

图 1-31

(2) 手动操作模式

当选择手动操作模式时，可以对单座热风炉进行控制，以 1#热风炉为例，点击 1#热风炉，如图 1-32 所示。

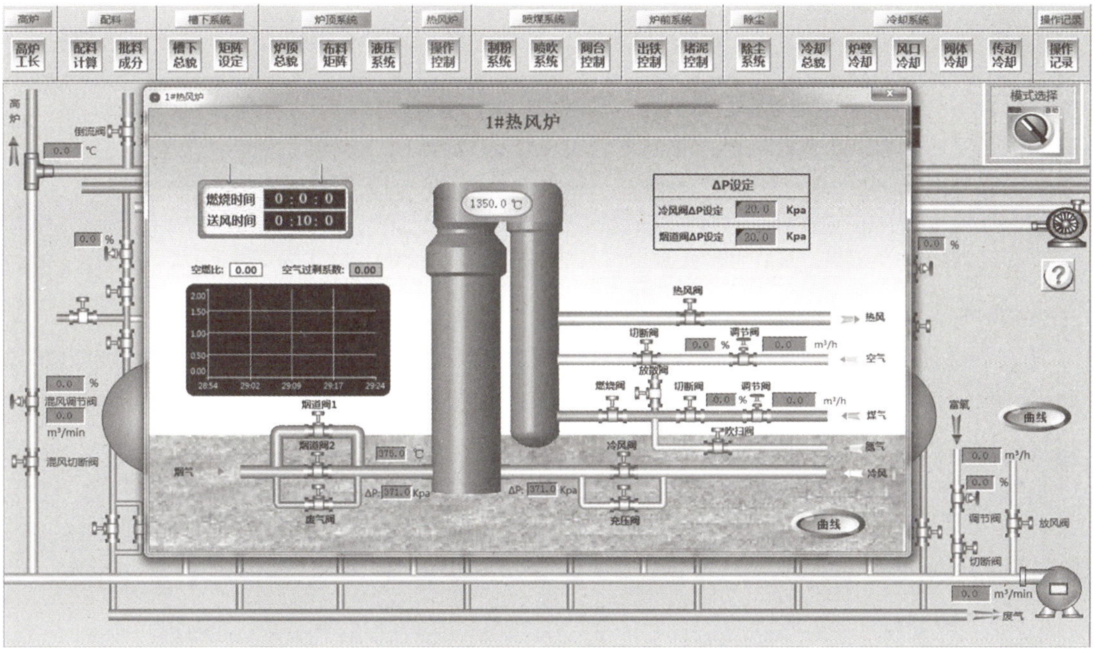

图 1-32

可以对 1#热风炉进行燃烧、焖炉和送风操作，具体程序如下：

燃烧→送风→关闭煤气调节阀→关闭煤气切断阀→关闭空气调节阀→开氮气阀（吹扫 10～30 s）→关煤气燃烧阀，同时开煤气放散阀→关空气切断阀→关闭第一、第二烟道阀→小开冷风充压阀，延时一段时间后，全开充压阀→当冷风阀前后压差（≤5 kPa）等于给定值时开热风阀→开冷风阀→关充压阀。

送风→燃烧→关闭冷风阀→关闭热风阀→开废气阀→当烟道阀前后压差≤5 kPa 时，开第一、第二烟道阀→关废气阀→开煤气燃烧阀，同时关煤气放散阀→开氮气阀（吹扫 10～30 s）→开空气切断阀→开空气调节阀→开煤气切断阀→开煤气调节阀→关氮气阀。

3. 操作要领

（1）热风炉温度高于 1 350 ℃时，停止燃烧，热风炉转入闷炉状态。

（2）热风炉温度低于 1 100 ℃时，停止送风，热风炉转入闷炉状态。

（3）在高炉生产过程中，要保证 4 座热风炉至少有 2 座在给高炉送风，其余 2 座在燃烧或闷炉。

任务 8　喷煤系统操作

8.1 【制粉系统】界面操作规程

1. 界面简介

【制粉系统】界面(图 1-33)主要完成中磨机、收粉器等设备的控制,为喷煤提供原料。

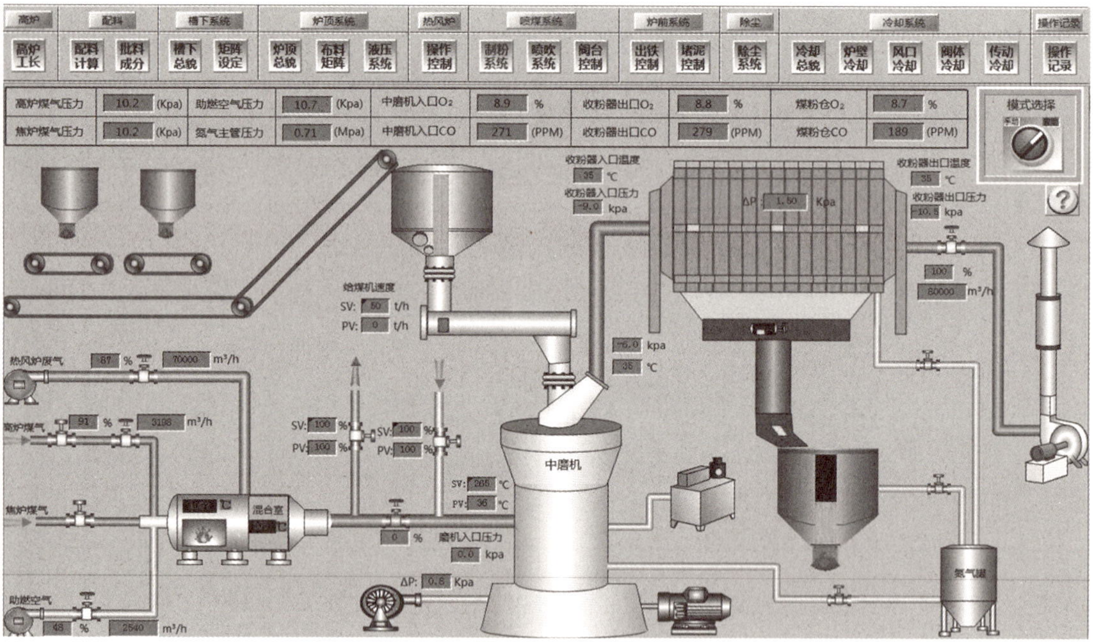

图 1-33

2. 操作规程

制粉系统操作分为自动操作模式和手动操作模式。

(1)自动操作模式

系统启动后,开关调至“自动”,系统将根据程序设定模式,依次启动各个设备。

(2)手动操作模式

系统启动后,开关调至“手动”,操作人员可以手动启停各个设备和阀组。

8.2 【喷吹系统】界面操作规程

1. 界面简介

【喷吹系统】界面(图 1-34)高炉喷煤主流程采用 2 个并罐式喷吹罐,一个喷吹罐喷吹时,另一个喷吹罐装煤和充压。主要工艺设备有储煤仓、卸压布袋、喷吹罐、补气器、分配器、喷吹管线、阀门、喷枪、氮气设施等。

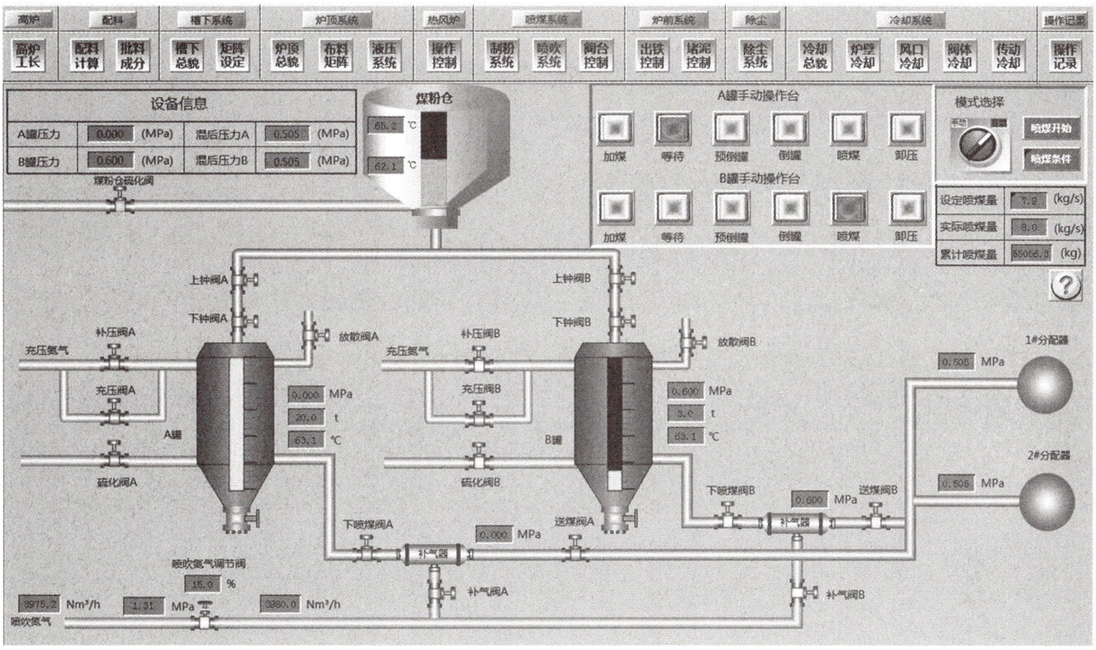

图 1-34

2. 操作规程

喷煤主流程系统操作分为自动操作模式和手动操作模式。

(1)自动操作模式

系统启动后，开关调至“自动”，系统将根据程序设定模式，依次启动各个设备。

进入【喷吹系统】界面，点击 

，弹出 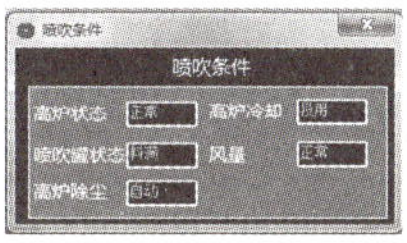

，条件都满足了，设定喷煤量，点击 

，开始喷煤。

(2)手动操作模式

系统启动后，开关调至“手动”，操作人员可以手动启停各个设备和阀组。

下面以一座高炉的运行为例：

关闭 A 罐充压、补压阀→关闭 A 罐流化阀→关闭 A 罐下煤阀→关闭 A 罐送煤阀→关闭 A 罐流化阀→关闭 A 罐补气阀→关闭 A 罐放散阀→开启 A 罐下钟阀→(达到仪表某一值时)开启 A 罐上钟阀→关闭 A 罐上钟阀→关闭 A 罐下钟阀→(达到仪表某一值时)打开 A 罐充压、补压阀→等待→(B 罐达到仪表某一值时)开启 A 罐送煤阀→开启 A 罐补气阀→开启 A 罐流化阀→(延时 N 秒)开启 A 罐下煤阀→关闭 B 罐送煤阀→关闭 B 罐补气阀→关闭 B 罐流化阀→关闭 B 罐下煤阀→关闭 B 罐冲压、补压阀→开启 B 罐放散阀→(B 罐达到仪表某一值时)开启 B 罐下钟阀→(达到仪表某一值时)开启 B 罐上钟阀→关闭 B 罐上钟阀→关闭 B 罐下钟阀→(达到仪表某一值时)打开 B 罐充压、补压阀→等待→(A 罐达到仪表某一值时)开启 B 罐送煤阀→开启 B 罐补气阀→开启 B 罐流化阀→(延时 *N* 秒)开启 B 罐下煤阀→关闭 B 罐送煤阀→关闭 B 罐补气阀→关闭 B 罐流化阀→关闭 B 罐下煤阀→关闭 A 罐充压、补压阀→开启 A 罐放散阀→(A 罐达到仪表某一值时)开启 A 罐下钟阀→(达到仪表某一值时)开启 A 罐上钟阀→关闭 A 罐上钟阀→关闭 A 罐下钟阀→打开 A 罐充压、补压阀→等待,如此循环往复进行。

8.3 【阀台控制】界面操作规程

1. 界面简介

【阀台控制】界面(图 1-35)主要对喷吹阀控制及一些参数进行监控。

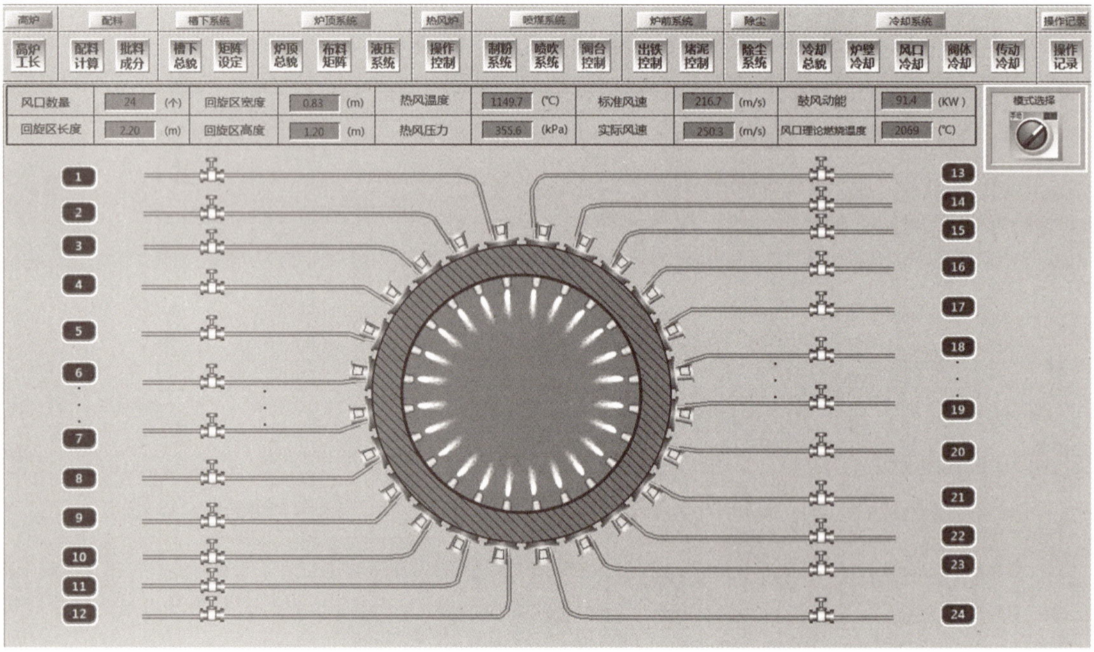

图 1-35

2. 操作规程

喷煤阀系统操作分为自动操作模式和手动操作模式。

(1)自动操作模式

系统启动后,将“模式选择”开关调至“自动”,系统将根据程序设定模式,依次启动各个设备。

(2)手动操作模式

系统启动后,将开关调至“手动”,操作人员可以手动启停阀组。

任务9　正 常 生 产

上述任务完成以后，高炉进入正常生产阶段。

9.1　正常生产总貌(图 1-36)

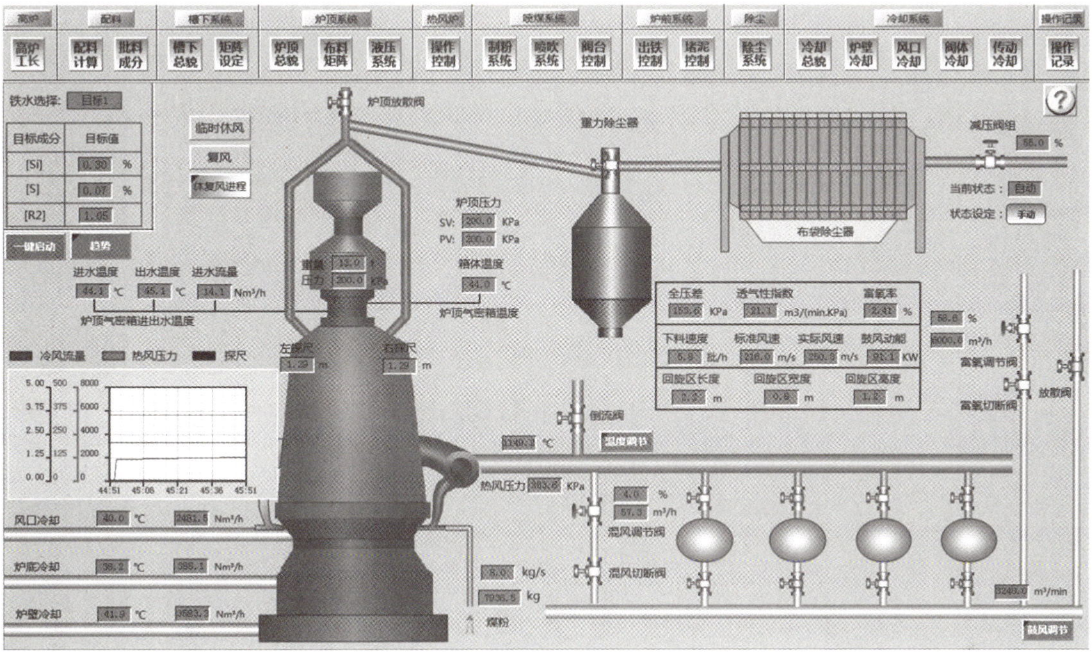

图 1-36

9.2　正常生产曲线

进入【炉顶趋势】界面(图 1-37)，查看生产过程中重要参数的变化情况。

9.3　正常生产下料调整

进入【批料成分】界面(图 1-38)，上面是各批次下料信息，下面是各批次生成铁水炉渣信息，操作人员可以对比“各批次生成铁水炉渣信息”与“铁水目标值”进行下一步的下料。

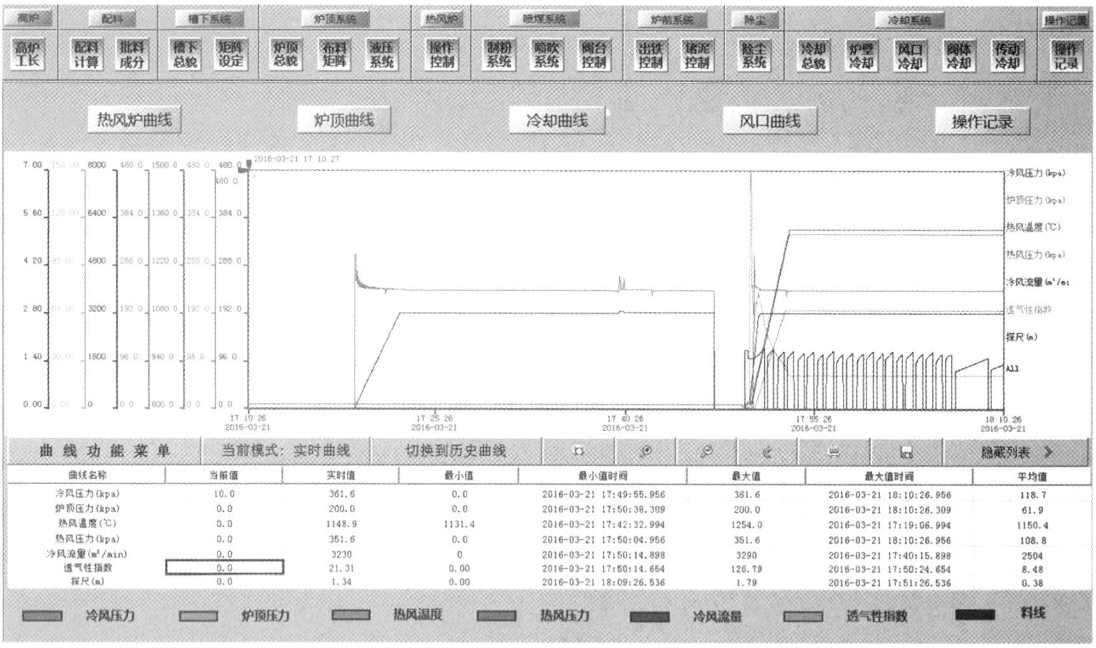
热风炉曲线
炉顶曲线
冷却曲线
风口曲线
操作记录
曲线功能菜单
当前模式：实时曲线
切换到历史曲线
隐藏列表
冷风压力
炉顶压力
热风温度
热风压力
冷风流量
透气性指数
料线

图 1-37

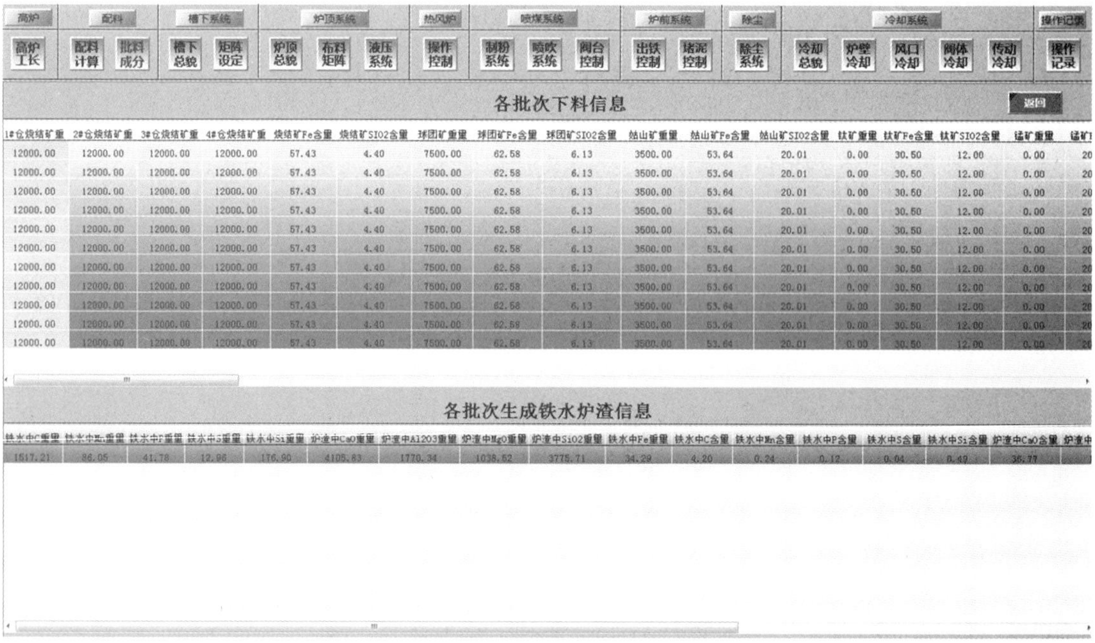
各批次下料信息
返回
各批次生成铁水炉渣信息

图 1-38

任务10　炉前系统操作

10.1　【出铁控制】界面操作规程

1. 界面简介

【出铁控制】界面(图1-39)主要实现高炉出铁功能,主要设备有开口机、鱼雷罐车等。在“过程数据”栏中,显示开口角度、开口深度、铁水等有关信息。

图1-39

2. 操作规程

(1)自动出铁操作

自动出铁前必须完成下列操作:铁口选择;炉内铁水量超过50 t;鱼雷罐车到位;撇渣器确认完毕;泥套确认完毕;冲渣水泵确认。

①铁口选择 

,有4个铁口可供选择,选择其中一个就可以。

②选择铁水量超过50 t 

。

③鱼雷罐车到位后 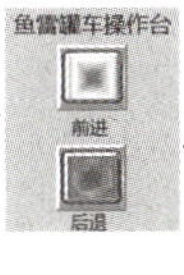

点击“前进”按钮,鱼雷罐车会自动开到工作位。

④撇渣器确认完毕；泥套确认完毕；冲渣水泵确认（需要人为确认），点击各个条件对应的，如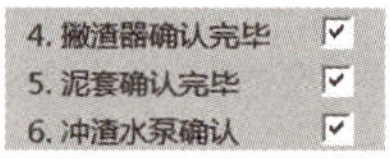

。

在“开口机操作台”中选自动模式，将“模式选择”选为“自动”，点击“自动启动”按钮，开孔机将按照预定程序完成自动出铁操作。

（2）开口机手动操作

在右上“开口机控制台”中，开口机有“自动/手动”模式可供选择，在手动操作模式下，可以对开口机进行调试控制。在“鱼雷罐车操作台”栏中，有“前进”“后退”控制按钮，可以控制鱼雷罐车。

3. 操作要领

开口之前必须满足开口条件。

10.2 【堵泥控制】界面操作规程

1. 界面简介

【堵泥控制】界面（图 1-40）主要实现高炉堵泥功能，主要设备有泥炮、鱼雷罐车等。在“过程数据”栏中，显示泥量、退炮时间、铁水等有关信息。

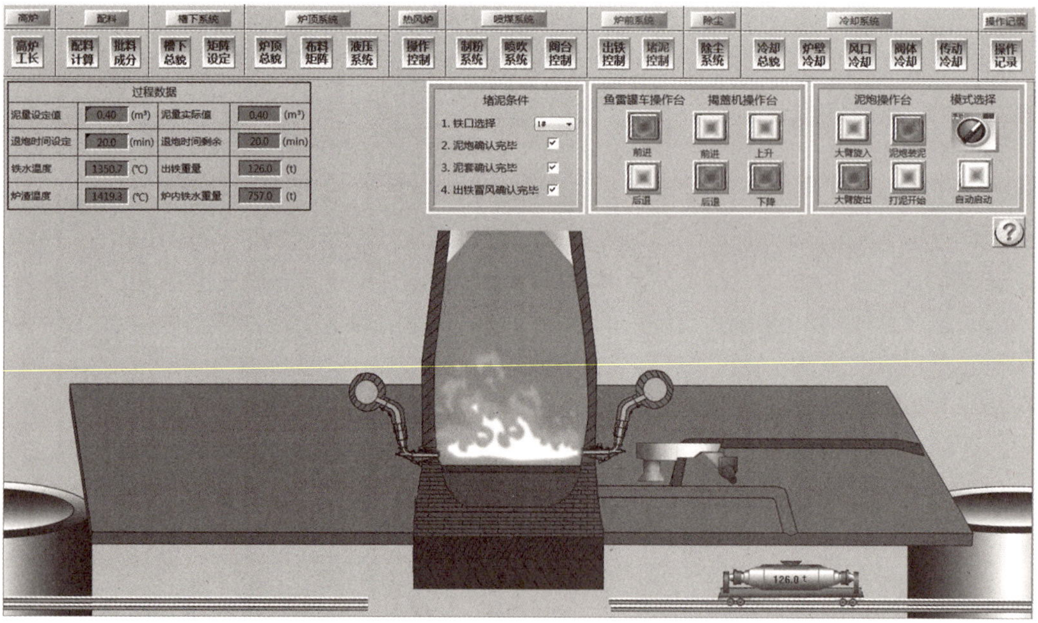

图 1-40

2. 操作规程

（1）自动模式堵泥操作

在“泥炮操作台”中，堵泥机有“自动/手动”模式可供选择，当选择自动模式时，堵泥机将按照预定程序自动完成堵泥操作。

进入【堵泥控制】界面，在堵泥之前堵泥条件必须得到满足。

铁口选择，出铁时已选，这里不需要操作。

泥炮确认完毕；泥套确认完毕；出铁冒风确认完毕（需要人为确认），点击各个条件对应的□，如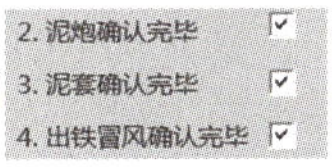

。

（2）手动模式堵泥操作

在手动模式下，可以对泥炮进行手动调试控制。在【鱼雷罐车操作台】栏中，有“前进”“后退”控制按钮，可以控制鱼雷罐车。

任务 11　除尘系统操作

1. 界面简介

【除尘系统】界面（图 1-41）主要监控重力除尘器和布袋除尘器的实时信息。

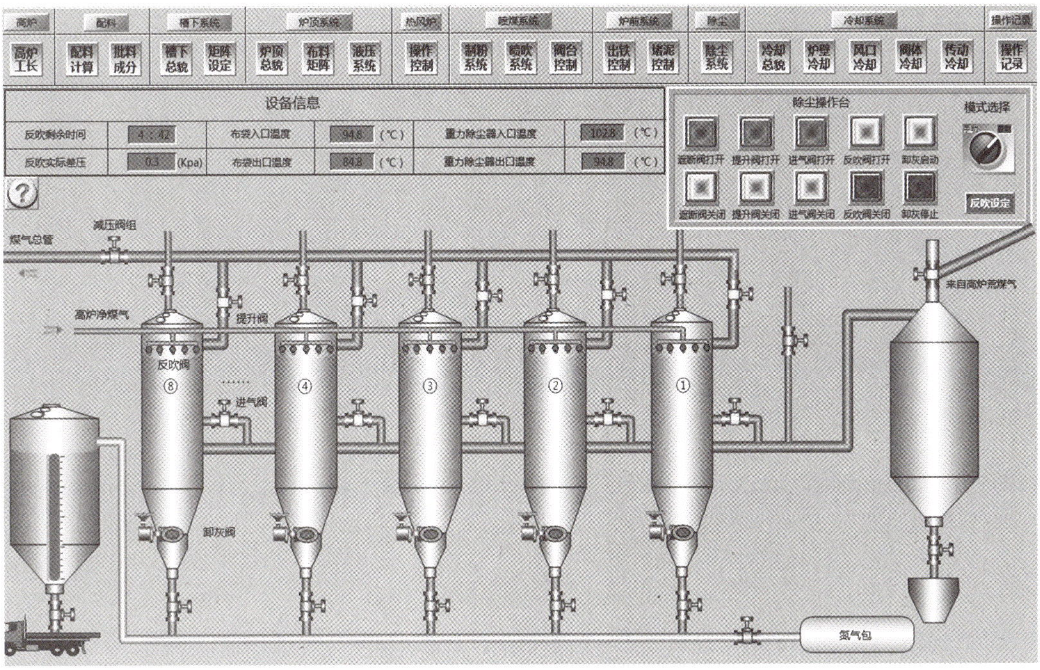

图 1-41

2. 操作规程

（1）设置反吹方式：点击

按钮，弹出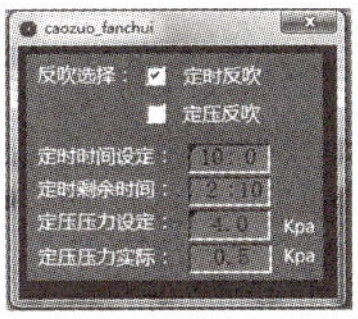

，有“定时”和“定压”两种反吹方式，选择完成后设置对应的定时时间和定压压力即可。

(2)选择自动模式,系统将按自动流程进行;选择手动模式,可对相应阀进行操作。

任务 12　冷却系统操作

12.1　【冷却总貌】界面操作规程

1. 界面简介

【冷却总貌】界面(图 1-42)主要反映整个高炉冷却水信息。

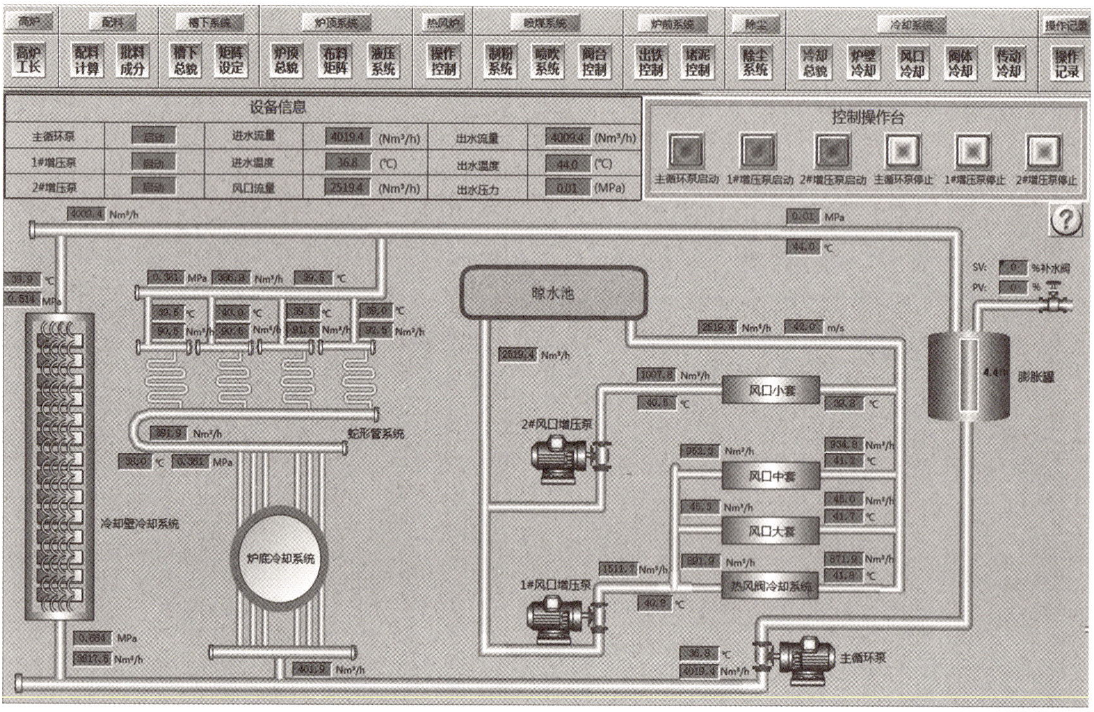

图 1-42

2. 操作规程

控制操作台:对高炉冷却系统主循环、1#风口增压泵、2#风口增压泵进行启停操作。

冷却系统设备状态:实时监控各个泵的状态,以及进出水温度。

12.2　【炉壁冷却】界面

【炉壁冷却】界面(图 1-43)主要反映整个高炉冷却壁及其连管的冷却信息。

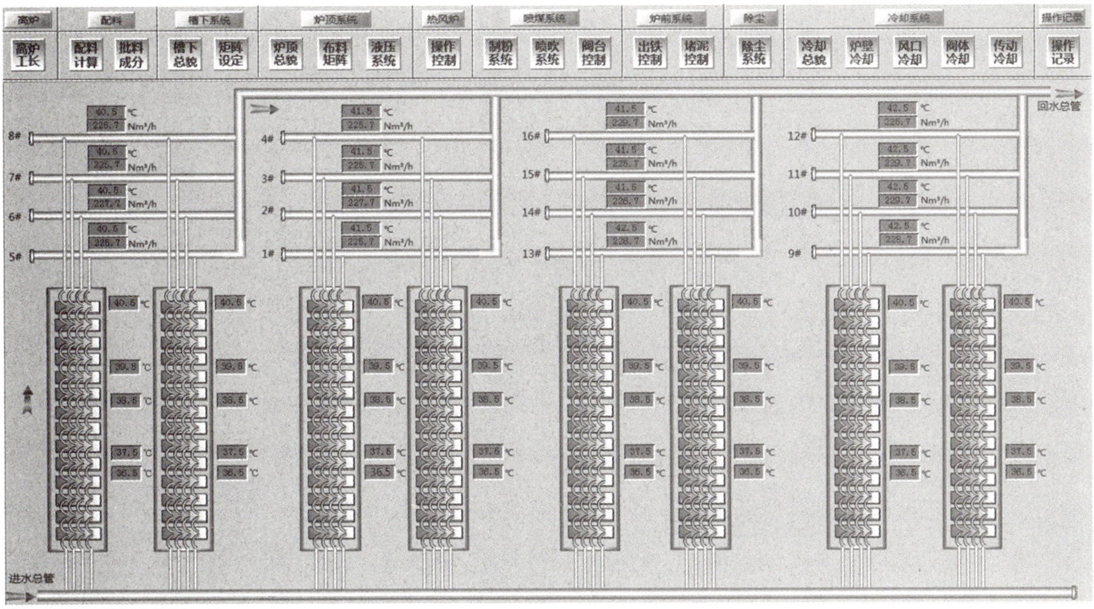

图 1-43

12.3 【风口冷却】界面

【风口冷却】界面(图 1-44)主要反映整个高炉风口小套的冷却水流量和流速信息。

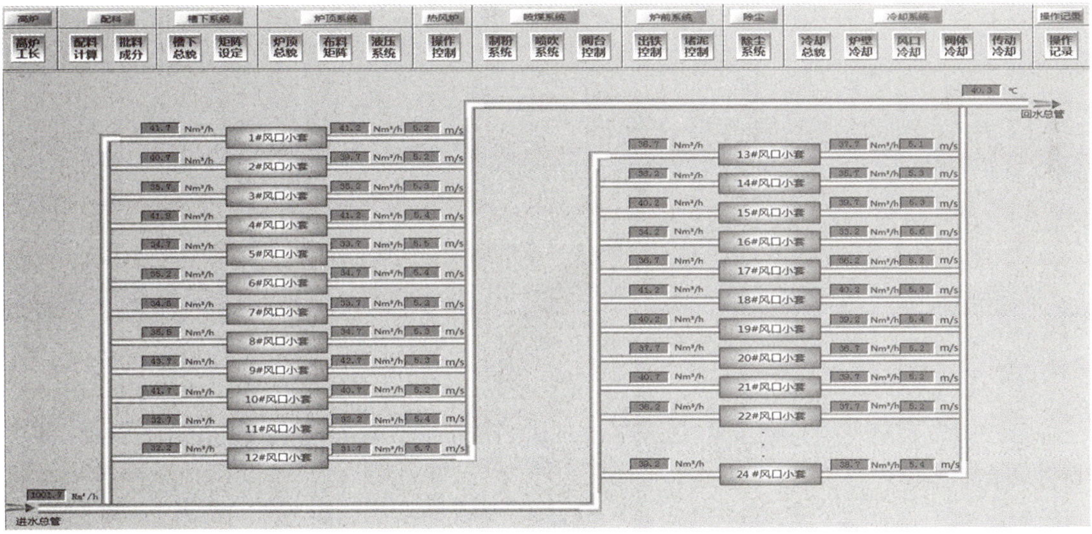

图 1-44

12.4 【阀体冷却】界面

【阀体冷却】界面(图 1-45)主要反映热风阀和倒流休风阀的冷却水流量,以及进出水流量和温度信息。

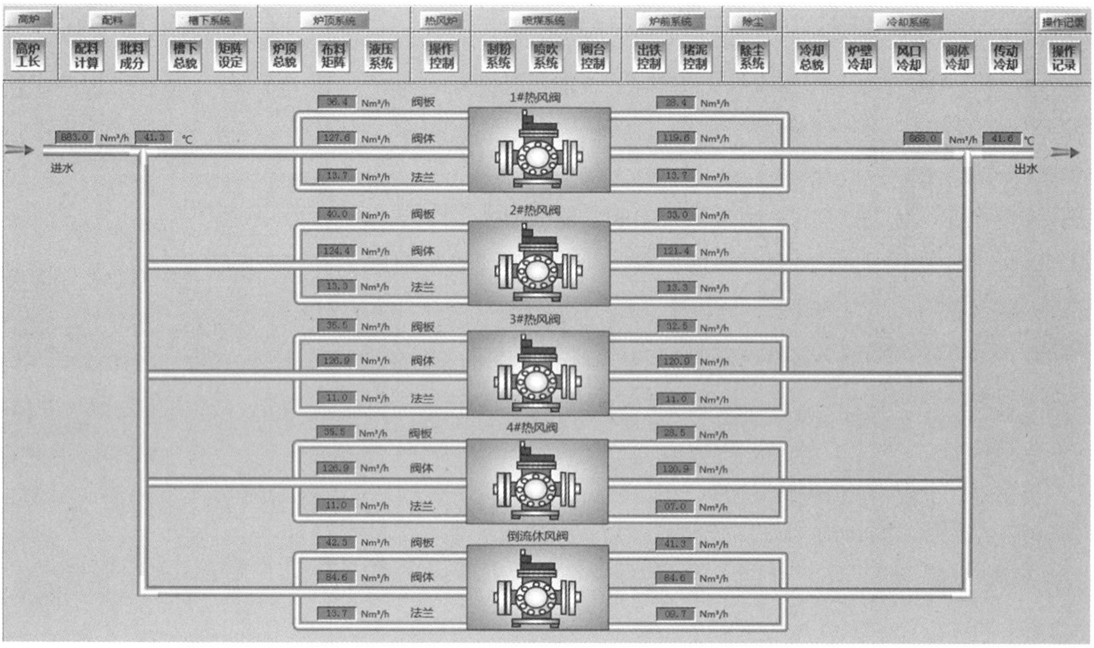

图 1-45

12.5 【传动冷却】界面操作规程

1. 界面简介

【传动冷却】界面(图 1-46)主要反映齿轮箱的冷却信息。

2. 操作规程

控制操作台:对 1#水泵、2#水泵进行启停操作。

齿轮箱冷却设备信息:实时监控各个阀、箱的状态,进出水温度、流量,水箱水位等。

单独操作控制时应注意:水位低于 1.0 m 时,补水阀打开,水箱水位达到 1.6 m 时,补水阀自动关闭。

3. 操作要领

要保证 1#水泵、2#水泵至少有一台运行,同时打开氮气总阀、密封箱阀、齿轮箱阀进行密封。

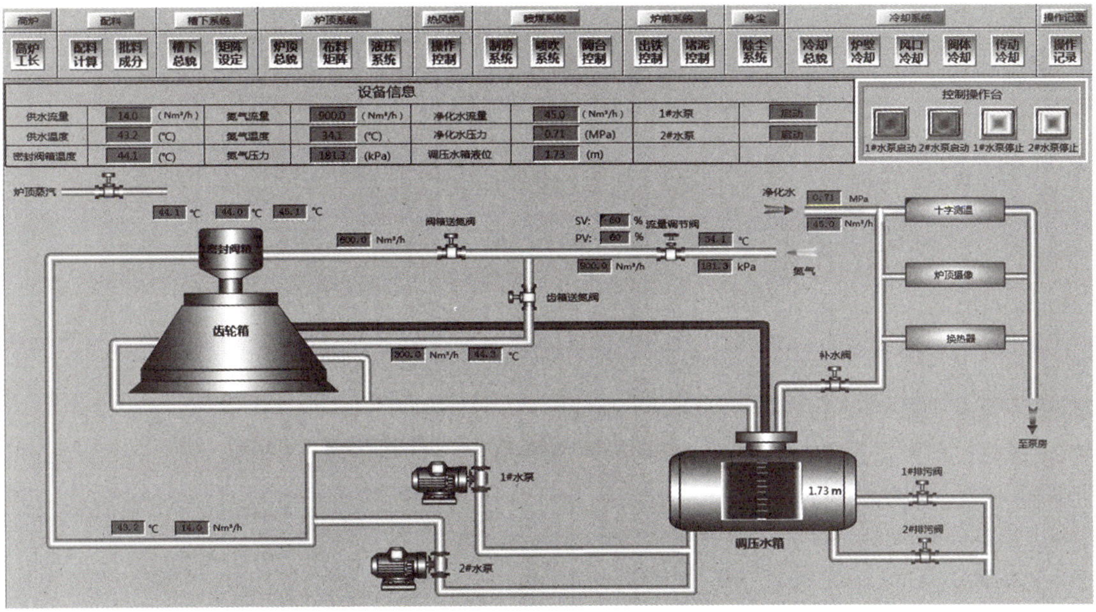

图 1-46

任务 13　终 止 操 作

进入【操作结果一览】界面(图 1-47),查看操作结果。返回主页,退出系统,操作结束。

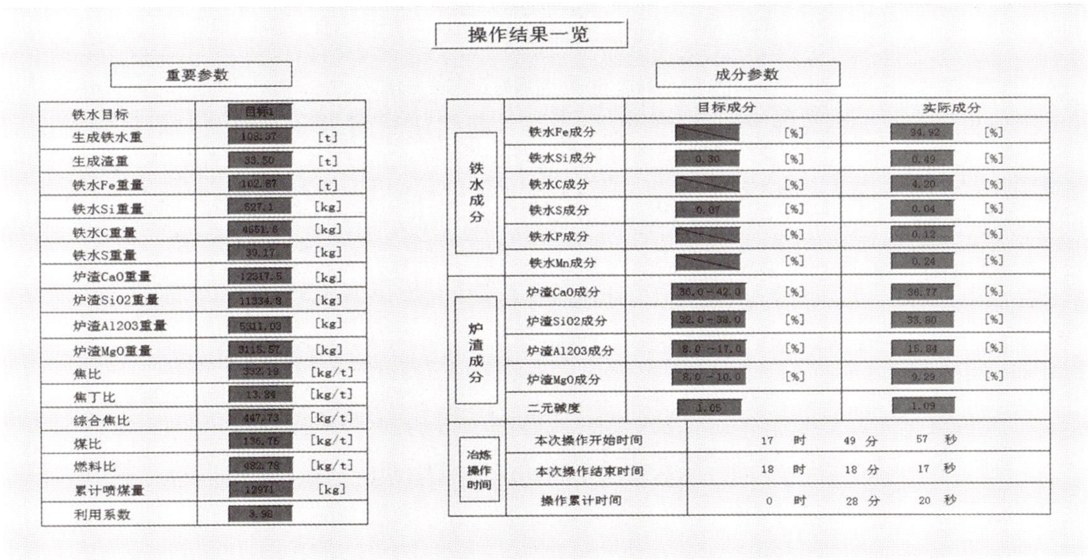

操作结果一览

重要参数

铁水目标	目标1	
生成铁水重	108.37	[t]
生成渣重	33.50	[t]
铁水Fe重量	102.87	[t]
铁水Si重量	527.1	[kg]
铁水C重量	4551.6	[kg]
铁水S重量	39.17	[kg]
炉渣CaO重量	12317.5	[kg]
炉渣SiO2重量	11334.8	[kg]
炉渣Al2O3重量	5311.03	[kg]
炉渣MgO重量	3115.57	[kg]
焦比	332.19	[kg/t]
焦丁比	13.84	[kg/t]
综合焦比	447.73	[kg/t]
煤比	136.75	[kg/t]
燃料比	482.78	[kg/t]
累计喷煤量	12971	[kg]
利用系数	3.98	

成分参数

		目标成分		实际成分	
铁水成分	铁水Fe成分		[%]	94.92	[%]
	铁水Si成分	0.30	[%]	0.49	[%]
	铁水C成分		[%]	4.20	[%]
	铁水S成分	0.07	[%]	0.04	[%]
	铁水P成分		[%]	0.12	[%]
	铁水Mn成分		[%]	0.24	[%]
炉渣成分	炉渣CaO成分	36.0 - 42.0	[%]	36.77	[%]
	炉渣SiO2成分	32.0 - 38.0	[%]	33.80	[%]
	炉渣Al2O3成分	8.0 - 17.0	[%]	15.84	[%]
	炉渣MgO成分	8.0 - 10.0	[%]	9.29	[%]
	二元碱度	1.05		1.09	

冶炼操作时间	本次操作开始时间	17	时	49	分	57	秒
	本次操作结束时间	18	时	18	分	17	秒
	操作累计时间	0	时	28	分	20	秒

图 1-47

任务 14　操作记录曲线分析

14.1 【操作记录】界面操作规程

1. 界面简介

【操作记录】界面(图 1-48)主要记录了整个冶炼过程中的操作以及误操作情况。

2. 操作规程

(1)当前操作:点击按钮,显示冶炼周期内所有的操作。

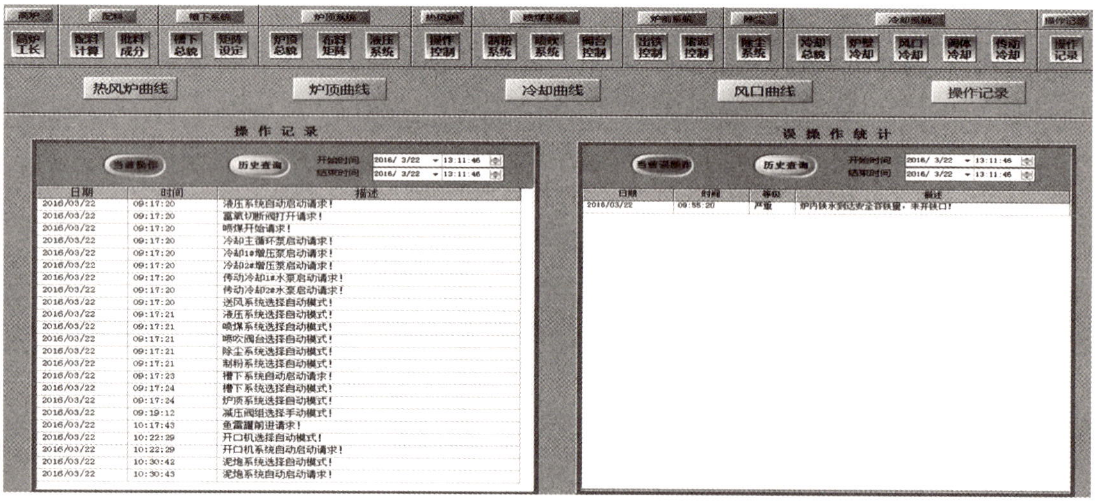

图 1-48

(2)历史查询:在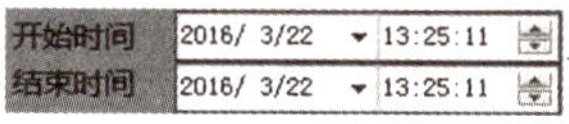设置好起止时间,点击,就可以查询历史操作。

3. 操作要领

结束时间一定要大于开始时间。

14.2 【热风炉曲线】界面操作规程

1. 界面简介

【热风炉曲线】界面(图 1-49)主要记录了整个冶炼过程中各个热风炉拱顶温度及废气温度的变化情况。

2. 操作规程

(1)实时曲线:点击图 1-50 中“切换到历史曲线”按钮进行实时曲线和历史曲线切换。实时曲线显示一个小时内的曲线。

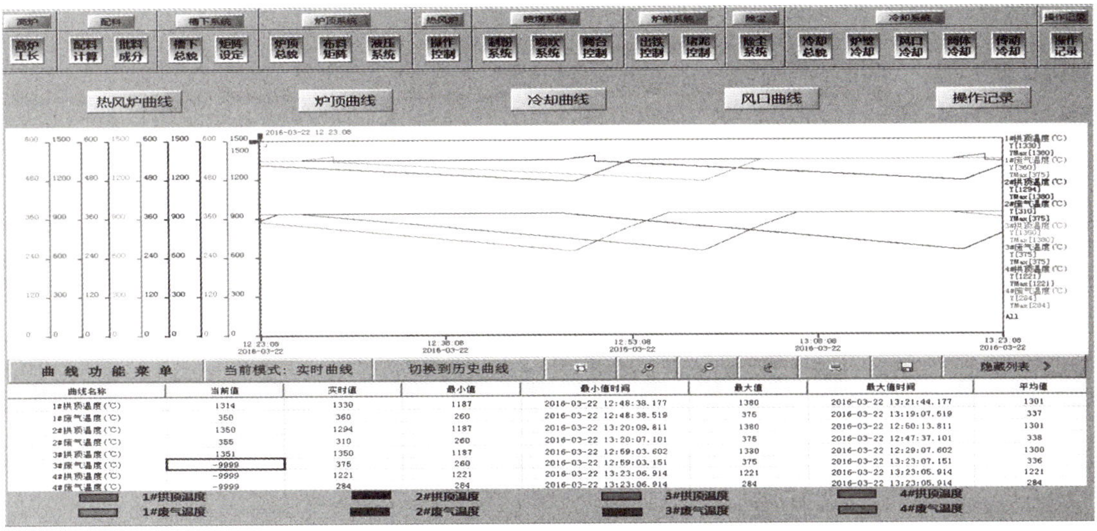

图 1-49

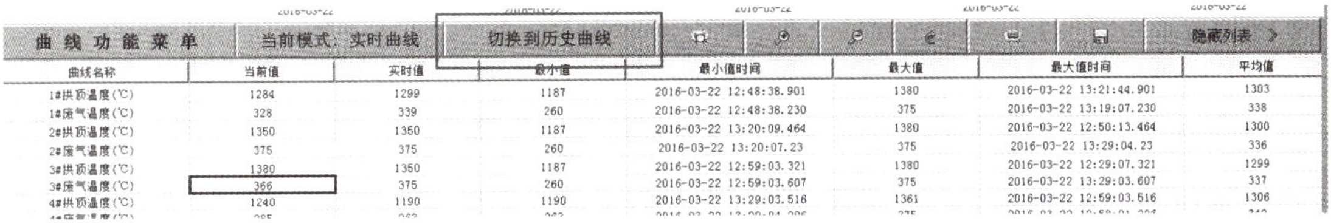

图 1-50

(2)历史曲线：将曲线切换到历史曲线，点击弹出图 1-51 所示页面。

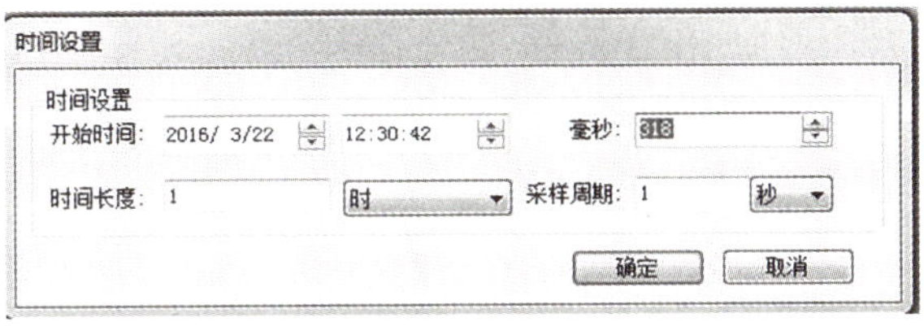

图 1-51

设置开始时间、时间长度及单位后，就可以对历史曲线进行查询。

3. 操作要领

采样周期一定要小于时间长度。

14.3 【炉顶曲线】界面操作规程

1. 界面简介

【炉顶曲线】界面(图 1-52)主要记录了冷风压力、炉顶压力、热风温度、热风压力、冷风流量、透气性指数及探尺的变化情况。

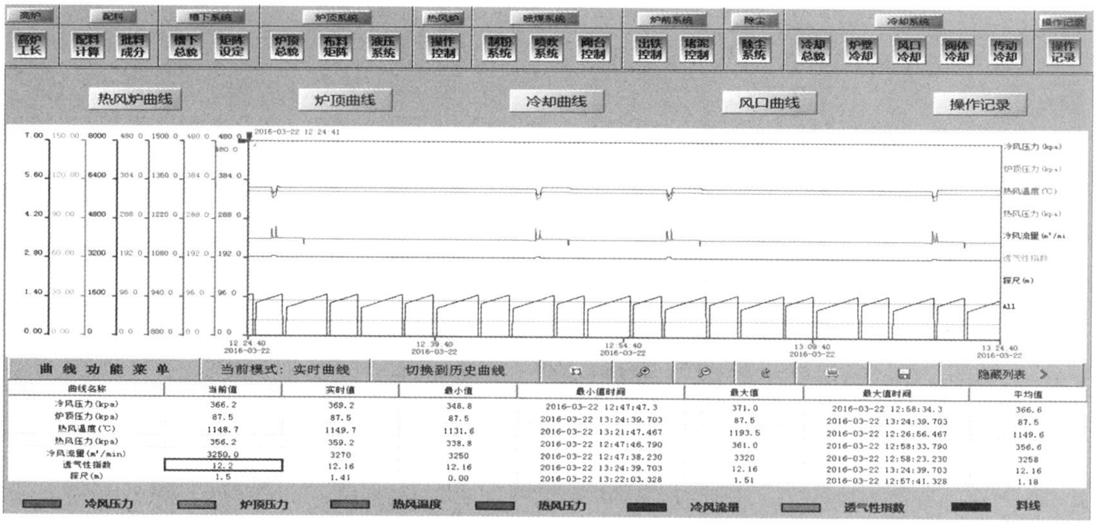

图 1-52

2. 操作规程

（1）实时曲线：点击图 1-53 中“切换到历史曲线”按钮进行实时曲线和历史曲线切换。实时曲线显示一个小时内的曲线。

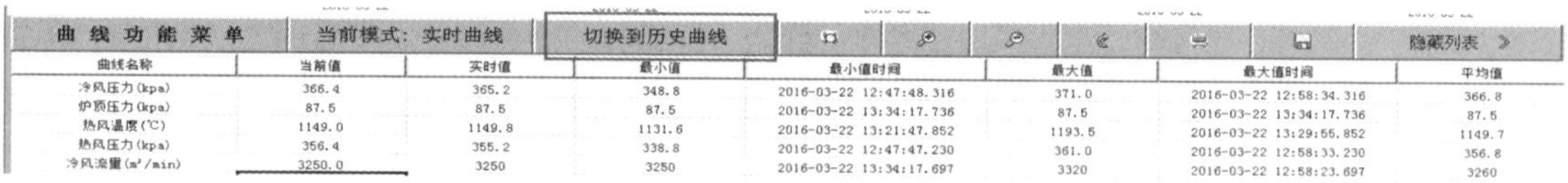

图 1-53

（2）历史曲线：将曲线切换到历史曲线，点击 弹出图 1-54 所示页面。

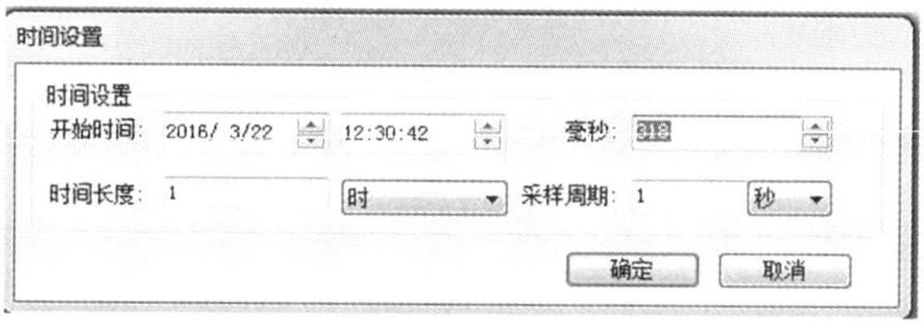

图 1-54

设置开始时间、时间长度及单位后，就可以对历史曲线进行查询。

3. 操作要领

采样周期一定要小于时间长度。

14.4 【冷却曲线】界面操作规程

1. 界面简介

【冷却曲线】界面（图 1-55）主要记录了进水温度、进水流量、出水温度、出水流量的变化情况。

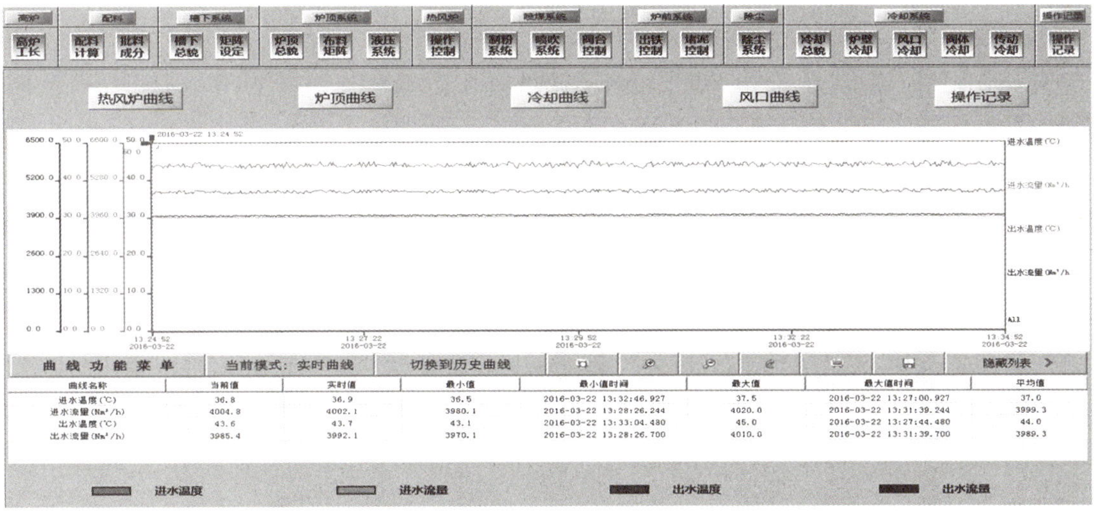

图 1-55

2. 操作规程

(1)实时曲线：点击图 1-56“切换到历史曲线”按钮进行实时曲线和历史曲线切换。实时曲线显示一个小时内的曲线。

图 1-56

(2)历史曲线：将曲线切换到历史曲线，点击  弹出图 1-57 所示页面。

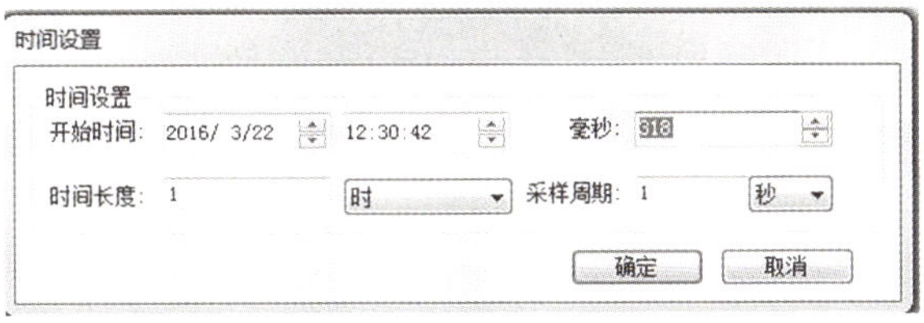

图 1-57

设置开始时间、时间长度及单位后，就可以对历史曲线进行查询。

3. 操作要领

采样周期一定要小于时间长度。

14.5 【风口曲线】界面操作规程

1. 界面简介

【操作记录】界面(图 1-58)主要记录了鼓风动能、标准风速、实际风速、回旋区长度、回旋区宽度、回旋区高度及全压差的变化情况。

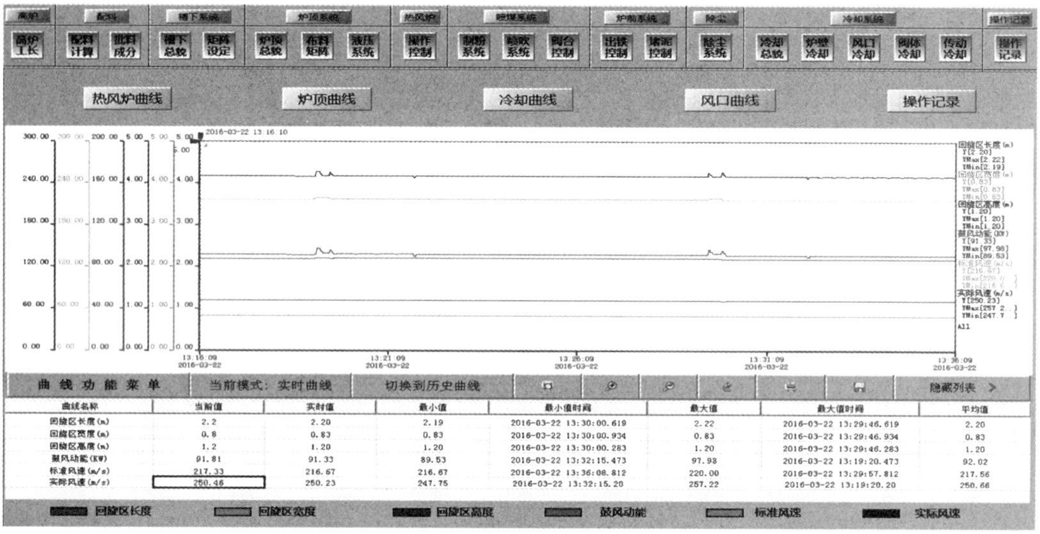

曲线名称	当前值	实时值	最小值	最小值时间	最大值	最大值时间	平均值
回旋区长度(m)	2.2	2.20	2.19	2016-03-22 13:30:00.619	2.22	2016-03-22 13:29:46.619	2.20
回旋区宽度(m)	0.8	0.83	0.83	2016-03-22 13:30:00.934	0.83	2016-03-22 13:29:46.934	0.83
回旋区高度(m)	1.2	1.20	1.20	2016-03-22 13:30:00.283	1.20	2016-03-22 13:29:46.283	1.20
鼓风动能(KW)	91.81	91.33	89.53	2016-03-22 13:32:15.473	97.98	2016-03-22 13:19:20.473	92.02
标准风速(m/s)	217.33	216.67	216.67	2016-03-22 13:36:08.812	220.00	2016-03-22 13:29:57.812	217.56
实际风速(m/s)	250.46	250.23	247.75	2016-03-22 13:32:15.20	257.22	2016-03-22 13:19:20.20	250.66

图 1-58

2. 操作规程

(1)实时曲线:点击图 1-59“切换到历史曲线”按钮进行实时曲线和历史曲线切换。实时曲线显示一个小时内的曲线。

曲线名称	当前值	实时值	最小值	最小值时间	最大值	最大值时间	平均值
回旋区长度(m)	2.2	2.20	2.19	2016-03-22 13:30:00.619	2.22	2016-03-22 13:29:46.619	2.20
回旋区宽度(m)	0.8	0.83	0.83	2016-03-22 13:30:00.934	0.83	2016-03-22 13:29:46.934	0.83
回旋区高度(m)	1.2	1.20	1.20	2016-03-22 13:30:00.283	1.20	2016-03-22 13:29:46.283	1.20
鼓风动能(KW)	91.72	91.47	89.53	2016-03-22 13:32:15.473	97.98	2016-03-22 13:19:20.473	92.02
标准风速(m/s)	217.33	216.67	216.67	2016-03-22 13:36:35.812	220.00	2016-03-22 13:29:57.812	217.54
实际风速(m/s)	250.38	250.42	247.75	2016-03-22 13:32:15.20	257.22	2016-03-22 13:19:20.20	250.66

图 1-59

(2)历史曲线:将曲线切换到历史曲线,点击弹出图 1-60 所示页面。

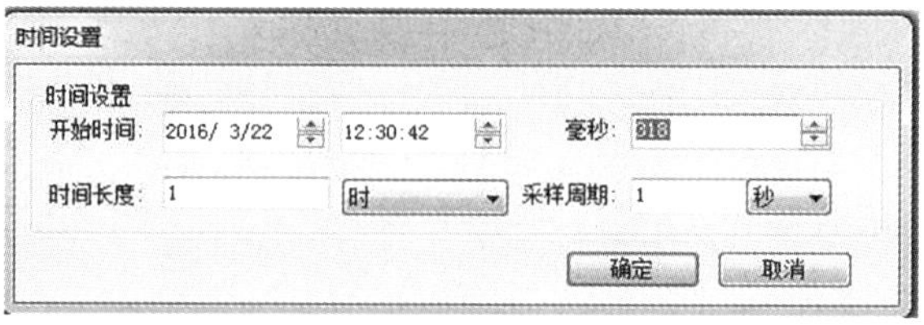

图 1-60

设置开始时间、时间长度及单位后，就可以对历史曲线进行查询。

3. 操作要领

采样周期一定要小于时间长度。

实训总结

【项目小结】

1. 炼铁工艺仿真实训项目，可在电脑上反复操作练习，允许试错，不存在实验成本投入。

2. 通过练习可加深对高炉各生产系统工艺及设备的记忆和理解。

3. 通过反复操作练习可记住工艺操作要点，并进行调整操作，最终冶炼一炉合格的铁水。

【项目反思】

1. 高炉炼铁的基本任务是什么？

2. 高炉炼铁的系统组成是什么？

3. 高炉炼铁的主要设备是什么？

4. 高炉炼铁的工艺操作要点是什么？

【项目评价】

按照表1-1进行评价：

表1-1

考核项目	内容	考核要求	计分标准	分值	组号	得分
项目实施态度	1. 实训的积极性； 2. 遵守安全操作规程情况； 3. 遵守纪律情况	1. 积极参加实训； 2. 遵守安全操作规程； 3. 有良好的职业道德和敬业精神	1. 遵守操作规程得20分； 2. 遵守劳动纪律得20分	40	1	
					2	
					3	
					4	
					5	
配料计算及下料调整	1. 配料计算过程； 2. 根据冶炼曲线调整下料	1. 能够正确进行配料计算； 2. 能够根据冶炼工况正确下料调整	1. 配料计算误差在±5%以内得20分； 2. 下料调整使工况正常得10分	30	1	
					2	
					3	
					4	
					5	

表 1-1(续)

考核项目	内容	考核要求	计分标准	分值	组号	得分
高炉各炼铁系统的操作	1. 高炉炼铁系统各设备; 2. 高炉炼铁系统各工艺过程	1. 能够描述高炉炼铁系统各设备; 2. 能够操作高炉炼铁系统各工艺过程	1. 描述设备正确得10分; 2. 工艺过程操作正确得20分	30	1	
					2	
					3	
					4	
					5	
合计得分						

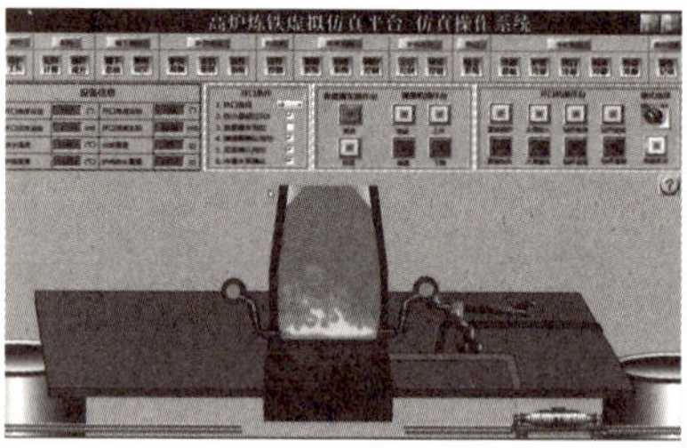

炼铁工艺仿真实训视频

项目2　炼钢工艺仿真实训

【项目描述】

1. 通过炼钢工艺仿真实训，熟知转炉炼钢的主要生产控制工艺，掌握转炉炼钢的基本原理，熟练地操作转炉炼钢设备（包括对其进行检查、维护和一般故障的判断）。

2. 操作过程中能按照仿真实训规程，提高对冶炼准备、装料、吹炼、出钢、溅渣护炉、出渣等转炉炼钢生产及控制过程的认知，并拓展对转炉炼钢终点、转炉冶炼最终成分、转炉冶炼渣成分、操作时长、转炉炼钢操作、转炉炼钢成本、转炉终点和最终成分的深层次思考及控制，获得较好的炼钢技术经济指标。

3. 按照生产要求完成冶炼一炉钢的完整操作，具备高等技术人才应有的生产操作技能、独立分析问题和解决现场实际问题的能力，以及组织安全生产的能力。

【项目分析】

1. 知识目标

（1）能熟悉炼钢车间和炼钢设备，了解各炼钢工序的冶金功能，掌握转炉炼钢的基础理论和基本原理。

（2）能描述转炉炼钢工艺操作要点，建立炼钢原料条件、工艺制度和冶炼过程平稳性（是否返干、喷溅）、冶炼终点达成率（钢水成分、温度）之间的内在关联，加深对转炉炉内反应规律的理解。

2. 技能目标

（1）具备转炉炼钢操作的基本技能（包括原材料重量的判别能力、确定各种原料配比的能力、编制冶炼工艺操作方案的能力、冶炼过程操作和控制的能力、终点判断和控制的能力、完成出钢及脱氧合金化操作的能力等）。

（2）通过对转炉炼钢终点、转炉冶炼最终成分、转炉冶炼渣成分、操作时长、转炉炼钢操作、转炉炼钢成本、转炉终点和最终成分的分析，实现对炼钢过程的重量及成本判定，按照生产要求高效平稳地完成冶炼一炉钢的完整操作。

【项目实施】

通过对转炉炼钢的冶炼准备、装料、吹炼、出钢、溅渣护炉、出渣等转炉炼钢生产及控制，完成对冶炼一炉钢的仿真操作过程。项目具体实施以下分解任务。

任务 1　仿真系统基本操作

1.1　系统登录及退出操作

程序进入【转炉炼钢虚拟仿真平台操作系统】初始界面，如图 2-1 所示。

图 2-1

点击“120 t 转炉炼钢虚拟仿真平台-仿真操作系统”按钮，进入转炉炼钢主页。

1.2　系统退出操作

在【转炉炼钢生产仿真实训】初始界面，点击“退出”按钮弹出退出小窗口

，点击确认即可退出软件，点击放弃则返回首页。

1.3　按钮说明

1. 方形按钮，可以点击，执行相应操作。绿色表示该设备已启动或者该阀门已打开到位，绿色闪烁表示该设备正在启动或者该阀门正在打开。红色表示该设备已停止运行或者该阀门已关闭到位，红色闪烁表示该设备正在停止或者该阀门正在关闭。

2. 圆形为灯，起到指示作用，有两种颜色。绿色表示该设备已启动或者该阀门已打开到位，绿色闪烁表示该设备正在启动或者该阀门正在打开。红色表示该设备已停止运行或者该阀门已关闭到位，红色闪烁表示该设备正在停止或者该阀门正在关闭。

3. 

带三角的文本框用于设置参数。重要参数会有最大值、最小值及精度的限制。

4. 

文本显示,不可更改。用于显示设备参数、技术指标及仪表数值等。

5. 档位指示。用于显示设备控制模式。

任务2 冶炼开始操作(以SPHC钢种为例)

2.1 【转炉总貌】界面操作规程(图2-2)

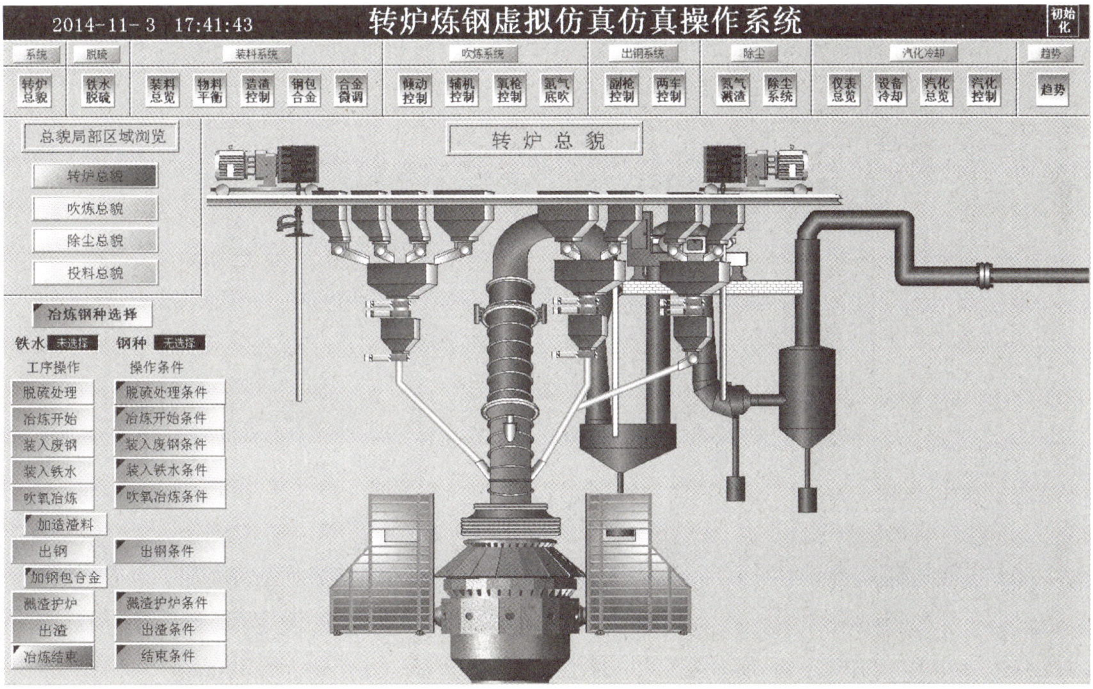

图2-2

1. 界面简介

【转炉总貌】界面主要完成转炉炼钢设备全局或局部区域浏览、冶炼工序操作控制、装入废钢、装入铁水等控制功能。

2. 操作规程

(1)转炉炼钢设备浏览功能:点击“转炉总貌”“吹炼总貌”“除尘总貌”“投料总貌”按钮可切换进行转炉炼钢设备全局或局部区域浏览。

(2)冶炼工序操作控制功能:首先选择目标钢种。点击

按钮,弹出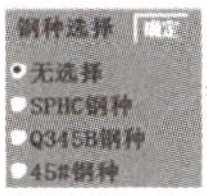

窗口进行目标钢种选择。选择目标钢种后允许进一步操作。

(3)转炉炼钢分为脱硫处理、冶炼开始、装入废钢、装入铁水、吹氧冶炼、出钢、溅渣护炉、出渣、考核结束/冶炼结束九道工序，转炉仿真操作按照工序流程进行。工序操作条呈绿色时，表示该工序已经具备条件。允许点击工序操作按钮进入该炼工序模式。点击相应工序操作条件按钮，将进入条件所在系统，操作此系统内设备或者设定工艺参数来满足条件。

(4)“装入废钢操作控制”功能窗口：在装入废钢模式下，窗口自动弹出提示“装入废钢”，首先点击“废钢槽吊入”，此时对应虚拟场景机上显示废钢槽缓慢吊入，待到位后在条件满足“允许”指示灯亮的情况下，进行“装入废钢”操作，虚拟场景机可观察装入废钢动作过程，如图 2-3(a)所示。

(5)“装入铁水操作控制”功能窗口：在装入铁水模式下，窗口自动弹出提示“装入铁水”，首先点击“铁水包吊入”，此时对应虚拟场景机上显示铁水包缓慢吊入，待到位后在条件满足“允许”指示灯亮的情况下，进行“装入铁水”操作，转炉在铁水装入的过程要进行转动，虚拟场景机可观察装入铁水动作过程，如图 2-3(b)所示。

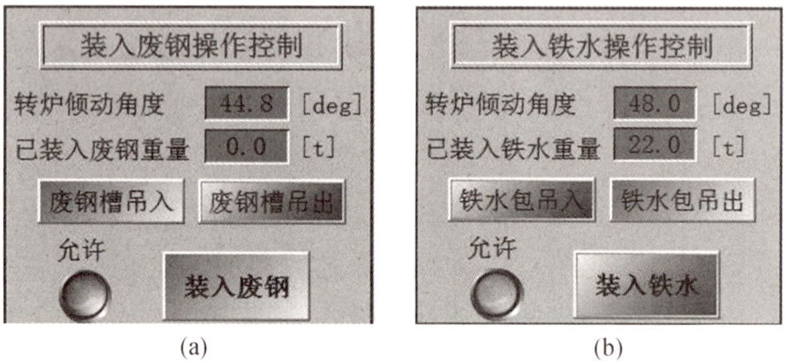

图 2-3

(6)其他功能简介：在冶炼工序操作控制功能中，可通过点击“加造渣料”“加钢包合金”按钮转至对应投料界面。在实训模式下，根据物理平衡的相关设定值，包括本界面在内的所有主要界面会弹出“加入造渣料”的提示，加料完成后，相应提示自动消除。

3. 操作要领

(1)考核模式下，冶炼工序操作条件按钮失效，无法通过该按钮查看工序条件不具备的原因。

(2)考核模式下，冶炼工序操作控制之冶炼结束模式显示为考核结束模式。

2.2　冶炼开始

进入仿真操作系统后，我们看到的第一个界面为【转炉总貌】(图 2-4)，在界面的左侧为工序操作区域(图 2-5)，这个区域既是我们的操作总纲，也是我们学习仿真操作系统的最佳引导。

在工序操作区域，左侧的“工序操作”显示当前选择的工序阶段，右侧的“操作条件”显示对应工序的连锁条件状态。下面我们将开始转炉冶炼一炉 SPHC 钢的操作。

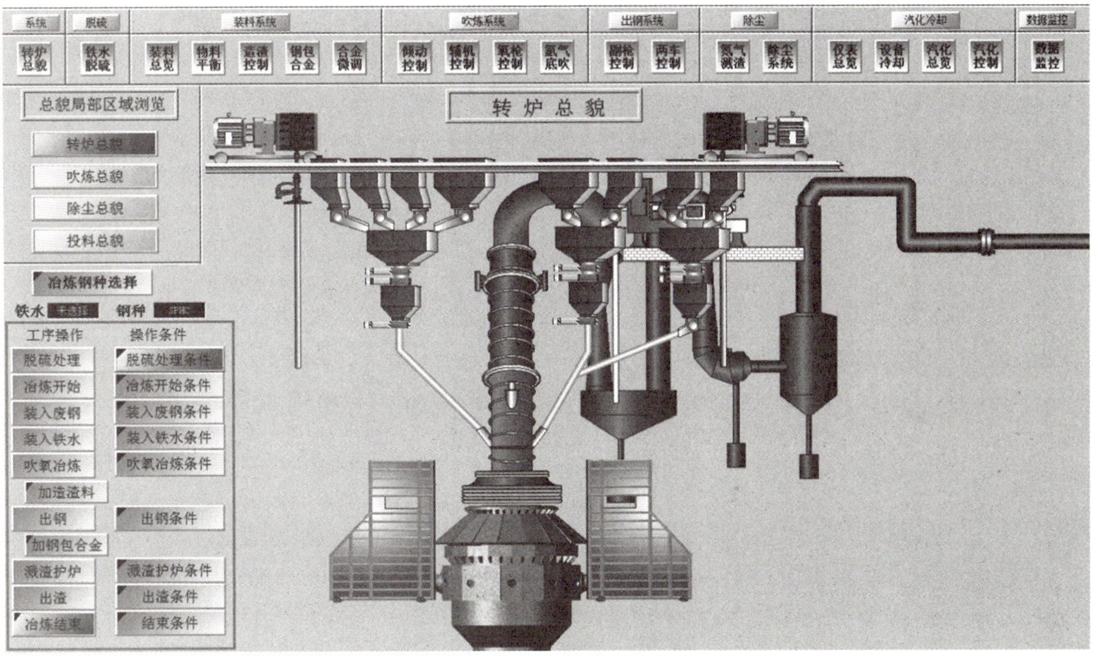

图 2-4

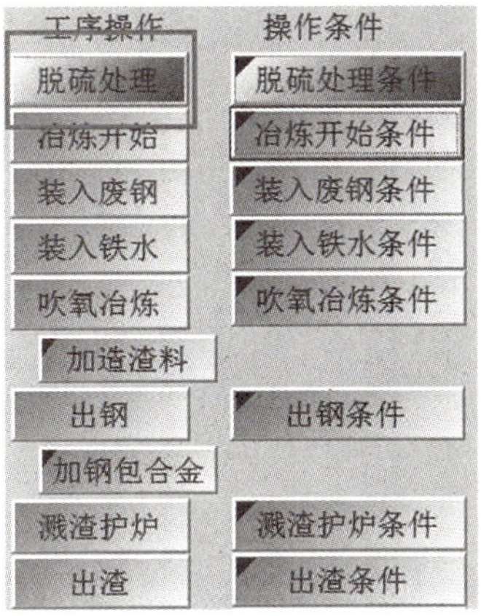

图 2-5

首先，我们看到在“操作条件”区域内“脱硫处理条件”呈绿色，在“工序操作”区域点击“脱硫处理”按钮。此时脱硫处理按钮转变为绿色，表示可以进行脱硫操作了。

此处对于脱硫处理，我们暂时不做介绍，直接来看冶炼开始。点击“冶炼开始条件”按钮，可以看到所有关于“冶炼开始”的连锁条件，条件具备呈绿色，不具备呈灰色（图 2-6）。

接下来需要逐项操作各个相关设备，完成其对应的连锁条件，此处以“汽化冷却系统准备好”为例。点击“汽化冷却系统准备好”按钮或者手动点击【汽化控制】界面，将所有模式按钮选择到“自动”状态，汽化系统会自动运行，直到达到“汽化冷却准备好”条件，如图 2-7 所示。

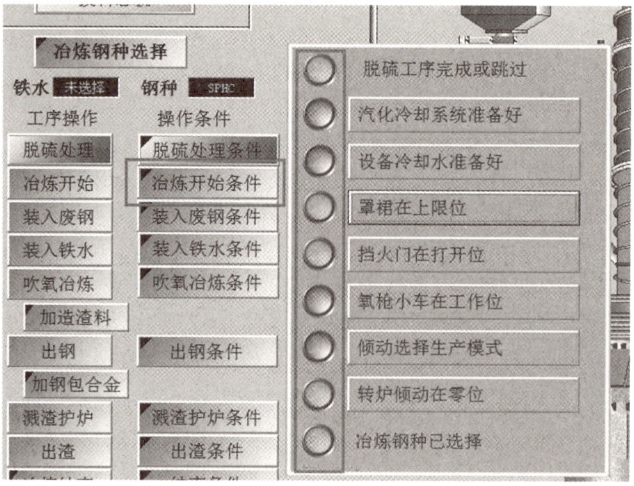

图 2-6

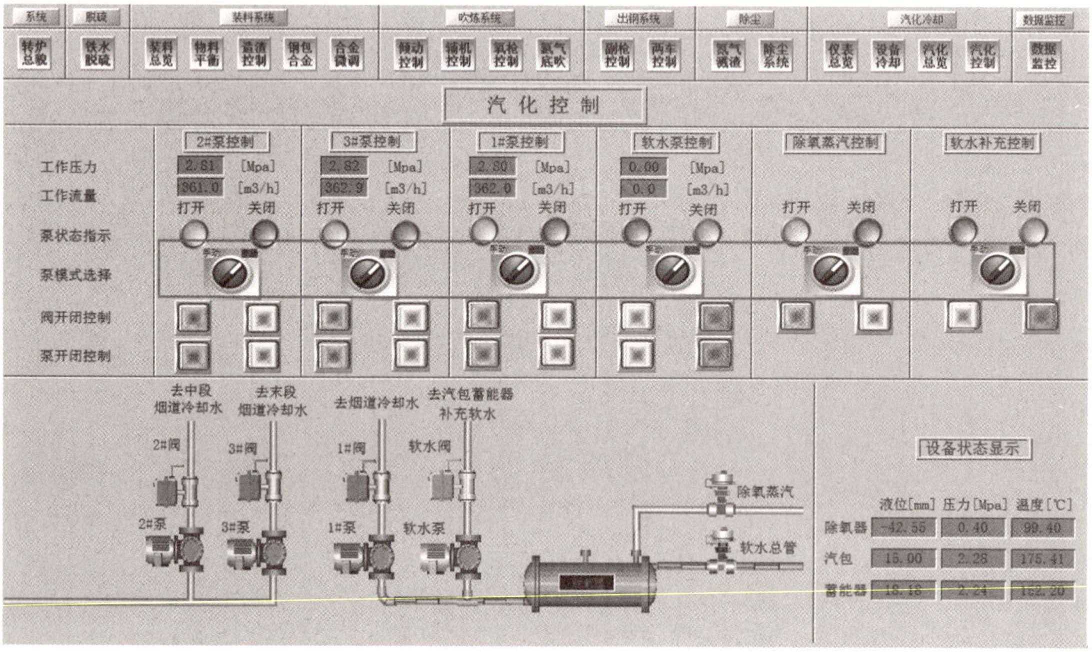

图 2-7

以此类推,完成“设备冷却水准备好”条件。点击“设备冷却准备好”按钮或手动找到【设备冷却】界面,将所有模式选择到“自动”状态,如图 2-8 所示。

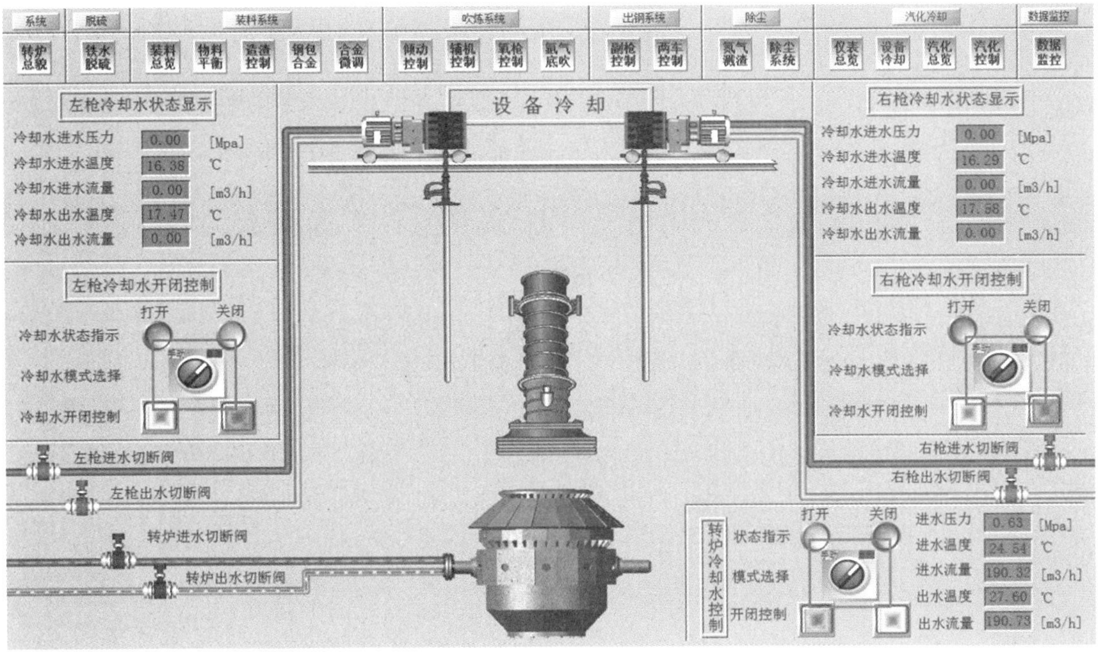

图 2-8

“裙罩在上限位”以及“挡火门在打开位”条件已具备,在此不做处理。

下一条件为“氧枪小车在工作位”,点击条件按钮或者手动找到【氧枪控制】界面(图 2-9),在画面右侧的操作区域内,我们选择“左车选择”,并点击“右移”将小车移动到工作位(也可以点击“一键设定”按钮选择“右车在工作位”)。待小车到位后,选择“锁定”。到此,“氧枪小车在工作位”操作完成。

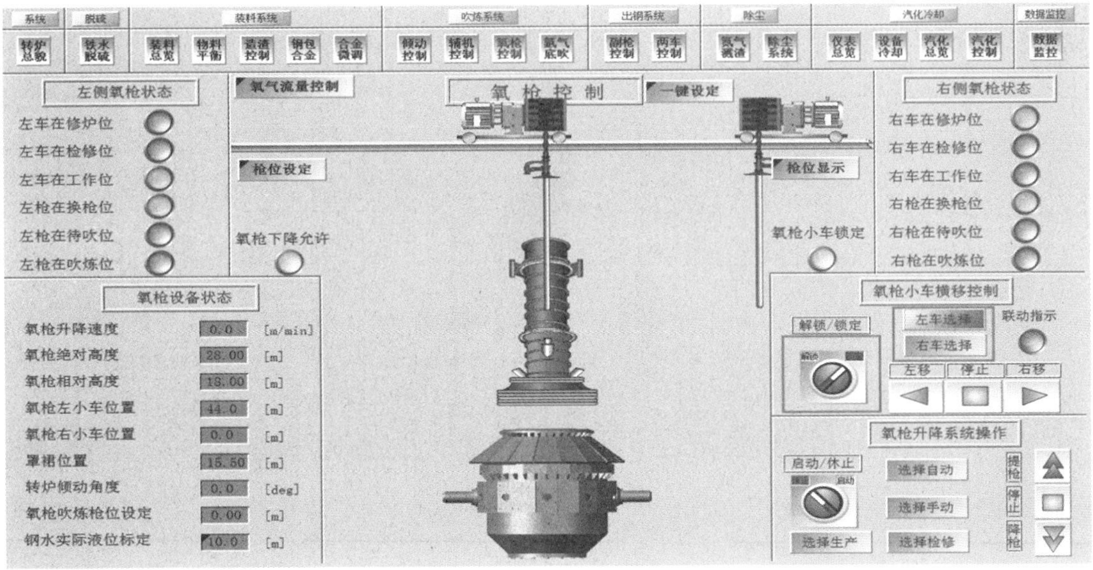

图 2-9

“冶炼开始条件”未完成的还有一项“倾动选择生产模式”。我们转换到【倾动控制】界面(图2-10),点击左侧的“启动/休止”按钮选择“启动”,点击“选择生产”按钮选择生产模式。

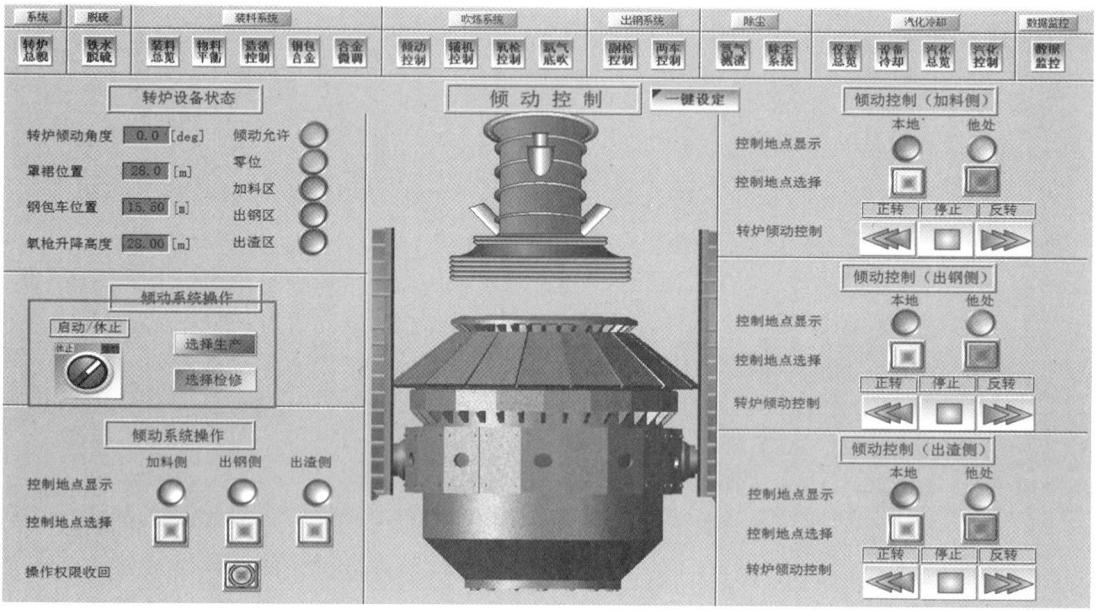

图2-10

到此,“冶炼开始条件”所有连锁条件全部完成。我们返回【转炉总貌】界面,在“工序操作”区域点击“冶炼开始”按钮(图2-11),进行实际操作。

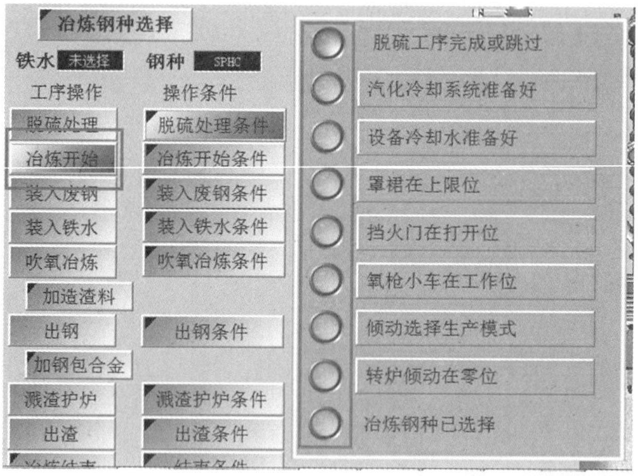

图2-11

任务3　装入废钢操作

3.1 【装料总览】界面操作规程(图 2-12)

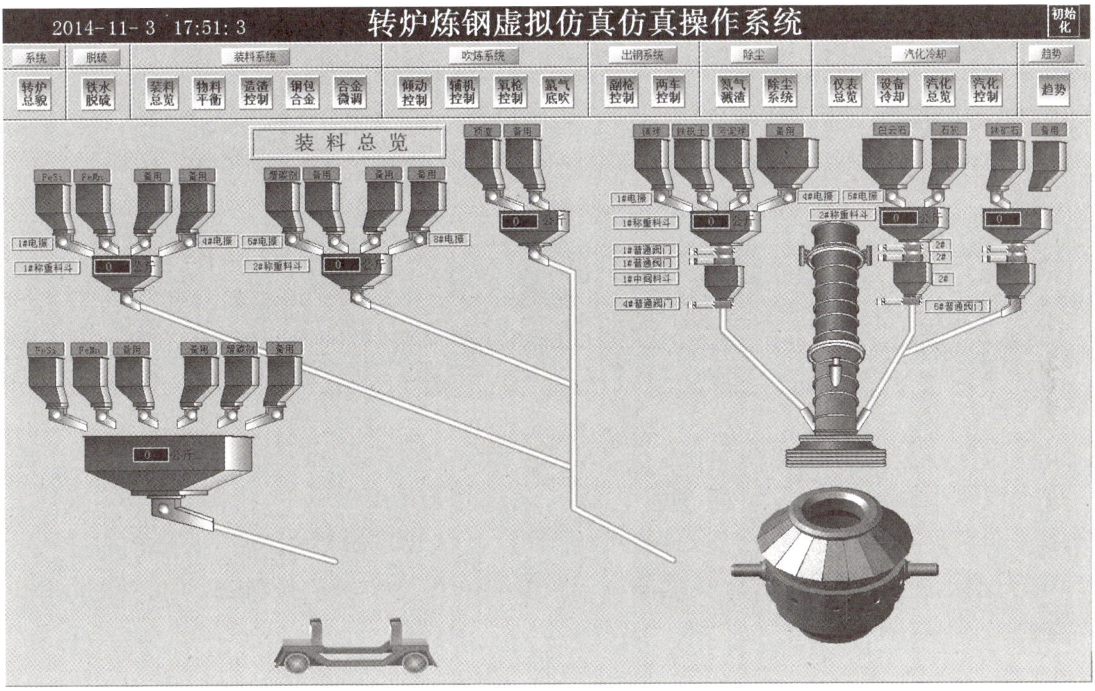

图 2-12

1. 界面简介

【装料总览】界面主要完成转炉装料系统设备浏览以及查看冶炼期间造渣料、钢包合金、合金微调等工序实时状态。

2. 操作规程

【装料总览】界面主要实现查看功能、无设备操作功能。

3.2 【物料平衡】界面操作规程(图 2-13)

1. 界面简介

【物料平衡】界面主要实现冶炼目标参数设定、冶炼用原料参数设定、自动炼钢各参数设定以及实时查看冶炼过程数据等功能。

2. 操作规程

(1)冶炼原料参数设置:在冶炼开始模式下,点击“废钢种类”按钮,选取冶炼使用的废钢,并手动输入废钢重量。

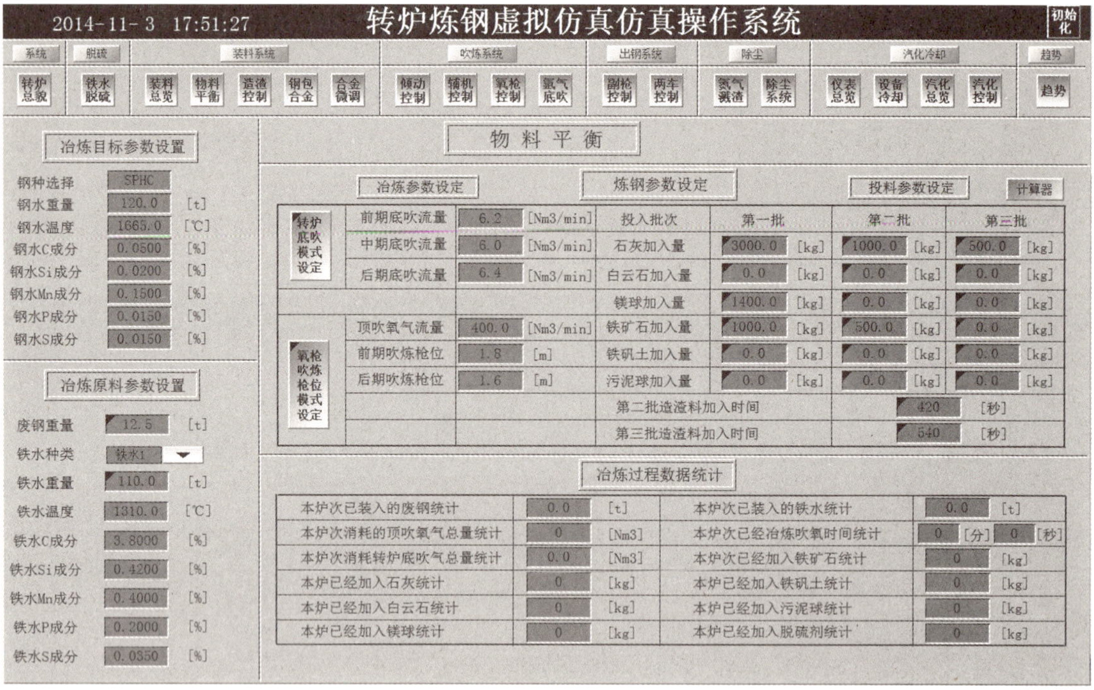

图 2-13

在冶炼开始模式下，点击“铁水选择”按钮，选取准备冶炼的铁水，在自定义铁水模式下需要手动输入自定铁水各成分参数目标值，其他铁水种类成分默认生成并不可改变。

(2)冶炼工程数据统计：该数据实时记录本炉次冶炼原料消耗料，只可查看，无操作功能。

(3)物料一键设定：不进行铁水预处理工序，且在冶炼开始模式下，120 t 转炉炼钢会出现“物料一键设定”按钮，点击此按钮所有设定参数会快速给出一组默认值，默认值生成后，可进行适当调整。

3. 操作要领

(1)考核模式下，物料一键设定失效，所有参数需手动设定。

(2)非“冶炼开始”模式，禁止修改冶炼目标值、原料参数等数据，自动炼钢参数可以实时调整并有效。

3.3 【造渣控制】界面操作规程(2-14)

1. 界面简介

【造渣控制】界面主要实现冶炼期间造渣料称量、装料等功能。造渣料分为石灰、白云石、铁矿石、镁球、铁矾土、污泥球六类。

2. 操作规程

(1)称量操作：造渣料称量分为自动、手动两种模式，自动模式下称量设定值由物料平衡设定给出，手动模式下需要手动输入各自造渣料称量设定值。

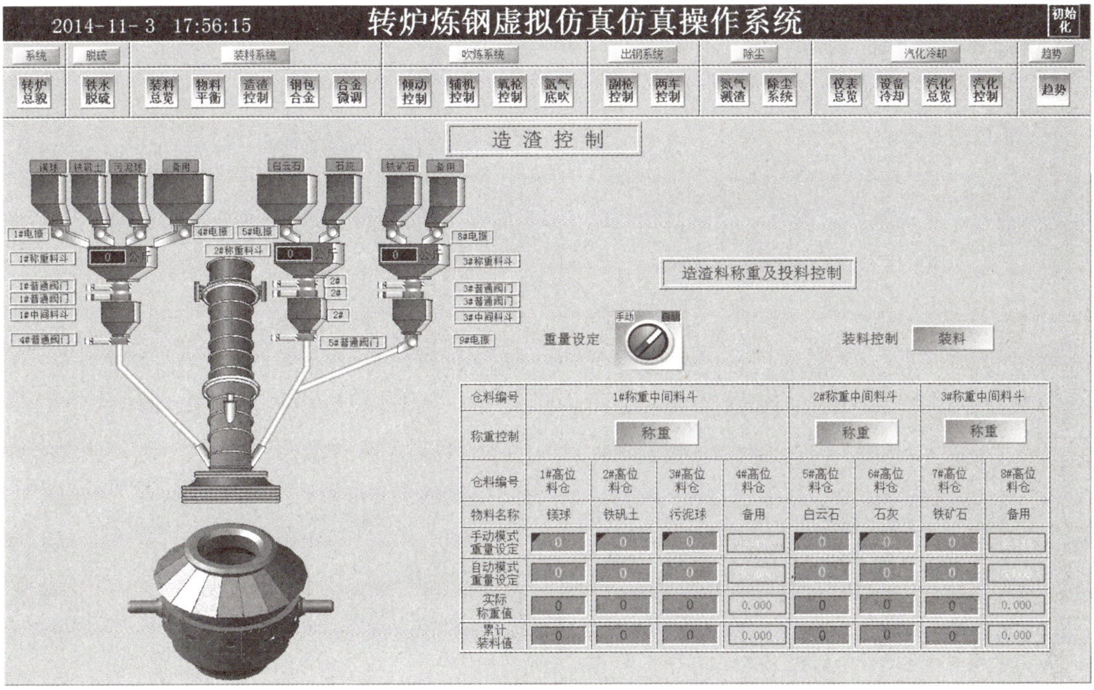

图 2-14

(2)装料操作:称量完成后,点击“装料”按钮,即可将造渣料投入转炉中。

3. 操作要领

(1)每个冶炼周期只有 4 次装料机会,请谨慎计算后实施称量投料作业。

(2)非吹氧模式下,投料无效。请谨慎装料。

(3)转炉倾动不在零位,禁止装料。

(4)造渣料参数设置:石灰石称量手动设定值上限为 6 000 kg;其他造渣料称量手动设定值上限为 3 000 kg。

3.4 【钢包合金】界面操作规程(图 2-15)

1. 界面简介

【钢包合金】界面主要实现冶炼期间钢包合金称量、装料等功能。钢包合金分为增碳剂、FeSi、FeMn、顶渣四类。增碳剂采用沥青焦,其有效成分为 90%C①,收得率为 90%。硅铁 FeSi 牌号为 FeSi75Al1.0A,其有效成分为 80%Si,收得率为 95%。锰铁 FeMn 牌号为 GFeMn76,其有效成分为 76%Mn、7%C,收得率为 95%。

2. 操作规程

(1)称量操作:需要手动输入各自钢包合金称量设定值后点击“称重”按钮称量。

(2)装料操作:称量完成后,点击“装料”按钮,即可将钢包合金装入钢包中。

① 本书均指质量分数。

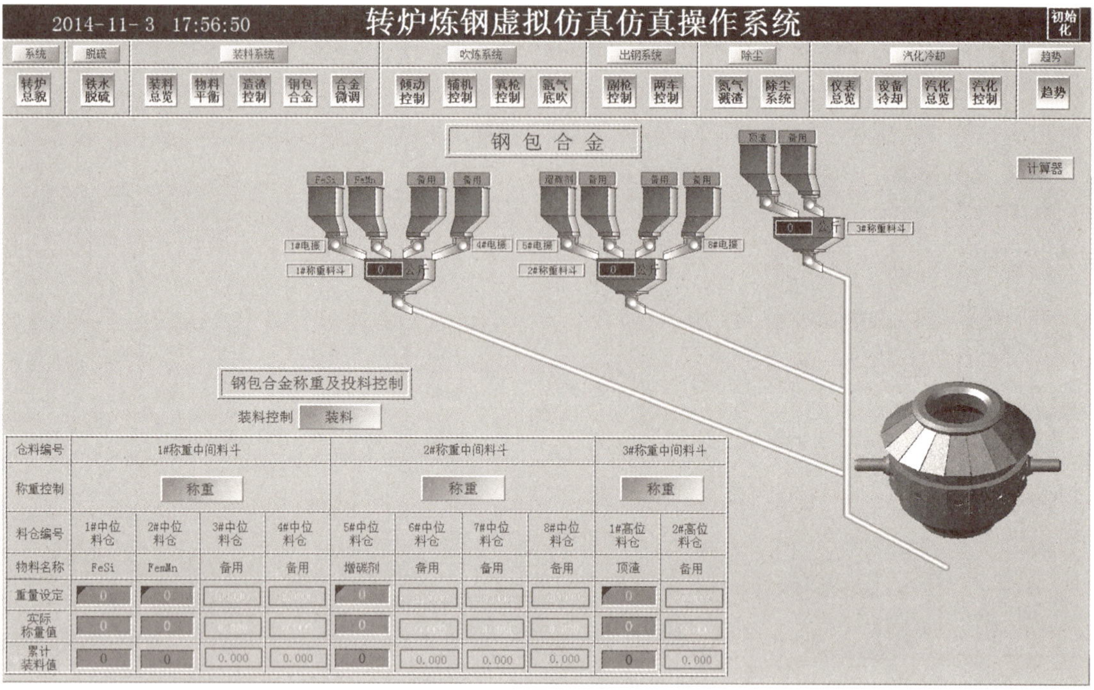

图 2-15

3. 操作要领

(1)称量完成以前,禁止装料操作。

(2)钢包车不在出钢位或钢包没有装入时,装料无效。

(3)顶渣主要用于脱氧,出钢前装入。

(4)其他合金在出钢期间装入,出钢结束前结束装料。

(5)钢包合金参数设置:各合金称量设定值上限为 1 000 kg。

3.5 【合金微调】界面操作规程(图 2-16)

1. 界面简介

【合金微调】界面主要实现出钢之后合金微调称量、装料等功能。微调合金分为增碳剂、FeSi、FeMn 三类。增碳剂采用沥青焦,其有效成分为 90%C,收得率为 90%。硅铁 FeSi 牌号为 FeSi75Al1.0A,其有效成分为 80%Si,收得率为 95%。锰铁 FeMn 牌号为 GFeMn76,其有效成分为 76%Mn、7%C,收得率为 95%。

2. 操作规程

(1)称量操作:需要手动输入各自微调合金称量设定值后点击“称重”按钮称量。

(2)装料操作:称量完成后,点击“装料”按钮,即可将微调合金装入钢包中。

3. 操作要领

(1)称量完成以前,禁止装料操作。

(2)钢包车不在炉后位或钢包没有装入时,装料无效。

(3)微调合金在炉后 CAS 站吹氩期间进行。

(4)微调合金参数设置:各合金称量设定值上限为 300 kg。

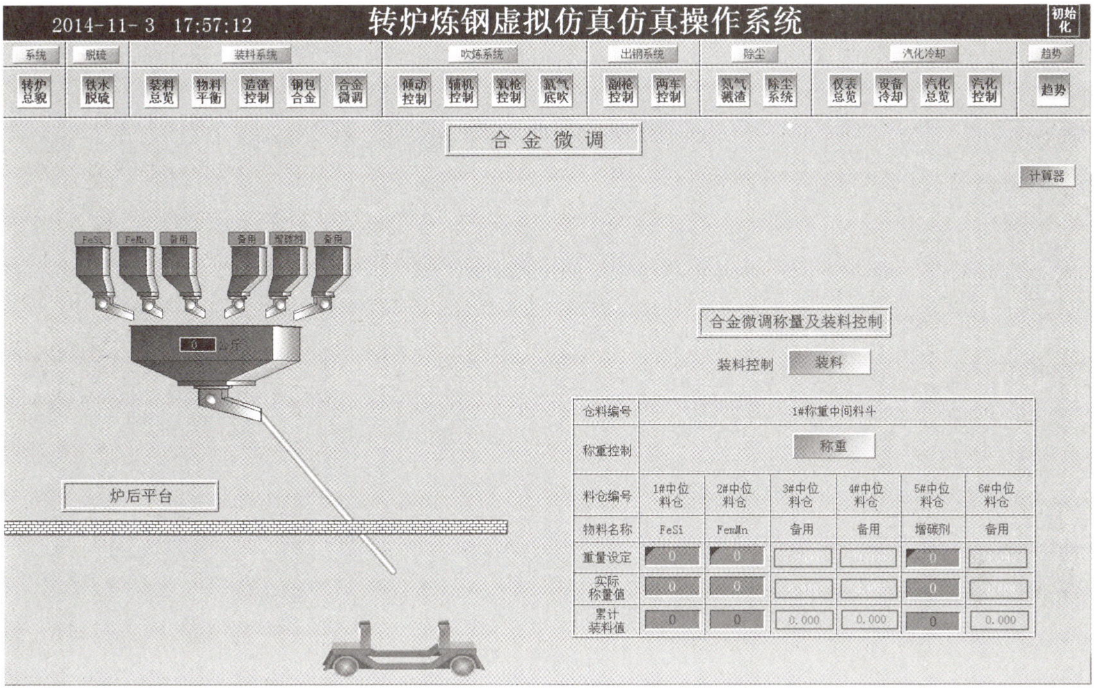

图 2-16

3.6　装入废钢操作

选择“冶炼开始”工序后,基本的冶炼条件已经具备。下一步准备加入原料。

从“装入废钢条件”按钮颜色可以看出,目前不具备装入废钢条件,点击“装入废钢条件”,查看装入废钢的连锁条件及对应状态,如图 2-17 所示。

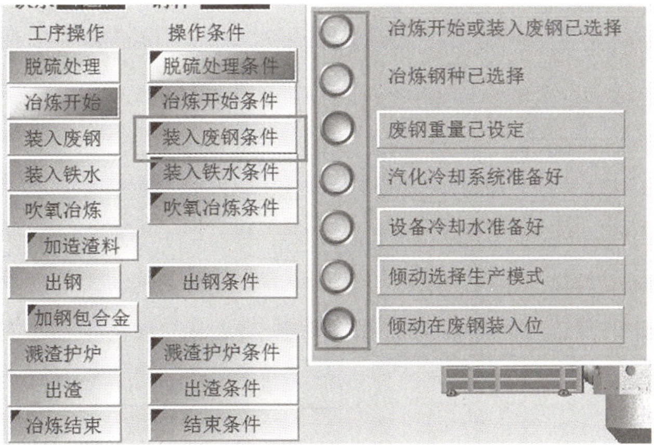

图 2-17

由图 2-17 可以看到，废钢重量未设定好，并且倾动没在废钢装入位，其他条件已具备。针对废钢重量未设定好，可以点击“废钢重量已设定”按钮或手动打开【物料平衡】界面（图 2-18）。

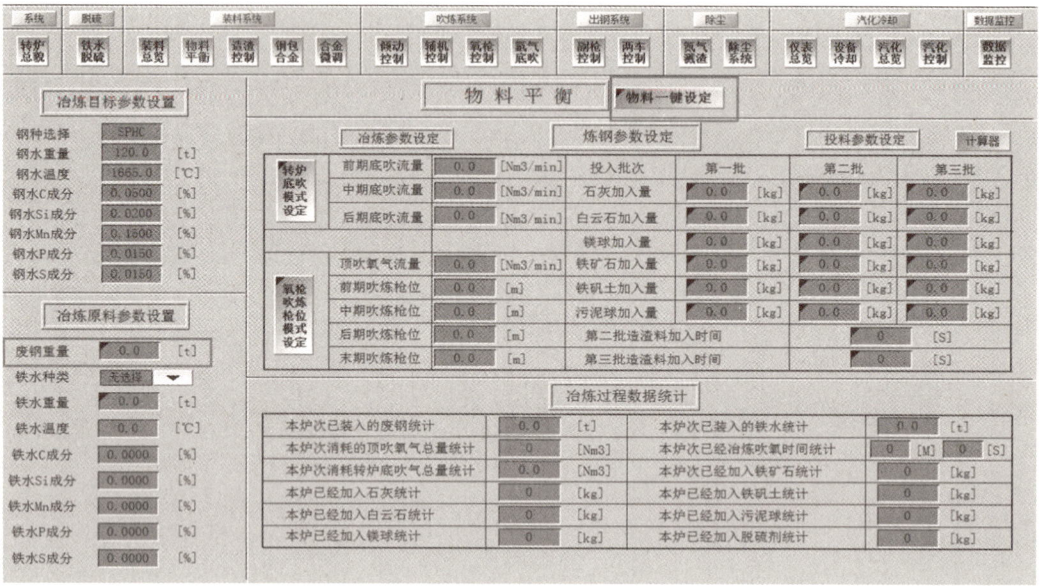

图 2-18

在这里我们可以手动输入废钢重量，也可以点击“物料一键设定”完成物料设定。如果点击“物料一键设定”将对废钢重量、铁水种类、底吹氩气、氧枪吹炼枪位以及投入的造渣料全部赋值，那么这套参数将是本平台自带的一套合理的参数值。图 2-19 为“物料一键设定”的状态。

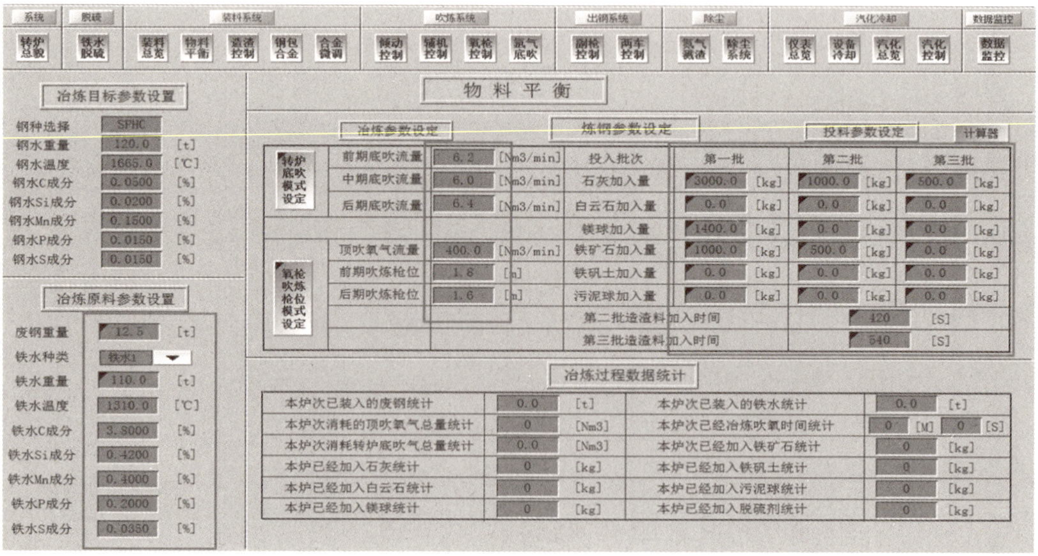

图 2-19

设定好废钢重量后，我们倾动转炉至加料区。打开【倾动控制】界面（图 2-20），在界面的左下侧“倾动系统操作”区域点击“加料侧”按钮，在界面的右上侧“倾动控制（加料侧）”区域选择“本地”，这样倾动操作权限就转换到加料侧操作台。此时，“倾动控制（加料侧）”操作地点“本地”操作显示为绿色。

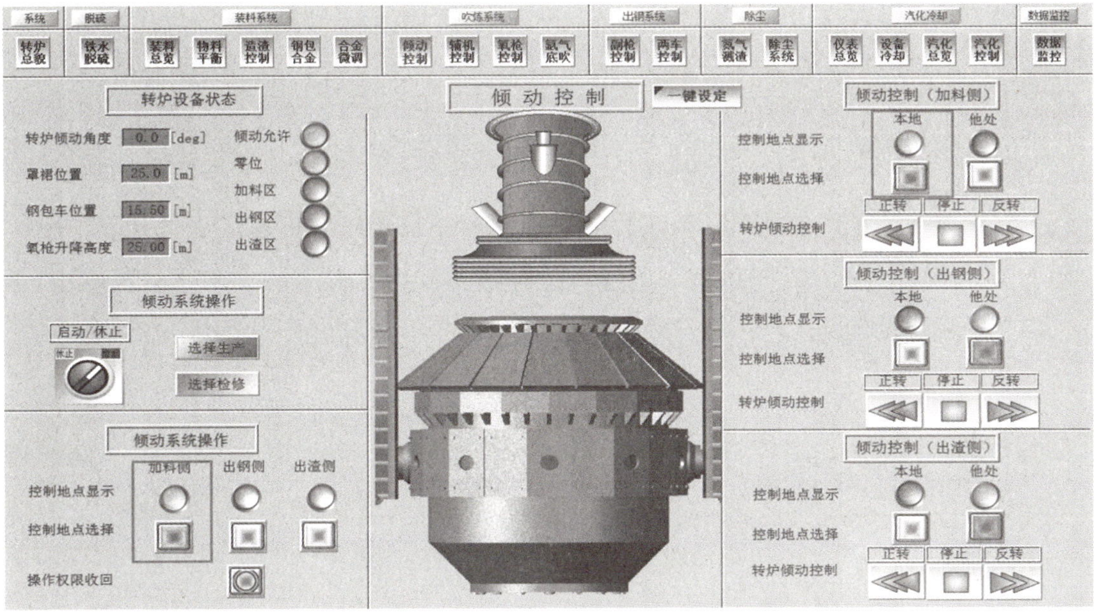

图 2-20

操作“倾动控制（加料侧）”的“转炉倾动控制”按钮，点击“正转”将转炉倾动，直到界面右上侧“转炉设备状态”区域内的“加料区”指示变为绿色。这时转炉已经倾动到加料区。在此界面中也可以使用“一键设定”，直接操作转炉倾动到指定的位置。

转炉倾动操作，正反转速度分为三级，“正转”与“反转”按钮各点击一次增加一级，点击“停止”按钮，倾动速度归零，倾动停止，如图 2-21 所示。

转炉倾动到“加料区”后，返回到【转炉总貌】界面，因为装入废钢连锁条件都已经满足，“装入废钢条件”按钮变为绿色。在“工序操作”区域选择“装入废钢”。“装入废钢”变为绿色后，在界面的右下侧弹出“装入废钢操作控制”区域，在此处完成装入废钢操作，如图 2-22 所示。

装废钢时，先点击“废钢槽吊入”。“废钢槽吊入”按钮开始闪烁，表示废钢槽被调入运行中。

等到“废钢槽调入”常绿，说明废钢槽到位，此时“允许”显示绿色，表示可以装入废钢。点击“装入废钢”按钮，装入废钢动作开始，如图 2-23 所示。“已装入废钢重量”显示框的数据开始增长，直到达到装入设定的废钢重量。

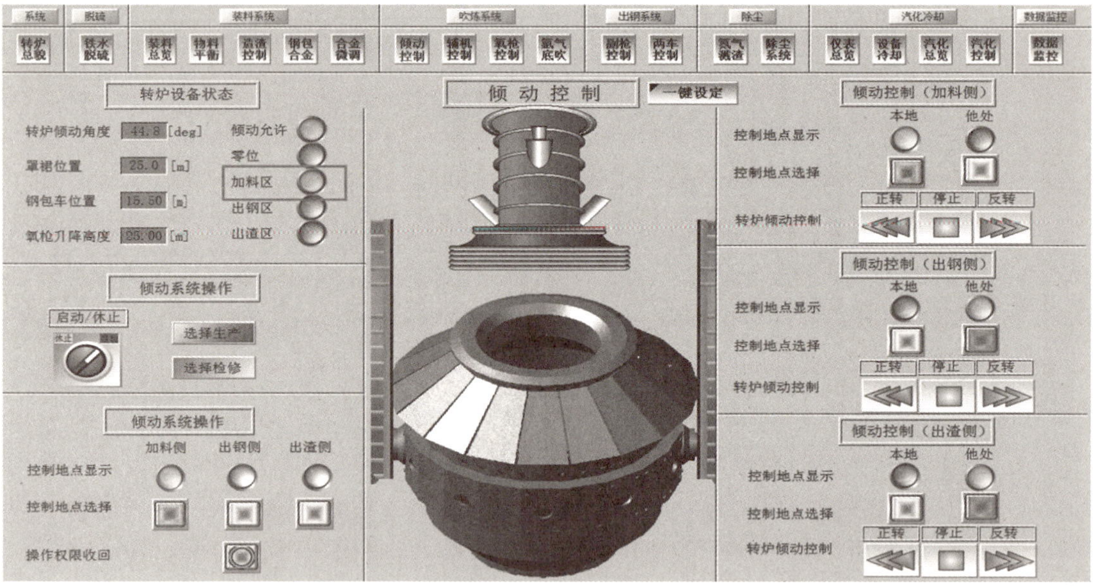

图 2-21

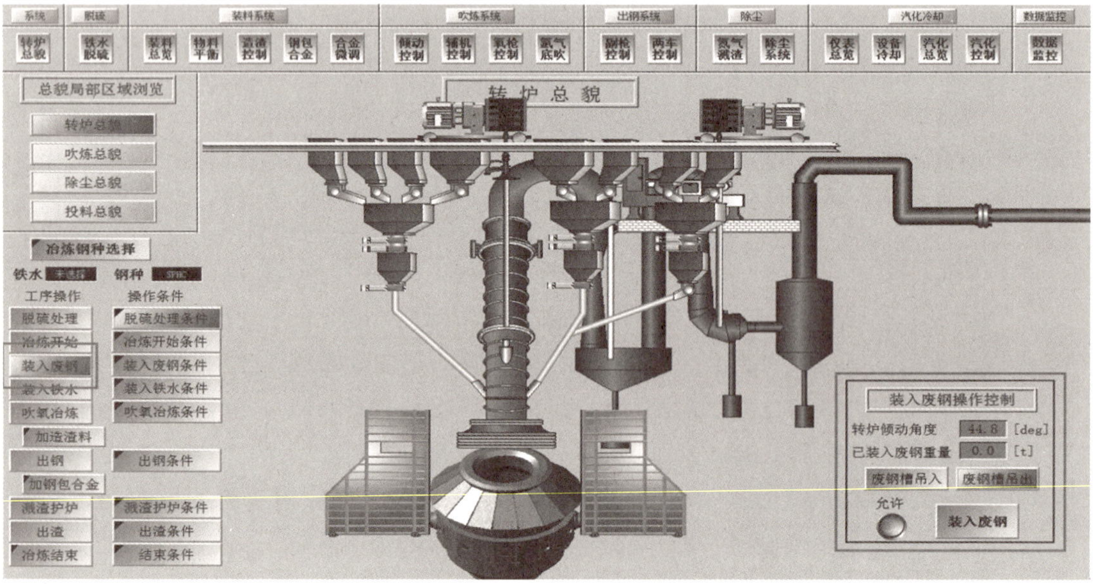

图 2-22

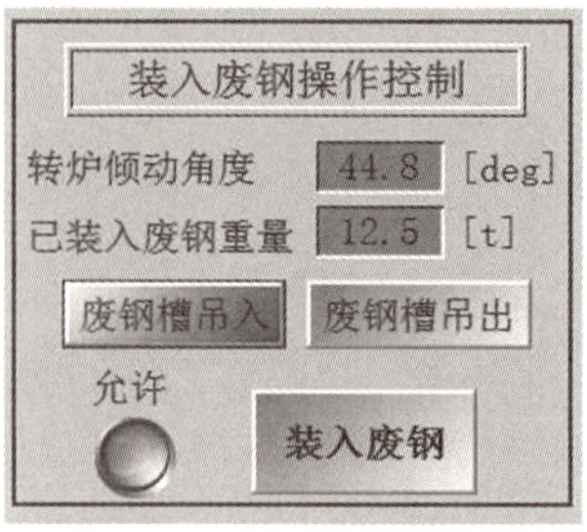

图 2-23

废钢装入完毕后,"允许"显示恢复灰色,点击"废钢槽吊出"按钮,吊出废钢槽。等到"废钢槽吊出"变成绿色,装废钢操作结束,如图 2-24 所示。

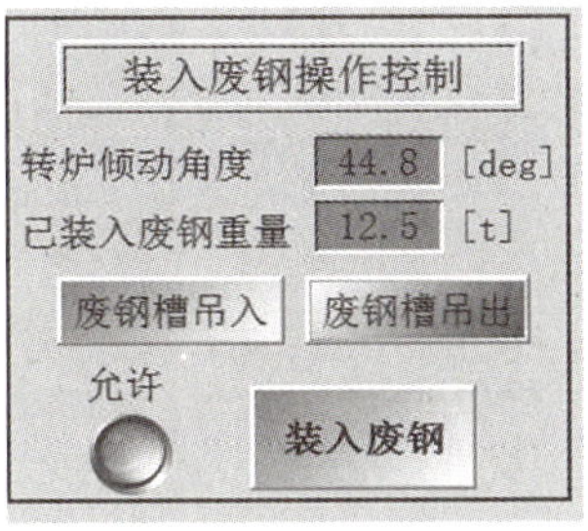

图 2-24

任务 4　装入铁水操作

点击【转炉总貌】界面左侧"操作条件"区域"装入铁水条件"按钮,打开装入铁水条件窗口,如图 2-25 所示。

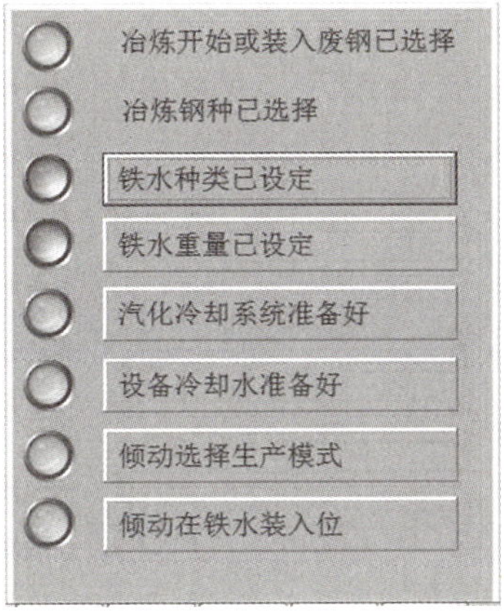

图 2-25

"装入铁水"操作的连锁条件还需要"铁水种类已设定"及"铁水重量已设定"。点击"铁水种类已设定"按钮或者直接在界面上方的主菜单点击"物料平衡"按钮,进入【物料平衡】界面。在界面的右下方选择铁水重量及种类。"铁水重量"可以使用默认值,也可以手动输入,如图 2-26 所示。

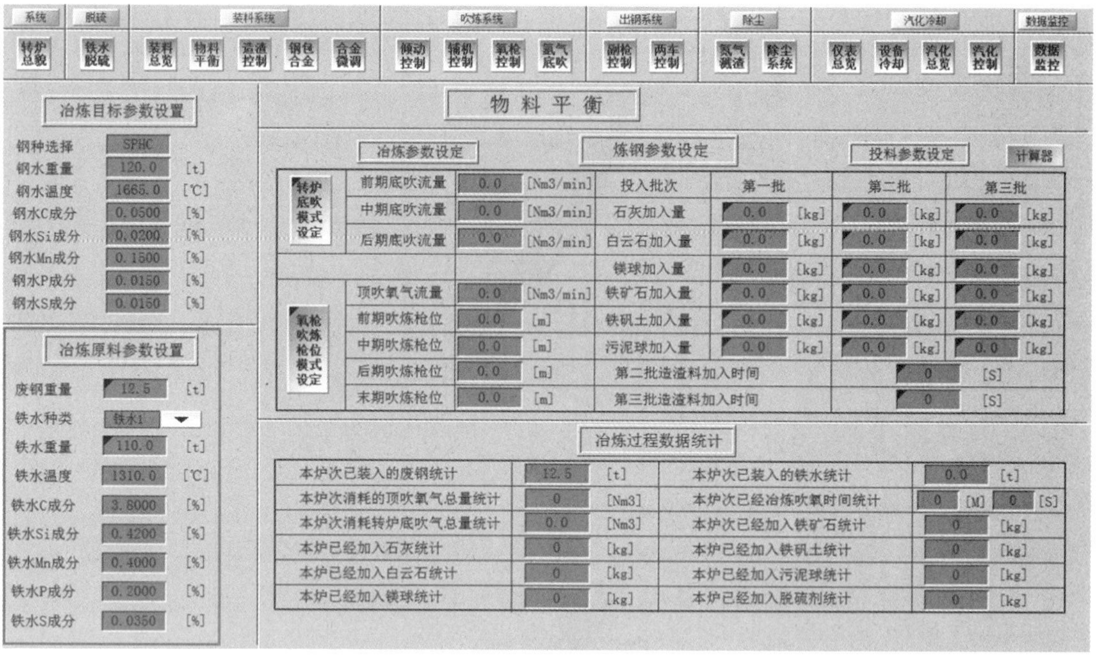

图 2-26

设定完铁水种类及重量后，返回【转炉总貌】界面。此时装入铁水条件已经全部具备，界面左侧“装入铁水条件”按钮变为绿色，如图 2-27 所示。

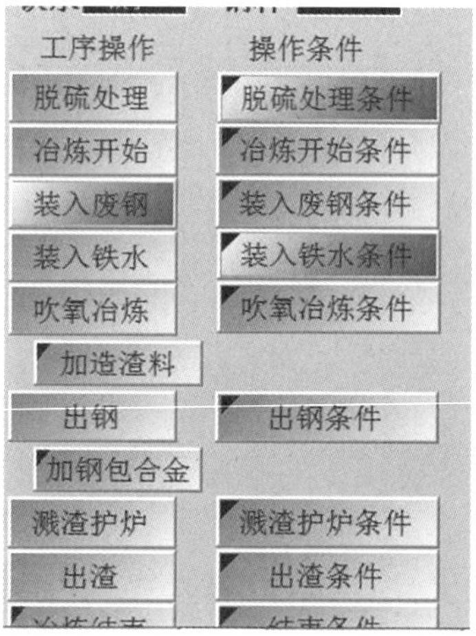

图 2-27

点击左侧“工序操作”下的“装入铁水”按钮，界面右下侧弹出“装入铁水操作控制”窗口，如图 2-28 所示。

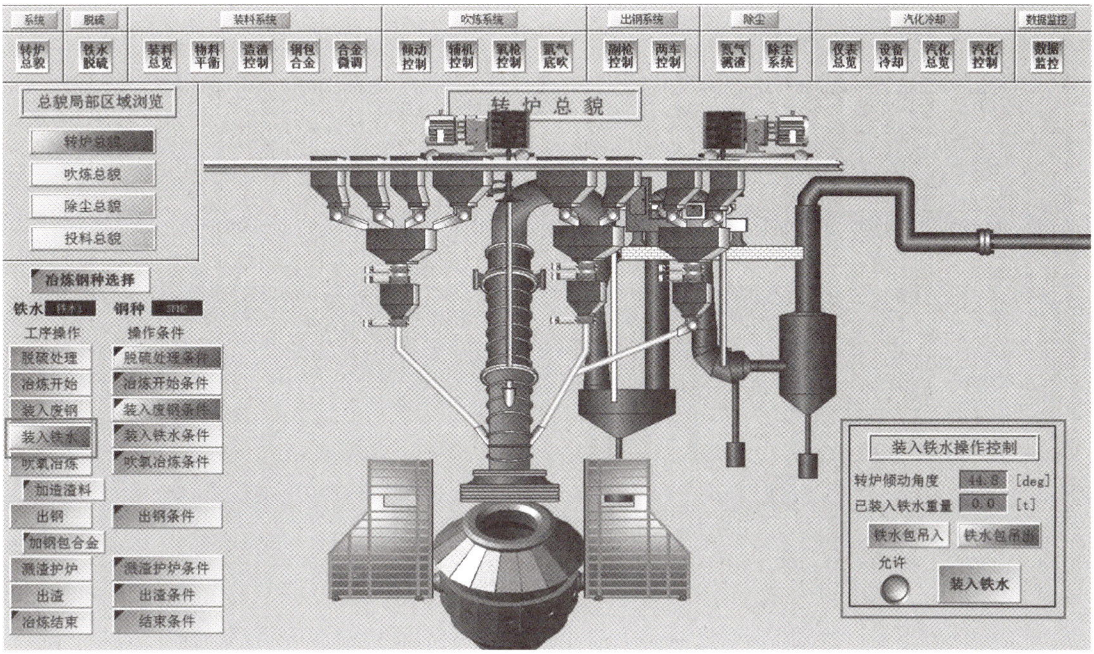

图 2-28

铁水装入过程与废钢装入过程相似。点击“钢水包吊入”按钮，“钢水包吊入”按钮闪烁(图 2-29)。待“钢水包吊入”按钮常绿，“允许”指示变绿之后，表示钢水包到位，允许“装入铁水”。点击“装入铁水”按钮，待到“装入铁水”按钮常绿，表示开始装入铁水。“已装入铁水重量”显示框及“转炉倾动角度”显示框数据跟随铁水装入量变化，等到数据稳定后，铁水全部装入，点击“铁水包吊出”按钮，待到“铁水包吊出”按钮常绿，“装入铁水”工序操作完毕。

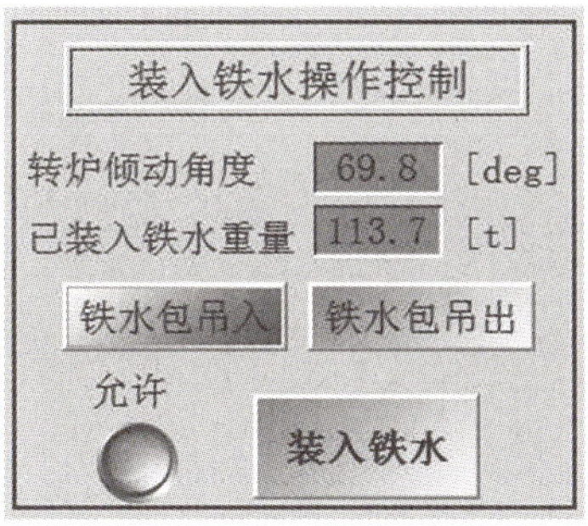

图 2-29

任务5　吹氧冶炼操作

5.1 【倾动控制】界面操作规程(图2-30)

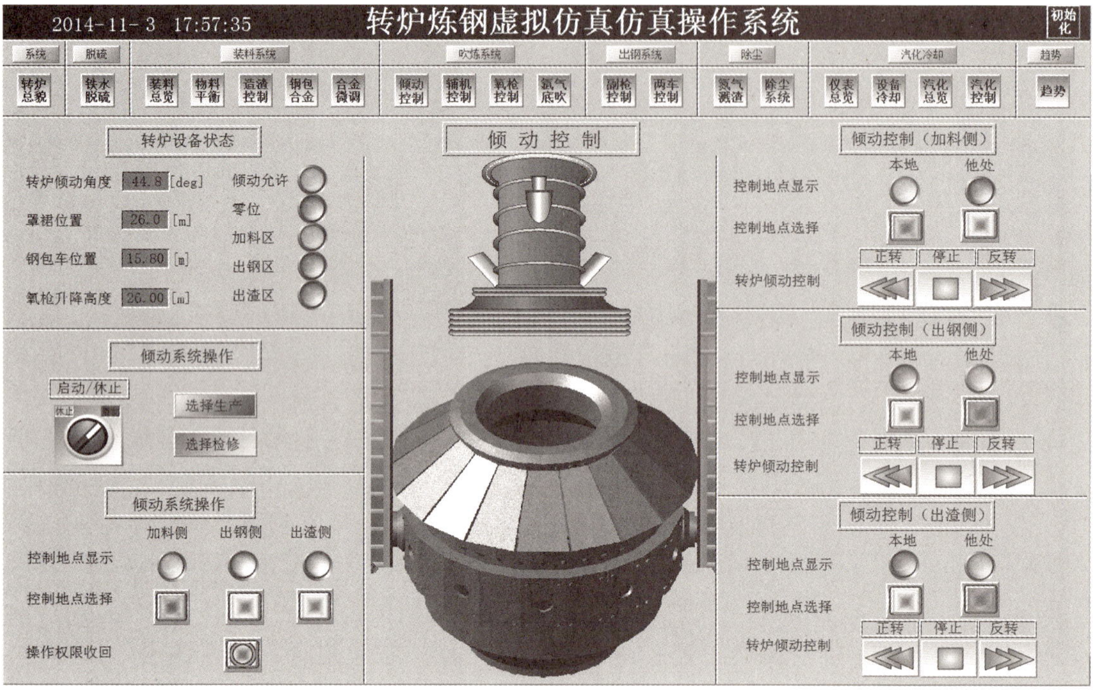

图2-30

1. 界面简介

【倾动控制】界面主要实现转炉倾动回转的设备控制功能,从而实现转炉的加料、出钢、出渣等设备功能。

2. 操作规程

(1)倾动系统操作:点击“启动/休止”按钮,转炉倾动将处于禁止运行状态。点击“系统启动”按钮,转炉启动处于系统待机状态,相应工艺连锁成立。系统启动完成后,可选择生产或检修模式。选择检修模式,设备部分连锁条件解除,倾动自由回转;选择生产模式,设备连锁条件全部关联,倾动回转受工序状态限制。

(2)倾动控制(主控室):通过点击不同控制地点按钮,对不同操作台实施倾动操作权限授权,授权指令发出后,相应操作台接受授权,该操作台才有可能实施转炉倾动操作。操作台放弃授权后,主控室方能对其他操作台进行新操作授权。点击“主控室紧急返回零位”按钮时,倾动无条件回转回零位并同时收回操作授权。

(3)倾动控制(加料侧)/(出钢侧)/(出渣侧):当主控室通过点击相应的按钮对本操作台授权后,可通过点击本地按钮接受倾动操作授权,并通过倾动正转/反转按钮控制转炉倾动。操作完成后，通过点击他处按钮释放操作授权，为主控室提供其他操作权限可能。

(4)倾动正转反转控制：通过改变点击倾动正转/反转次数，可实现倾动不同转速的控制，回转速度依次为1-2-3-1-2-3-1。

3. 操作要领

(1)在氧枪处于待吹位及以上、烟罩处于上限、副枪处于停靠位、挡火门已经打开时，倾动回转方有可能实现。

(2)在生产模式、检修模式下，倾动回转会有不同的停车点，回转至该点，倾动回转自动停止，如果需要继续回转，则需要重新启动倾动正转/反转操作。

5.2 【辅机控制】界面操作规程(图2-31)

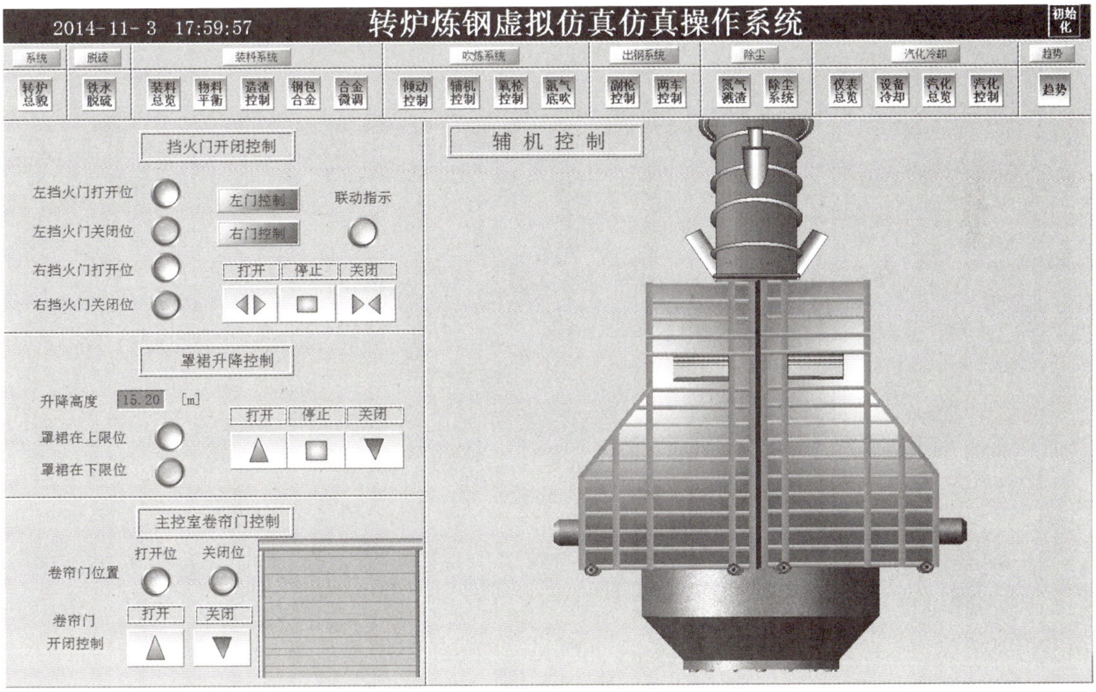

图2-31

1. 界面简介

【辅机控制】界面主要实现挡火门开闭、烟罩升降、主控室卷帘门开闭的设备控制功能。

2. 操作规程

(1)挡火门开闭控制：点击打开/关闭挡火门，实现挡火门的开启或关闭功能。点击联动按钮后，两侧挡火门处于联动状态，一侧挡火门有动作，另一侧挡火门跟随相应运动。否则，挡火门处于单独控制动作状态。

(2)烟罩升降控制：点击烟罩上升/下降按钮，实现活动烟罩的升降运动。

(3)主控室卷帘门控制：点击卷帘门打开/关闭按钮，打开或关闭主控室观察窗的防护卷帘门。

3. 操作要领

(1)转炉倾动不在零位,挡火门禁止动作。

(2)转炉倾动不在零位,氧枪处于待吹位以下时,禁止提升烟罩。

5.3 【氧枪控制】界面操作规程(图 2-32)

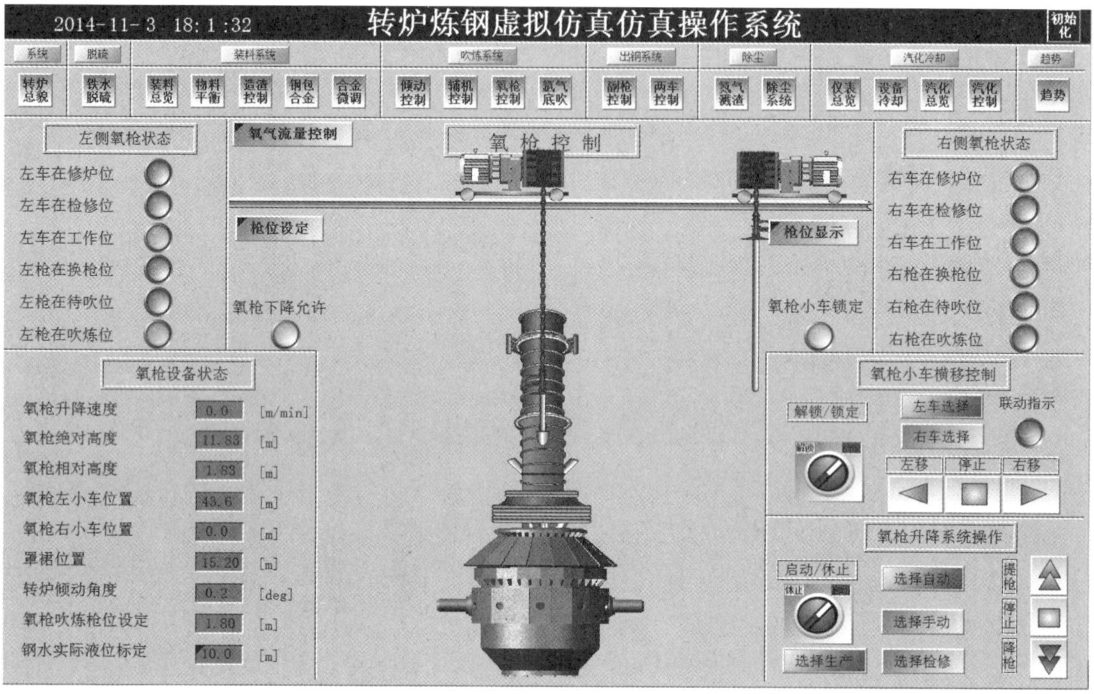

图 2-32

1. 界面简介

【氧枪控制】界面主要实现左右氧枪小车横移、左右氧枪升降、氧枪吹炼枪位的手动设定等设备控制功能,左右氧枪互为备用,一支工作时,另一支处于备用状态或实施检修作业。

2. 操作规程

(1)氧枪升降系统操作:点击“启动/休止”按钮,氧枪升降将处于禁止运行状态。氧枪系统启动分为选择检修和选择生产模式。选择检修模式,设备部分连锁条件解除,氧枪自由回转;选择生产模式,设备连锁条件全部关联,氧枪升降受工序状态限制。

(2)氧枪小车横移控制:通过点击“左车选择/右车选择”按钮选取准备横移的小车,小车选中后,通过点击“小车左移/小车右移”按钮实现氧枪小车的横移运动。点击“小车联动”按钮后,左右小车处于联动控制。小车横移设有三个限位,分别是工作位、检修位、修炉位。氧枪处于工作位可实现氧枪升降;检修位用于更换氧枪;修炉位远离转炉本体位置,可为转炉检修提供足够空间。

(3)氧枪升降控制:通过点击升降控制不同按钮可实现氧枪的快速提升、慢速提升、快速下降、慢速下降、升降停止等控制功能。

(4)氧枪吹炼枪位设定:手动设定氧枪吹炼枪位值后,在冶炼期间,氧枪选择手动模式时，点击“氧枪下降”，氧枪将按照该设定值停车吹氧冶炼；氧枪选择自动模式时，氧枪按照自动炼钢氧枪枪位设定值实现升降停车，手动设定值失效。

（5）钢水实际液位标定：根据当前炉龄，实测或计算物理装入量得出钢水液面距离地平面高度后，手动输入钢水实际液面标定高度，作为氧枪吹炼位高度设定依据。

（6）点击“氧气流量控制”按钮，转入【氧气流量控制】界面。

3. 操作要领

（1）氧枪小车横移有修炉位、检修位、工作位三个限位，横移至限位时，小车自动停止，如需继续横移，需要再次点击相应按钮启动设备。氧枪处于换枪位，需解除锁定，小车方可横移。

（2）氧枪升降设有换枪位、待吹位、吹炼位、下极限位等限位，升降至限位时，升降系统自动停车，如需继续升降，需要再次点击相应按钮启动设备。氧枪小车处于工作位，氧枪已经锁定，氧枪可升降。

（3）转炉倾动处于零位，烟罩处于下极限，副枪只有处于停靠位氧枪才有可能降至待吹位以下。

（4）氧枪物理位置最高距离地平面 25.9 m（120 t 转炉）/29 m（300 t 转炉），绝对高度 13 m 为开闭氧气限位点，冶炼状态下，氧枪降至该高度以下时，允许自动打开氧枪实施吹氧作业。

（5）钢水温度超过 1 750 ℃时，氧枪将事故提枪至换枪位。直至钢水温度降至 1 750 ℃以下时，可再次降枪吹氧。

（6）钢水碳含量低于 0.01%时，氧枪将事故提枪至换枪位，并在本冶炼周期内禁止再次吹炼。

5.4 【氧气流量控制】界面操作规程（图 2-33）

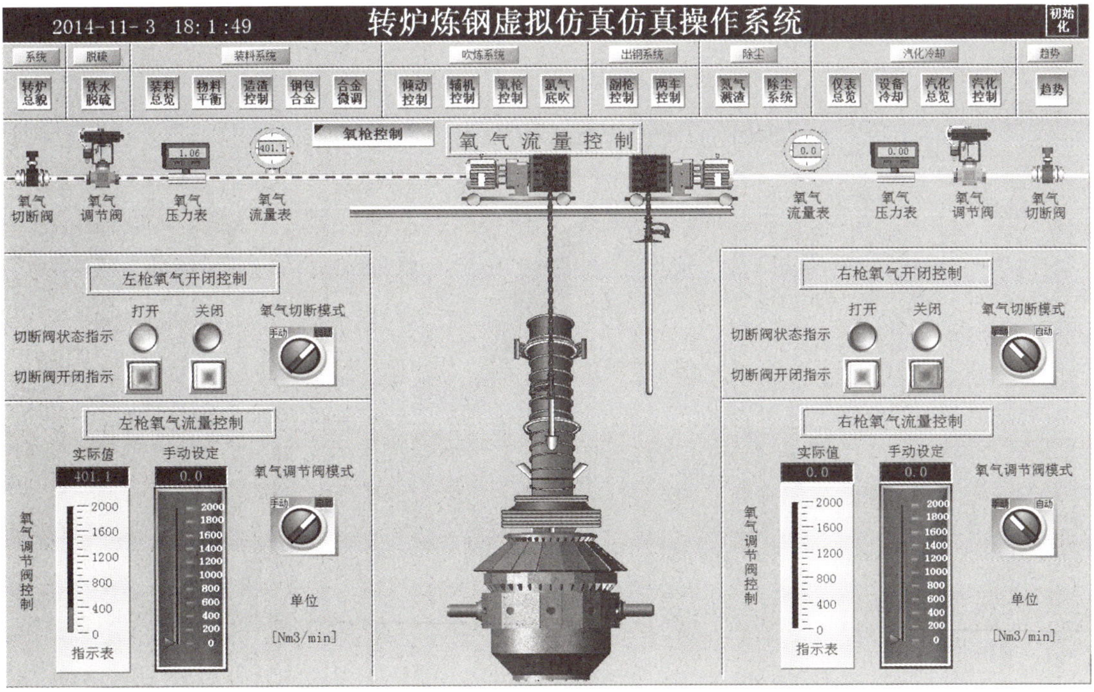

图 2-33

1. 界面简介

【氧气流量控制】界面主要实现左右氧枪氧气切断阀开闭、氧气调节阀流量调节等功能。

2. 操作规程

（1）氧气开闭控制：点击氧气切断阀模式各按钮选择实现氧气切断阀的手动/自动开闭控制功能。手动模式下，点击“打开”按钮打开切断阀；点击“关闭”按钮关闭切断阀。

（2）氧气流量控制：点击氧气调节阀模式各按钮选择实现氧气调节阀的手动/自动开闭控制功能。手动模式下，通过移动手动设定值滚动条调整氧气调节阀流量设定值；自动模式下，氧气调节阀流量设定值由自动炼钢参数自动设置。

3. 操作要领

（1）氧枪小车处于工作位，氧气切断阀才可能打开。

（2）氧枪降至开闭氧点以下，并且氧气调节阀处于自动模式时，氧气切断阀自动打开。

（3）氧枪降至开闭氧点以下，并且氧气调节阀处于自动模式时，氧气调节阀自动调整至设定值。

（4）氧气调节阀手动设定范围：0~2 000.0 Nm^3/min。

5.5 【氩气底吹】界面操作规程（图 2-34）

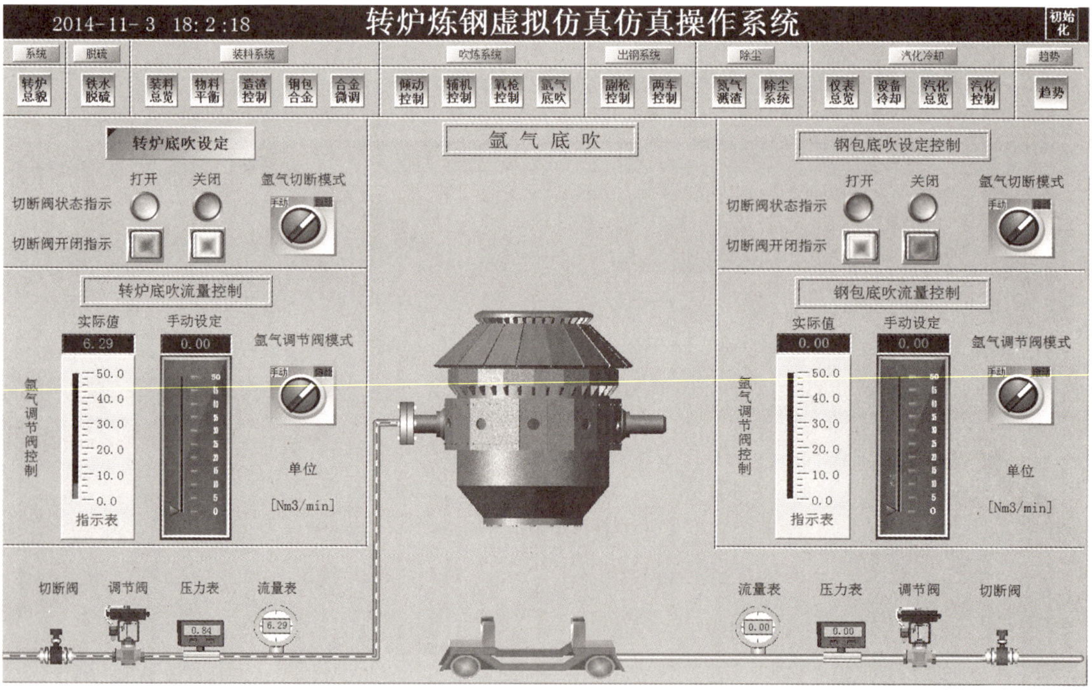

图 2-34

1. 界面简介

【氩气底吹】界面主要完成转炉底吹氩气开闭、钢包底吹氩气开闭、转炉底吹流量控制、钢包底吹流量控制等。

2. 操作规程

(1)氩气开闭控制:点击氩气切断阀模式各按钮选择实现氩气切断阀的手动/自动开闭控制功能。手动模式下,点击“打开”按钮打开切断阀;点击“关闭”按钮关闭切断阀。

(2)氩气流量控制:点击氩气调节阀模式各按钮选择实现氩气调节阀的手动/自动开闭控制功能。手动模式下,通过移动手动设定值滚动条调整氩气调节阀流量设定值;自动模式下,转炉氩气底吹设定流量由自动炼钢设定参数给出。自动模式下,钢包底吹氩气流量根据钢包钢水重量等实时信息自动设定。

3. 操作要领

(1)转炉氩气调节阀手动设定范围:0~50.0 Nm^3/min。

(2)钢包氩气调节阀手动设定范围:0~50.0 Nm^3/min。

5.6 【除尘系统】界面操作规程(图 2-35)

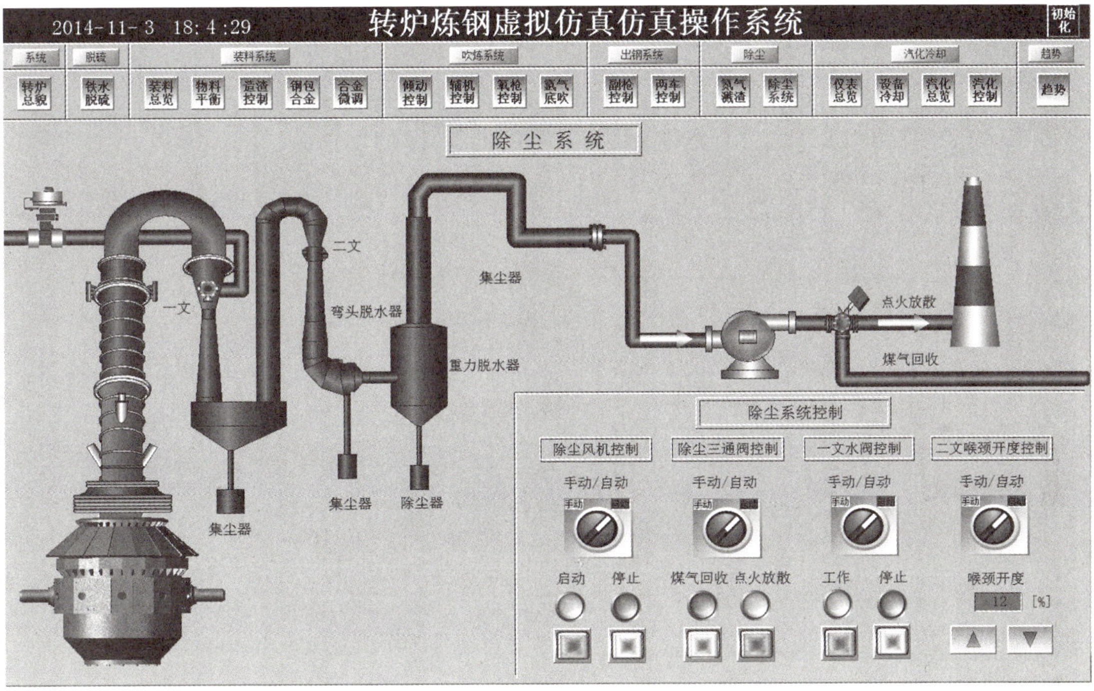

图 2-35

1. 界面简介

在转炉冶炼期间,产出的烟气需要进行二次除尘净化,【除尘系统】界面主要实现其除尘设备的系统控制功能。

2. 操作规程

(1)除尘风机控制:点击“手动/自动”转换开关选择风机控制方式。手动方式下,点击“启动/停止”按钮控制风机运行/停止。自动方式下根据转炉冶炼信息自动启停风机。

(2)除尘三通阀控制:点击“手动/自动”转换开关选择三通控制方式。手动方式下,点击“煤气回收/点火放散”按钮控制烟气去向。自动方式下,根据转炉冶炼信息自动控制净化后烟气去向。

（3）一文水阀控制：点击“手动/自动”转换开关选择一文控制方式。手动方式下，点击“启动/停止”按钮控制水阀打开/关闭。自动方式下，根据转炉冶炼信息自动打开/关闭水阀。

（4）二文喉颈开度：点击“手动/自动”转换开关选择二文控制方式。手动方式下，点击“增加/减少”按钮调节二文喉颈开度。自动方式下，根据转炉冶炼信息自动控制二文喉颈开度。

3. 操作要领

（1）一文水阀打开、二文喉颈开度调节至下限值以上时，除尘风机方有可能启动。

（2）二文喉颈开度低于下限，二文系统将无法正常工作。

（3）二文喉颈开度正常调整范围：10.0%~100.0%。

5.7 【仪表总览】界面操作规程（图 2-36）

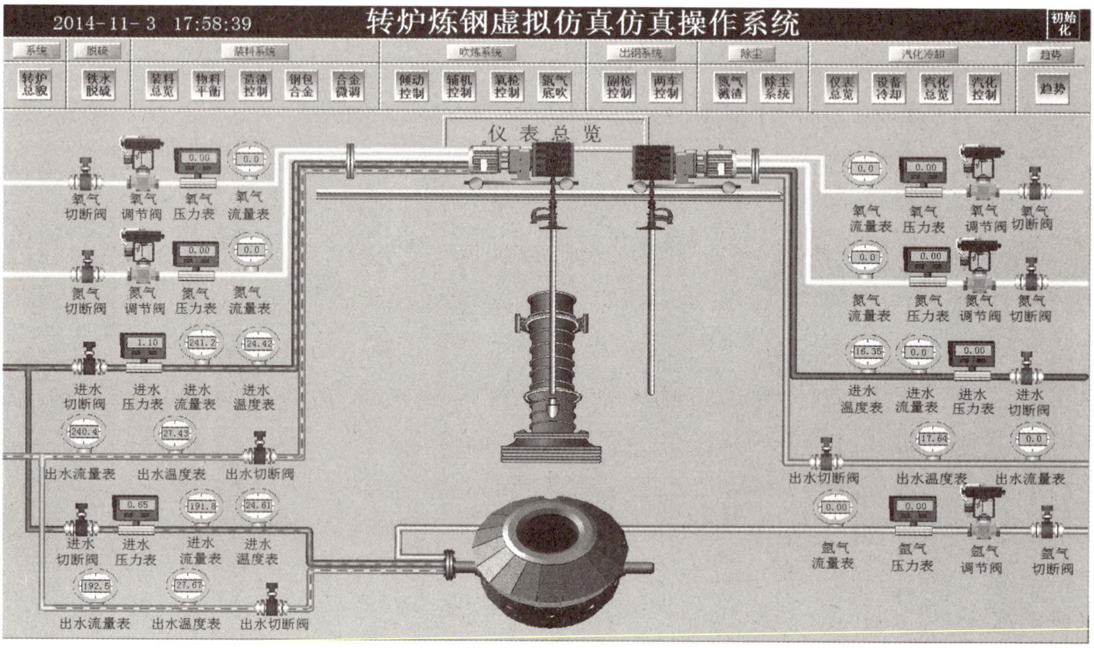

图 2-36

1. 界面简介

【仪表总览】界面主要实现氧气控制、氩气控制、氮气控制、设备冷却水控制等设备运行状态的浏览以及各流体相关计量信息实时显示等功能。

2. 操作规程

【仪表总览】界面主要实现查看功能及无设备操作功能。

5.8 【设备冷却】界面操作规程

1. 界面简介

【设备冷却】界面主要完成转炉炉体设备冷却、左右氧枪枪体冷却用冷却水的开闭功能。同时监控冷却水流量、水温等相关信息，防止设备因未有效冷却造成损坏，如图 2-37 所示。

2. 操作规程

冷却水开闭控制：点击“冷却水模式”选择“手动/自动”按钮，选择冷却水控制模式。手动模式下，点击冷却水打开/关闭按钮，控制冷却水切断阀开启/关闭。自动模式下，根据工序冶炼相关信息自动控制冷却水打开/关闭。

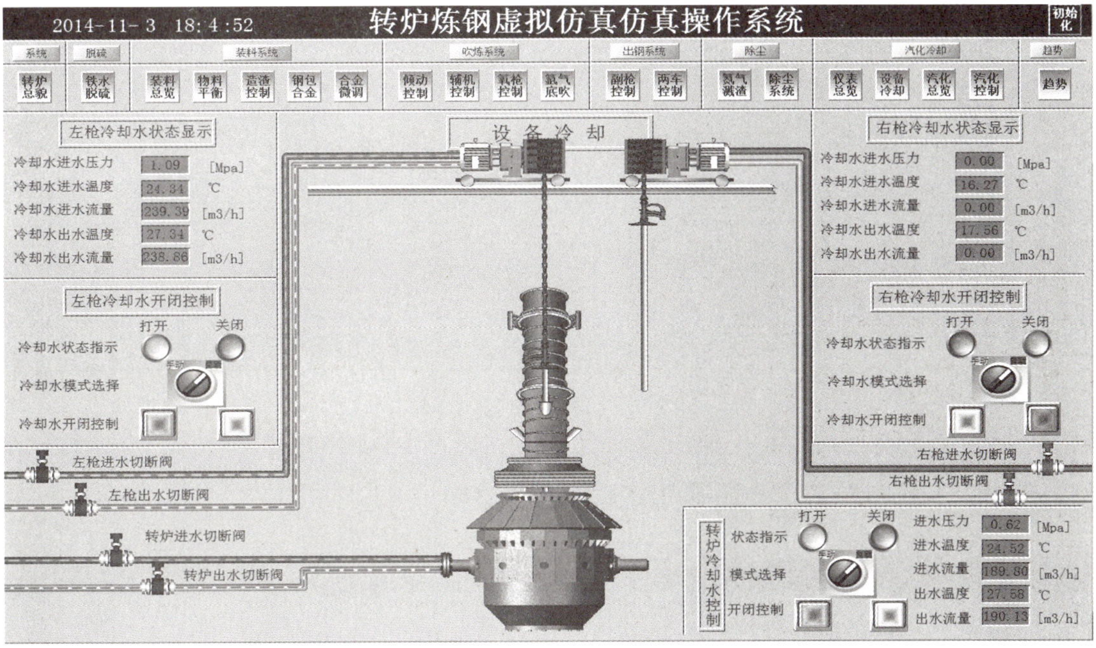

图 2-37

5.9　【汽化总览】界面操作规程(图 2-38)

1. 界面简介

【汽化总览】界面主要实现转炉烟道汽化冷却相关设备运行状态的浏览以及各流体相关计量信息实时显示等功能。完成蓄能器安全阀、汽包安全阀性能测试相关功能。

2. 操作规程

(1)点击“蓄能器安全阀性能测试”按钮，查看蓄能器上方安全阀工作状态，从而检查确认安全阀工作可靠性。

(2)点击“汽包安全阀性能测试”按钮，查看汽包上方安全阀工作状态，从而检查确认安全阀工作可靠性。

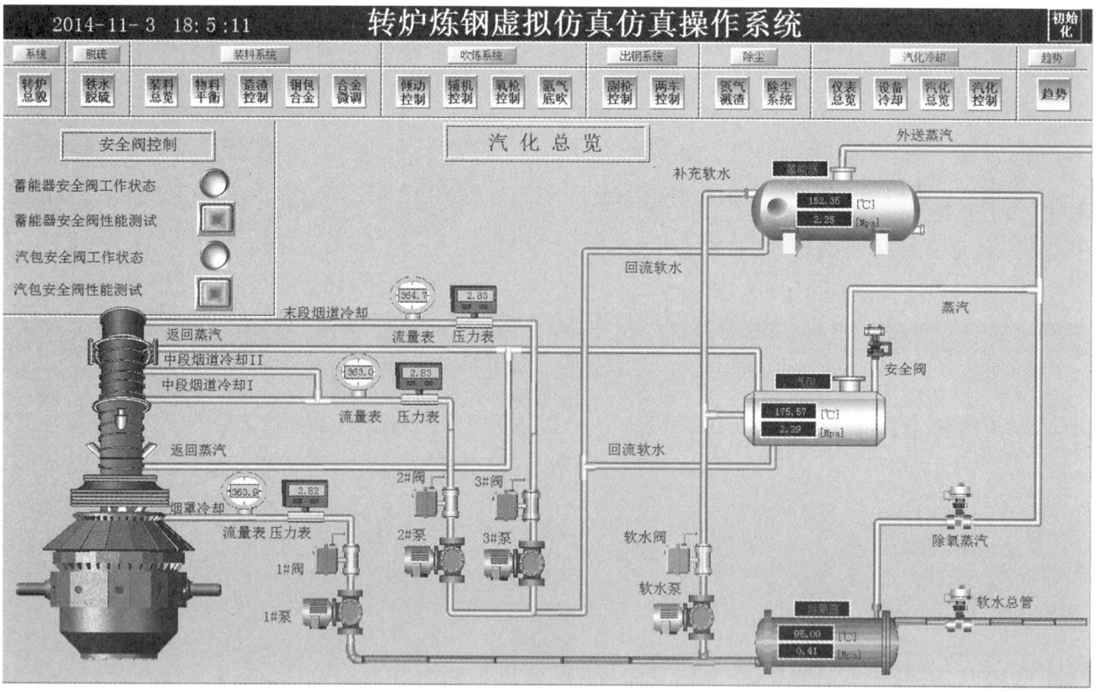

图 2-38

5.10 【汽化控制】界面操作规程(图 2-39)

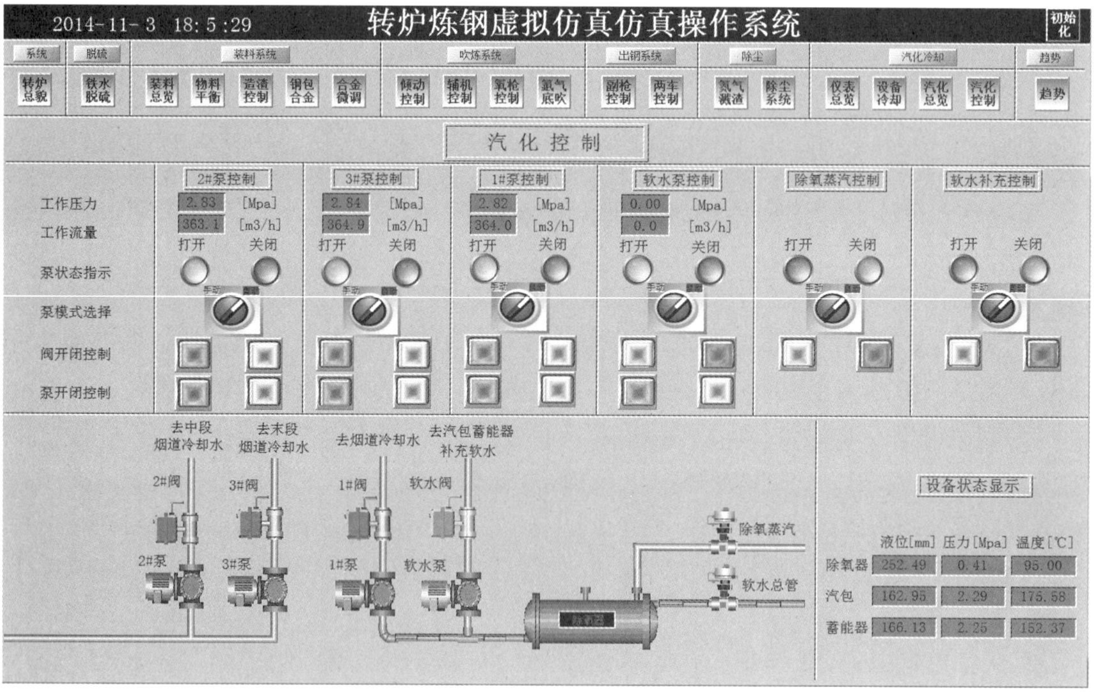

图 2-39

1. 界面简介

【汽化控制】界面主要实现转炉烟道汽化冷却相关设备运行的控制功能，以及各流体相关计量信息实时显示等功能。

2. 操作规程

(1)水泵运行控制：点击水泵模式选择手动/自动按钮，选择水泵的控制模式。手动模式下，点击水泵打开/关闭按钮，控制水泵电动机启动/停止运行。自动模式下，根据工序冶炼相关信息以及相关设备缺水情况自动控制水泵启动/停止。

(2)水泵水阀开闭控制：手动模式下，点击水阀打开/关闭按钮，控制水阀打开/关闭。自动模式下，根据工序冶炼相关信息以及相关设备缺水情况自动控制水阀打开/关闭。

(3)软水阀(蒸汽阀)开闭控制：手动模式下，点击软水阀(蒸汽阀)打开/关闭按钮，控制软水阀(蒸汽阀)打开/关闭。自动模式下，根据相关设备实际需求自动控制软水阀(蒸汽阀)打开/关闭。

3. 操作要领

(1)各水泵没有运行，禁止开启相应水阀。

(2)各水阀没有关闭，禁止停止相应水泵运行。

(3)当蓄能器、汽包除氧器水位、蒸汽异常时，禁止开启各水泵运行。

5.11 【数据监控】界面操作规程(图 2-40)

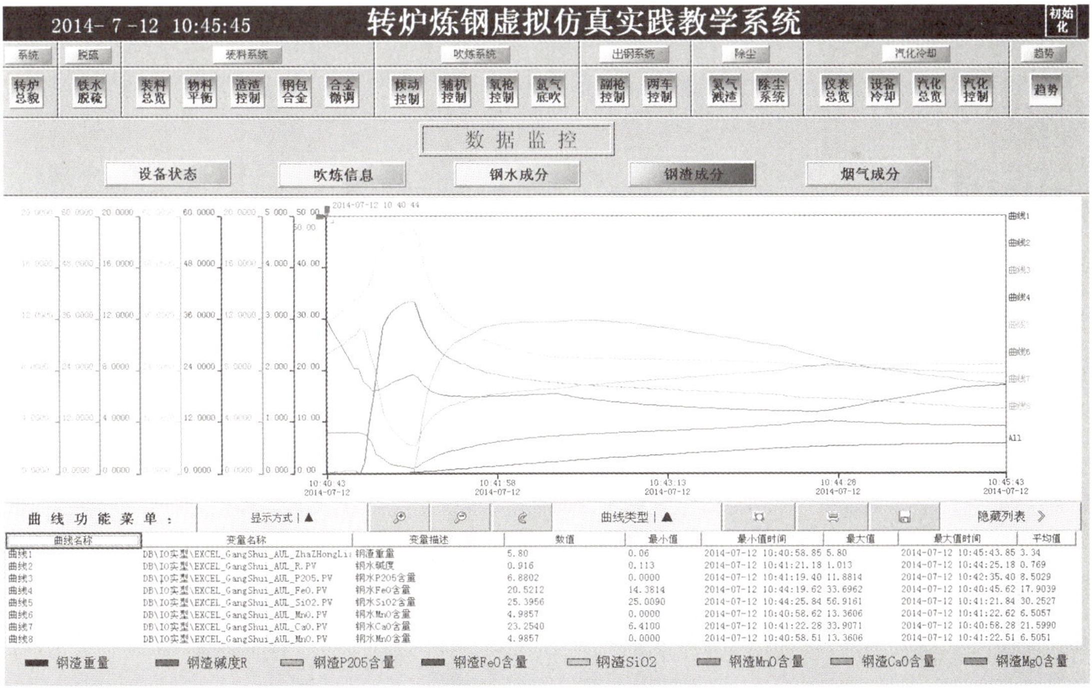

图 2-40

1. 界面简介

【数据监控】界面主要用于监控冶炼期间转炉生产设备运行趋势、吹炼信息趋势、钢水成分发展趋势、钢渣成分发展趋势等信息。

2. 操作规程

(1)点击设备状态/吹炼信息/钢水成分/钢渣成分按钮，可浏览不同的趋势信息。

(2)实时趋势和历史趋势可随意切换，当切换至历史趋势时，可进行历史趋势查询。

(3)点击曲线右侧每一条曲线名称，单独观察每一条曲线的变化。

5.12 【吹氧冶炼】界面操作规程

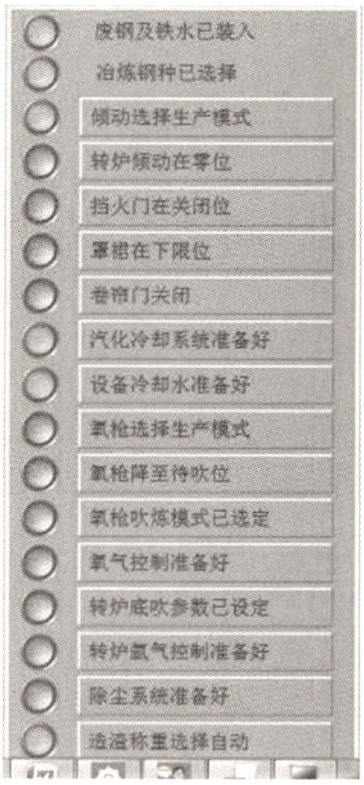

图 2-41

装入废钢以及铁水后，开始准备“吹氧冶炼”。我们还是查看【转炉总貌】界面的操作条件，“吹氧冶炼条件”呈灰色，也就是说“吹氧冶炼”不具备条件。点击“吹氧冶炼条件”按钮，查看欠缺条件。“吹氧冶炼”连锁条件较多，我们一项一项进行操作，如图2-41所示。

“废钢及铁水已装入”“冶炼钢种已选择”“倾动选择生产模式”“汽化冷却系统准备好”“设备冷却水准备好”及“造渣称重选择自动”六个条件都已具备。接下来，我们完成对不具备条件设备的操作。

点击“转炉倾动在零位”按钮或“倾动控制”界面按钮切换到【倾动控制】界面(图2-42)。在【倾动控制】界面右上侧“倾动控制(加料区)”点击“反转”按钮将转炉倾动回零位。

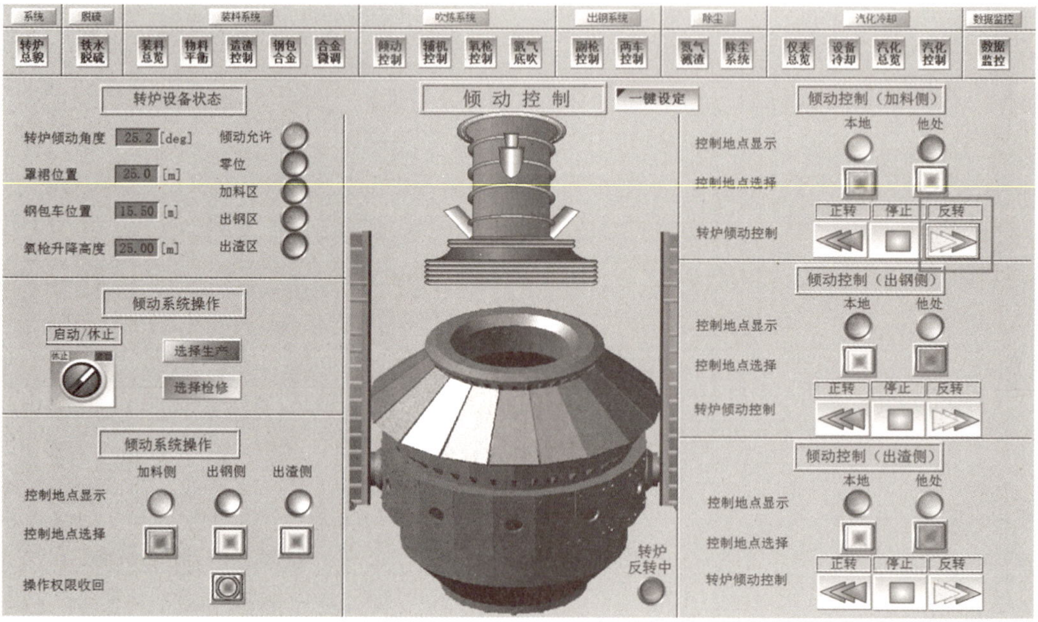

图 2-42

点击“挡火门在关闭位”按钮或【辅机控制】界面按钮切换到【辅机控制】界面(图 2-43)。在界面左侧“挡火门开关控制”区域选择“左门控制”及“右门控制”,选择完成后点击“关闭”按钮,挡火门关闭运行。

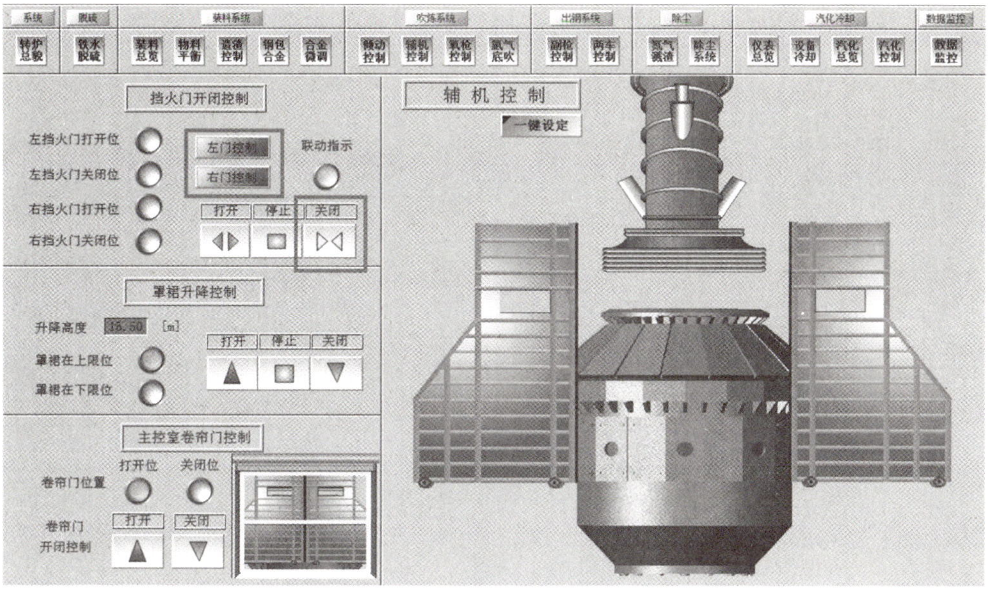

图 2-43

挡火门关闭后,在“罩裙升降控制”区域,点击“关闭”按钮,罩裙开始下降直到关闭,如图 2-44 所示。

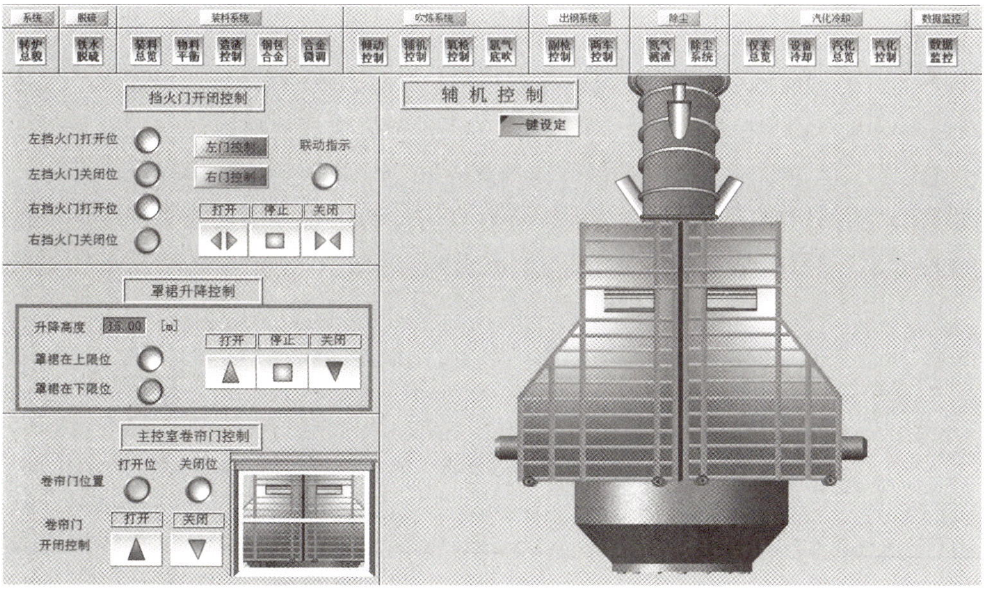

图 2-44

罩裙关闭后，在“主控室卷帘门控制”区域，点击“关闭”按钮，关闭主控室卷帘门。

接下来完成对氧枪系统的操作。

点击“氧枪选择生产模式”按钮或【氧枪控制】界面(图 2-45)按钮切换到【氧枪控制】界面。在界面的右下侧“氧枪升降系统操作”区域，“启动/休止”模式选择“启动”后，点击“选择生产”按钮，操作方式按钮部分点击“选择自动”。完成此操作后氧枪自动下降至待吹位。

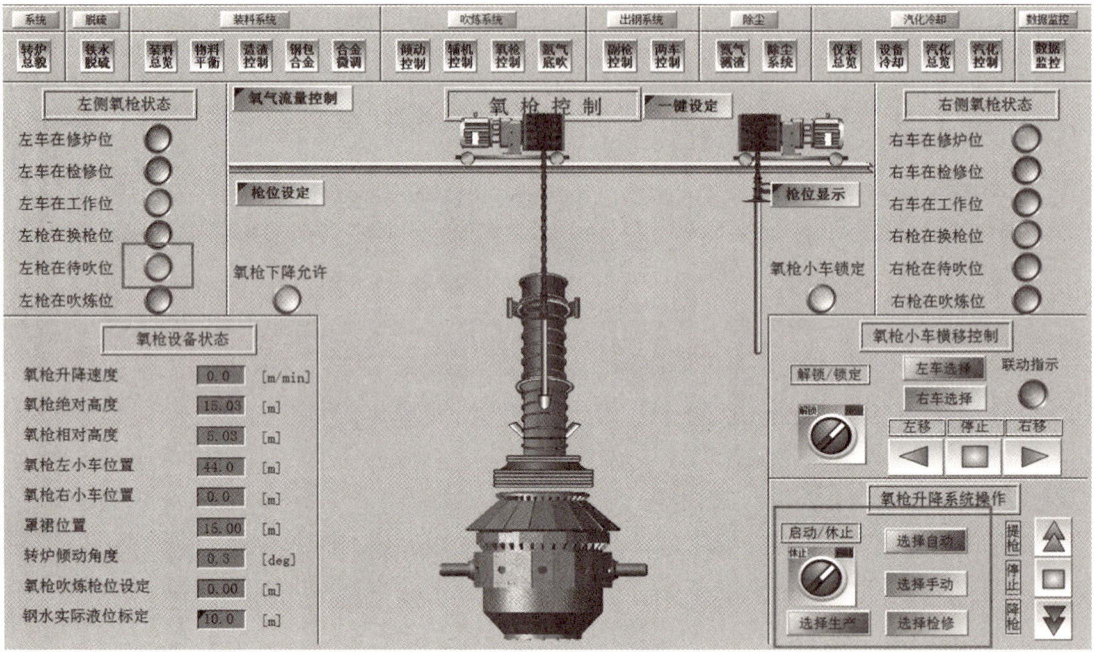

图 2-45

设定完氧枪升降控制之后，在【氧枪控制】界面(图 2-46)的右上侧，点击“氧气流量控制”按钮进入【氧气流量控制】界面。将界面左侧“左枪氧枪开关控制”区域的“氧气切断模式”及“左枪氧气流量控制”区域的“氧气调节阀模式”全部转换到“自动”模式。

将界面切换到【物料平衡】界面(图 2-47)，点击画面中部的“氧枪吹炼枪位模式设定”按钮，界面弹出“氧枪枪位模式设定”窗口。在此对吹炼过程中枪位高度及氧气流量进行设定。

在弹出的“氧枪枪位模式设定”窗口中，我们可以设定氧枪吹炼的枪位模式、变枪时间、氧枪高度及氧气流量。枪位模式包括二段式、三段式、四段式，用于完成氧枪吹炼过程中的枪位变化。本次选择两段式枪位模式。具体参数如图 2-48 所示。

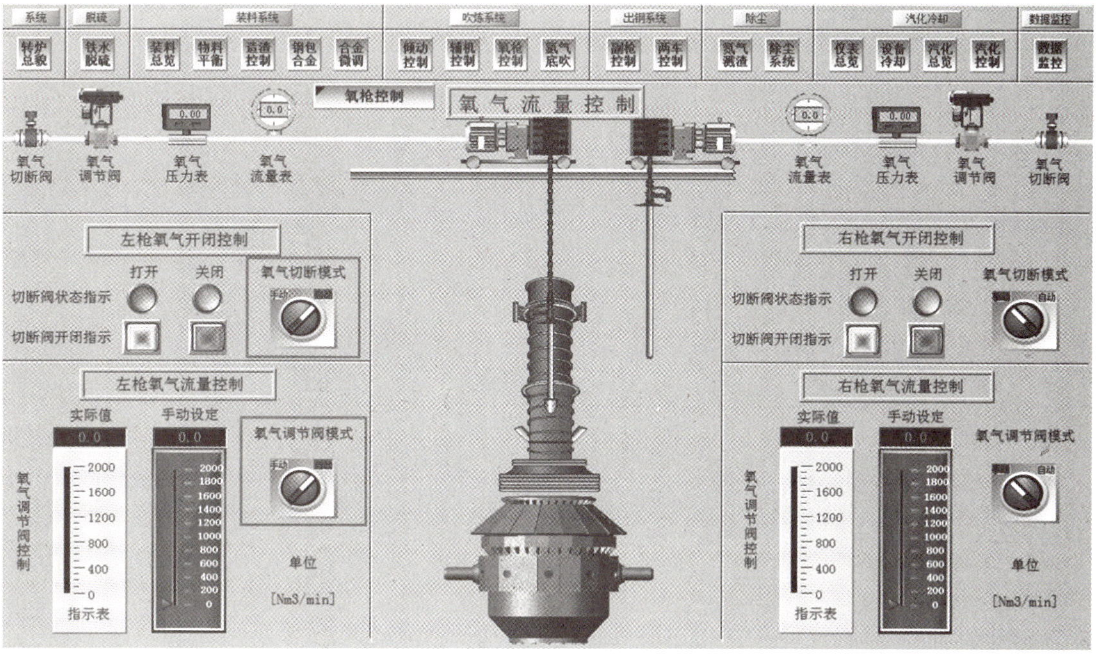
系统
脱硫
装料系统
吹炼系统
出钢系统
除尘
汽化冷却
数据监控
转炉总貌
铁水脱硫
装料总览
物料平衡
造渣控制
钢包合金
合金微调
倾动控制
辅机控制
氧枪控制
氧气底吹
副枪控制
两车控制
氮气溅渣
除尘系统
仪表总览
设备冷却
汽化总览
汽化控制
数据监控
氧枪控制
氧 气 流 量 控 制
氧气切断阀
氧气调节阀
氧气压力表
氧气流量表
左枪氧气开闭控制
打开
关闭
氧气切断模式
切断阀状态指示
切断阀开闭指示
左枪氧气流量控制
实际值
手动设定
氧气调节阀模式
氧气调节阀控制
指示表
单位
[Nm3/min]
右枪氧气开闭控制
右枪氧气流量控制
自动
手动

图 2-46

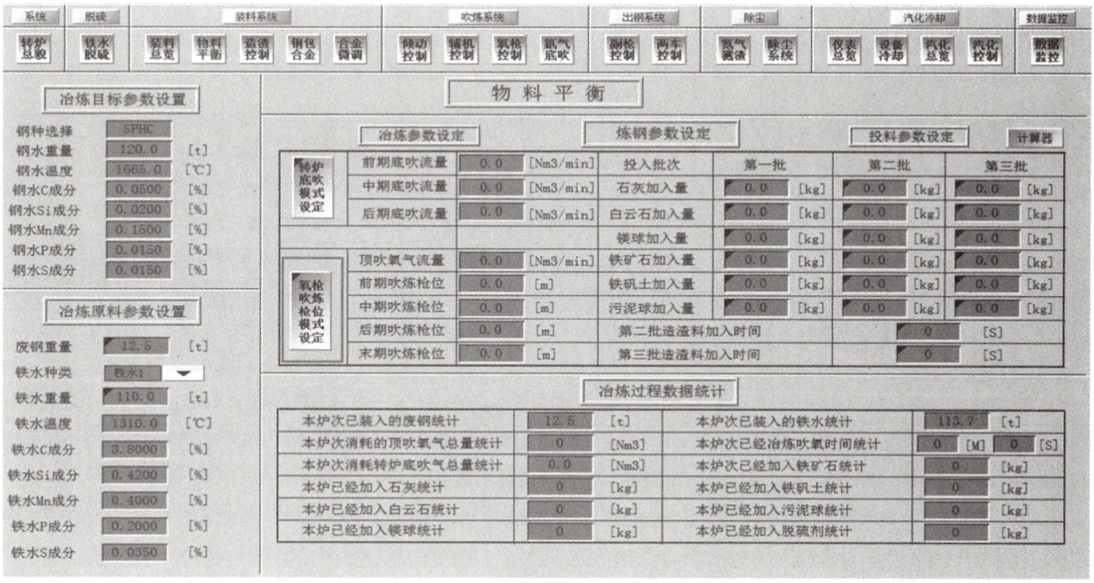
物 料 平 衡
冶炼目标参数设置
钢种选择 SPHC
钢水重量 120.0 [t]
钢水温度 1665.0 [℃]
钢水C成分 0.0500 [%]
钢水Si成分 0.0200 [%]
钢水Mn成分 0.1500 [%]
钢水P成分 0.0150 [%]
钢水S成分 0.0150 [%]
冶炼原料参数设置
废钢重量 12.5 [t]
铁水种类 铁水1
铁水重量 110.0 [t]
铁水温度 1310.0 [℃]
铁水C成分 3.8000 [%]
铁水Si成分 0.4200 [%]
铁水Mn成分 0.4000 [%]
铁水P成分 0.2000 [%]
铁水S成分 0.0350 [%]
冶炼参数设定
炼钢参数设定
投料参数设定
计算器
转炉底吹模式设定
前期底吹流量 [Nm3/min]
中期底吹流量 [Nm3/min]
后期底吹流量 [Nm3/min]
氧枪吹炼枪位模式设定
顶吹氧气流量 [Nm3/min]
前期吹炼枪位 [m]
中期吹炼枪位 [m]
后期吹炼枪位 [m]
末期吹炼枪位 [m]
投入批次
第一批
第二批
第三批
石灰加入量
白云石加入量
镁球加入量
铁矿石加入量
铁矾土加入量
污泥球加入量
第二批造渣料加入时间
第三批造渣料加入时间
冶炼过程数据统计
本炉次已装入的废钢统计 12.5 [t]
本炉次消耗的顶吹氧气总量统计 [Nm3]
本炉次消耗转炉底吹气总量统计 [Nm3]
本炉已经加入石灰统计 [kg]
本炉已经加入白云石统计 [kg]
本炉已经加入镁球统计 [kg]
本炉次已装入的铁水统计 113.7 [t]
本炉次已经冶炼吹氧时间统计 [M] [S]
本炉次已经加入铁矿石统计 [kg]
本炉已经加入铁矾土统计 [kg]
本炉已经加入污泥球统计 [kg]
本炉已经加入脱硫剂统计 [kg]

图 2-47

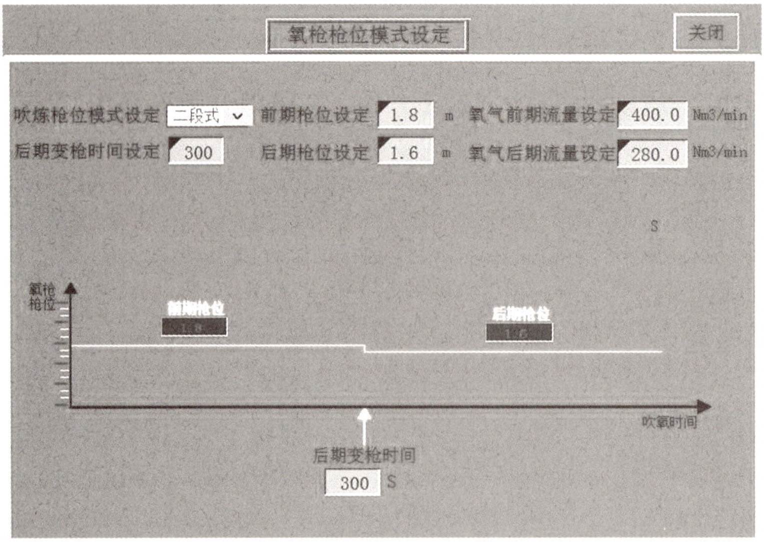

图 2-48

至此，氧枪系统设定完成。接下来还需要设定氩气底吹系统。

点击“转炉氩气控制准备好”按钮或【氩气底吹】界面按钮切换到【氩气底吹】界面（图 2-49）。将画面两侧“转炉底吹设定”及“钢包底吹设定”的“氩气切断模式”及“氩气调节模式”转换到“自动”状态。

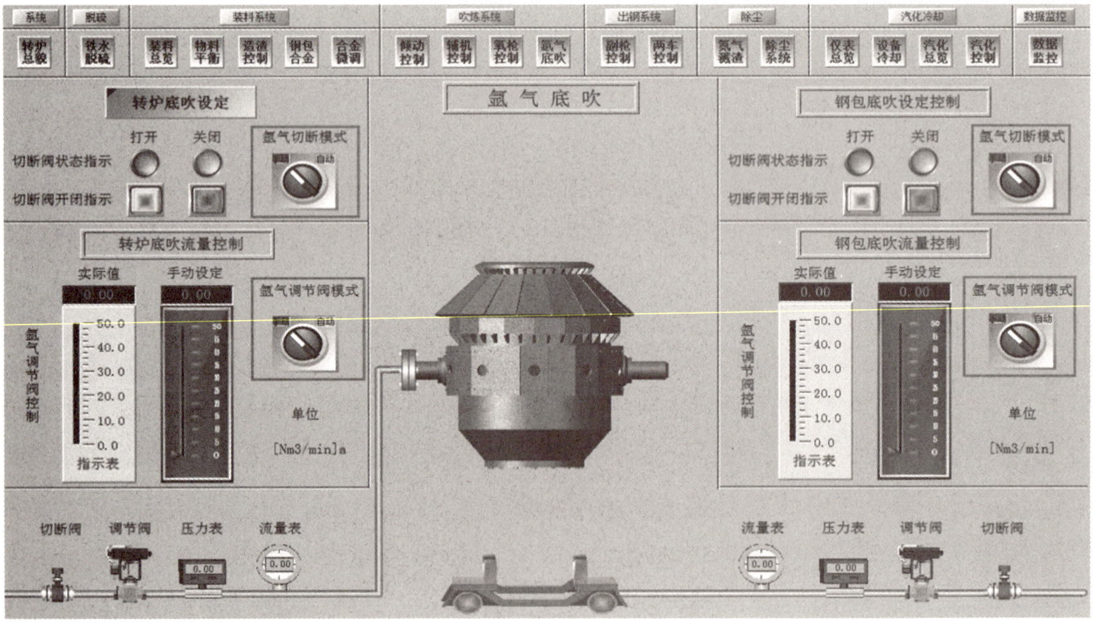

图 2-49

完成上述操作后，点击界面右上侧“转炉底吹设定”按钮，弹出“转炉底吹模式设定”窗口。在“转炉底吹模式设定”窗口中设定吹炼过程前期、中期、后期的氩气流量以及吹氩气量。本次设定参数如图 2-50 所示。

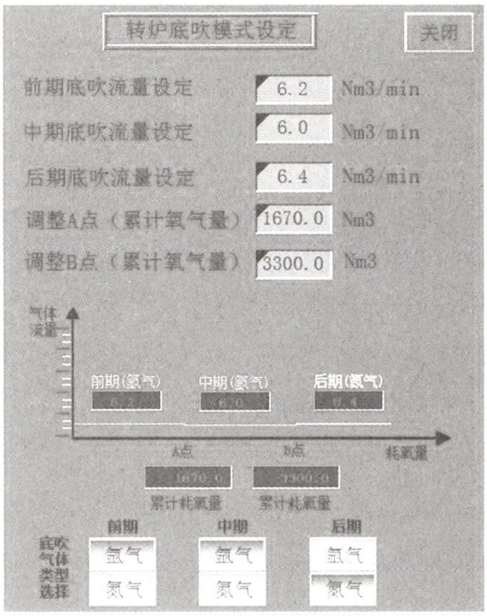

图 2-50

至此，转炉底吹氩气设定完成。在此之后启动除尘系统。

点击“除尘系统准备好”按钮或【除尘系统】界面按钮切换到【除尘系统】界面（图 2-51）。将界面右下侧“除尘系统控制”区域内的“除尘风机控制”“除尘三通阀控制”“一文水阀控制”“二文喉颈开度控制”四组全部切换到自动。完成操作后，除尘系统自动运行。

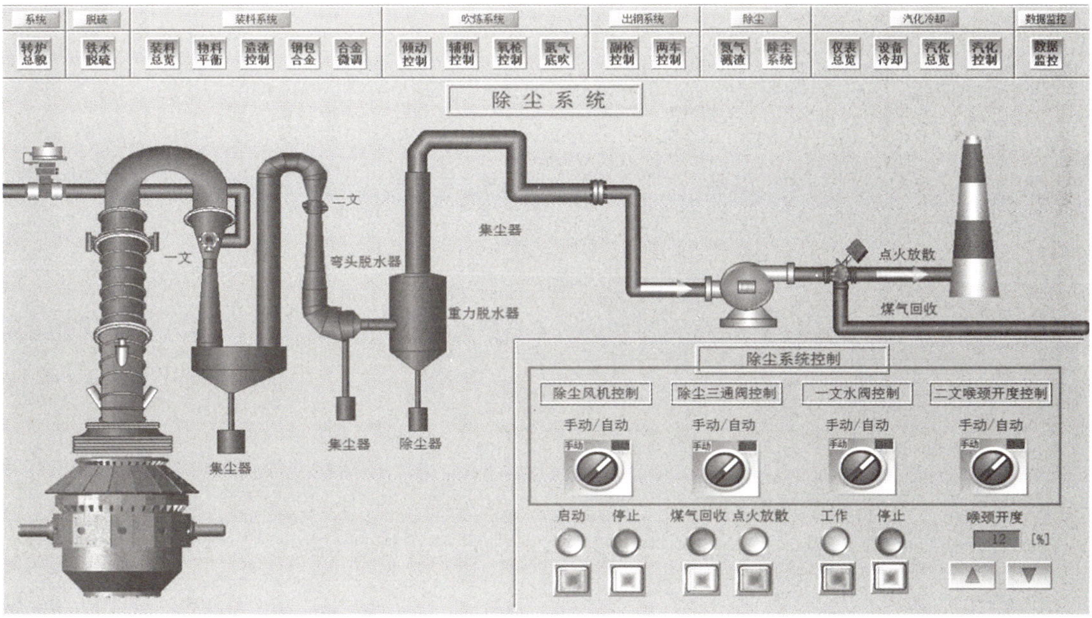

图 2-51

除尘系统完成启动后，“吹氧冶炼”工序全部连锁条件都已具备，但为了方便操作，在选择“吹氧冶炼”工序之前，我们还需要将造渣料投料参数设定好。

点击“造渣称重选择自动”按钮或“物料平衡”按钮切换到【物料平衡】界面。对界面右侧的“投料参数设定”区域进行设置。造渣料可设定三个批次的投料量，吹炼开始投料一次，按照预定的吹炼时间投料两次，每次的投料量单独设定。本次投料设定参数如图 2-52 所示。

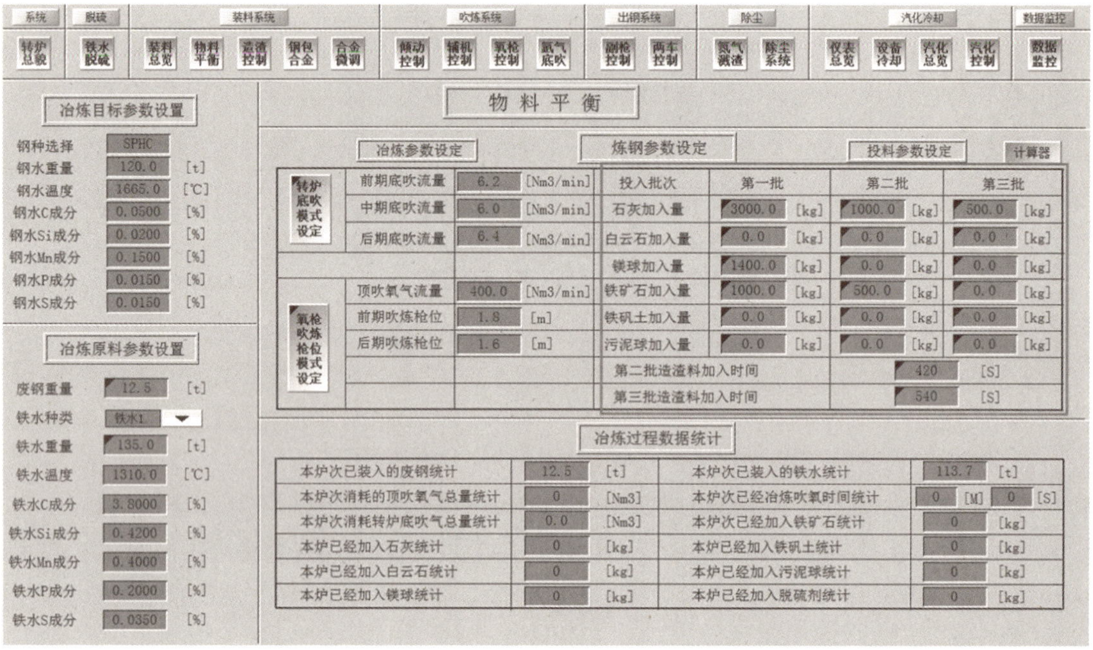

图 2-52

如果吹炼过程超出预期，还可手动补料。手动补料在【造渣控制】界面(图 2-53)完成。

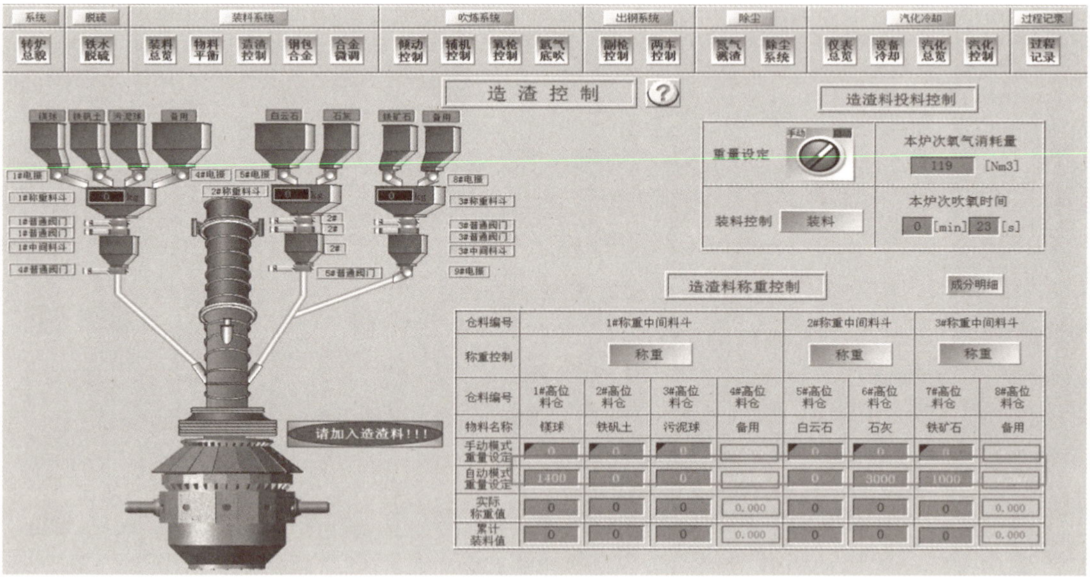

图 2-53

至此,“吹氧冶炼”工序的全部连锁条件全部完成,返回【转炉总貌】界面,在工序操作区域选择“吹氧冶炼”。选择“吹氧冶炼”后,氧枪自动下降到吹炼位开始吹炼。

任务6 加料造渣操作

6.1 【副枪控制】界面操作规程(图2-54)

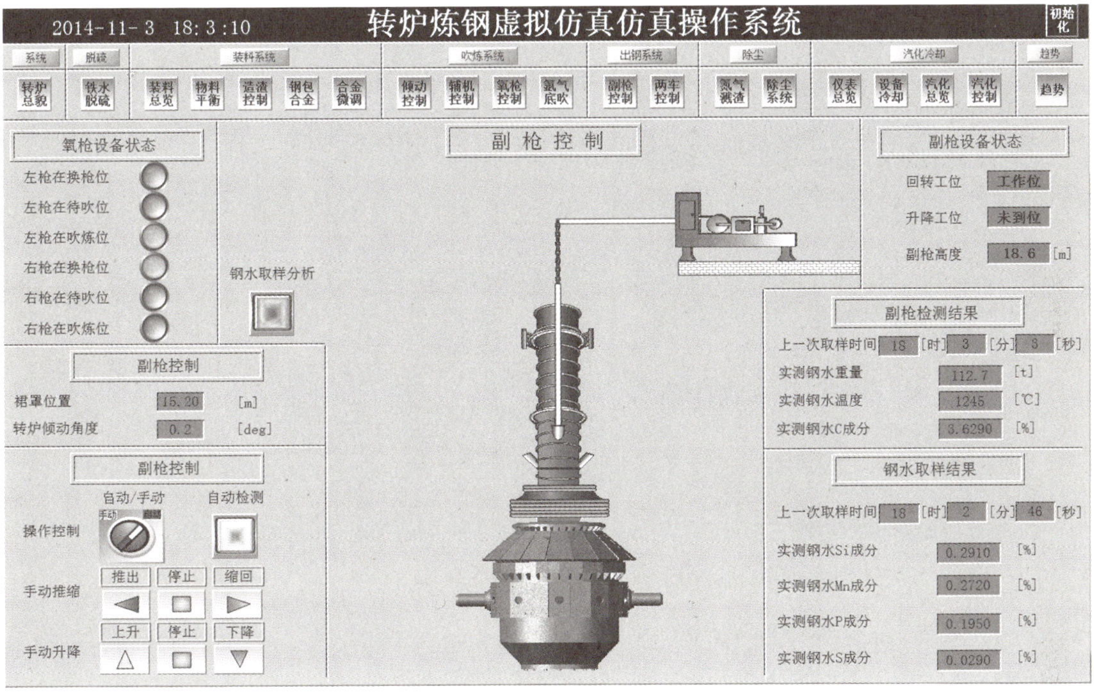

图2-54

1. 界面简介

【副枪控制】界面主要实现副枪横移、副枪升降设备控制功能,以及实现冶炼期间的钢水测温取样、各成分参数检测功能。

2. 操作规程

(1)副枪维修操作:点击操作控制转换开关,将开关转至维修侧,通过点击推出/缩回/上升/下降各按钮,操控副枪设备工作运行。

(2)副枪测温取样控制:点击操作控制转换开关,将开关转至工作侧,点击副枪取样按钮,操控副枪探入钢水中自动完成测温取样。取样完成后,取样检测分析结果将自动在界面中显示出来。副枪自动收回至停靠位。

3. 操作要领

(1)非冶炼期间,无法完成副枪取样操作。但可以实施维修检测性设备操控试车。

(2)转炉倾动处于零位,烟罩处于下限,工序处于吹氧冶炼期间,副枪取样工作方可进行。

6.2 【造渣控制】界面操作规程

“加料造渣”是在“吹氧冶炼”工序过程中完成的，在吹氧过程中完成钢液造渣。

“工序操作”选择“吹氧冶炼”工序后，氧枪自动下降并按照预先设定的枪位及氧气流量进行吹炼。此时，第一次提示投放造渣料并且设定的第一批次造渣料数据已经设定，只需完成称重并装料。【造渣控制】界面如图 2-55 所示。

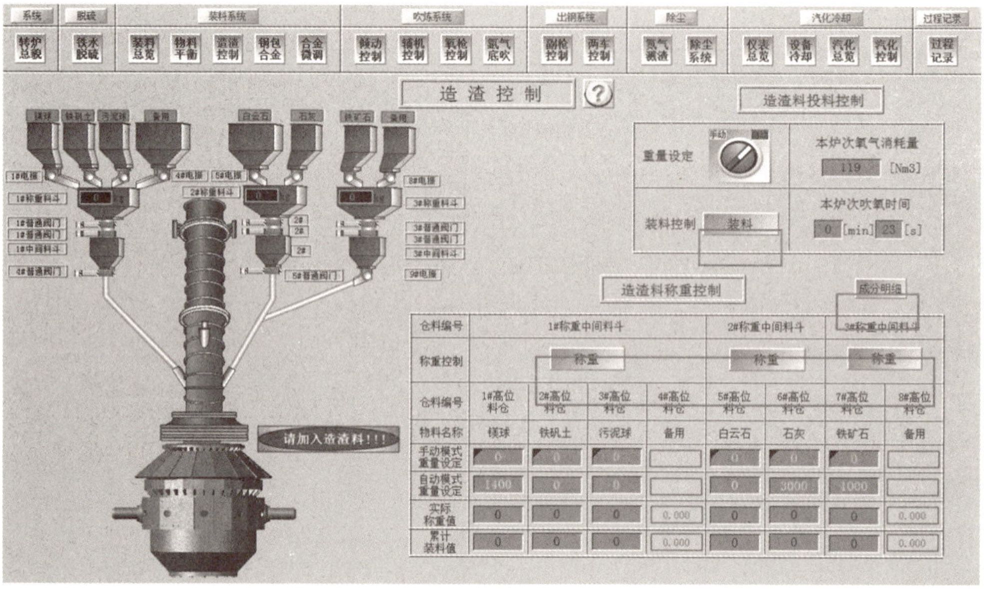

图 2-55

点击对应设定值的“称重中间料斗”称重按钮，完成原料称重。等待完成称重后，点击“装料”。

点击“成分明细”按钮，可看到造渣料成分明细(图 2-56)。

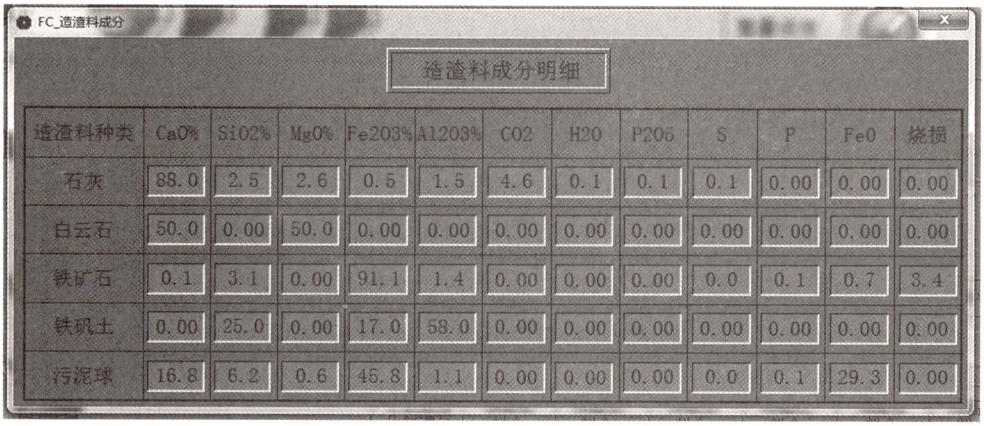

造渣料种类	CaO%	SiO2%	MgO%	Fe2O3%	Al2O3%	CO2	H2O	P2O5	S	P	FeO	烧损
石灰	88.0	2.5	2.6	0.5	1.5	4.6	0.1	0.1	0.1	0.00	0.00	0.00
白云石	50.0	0.00	50.0	0.00	0.00	0.00	0.00	0.00	0.00	0.00	0.00	0.00
铁矿石	0.1	3.1	0.00	91.1	1.4	0.00	0.00	0.00	0.0	0.1	0.7	3.4
铁矾土	0.00	25.0	0.00	17.0	58.0	0.00	0.00	0.00	0.00	0.00	0.00	0.00
污泥球	16.8	6.2	0.6	45.8	1.1	0.00	0.00	0.00	0.0	0.1	29.3	0.00

图 2-56

到达指定吹炼时间后，第二次提示投料。操作步骤同第一次。

在“吹氧冶炼”及“投料造渣”过程中，可随时通过【数据监控】界面观察“设备状态”“吹炼信息”“钢水成分”“钢渣成分”“烟气成分”以及“操作记录”，如图 2-57 至图 2-61 所示。

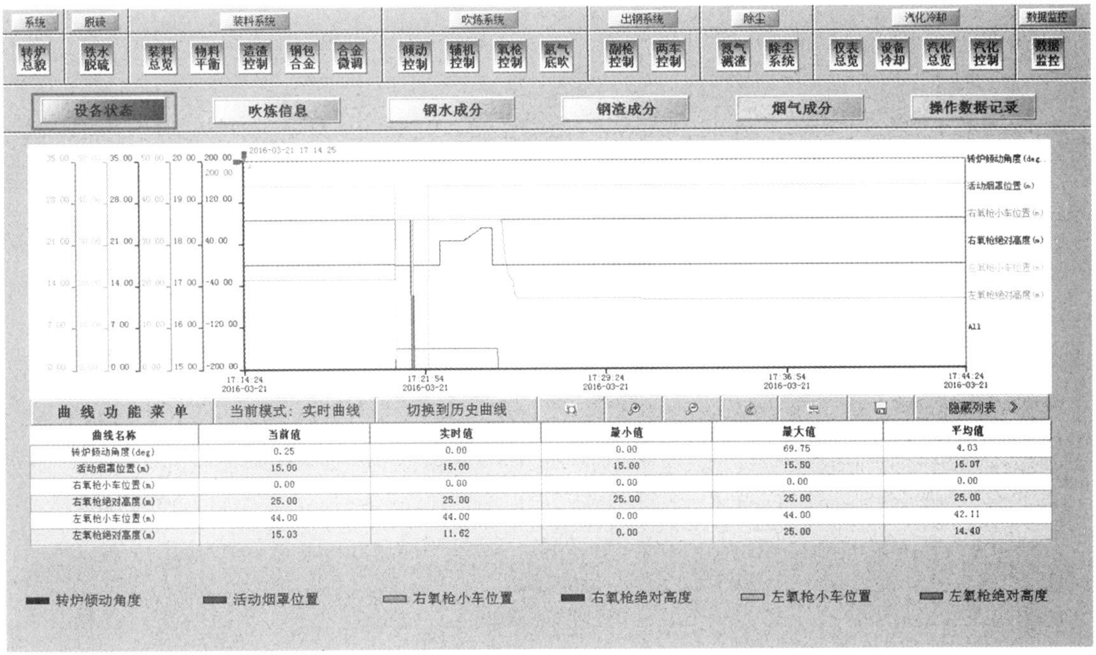

图 2-57

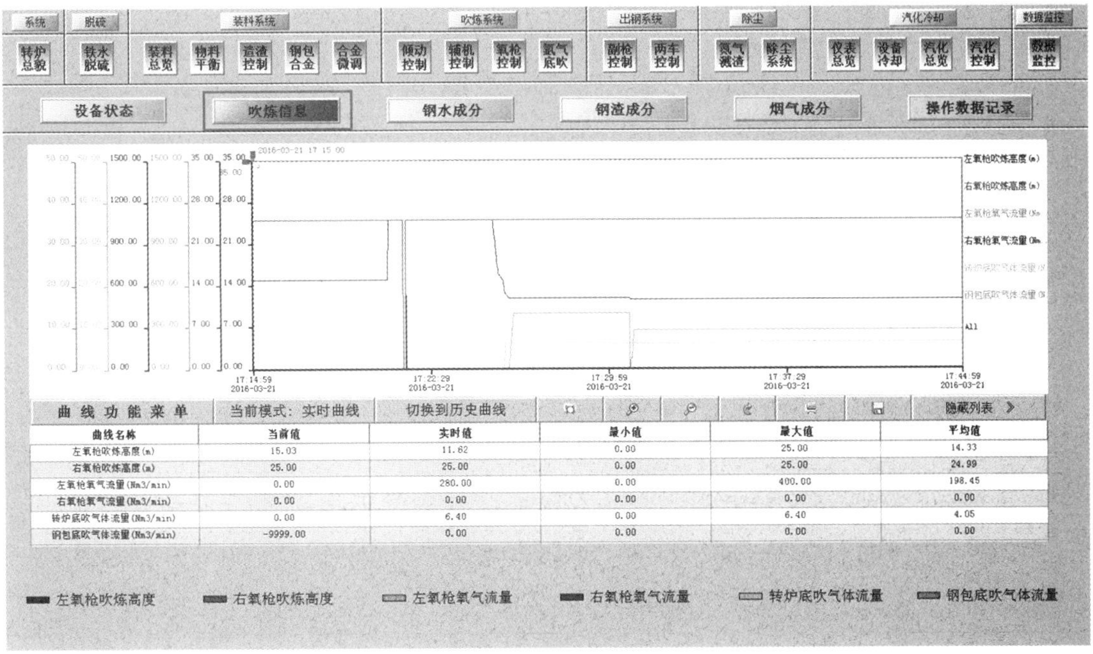

图 2-58

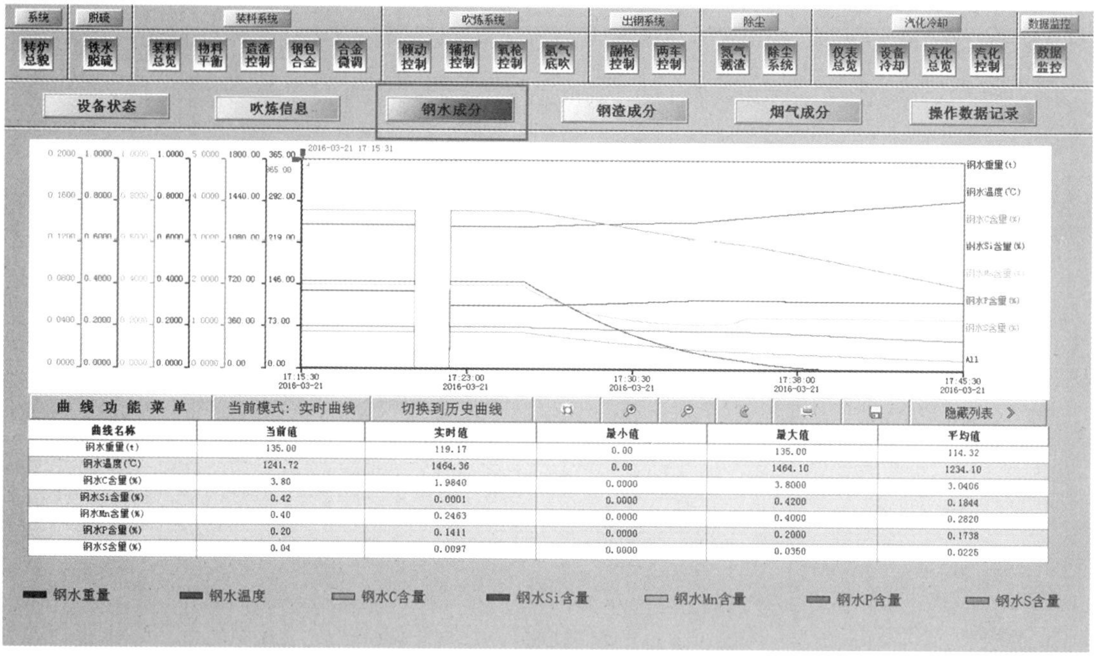
设备状态
吹炼信息
钢水成分
钢渣成分
烟气成分
操作数据记录
曲线功能菜单
当前模式：实时曲线
切换到历史曲线
隐藏列表
曲线名称 当前值 实时值 最小值 最大值 平均值
钢水重量(t) 135.00 119.17 0.00 135.00 114.32
钢水温度(℃) 1241.72 1464.36 0.00 1464.10 1234.10
钢水C含量(%) 3.80 1.9840 0.0000 3.8000 3.0406
钢水Si含量(%) 0.42 0.0001 0.0000 0.4200 0.1844
钢水Mn含量(%) 0.40 0.2463 0.0000 0.4000 0.2820
钢水P含量(%) 0.20 0.1411 0.0000 0.2000 0.1738
钢水S含量(%) 0.04 0.0097 0.0000 0.0350 0.0225
钢水重量
钢水温度
钢水C含量
钢水Si含量
钢水Mn含量
钢水P含量
钢水S含量

图 2-59

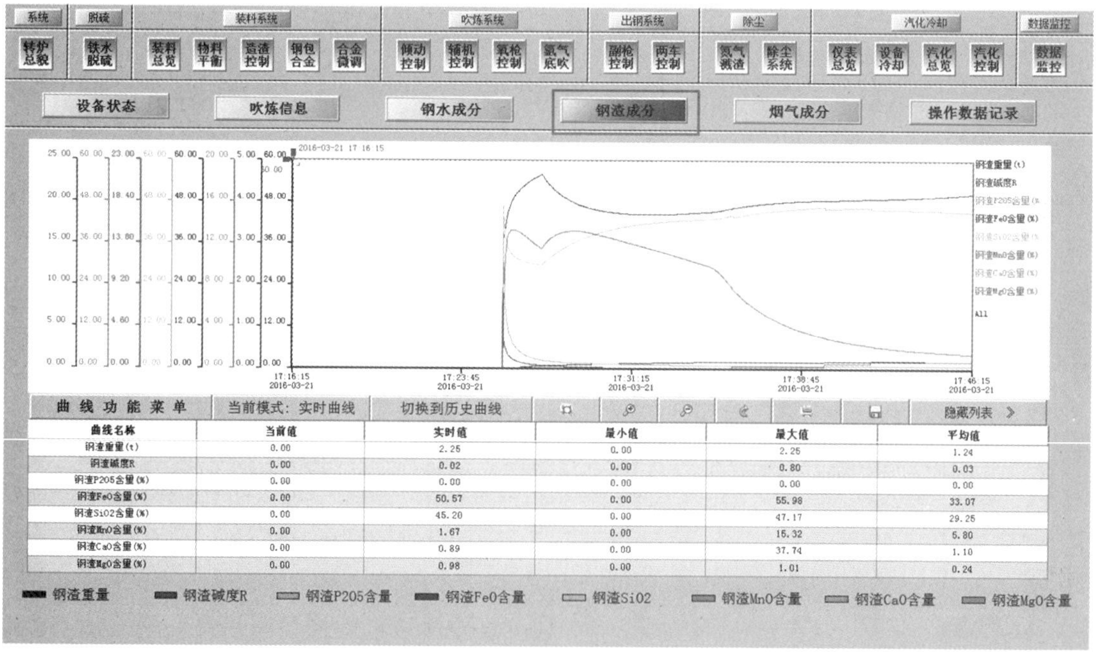
设备状态
吹炼信息
钢水成分
钢渣成分
烟气成分
操作数据记录
曲线功能菜单
当前模式：实时曲线
切换到历史曲线
隐藏列表
曲线名称 当前值 实时值 最小值 最大值 平均值
钢渣重量(t) 0.00 2.25 0.00 2.25 1.24
钢渣碱度R 0.00 0.02 0.00 0.80 0.03
钢渣P2O5含量(%) 0.00 0.00 0.00 0.00 0.00
钢渣FeO含量(%) 0.00 50.57 0.00 55.98 33.07
钢渣SiO2含量(%) 0.00 45.20 0.00 47.17 29.25
钢渣MnO含量(%) 0.00 1.67 0.00 15.32 5.80
钢渣CaO含量(%) 0.00 0.89 0.00 37.74 1.10
钢渣MgO含量(%) 0.00 0.98 0.00 1.01 0.24
钢渣重量
钢渣碱度R
钢渣P2O5含量
钢渣FeO含量
钢渣SiO2
钢渣MnO含量
钢渣CaO含量
钢渣MgO含量

图 2-60

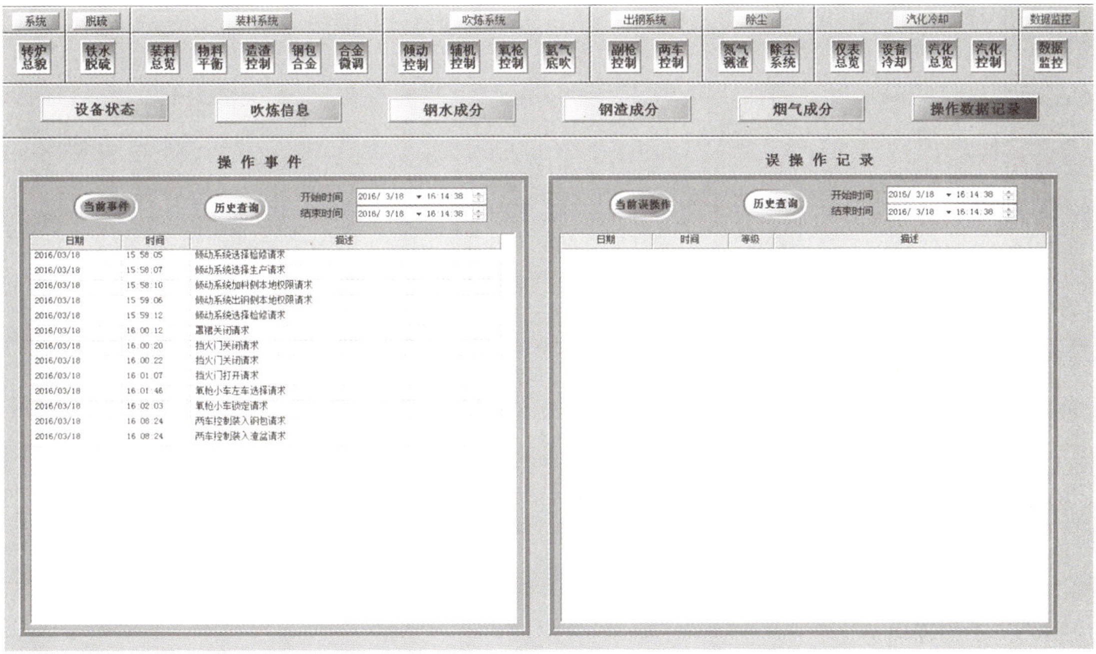

图 2-61

在吹炼过程中,我们还可以通过“副枪控制”完成测温及取样工作,如图 2-62 和图 2-63 所示。

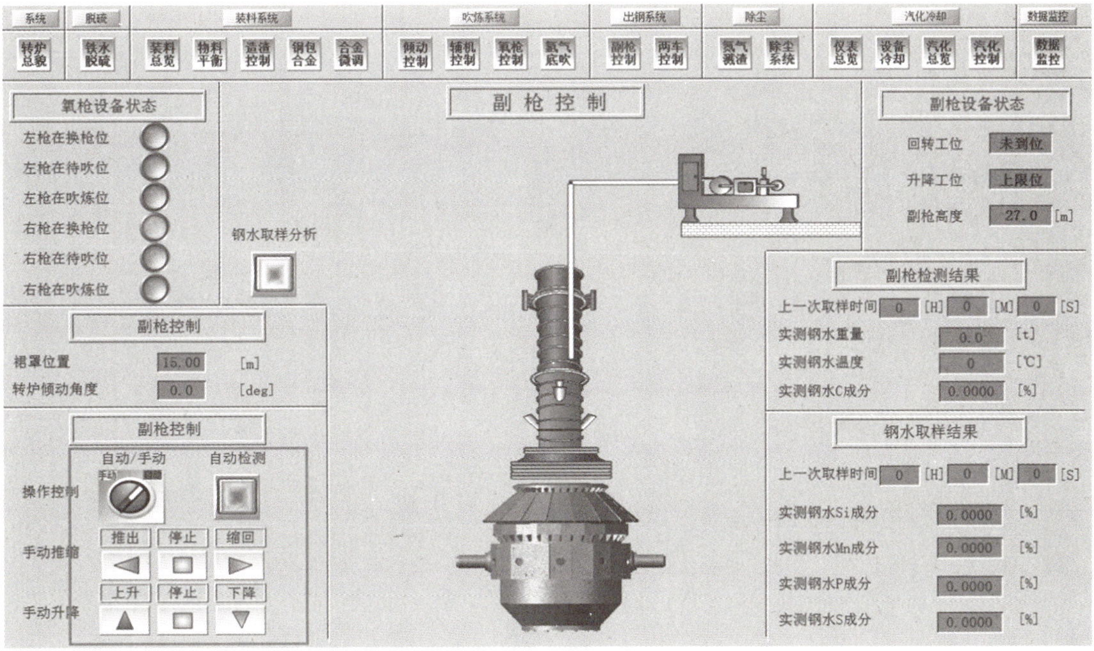

图 2-62

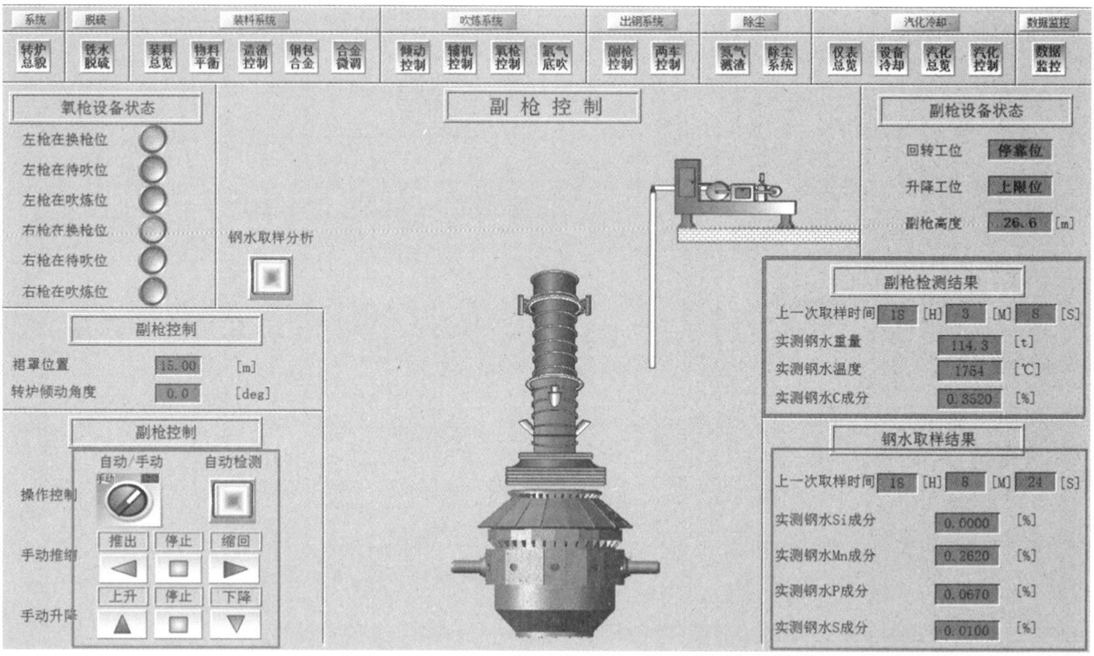

图 2-63

检测到钢种成分及温度均符合目标钢种要求时，切换到【氧枪控制】界面(图 2-64)，在界面右下侧“氧枪升降系统操作”区域内，点击“选择手动”按钮将氧枪操作切换到手动方式，点击“提枪”按钮，手动将氧枪提升至“换枪位”。

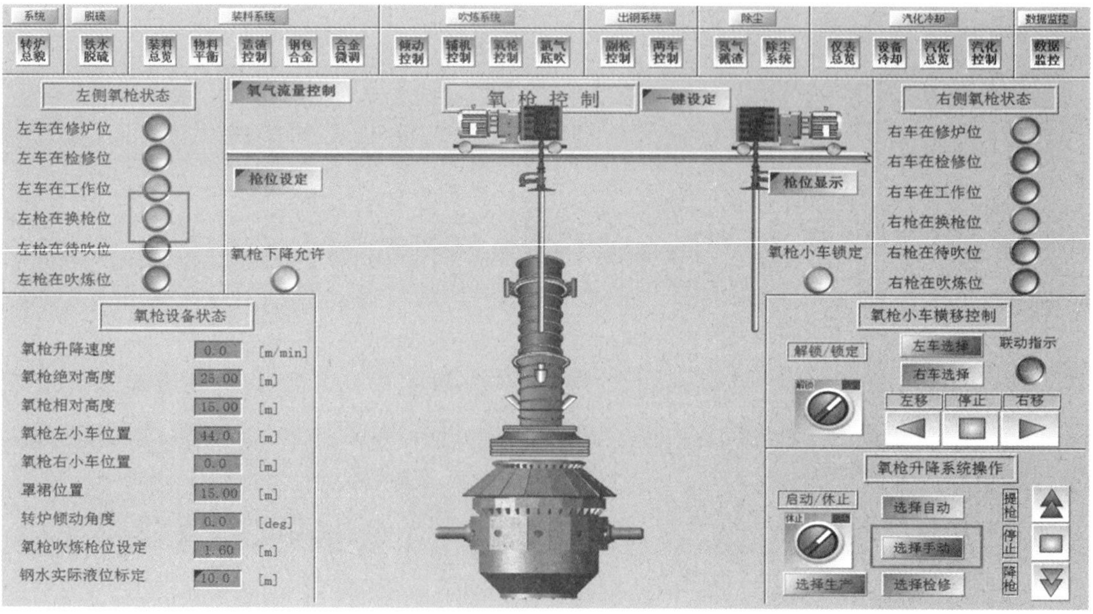

图 2-64

至此，“吹氧冶炼”及“加料造渣”工序全部结束，开始准备出钢。

任务7 出钢操作

7.1 【两车控制】界面操作规程(图 2-65)

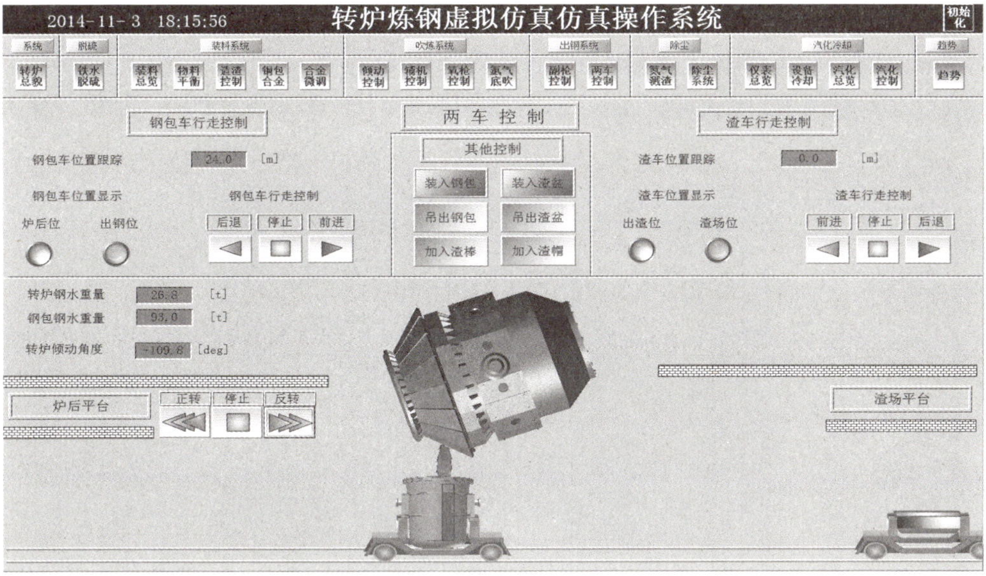

图 2-65

1. 界面简介

【两车控制】界面主要实现钢包车行走、渣车行走、钢包装入/吊出、渣车装入/吊出、出钢期间的加入挡渣棒、加入挡渣帽等设备工艺操作控制。

2. 操作规程

(1)装入/吊出钢包/渣盆操作:点击"装入钢包""吊出钢包"按钮,在钢包车上完成装入钢包、吊出钢包功能。点击"装入渣盆""吊出渣盆"按钮,在渣车上完成装入渣盆、吊出渣盆操作。

(2)钢包车/渣车行走控制:点击钢包车/渣车的前进按钮,将钢包车/渣车行驶至转炉下面的出钢位/出渣位,为转炉出钢/出渣提供准备。点击钢包车/渣车的后退按钮,可将两车驶离转炉分别运送至炉后位/渣场位,对钢水/钢渣做下一工序处理。

(3)加入挡渣棒/加入挡渣帽操作:点击加挡渣棒按钮,操控挡渣机将挡渣棒放入出钢口,以防止钢渣流入钢包内;出钢期间,点击加挡渣帽按钮,操控挡渣机将挡渣帽放入出钢口,为下一次冶炼做准备。

3. 操作要领

(1)装入/吊出钢包、渣盆,必须在炉后位/渣场位进行操作。

(2)两车相向行驶设有碰撞保护功能,当两车距离过近时,碰撞保护被激活,禁止两车进一步相向行驶。

(3)出钢期间，当转炉钢水剩余至 50~30 t 时，可操控挡渣机加入挡渣棒，其他工序时段无法加入挡渣棒。

(4)出钢期间，出钢水结束，转炉倾动回转至 $-40°\sim-20°$ 倾角时，可操控挡渣机将挡渣帽放入出钢口，其他工序时段则无法加入挡渣帽。

7.2 出钢操作规程

吹氧冶炼结束，钢种成分及温度达到目标钢种要求，准备出钢。

返回【转炉总貌】界面查看，“出钢条件”按钮为灰色，出钢条件不具备，如图 2-66 所示。

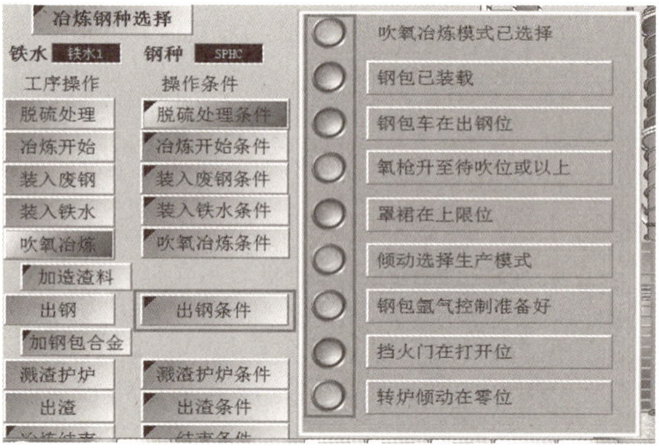

图 2-66

点击“钢包已装载”按钮或【两车控制】界面切换按钮，进入【两车控制】界面(图 2-67)。在界面中间位置，点击“装入钢包”按钮进行钢包装载。钢包装入后，在界面的右侧“钢包车行走控制”区域，点击“前进”按钮。钢包车到达“出钢位”后，自动停止。

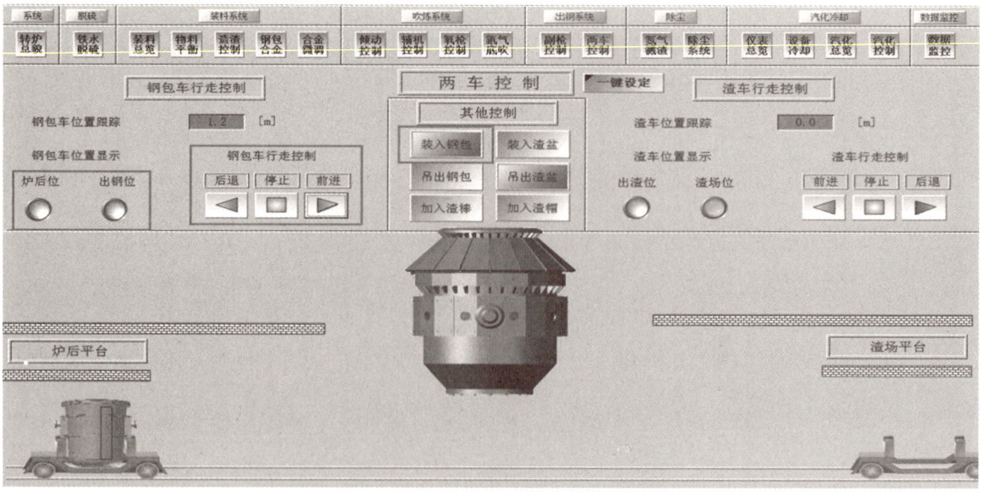

图 2-67

点击“裙罩上限位”或“挡火门打开位”按钮或【辅机控制】界面切换按钮，进入【辅机控制】界面图 2-68。在界面的“挡火门开闭控制”区域，同时选择“左门控制”及“右门控制”，选择完成后，点击“打开”，此时挡火门打开直至打开到位。在界面的“罩裙升降控制”区域，点击“打开”按钮，则罩裙上升直到上升到位。

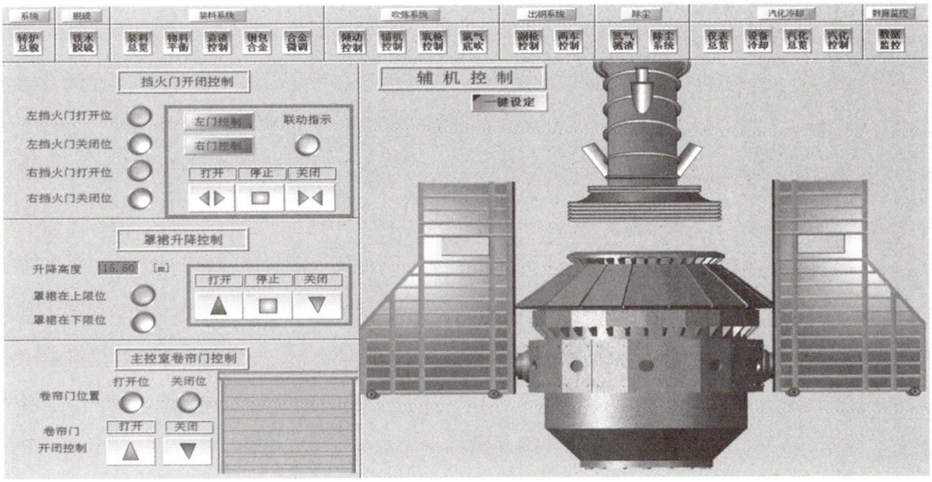

图 2-68

至此，出钢条件已全部满足，操作条件区域的“出钢条件”按钮常绿。

点击“出钢”按钮，进行出钢操作。选择“出钢”工序后，“钢包合金”按钮闪烁，提示设定钢包合金。点击“钢包合金”按钮或【钢包合金】界面切换按钮进入【钢包合金】界面（图 2-69）。此时，根据测定的元素含量及目标钢种的合金要求，计算合金加入量，输入对应合金料下的“重量设定”框中。点击“称量”按钮，将合金料准备到“称量中间料斗”中，在出钢过程中使用。

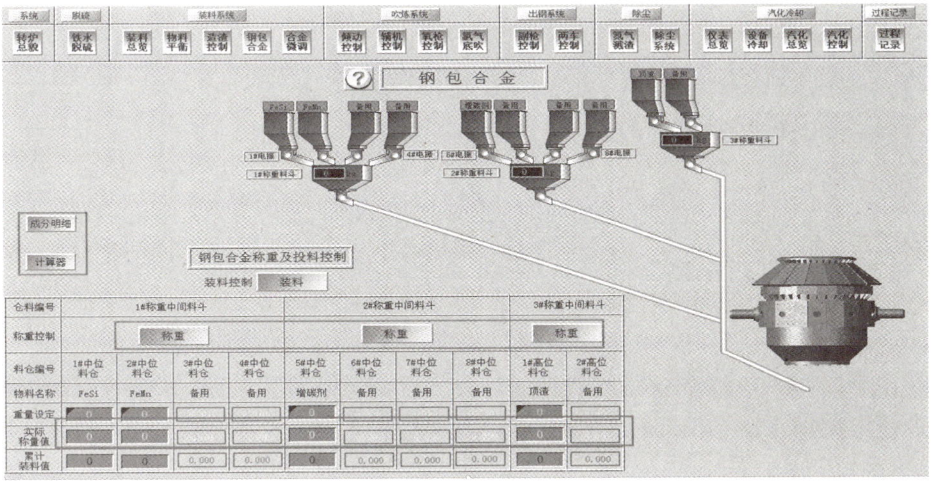

图 2-69

点击“成分明细”按钮，可看到合金料成分明细（图 2-70）。

FC_合金料成分

合金料成分明细

合金料种类	C%	Si%	Mn%	P%	S%	Cr%	Ti%	Al%	Pb5	Sn%	Mg%	Zn%	Fe%	Cu%	收得率
中碳锰铁FeMn78C2.0	2.0	1.5	80.0	0.2	0.0	0.00	0.00	0.00	0.00	0.00	0.00	0.00	16.3	0.00	0.8
硅铁FeSi75-A	0.1	78.0	0.4	0.0	0.0	0.3	0.00	0.00	0.00	0.00	0.00	0.00	21.1	0.00	0.8
铝线6061	0.00	0.6	0.1	0.00	0.00	0.1	0.1	96.9	0.00	0.00	1.0	0.3	0.7	0.1	0.8
铝锭YL104	0.00	9.0	0.4	0.00	0.00	0.00	0.00	88.8	0.1	0.0	0.2	0.3	0.9	0.3	0.8
碳粉	99.0	0.00	0.00	0.00	0.00	0.00	0.00	0.00	0.00	0.00	0.00	0.00	0.00	0.00	0.9

图 2-70

合金料准备好后，将操作界面切换到【倾动控制】（图 2-71）。在界面的左下侧“倾动系统操作”区域点击“出钢侧”按钮，在界面的右上侧“倾动控制（加料侧）”区域选择“他处”，在“倾动控制（出钢侧）”区域选择“本地”，这样倾动操作权限就转换到出钢侧操作台。此时，“倾动控制（出钢侧）”操作地点“本地”操作呈绿色。

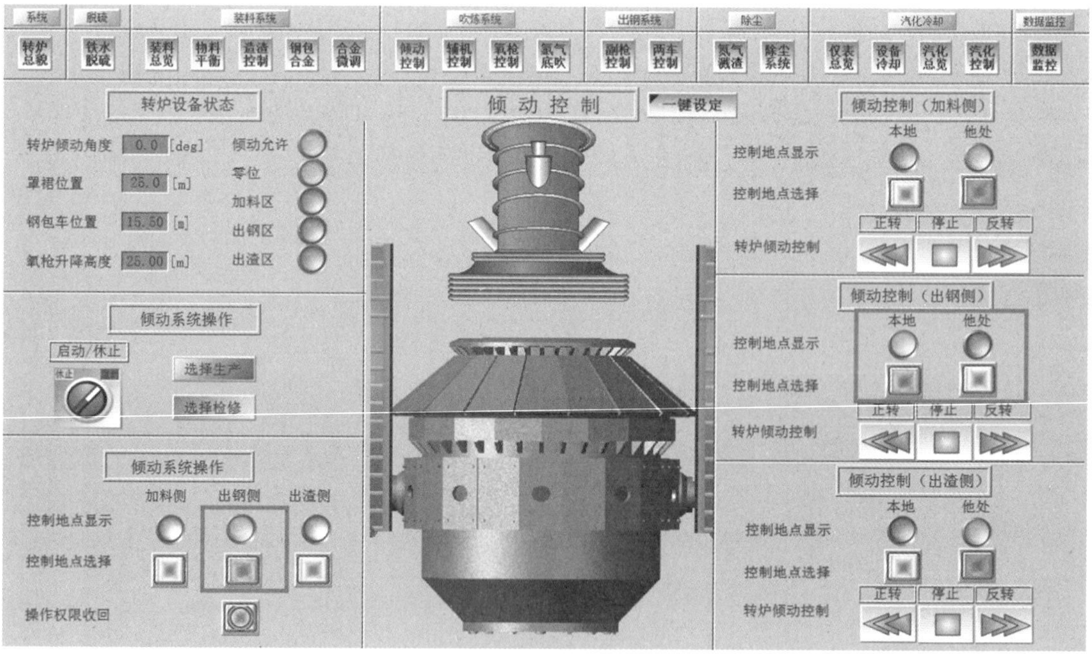

图 2-71

将操作界面切换到【两车控制】界面（图 2-72）。在界面左下侧出现倾动控制按钮，此时可以进行出钢操作。点击反转倾动转炉至钢水流出。

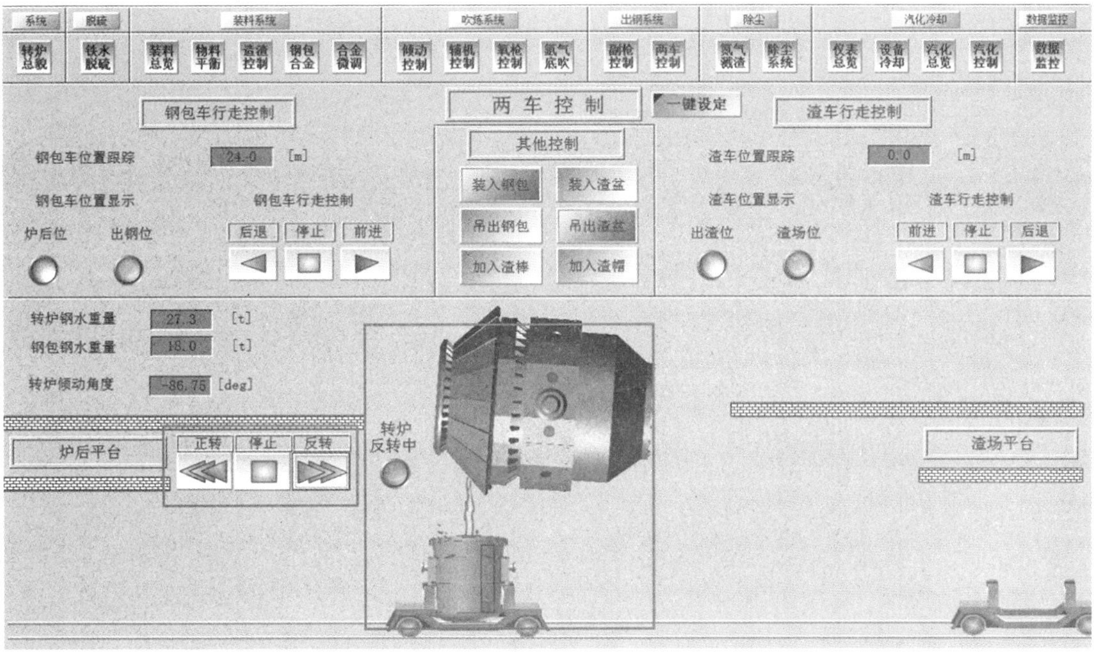

图 2-72

出钢期间，当转炉钢水剩余 50～30 t 时，点击界面中部“加入渣棒”按钮，加入挡渣棒，加入渣棒时间较长，可适当停止转炉倾动，如图 2-73 所示。

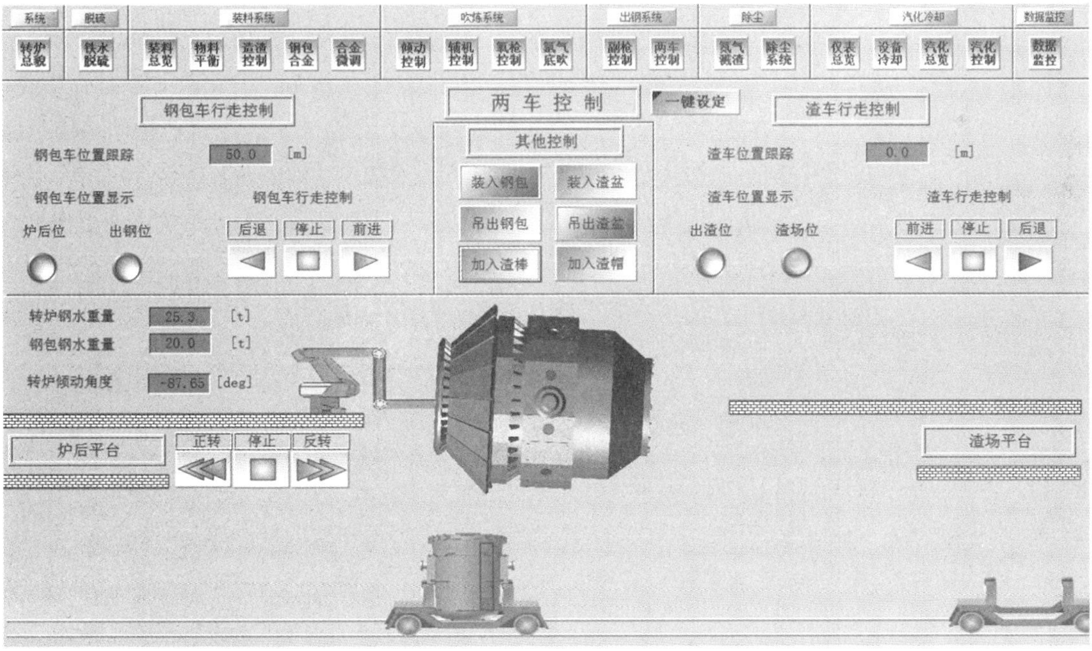

图 2-73

钢水全部出完后，回倾转炉至−40°～−20°倾角时，点击界面中部“加入渣帽”按钮，加入挡渣帽。如果加入渣帽时间较长，可适当停止转炉倾动，如图 2-74 所示。

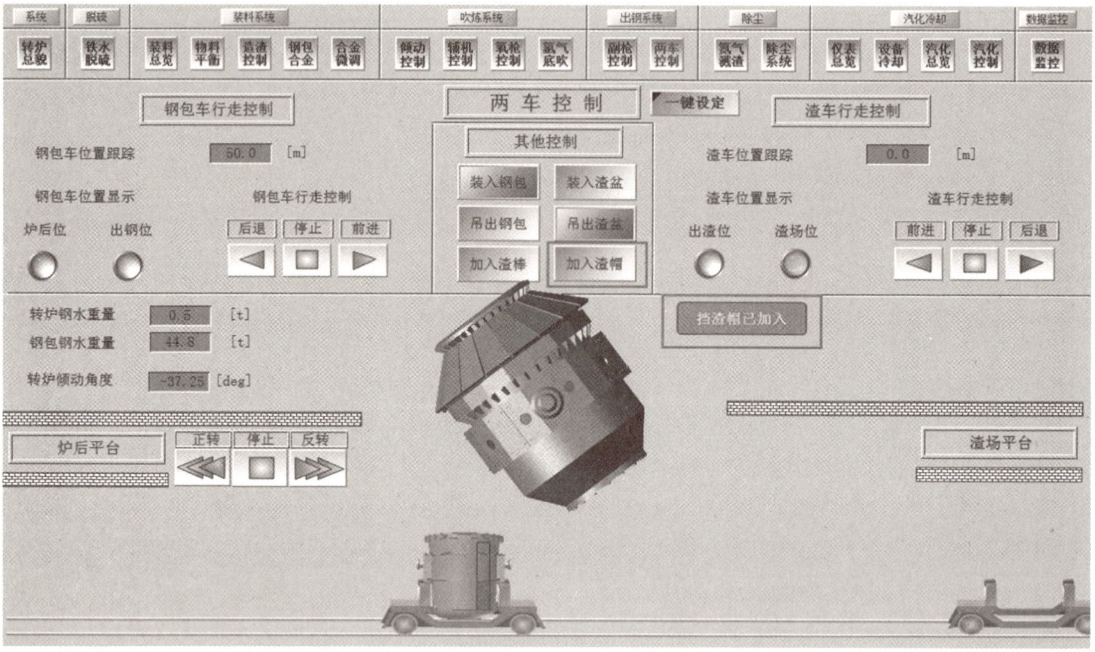

图 2-74

出钢过程中，可加入钢包合金料。将操作界面切换至【钢包合金】(图 2-75)，此前已将加入合金重量设定完毕，只要点击“装料”按钮即可。

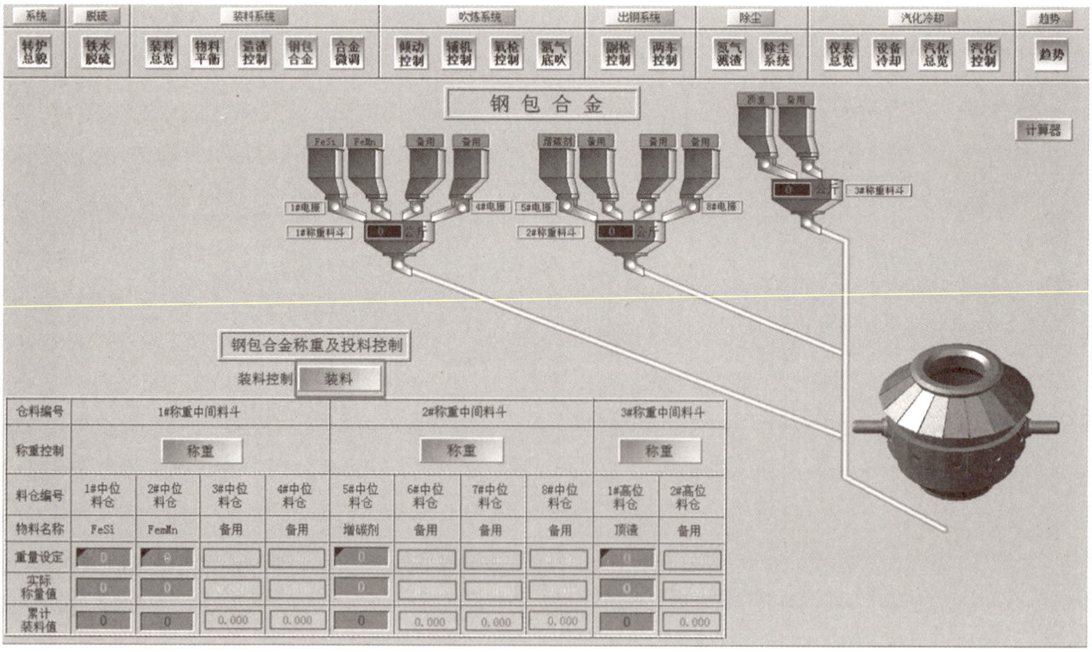

图 2-75

点击“正转”按钮，继续回倾转炉至零位。点击“钢包车行走控制”区域内的后退，将钢包车行走至“炉后位”，点击“吊出钢包”按钮，吊出钢包。至此转炉出钢结束，如图 2-76 所示。

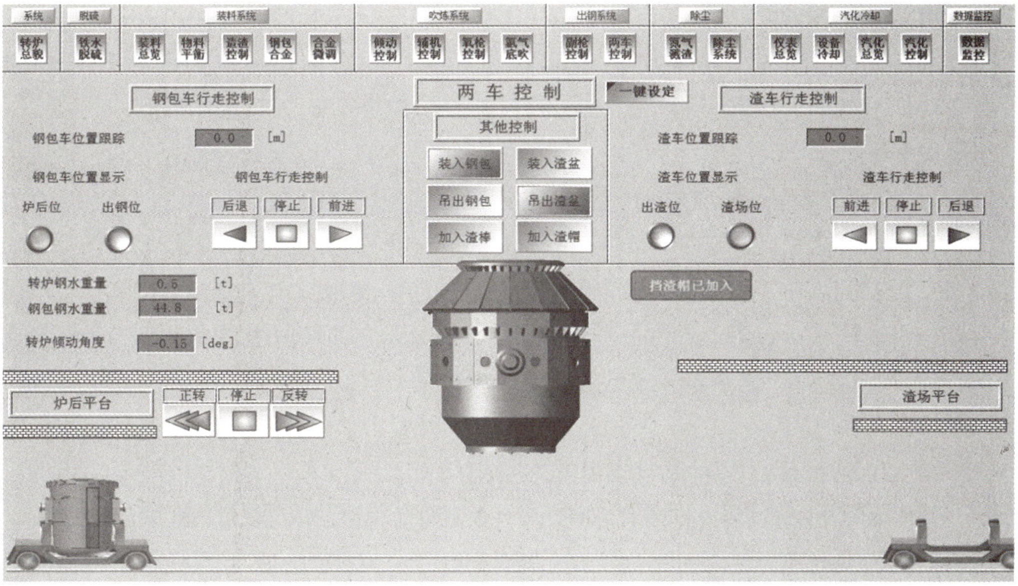

图 2-76

任务8 溅渣护炉操作

8.1 【氮气溅渣】界面操作规程(图 2-77)

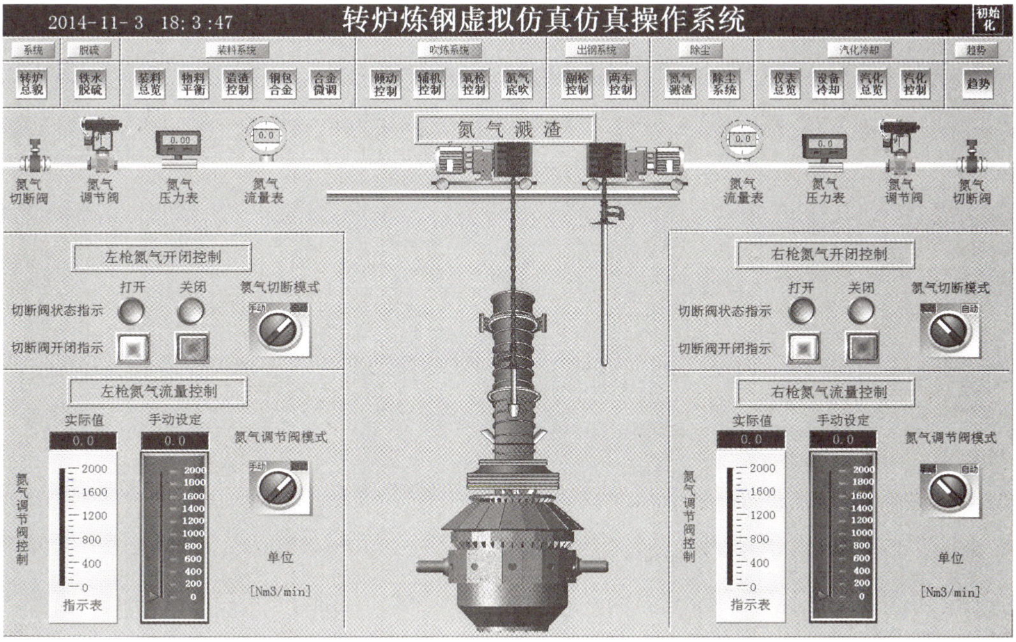

图 2-77

1. 界面简介

【氮气溅渣】界面主要实现在炉龄中后期，通过氮气吹溅冶炼后转炉内剩余钢渣，使钢渣喷溅至转炉内衬上，从而达到增厚炉壁内衬，延长转炉寿命的工艺操作控制。

2. 操作规程

(1)氮气开闭控制：点击氮气切断阀模式各按钮选择实现氮气切断阀的手动/自动开闭控制功能。手动模式下，点击打开按钮打开切断阀；点击关闭按钮关闭切断阀。

(2)氮气流量控制：点击氮气调节阀模式各按钮选择实现氮气调节阀的手动/自动开闭控制功能。手动模式下，通过移动手动设定值滚动条调整氮气调节阀流量设定值；自动模式下，氮气流量设定值根据当前工艺现状自动给出。

3. 操作要领

(1)氧枪小车处于工作位，氮气切断阀才可能打开。

(2)氧枪降至开闭氧点以下时，且氮气调节阀处于自动模式，氮气切断阀自动打开。

(3)氧枪降至开闭氧点以下时，且氮气调节阀处于自动模式，氮气调节阀自动调整至设定值。

(4)氮气调节阀手动设定范围：0.0~2 000 Nm^3/min。

8.2 溅渣护炉操作规程

出钢结束后，炉渣还在炉内，接下来进行“溅渣护炉”工序。

返回【转炉总貌】界面，在左侧“操作条件”处，点击“溅渣护炉条件”按钮查看工序连锁条件，如图 2-78 所示。

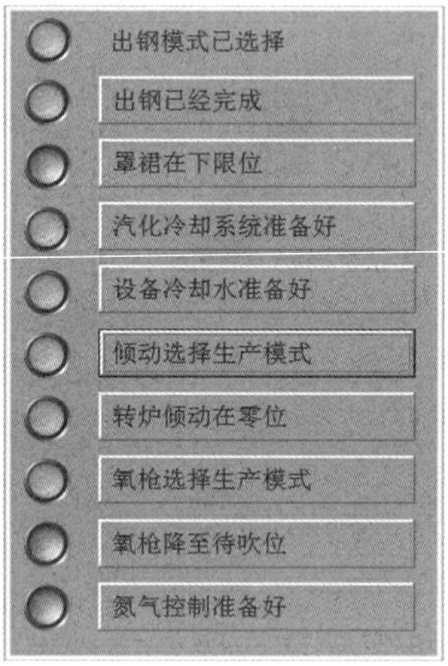

图 2-78

点击“罩裙在下限位”按钮或界面切换按钮进入【辅机控制】界面(图 2-79)。操作“罩裙升降控制”区域将罩裙下降至下限位。

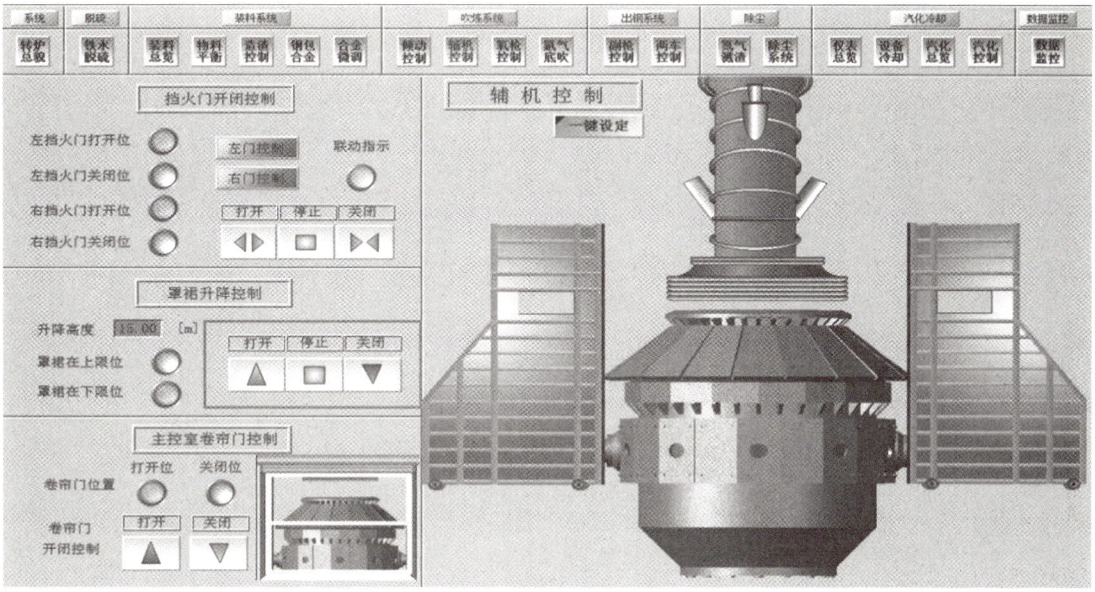

图 2-79

罩裙到位后，切换界面至【氧枪控制】界面(图 2-80)。在界面的右下侧“氧枪升降系统操作”区域，点击“选择手动”按钮，将氧枪操作模式改为手动。点击“降枪”按钮，调整氧枪至“待吹位”。

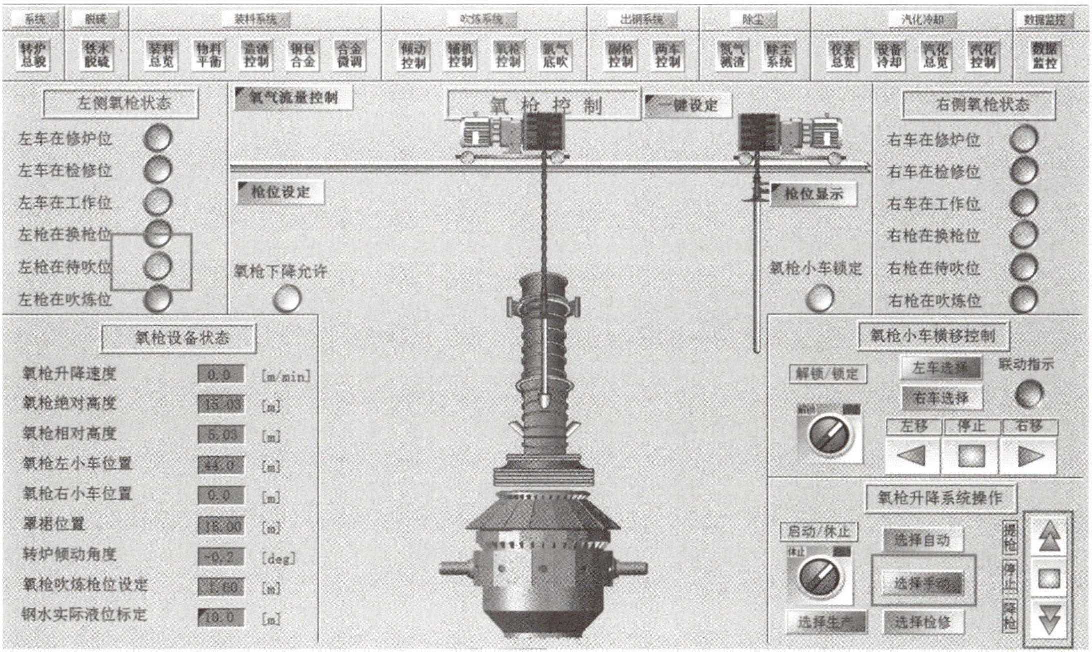

图 2-80

点击“溅渣护炉条件”下的“氮气控制准备好”按钮或【氮气溅渣】界面切换按钮将界面切换至【氮气溅渣】界面(图 2-81)。将【氮气溅渣】界面左侧“左枪氮气开闭控制”及“左枪氮气流量控制”区域内的模式切换为全部选择“自动”。

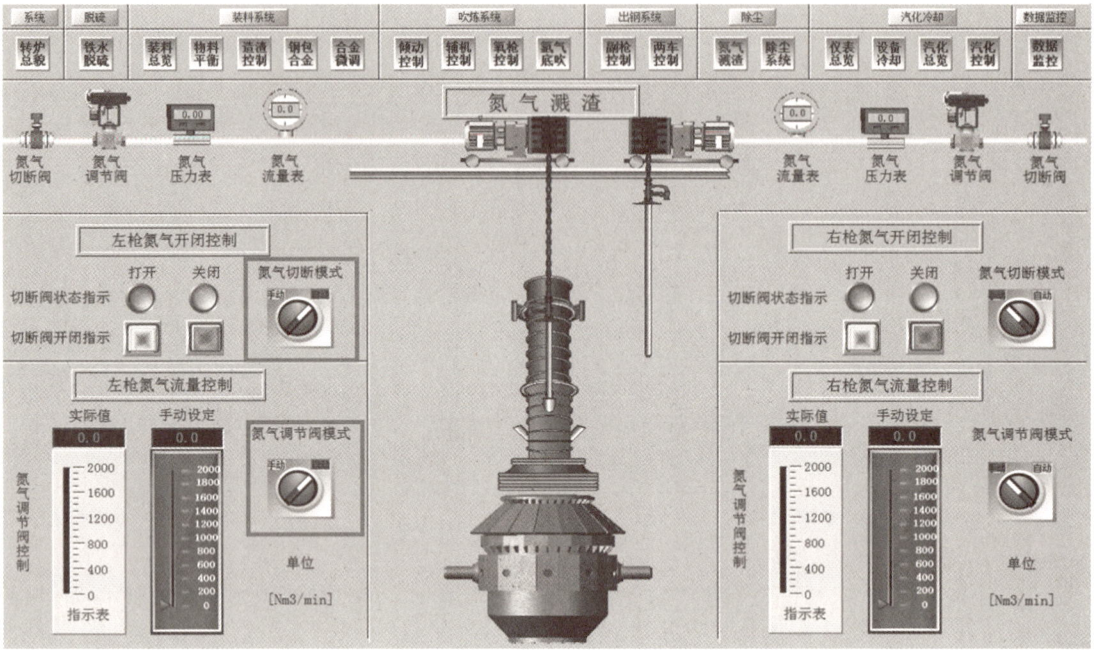

图 2-81

至此，“溅渣护炉”连锁条件全部达到，“溅渣护炉条件”按钮转为绿色(图 2-82)。点击“溅渣护炉”按钮，进入“溅渣护炉”工序。

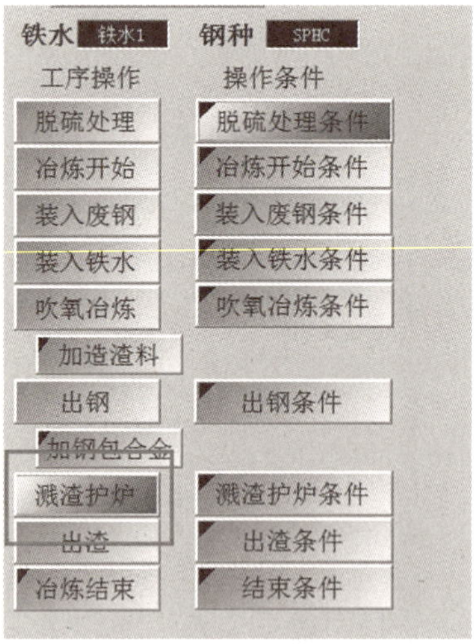

图 2-82

将操作界面切换至图 2-83。手动点击“降枪”按钮，将氧枪降至吹炼位进行溅渣护炉。溅渣护炉时间不宜过长。

溅渣结束后，点击“提枪”按钮将氧枪提升至“换枪位”。至此，“溅渣护炉”工序结束。

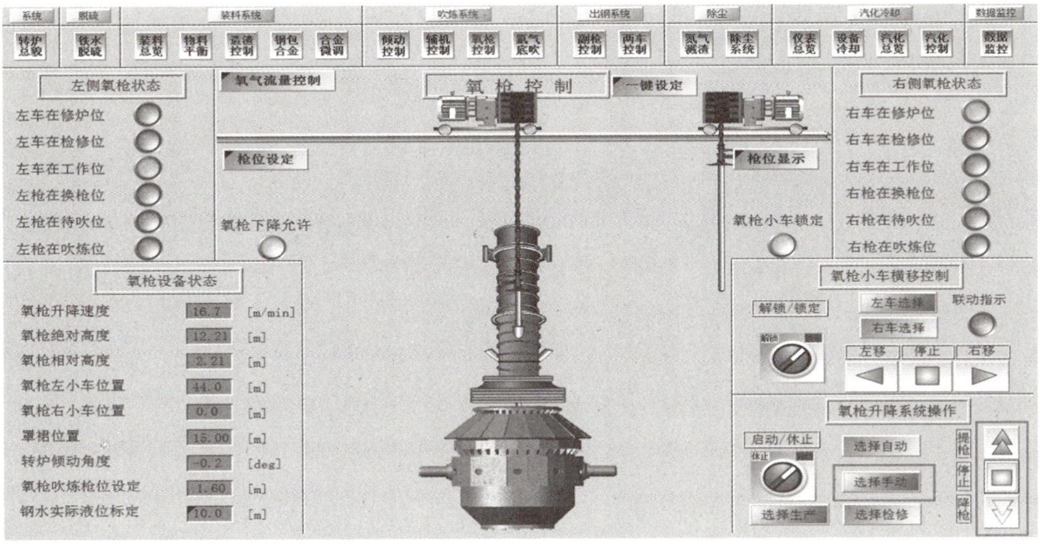

图 2-83

任务9 出渣操作

再次返回【转炉总貌】界面,查看出渣条件。目前不具备条件为“渣盆已装载”“渣盆车在出渣位”及“罩群在上限位”。

点击“渣盆已装载”按钮或界面切换按钮将界面切换至【两车控制】界面(图2-84)。在界面中间位置,点击“装入渣盆”进行渣盆装载。渣盆装入后,在界面的右侧“渣车行走控制”区域,点击“前进”按钮。渣车到达“出渣位”后,自动停止。

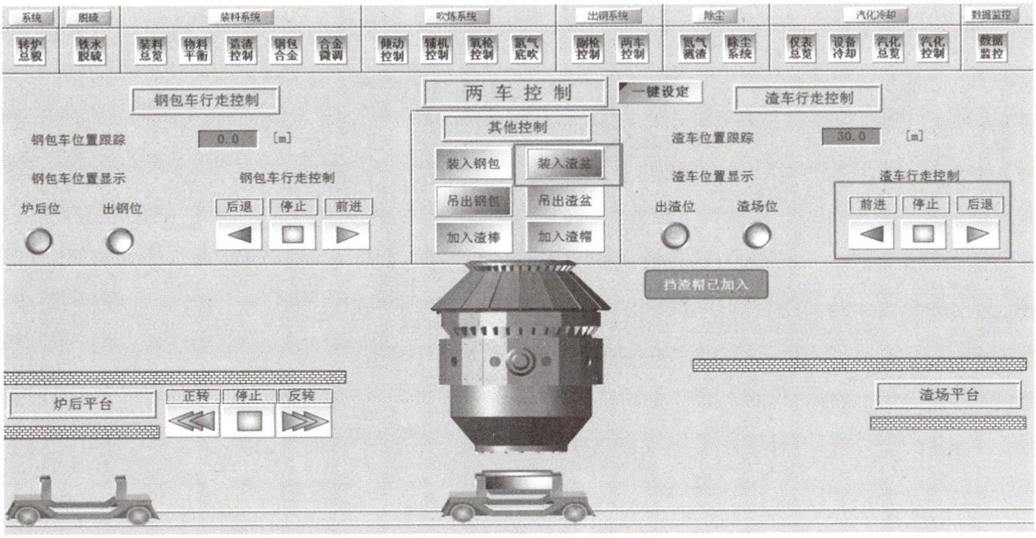

图 2-84

再次将界面切换至【辅机控制】界面(图 2-85),在界面左侧的“罩裙升降控制”区域,点击“打开”按钮,将罩裙提升至上限位。

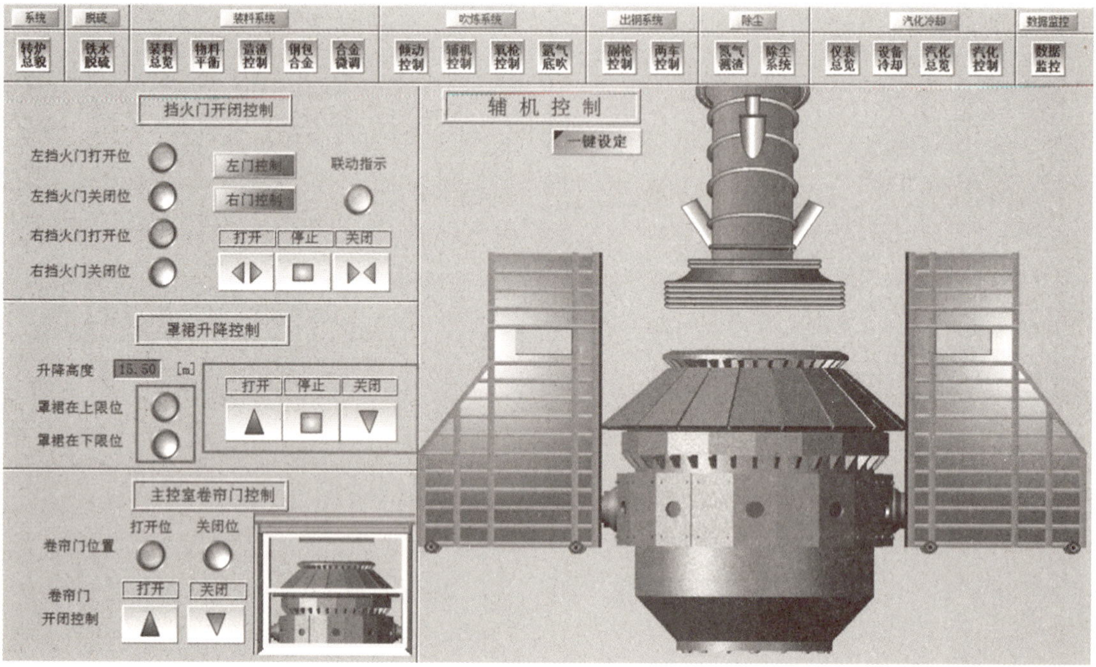

图 2-85

至此,“出渣”连锁条件全部达到,“出渣条件”按钮转为绿色(图 2-86)。点击“出渣”按钮,进入“出渣”工序。

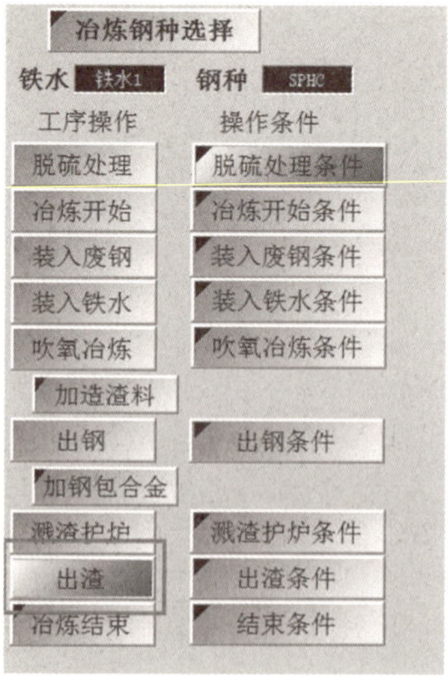

图 2-86

将操作界面切换到【倾动控制】界面,在界面的左下侧“倾动系统操作”区域点击“出渣侧”按钮，在界面的右侧“倾动控制（出钢侧）”区域选择他处，在“倾动控制（出渣侧）”区域选择本地，这样倾动操作权限就转换到出渣侧操作台。此时，“倾动控制（出渣侧）”操作地点“本地”操作显示为绿色。

将操作界面切换到【两车控制】界面（图2-87）。在界面右下侧出现倾动控制按钮，此时可以进行出渣操作。点击“正转”按钮倾动转炉至钢渣流出。

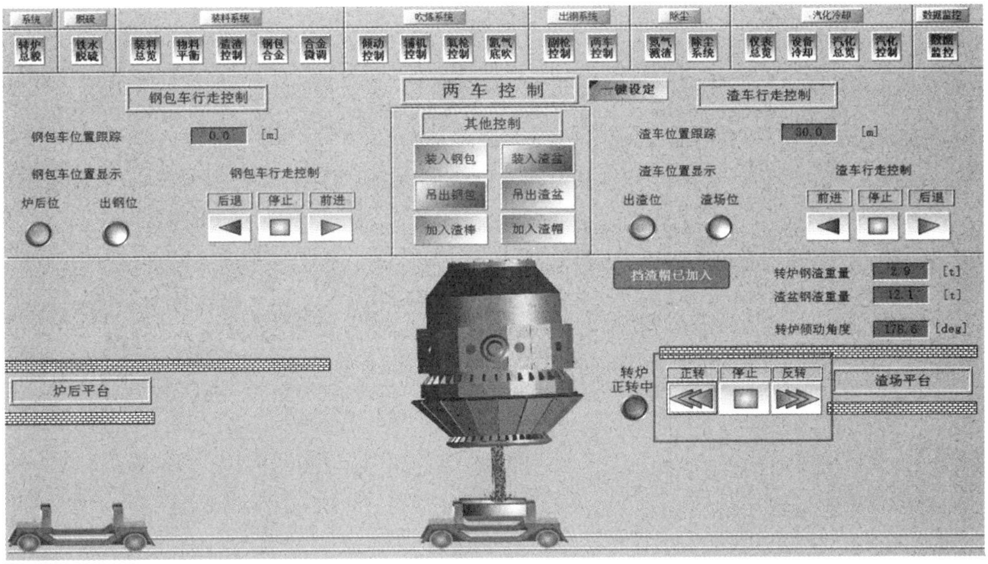

图2-87

待到钢渣全部流出，界面右侧转炉钢渣重量为零时，点击“反转”按钮，回倾转炉至零位。点击“渣车行走控制”区域内的“后退”按钮，将渣车行走至“渣场位”，如图2-88所示。

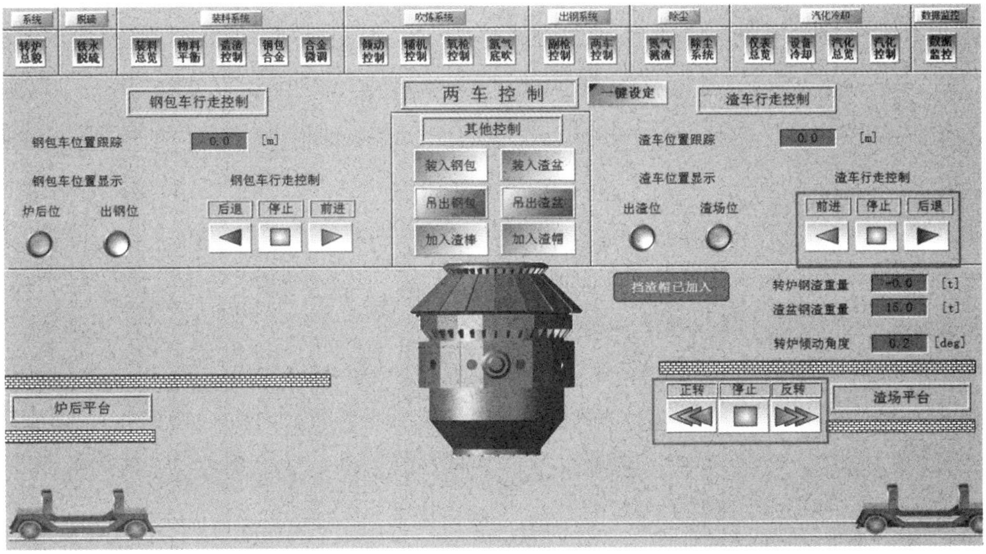

图2-88

至此,本炉次炼钢操作全部结束。

任务 10　冶炼结束操作

出渣结束后,转炉倾动回到零位,本炉次操作结束。返回到【转炉总貌】界面(图 2-89),在左侧“工序操作”区域,点击“冶炼结束”按钮,本次转炉炼钢过程彻底结束。

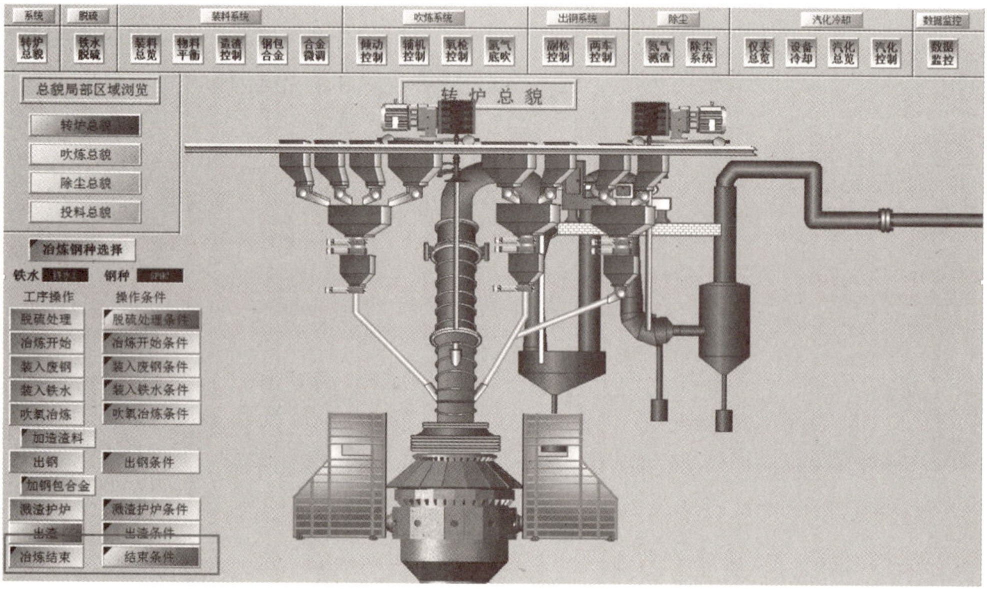

图 2-89

实 训 总 结

【项目小结】

1. 转炉炼钢工艺仿真实训项目提供了生动、逼真的学习情境,可在电脑上反复操作练习,不受温度、试剂和设备的制约,允许试错,不存在实验成本投入。

2. 通过练习冶炼准备、装料、吹炼、出钢、溅渣护炉、出渣等转炉炼钢生产及控制过程,自主分析转炉炼钢终点、转炉冶炼最终成分、转炉冶炼渣成分、操作时长、转炉炼钢操作、转炉炼钢成本、转炉终点和最终成分等实验结果,并系统撰写实验报告,充分调动学生学习积极性和参与性,可加深学生对转炉炼钢各生产系统工艺及设备的记忆和理解。

3. 通过反复操作练习可记住工艺操作要点,并进行调整操作,真正意义上的对转炉炼钢过程进行整体把握,最终冶炼一炉合格的钢水。

【项目反思】

1. 炼钢的基本任务是什么？
2. 转炉炼钢工艺流程及其特点？
3. 转炉炼钢的设备组成？
4. 炼钢过程中各元素的氧化顺序是什么？

【项目评价】

按照表 2-1 进行评价：

表 2-1

考核项目	内容	考核要求	计分标准	分值	组号	得分
项目实施态度	1. 实训的积极性； 2. 遵守安全操作规程情况； 3. 遵守纪律情况	1. 积极参加实训； 2. 遵守安全操作规程； 3. 有良好的职业道德和敬业精神	1. 遵守操作规程得 20 分； 2. 遵守劳动纪律得 20 分	40	1	
					2	
					3	
					4	
					5	
理论知识掌握	1. 转炉炼钢系统各设备组成； 2. 炼钢工序的冶金功能	1. 能够描述转炉炼钢系统各设备组成； 2. 能够描述炼钢工序的冶金功能	1. 描述正确得 10 分； 2. 描述正确得 10 分	20	1	
					2	
					3	
					4	
					5	
转炉炼钢系统的操作	具备转炉炼钢操作的基本技能	能操作转炉炼钢系统进行冶炼准备、装料、吹炼、出钢、溅渣护炉、出渣等转炉炼钢生产及控制过程	1. 操作步骤合理得 10 分； 2. 操作熟练得 10 分； 3. 能按照生产要求高效平稳地完成一炉钢冶炼得 20 分	40	1	
					2	
					3	
					4	
					5	
合计得分						

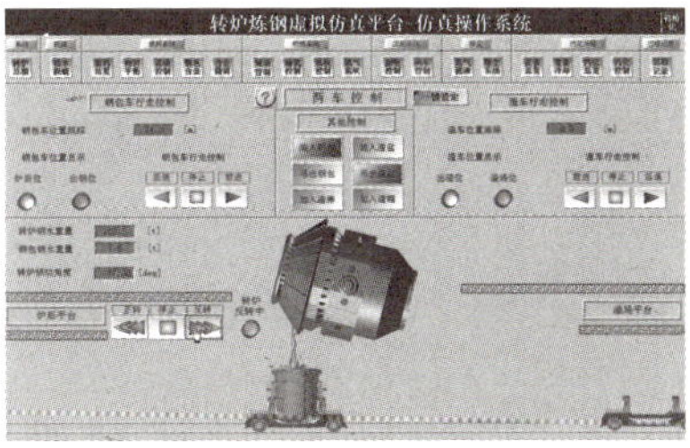

炼钢工艺仿真实训视频

项目3　LF精炼工艺仿真实训

【项目描述】

1. 通过LF精炼工艺仿真实训，熟知LF精炼的主要生产控制工艺，掌握通氩气、准备工作、测温取样、加料、加热、喂丝、吊出钢包的操作技能。

2. 操作过程中能按照仿真实训规程控制好底吹流量、升温速度、丝线种类、应喂丝长度等参数，获得较好的炼铁技术经济指标。

3. 能够分析LF精炼仿真过程的送电曲线、钢水温度曲线、操作记录曲线等。

【项目分析】

1. 知识目标

(1)能表述出LF精炼生产的基本原理和工艺过程。

(2)能描述出LF精炼设备主要冶金功能及工艺参数，了解设备类型、参数对生产的影响。

2. 技能目标

(1)能根据所炼钢种的要求进行配料给料，操作设备完成钢水的精炼。

(2)能够操作LF精炼系统主要设备及工艺参数，并能进行日常的检修与维护。

【项目实施】

通过对LF精炼主要生产控制工艺的模拟，掌握通氩气、准备工作、测温取样、加料、加热、喂丝、吊出钢包的仿真操作，完成对钢水精炼的仿真操作过程。项目具体实施以下分解任务。

任务 1　仿真系统基本操作

1.1　LF 精炼操作流程图(图 3-1)

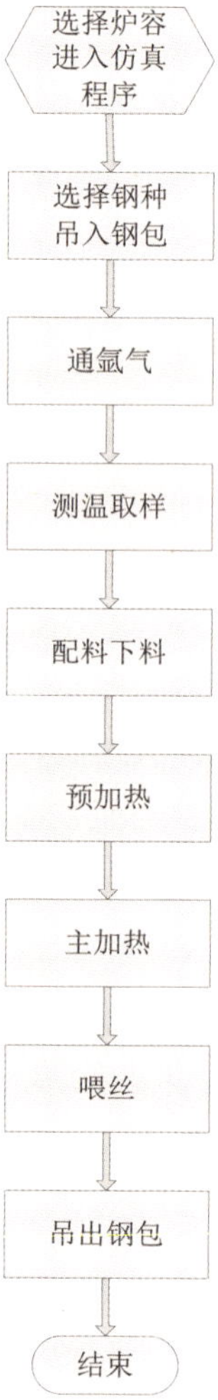

图 3-1

1.2　系统登录操作

程序进入【120 t LF 精炼虚拟仿真平台-仿真操作系统】初始界面,如图 3-2 所示。

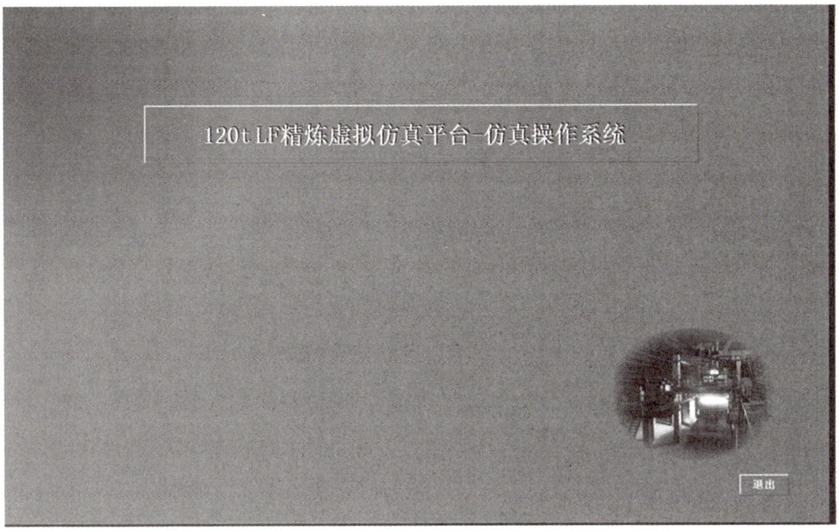

图 3-2

点击“120 t LF 精炼虚拟仿真平台-仿真操作系统”按钮，进入 LF 精炼主页面。

1.3　系统退出操作

在【LF 精炼生产仿真实训】初始界面中，点击“退出” 按钮打开退出小窗口

，点击“确认”即可退出软件，点击“放弃”则返回首页。

1.4　按钮说明

1. 方形按钮，可以点击，执行相应操作。绿色表示该设备已启动或者该阀门已打开到位，绿色闪烁表示该设备正在启动或者该阀门正在打开。红色表示该设备已停止运行或者该阀门已关闭到位，红色闪烁表示该设备正在停止或者该阀门正在关闭。

2. 圆形为指示灯，起到指示作用，有两种颜色。绿色表示该设备已启动或者该阀门已打开到位，绿色闪烁表示该设备正在启动或者该阀门正在打开。红色表示该设备已停止运行或者该阀门已关闭到位，红色闪烁表示该设备正在停止或者该阀门正在关闭。

3. 

带三角的文本框，用于设置参数。重要参数会有最大值、最小值及精度的限制。

4. 

文本显示，不可更改。用于显示设备参数、技术指标及仪表数值等。

5. 档位指示。用于显示设备控制模式。

任务2 准备工作

2.1 【精炼总览】界面操作规程(图3-3)

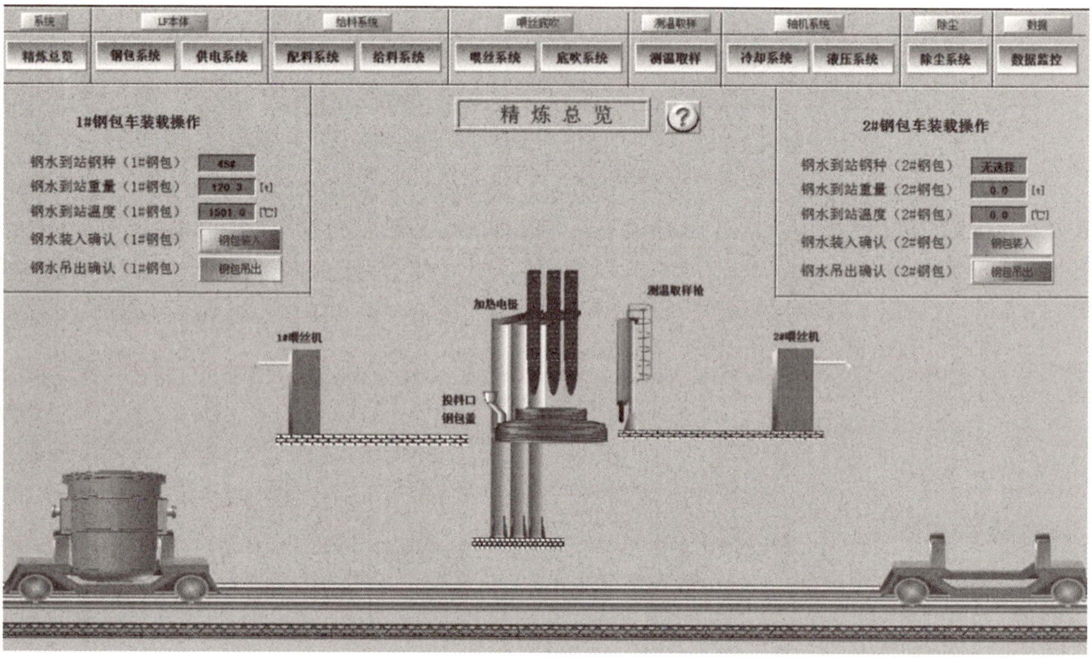

图 3-3

1. 界面简介

【精炼总览】界面主要完成精炼设备全局总览,以及1#、2#冶炼工位的钢水装入、吊出等控制功能。

2. 操作规程

钢水装入、吊出操作控制功能:在【配料系统】界面选择到站钢种后,且钢包车处于等待位,分别点击1#、2#工位的钢水装入、钢水吊出按钮,实现钢水的装入、吊出功能。窗口显示钢水到站温度和钢水到站重量等信息。吊入钢包后才能进行下一步冶炼操作。

3. 操作要领

钢包吊入前必须在【配料系统】界面选择到站钢种。

2.2 【钢包系统】界面操作规程(图3-4)

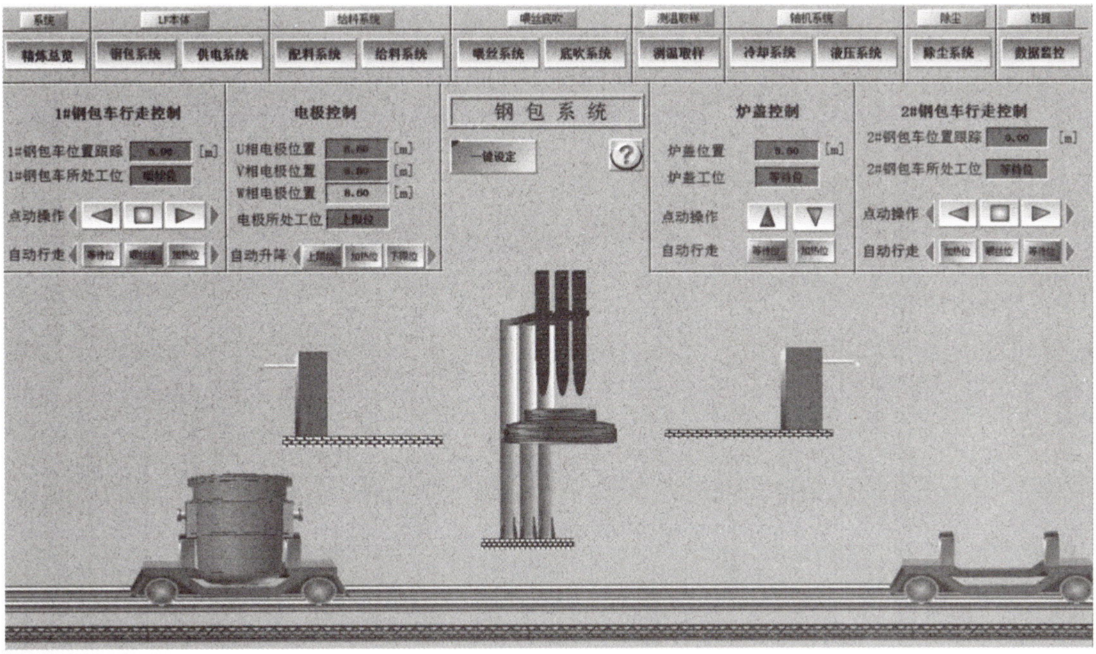

图3-4

1. 界面简介

【钢包系统】界面主要实现钢包车行走、包盖升降、电极升降等设备操作功能。

2. 操作规程

钢包车行走:点击【自动行走】的等待位、喂丝位、加热位按钮,钢包车将自动行走至相应位置;点击【点动操作】的停止按钮,实现钢包车行走停车指令。点击【点动操作】前进、后退按钮并保持,钢包车处于点动前进、后退行走状态。

包盖升降:点击【自动升降】的上限位、下限位按钮,钢包盖将自动升降至相应位置;点击【点动操作】的上升、下降按钮并保持,钢包盖处于点动上升、下降状态。

电极升降:点击【自动升降】的上限位、加热位、下限位按钮,电极将自动升降至相应位置。

3. 操作要领

钢包盖处于上限位,电极处于上限位,装载钢包的钢包车方可运行至加热位。

电极处于上限位,钢包盖方可上升。钢包盖处于下限位,电极方可自动降至加热位实施钢水加热。

液压系统工作正常,钢包盖方可升降;电极方可升降。

2.3 【配料系统】界面操作规程(图 3-5)

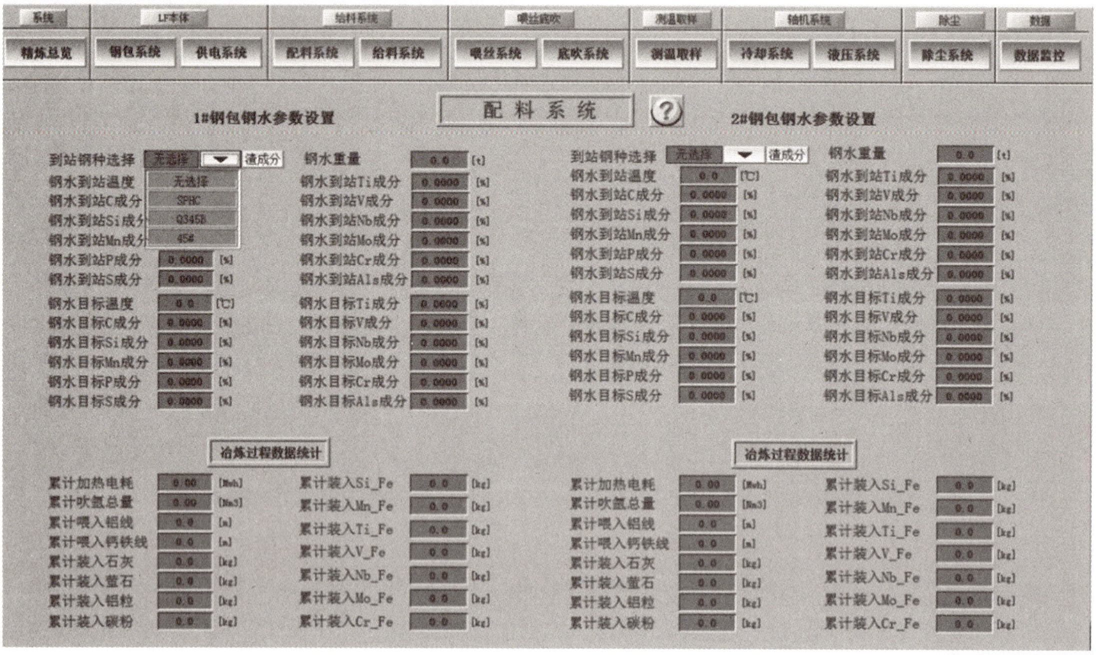

图 3-5

1. 界面简介

【配料系统】界面主要完成两个加热工位到站钢水各成分设定、精炼渣到站成分修正、冶炼目标钢种各成分设定等配料功能,同时监控冶炼各过程数据。

2. 操作规程

到站钢种选择:点击“到站钢种选择”按钮,在下拉菜单中选择一个准备精炼的钢水钢种,SPHC、Q345B、45#三个钢种的各成分将自动生成。

精炼渣到站成分:点击精炼渣到站成分选择按钮,在下拉菜单中手动修改精炼渣各到站成分,并点击“确认修改”按钮,设定精炼渣成分。

3. 操作要领

选择到站钢种后,方可钢水装入。

钢种选择只能进行一次,请谨慎选择。

精炼渣到站成分仅有一次修改机会,钢包装入后,禁止更改精炼渣到站成分。

精炼渣成分设定必须遵循以下原则:精炼渣重量介于 100~3 000 kg;CaO 与 SiO_2 比值不得大于 13.0;各成分总和需高于 90%,且小于等于 100%。否则设定数据无效。

4. 参数范围

钢水重量 90~150 t;钢水温度 0~1 750 ℃;其他成分 0~100%。

2.4 【底吹系统】界面操作规程(图 3-6)

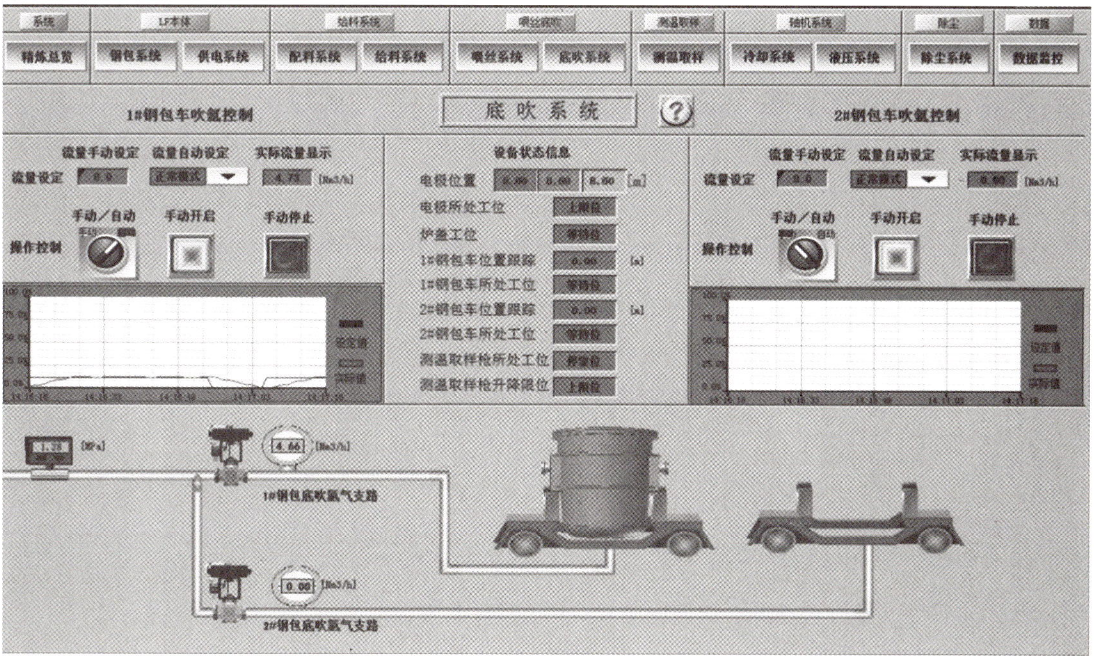

图 3-6

1. 界面简介

【底吹系统】界面主要完成钢包底吹氩控制作业。

2. 操作规程

点击“自动/手动”转换开关,实现自动/手动操作模式转换。自动模式下,钢包装入后,将根据钢水作业状态,自动控制底吹氩气流量,流量分为弱吹、正常、强吹三种设定值,可通过点击“流量自动设定”下窗口转换。手动模式下,点击“手动开启”“手动停止”按钮,实现钢包底吹氩气阀的开闭,在“流量手动设定”窗口输入设定值,氩气流量调节阀将按设定流量调节实际流量。

3. 操作要领

自动模式下,必须装入钢包,氩气方可打开。

手动模式下,必须输入有效设定值,氩气方可吹出。

手动模式下,氩气开闭不受钢包是否装入控制。

4. 参数范围

底吹氩气最大手动设定流量 0~30 Nm^3/h。

2.5 【冷却系统】界面操作规程(图 3-7)

1. 界面简介

【冷却系统】界面主要用于对精炼设备冷却水系统相关联设备实施详细监视控制。

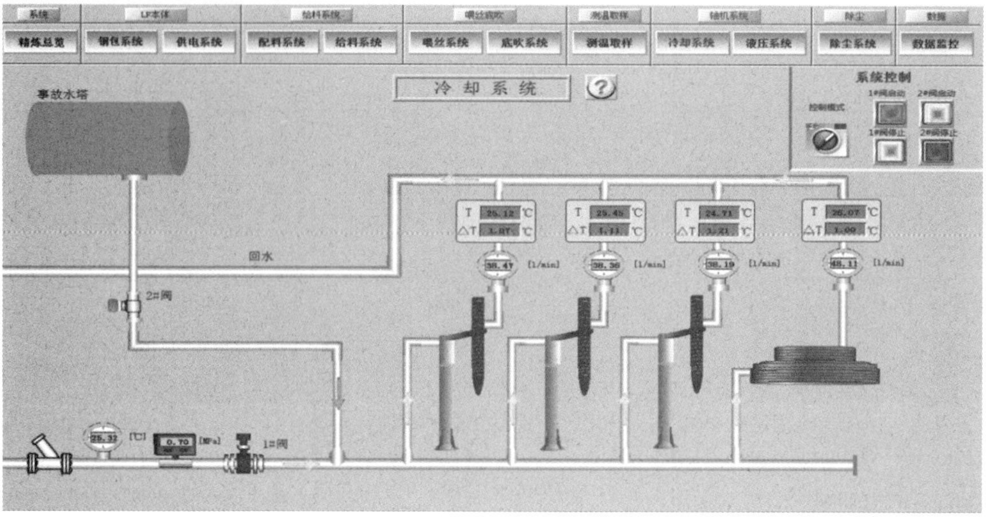

图 3-7

2. 操作规程

在界面右上角相应窗口点击“自动/手动”转换开关实现自动/手动模式转换。

在自动模式下，当钢水装入钢包车后，设备冷却水自动打开。

在手动模式下，可分别点击“1#阀”“2#阀”按钮，控制冷却水开闭。

3. 操作要领

设备冷却水供水正常后，钢水加热冶炼才可得以实现。

2#阀为事故水，当1#阀水出现故障时自动开启或手动开启。

2.6 【液压系统】界面操作规程（图 3-8）

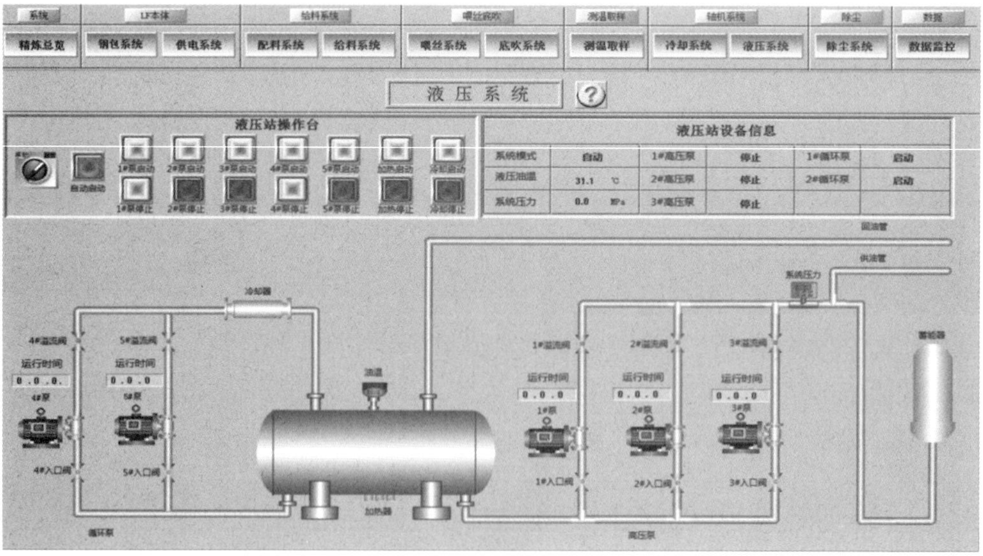

图 3-8

1. 界面简介

【液压系统】界面主要实现液压站高压泵、循环泵启停控制；油温控制等操作功能。为精炼设备运行提供可靠优质液压动力源。

2. 操作规程

在界面上角相应窗口点击液压“自动/手动”“自动启动”等相关按钮，液压系统将执行相应的运动作业。

在手动模式下，可分别点击“冷却”“加热”按钮，控制液压油温度调节。

3. 操作要领

(1)手动操作模式下：开阀必须先开泵，关泵必须先关阀。

(2)液压系统工作正常，电极臂、钢包盖等设备方可实现正常升降。

2.7　【除尘系统】界面操作规程(图3-9)

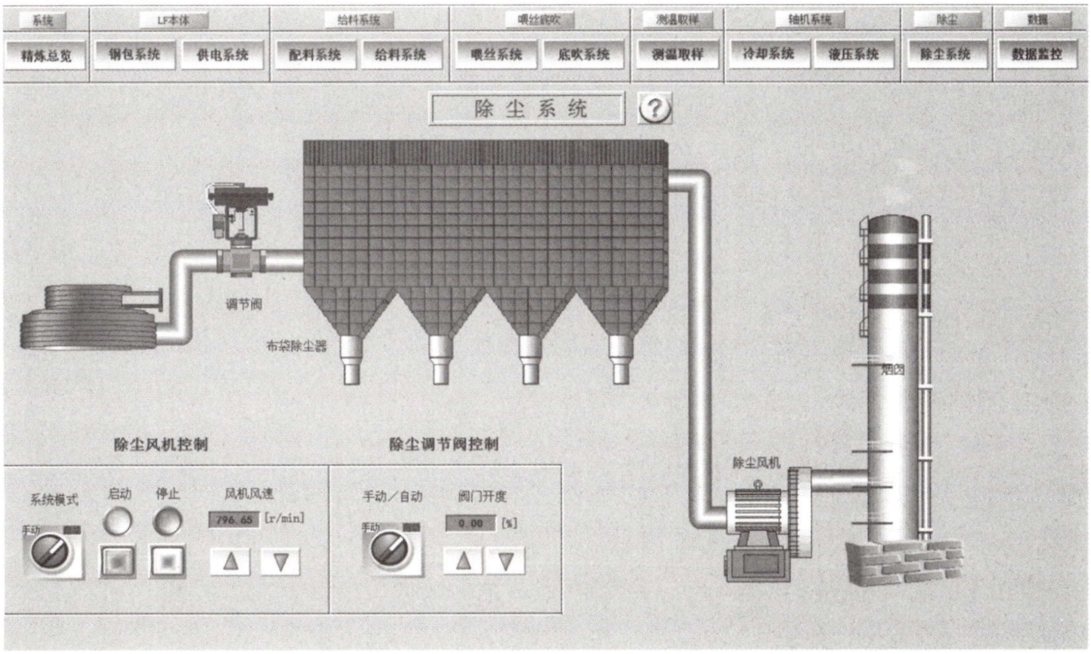

图3-9

1. 界面简介

【除尘系统】界面主要完成精炼除尘设备启停控制。

2. 操作规程

除尘风机控制：点击自动/手动按钮，实现除尘风机自动手动方式转换。自动模式下，风机运转启停以及风机转速根据冶炼状态自动控制。手动模式下，通过操控启动/停止按钮控制风机启停，点击风机转速设定按钮调节风机实际转速。

除尘调节阀控制：点击自动/手动按钮，实现除尘调节阀自动/手动方式转换。自动模式下，调节阀开度根据冶炼状态自动控制。手动模式下，通过点击调节阀开度设定按钮调节阀实际开度。

3. 操作要领

除尘设备启动正常或选为自动模式,钢水冶炼方可实现。

风机转速范围:0~2 970 r/min。

调节阀开度:0%~100%。

2.8 选择炉容进入仿真程序(以45#钢种为例)(图3-10)

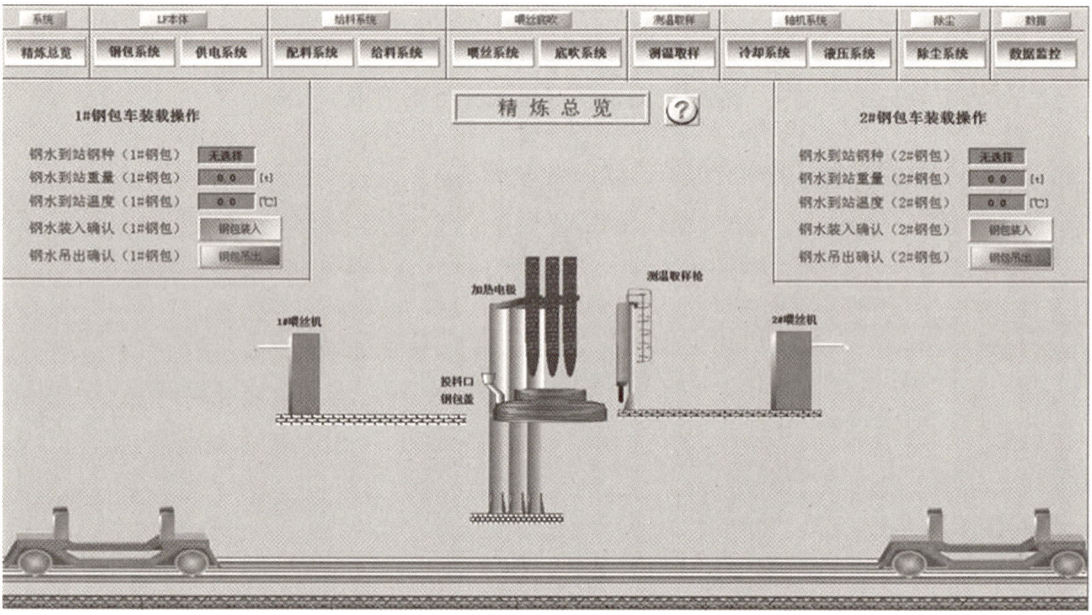

图3-10

2.9 选择钢种,吊入钢包

进入【配料系统】界面(图3-11),点击“到站钢种选择”按钮,在下拉菜单中选择45#,45#钢种的各成分将自动生成。

进入【精炼总览】界面(图3-12),当钢包车处于等待位,点击1#工位的“钢水装入”按钮,实现钢水的装入功能。2#工位备用。

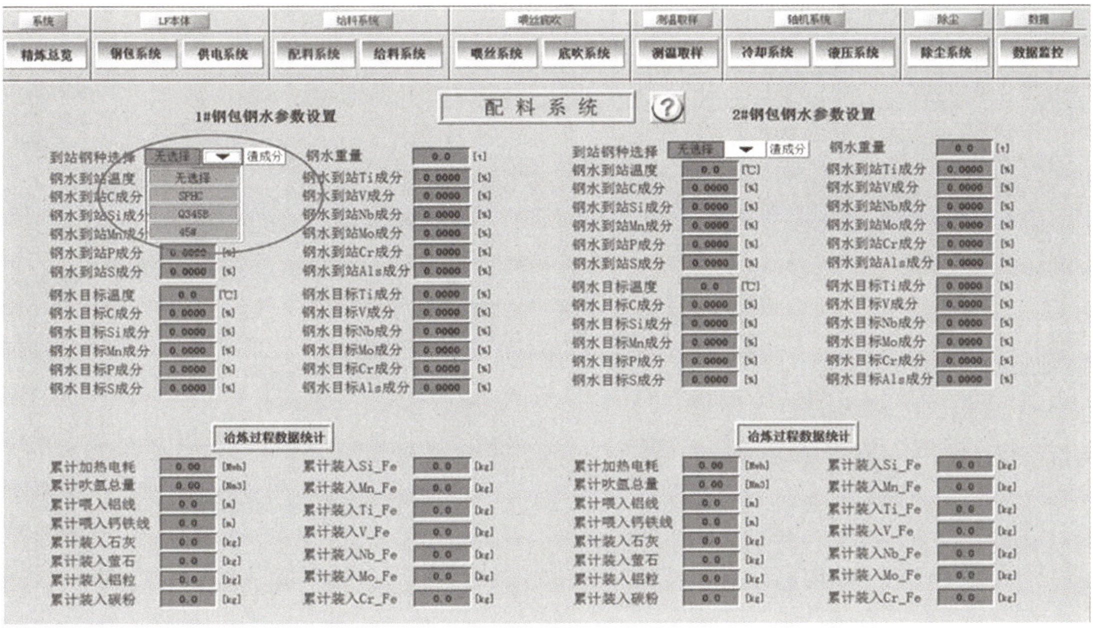

图 3-11

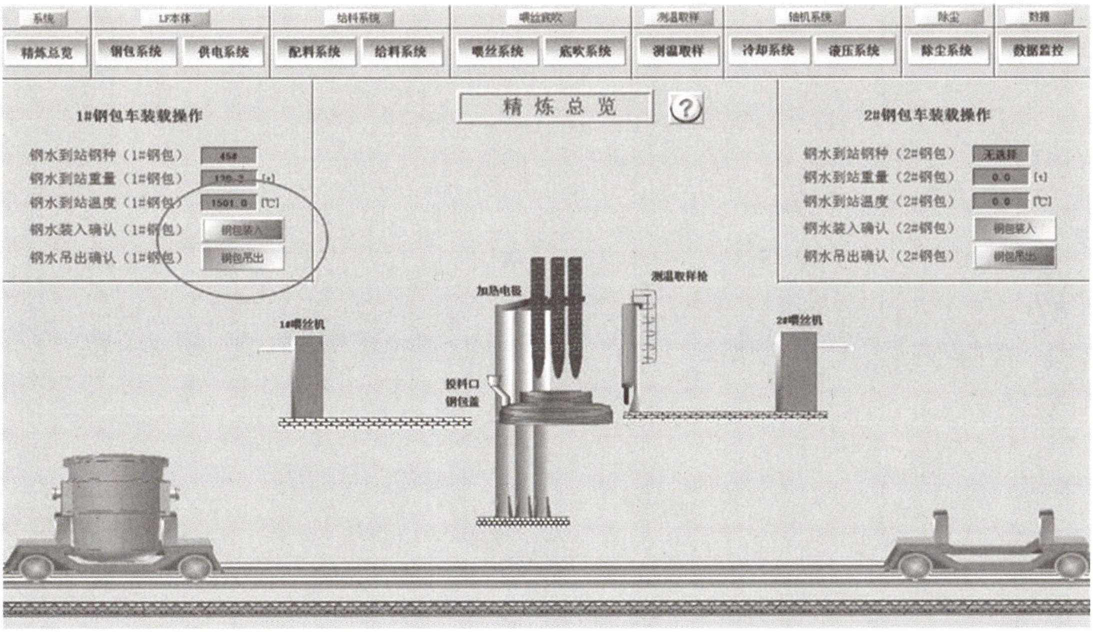

图 3-12

2.10 通氩气

进入【底吹系统】界面（图 3-13），点击“自动/手动”转换开关，实现自动，钢包装入后，将根据钢水作业状态，自动控制底吹氩气流量。流量分为弱吹、正常、强吹三种设定，可通过点击“流量自动设定”窗口转换。

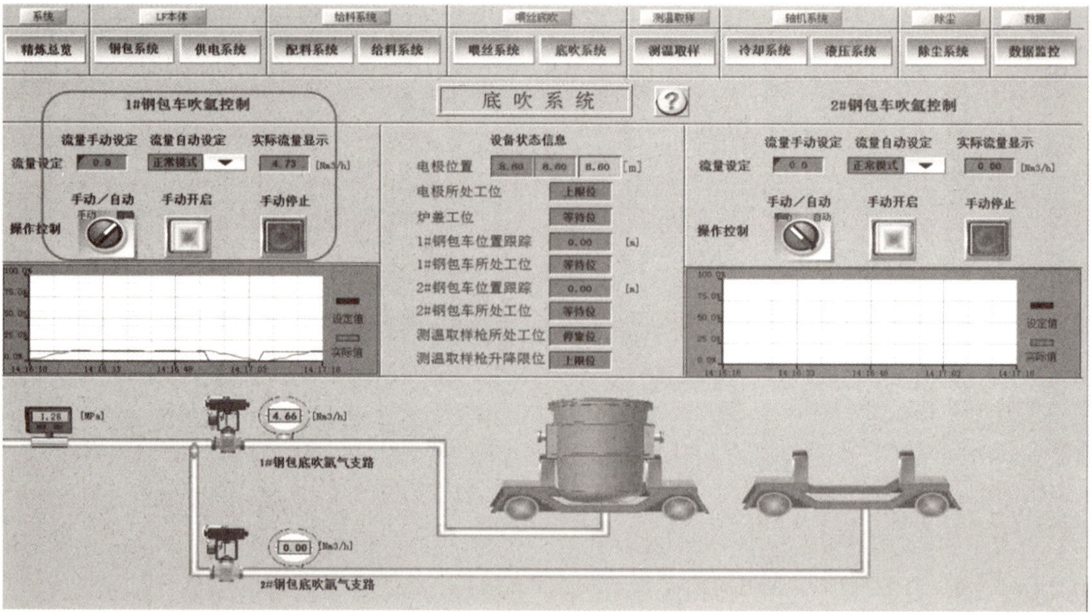

图 3-13

2.11 准备工作操作

进入【冷却系统】界面（图 3-14），在界面右上角相应窗口转换“自动/手动”开关，打开自动模式。自动模式下，当钢水装入钢包车后，设备冷却水自动打开。

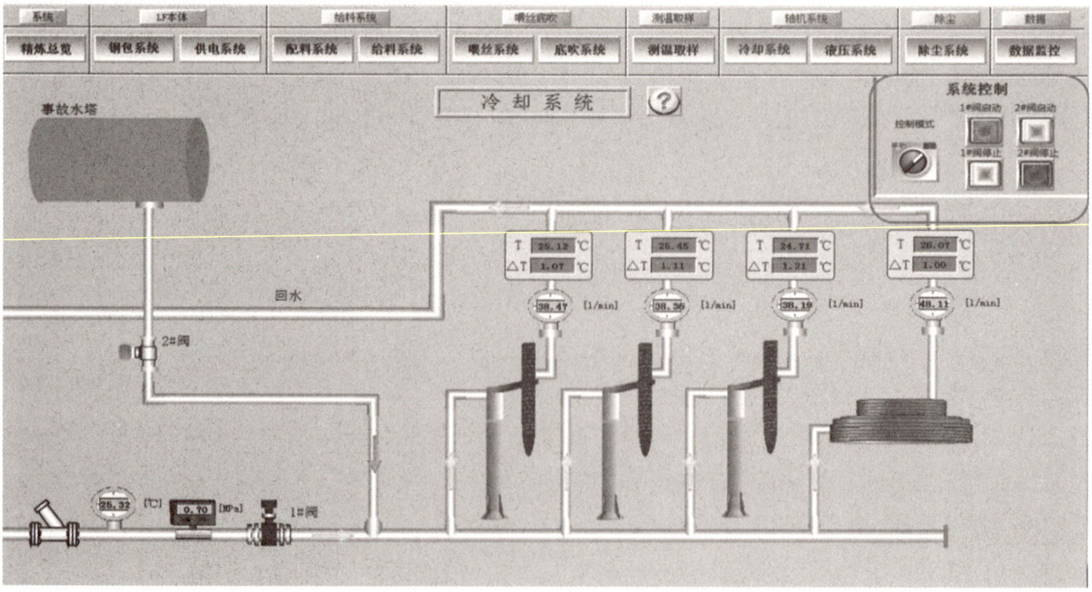

图 3-14

进入【液压系统】界面（图 3-15），在界面左上角相应窗口点击液压“自动/手动”“自动启动”等相关按钮，液压系统将执行相应的运动作业。

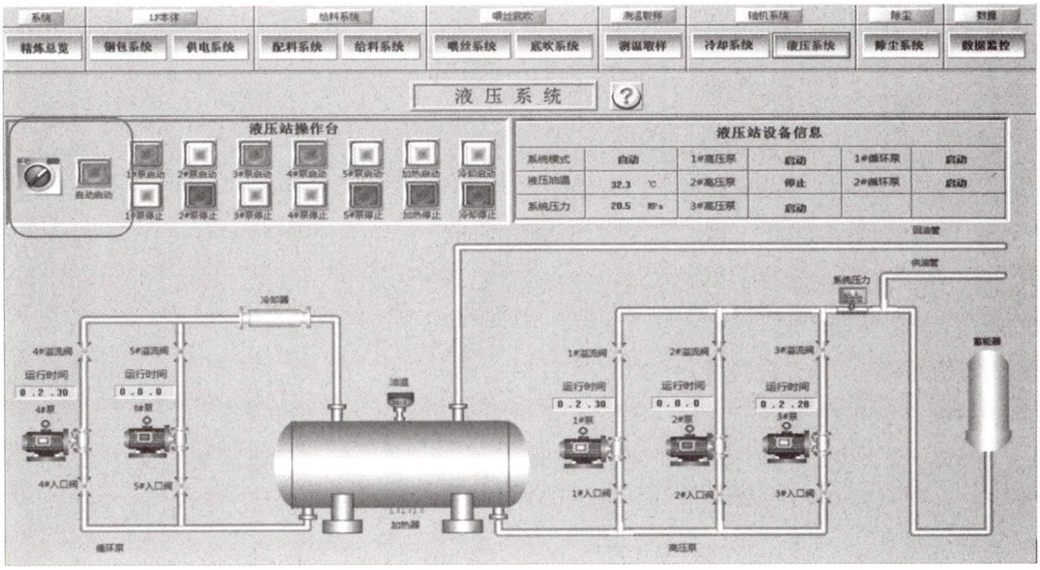

图 3-15

任务 3　测温取样操作

3.1　【测温取样】界面操作规程(图 3-16)

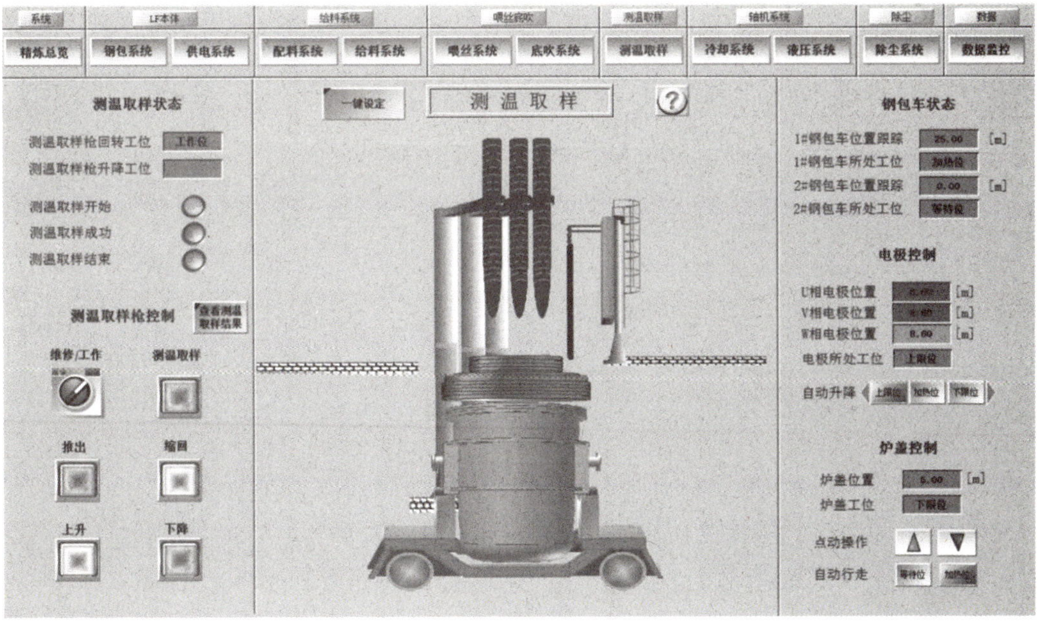

图 3-16

1. 界面简介

【测温取样枪】界面主要实现钢水精炼过程中的钢水成分、钢渣成分测定、电极升降、钢包盖升降等功能。

2. 操作规程

通过点击“工作/维修”转换开关选取工作模式或维修模式。维修模式下,可通过点击并保持相应按钮测试样枪每步动作。工作模式下,当钢包处于工作位且钢包盖处于下限位时,点击“测温取样”按钮,样枪将自动完成测温取样工作。测温取样成功后,“成功”指示灯变绿,弹出【钢水检测结果】界面,各测温取样数据在此处显示。

点击“查看测温取样结果”按钮,可再次查看“钢水检测结果”。

电极升降控制:在“自动升降”控制方式下点击标示工位的按钮,三相电极将同时按指令方向升降至该工位后停车。

钢包盖升降操作:自动升降方式,点击“标示工位”按钮,钢包盖将启动并运行至该工位后停止。点动操作方式,点击并保持“向上”或“向下”按钮,钢包盖将按指令方向升降,至限位停止。

3. 操作要领

钢包不在加热位、钢包盖不在下限位、电极不在上限位,无法实施测温取样作业。

烟罩必须处于下限,测温取样枪方可推出。

测温取样枪必须处于上限,方可推出/缩回。

测温取样枪必须处于推出位,方可升降。

3.2 测温取样操作

进入【测温取样】界面(图 3-17),通过点击“工作/维修”转换开关选取工作模式或维修模式。维修模式下,可通过点击并保持相应按钮测试样枪每步动作。工作模式下,当钢包处于工作位且钢包盖处于下限位时,点击“测温取样”按钮,样枪将自动完成测温取样工作。测温取样成功后,“成功”指示灯变绿,弹出【钢水检测结果】界面,各测温取样数据在此处显示。

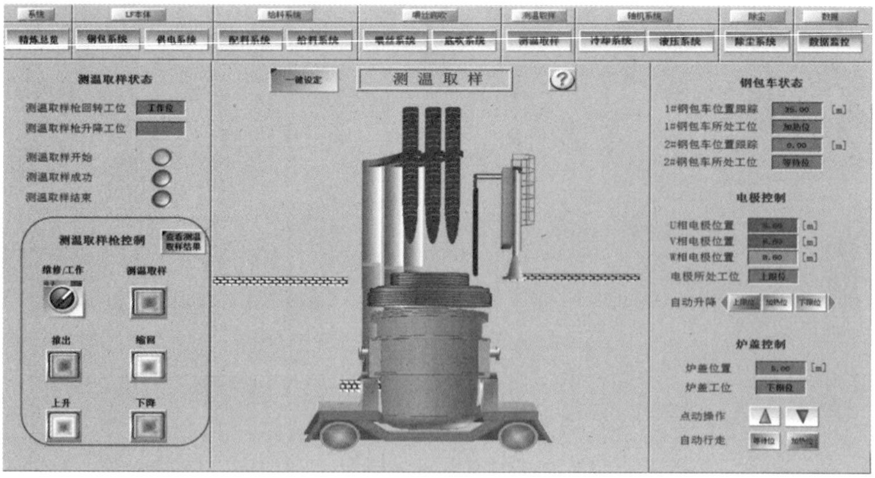

图 3-17

点击“查看测温取样结果”按钮，可再次查看“钢水检测结果”。

任务4 加 料 操 作

4.1 【给料系统】界面操作规程（图3-18）

1. 界面简介

【给料系统】界面主要实现钢水冶炼时造渣料、合金料称量、下料操作控制等功能。

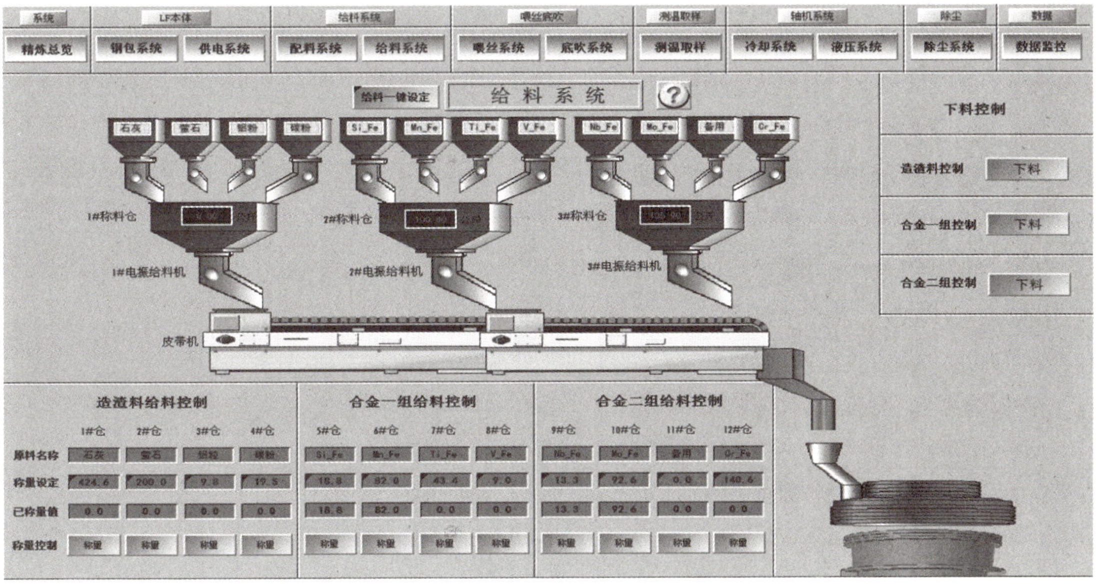

图 3-18

2. 操作规程

给料称量操作：在称量设定窗口手动输入准备称量料重，点击“称量”按钮实施称量操作。

下料操作：称量完毕后，点击“料仓所在组下料”按钮，将称量物料通过皮带运送至钢包内。

3. 操作要领

同一组料仓的物料不允许同时称量，上一种物料称量完毕后方可进行下一种物料称量。

下料时，上一料组下料完毕5 s后，方允许其他料组下料。

钢包不在加热位时，不允许下料。

4.2 加料操作

进入【给料系统】界面（图3-19）。

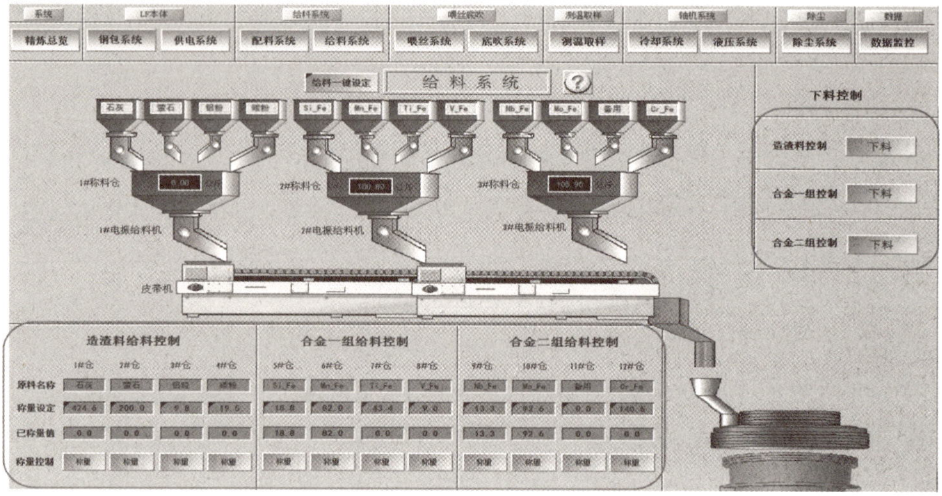

图 3-19

(1)给料称量操作:在称量设定窗口手动输入准备称量料重,点击“称量”按钮实施称量操作。

(2)下料操作:称量完毕后,点击“料仓所在组下料”按钮,将称量物料通过皮带运送至钢包内。

任务5 加热操作

5.1 【供电系统】界面操作规程(图 3-20)

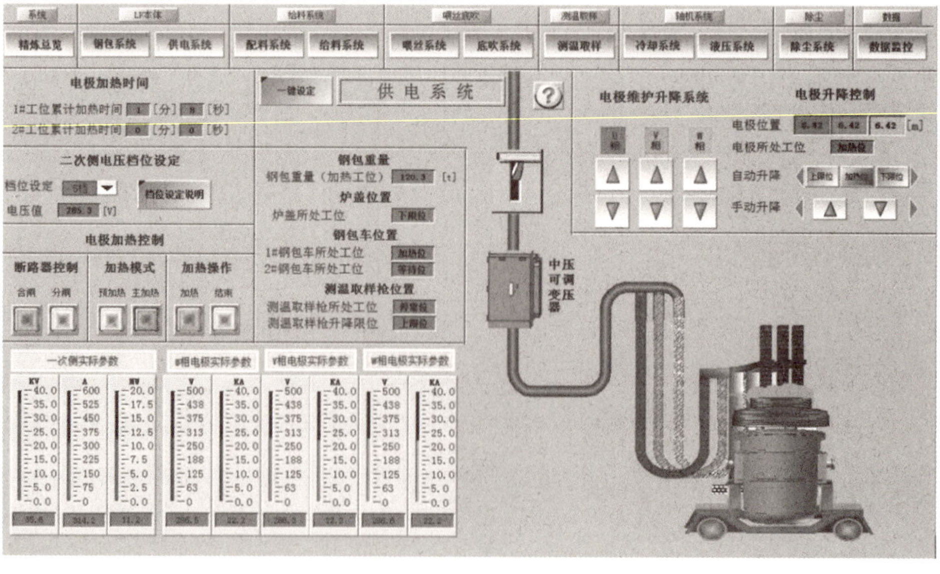

图 3-20

1. 界面简介

【供电系统】界面主要完成电极供电控制，从而实现钢水加热升温。

2. 操作规程

电压档位选择：点击“二次侧电压档位设定”，通过下拉菜单选择电压档位（预加热允许电压档位为1~4档；主加热允许电压档位为4~12档）。

加热模式选择：通过点击“加热模式”设定的预加热、主加热按钮，转换到加热模式。

真空断路器控制：通过点击“合闸”“断开”按钮，控制电源一次侧电源通断。

加热操作：通过点击“加热”“结束”按钮，实现钢水加热、加热结束功能。点击“加热”按钮，电极未处于加热位时，将自动降至加热位后。

拉起电弧实施钢水加热；点击“结束”按钮，电极自动升至上限位。

电极升降控制：电极升降控制分为自动、手动、维护三种控制模式。自动模式下，通过点击“上限位”“加热位”“下限位”按钮，将电极升降至相应位置；手动模式下，通过点击“上升”“下降”按钮并保持，实现电极的升降控制；“停止”按钮可干预自动升降控制；维护模式：通过点击不同按钮，实现三相电极各自单独的点动升降控制。

3. 操作要领

钢包处于加热工位，钢包盖处于下限位，冷却水正常，液压系统正常，底吹氩气正常，钢水方可实现加热控制。

5.2 【数据监控】界面操作规程（图3-21）

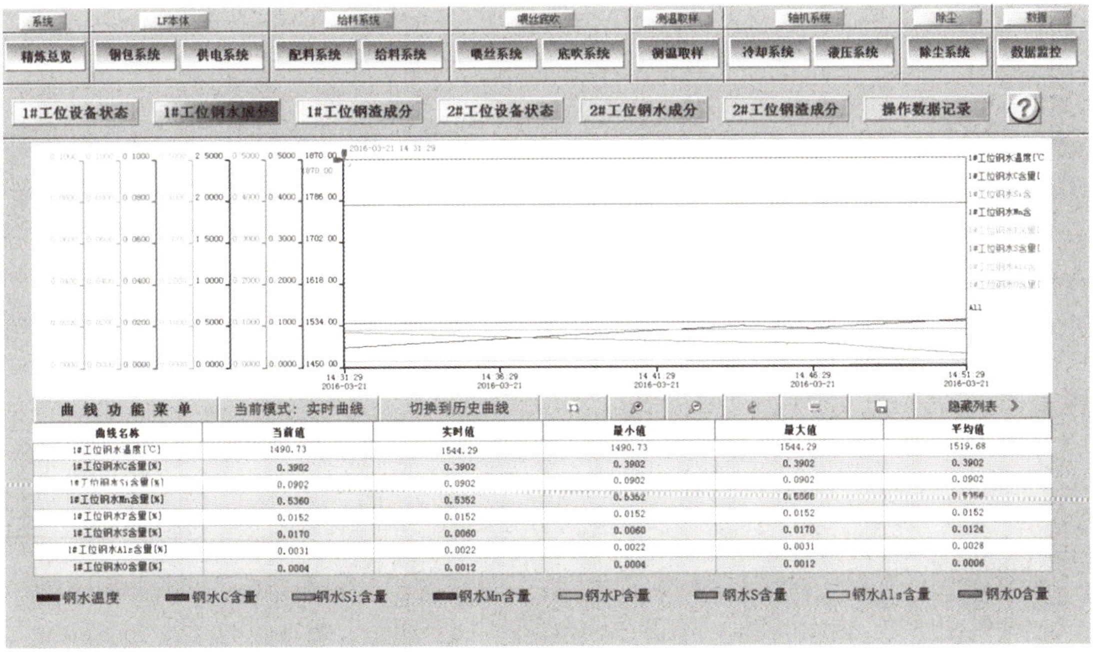

图3-21

1. 界面简介

【数据监控】界面主要监控1#、2#冶炼工位各自设备运转状态，以及各自钢水、钢渣冶炼实时信息。

2. 操作规程

通过点击 1#工位钢水成分、1#工位钢渣成分、2#工位钢水成分、2#工位钢渣成分可查看钢水精炼过程中各成分变化趋势以及当前/历史成分数据。

通过点击 1#工位设备状态、2#工位设备状态可查看两个工位各自设备运行趋势以及设备位置数据等信息。

5.3 加热操作

进入【供电系统】界面(图 3-22)。

电压档位选择:点击二次侧电压档位设定,通过下拉菜单选择电压档位(预加热允许电压档位为 1~4 档;主加热允许电压档位为 4~12 档)。

加热模式选择:通过点击“加热模式”设定预加热。

真空断路器控制:通过点击“合闸”“断开”按钮,控制电源一次侧电源通断。

加热操作:通过点击“加热”“结束”按钮,实现钢水加热、加热结束功能。点击“加热”按钮,如果电极未处于加热位时,将自动降至加热位后。

拉起电弧实施钢水加热;点击“结束”按钮,电极自动升至上限位。

电极升降控制:电极升降控制分为自动、手动、维护三种控制模式。自动模式下,通过点击“上限位”“加热位”“下限位”按钮,将电极升降至相应位置;手动模式下,通过点击“上升”“下降”按钮并保持,实现电极的升降控制;“停止”按钮可干预自动升降控制;维护模式下通过点击不同按钮,实现三相电极各自单独的点动升降控制。

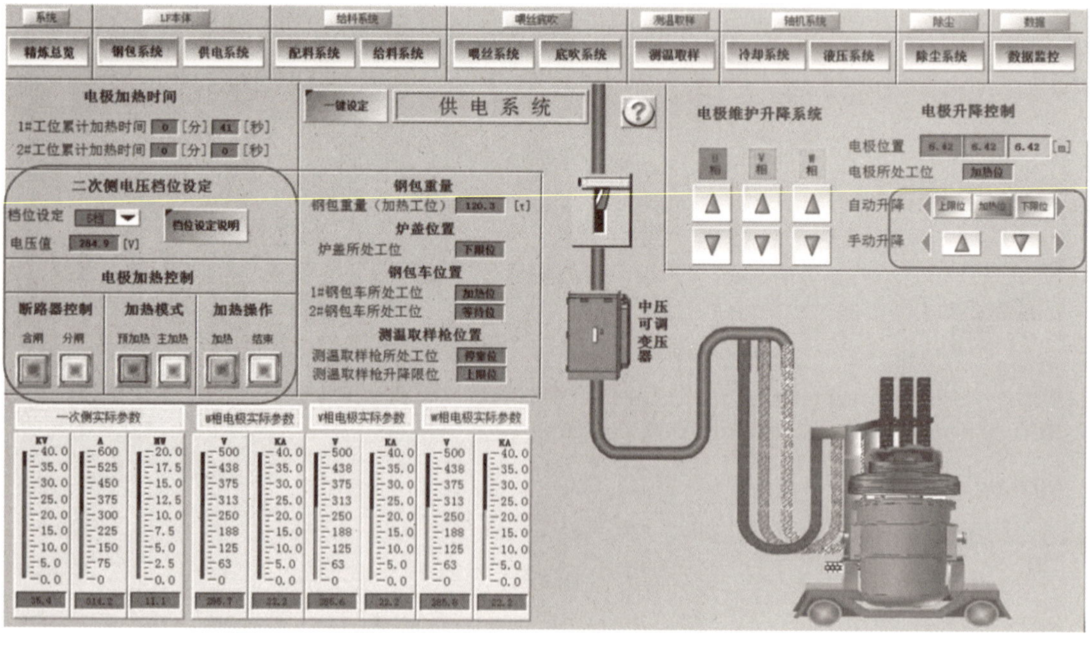

图 3-22

进入【测温取样】界面，进行测温取样。

进入【给料系统】界面，根据取样参数，进行加料。

点击“主加热”按钮，进行加热，如图 3-23 所示。

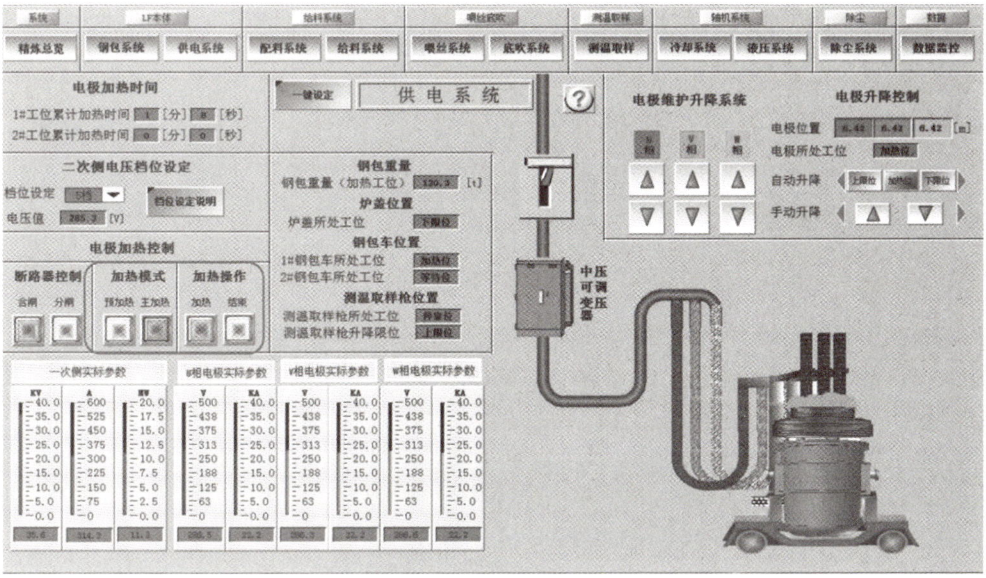

图 3-23

进入【数据监控】界面，观察数据变化。

进入【给料系统】界面，进行加料微调。

结束加热，如图 3-24 所示。

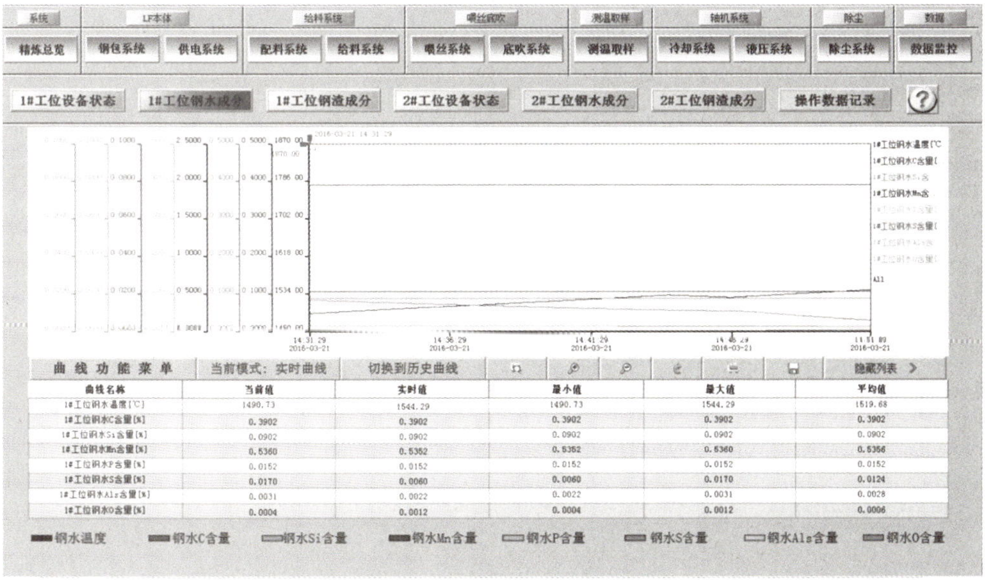

图 3-24

任务6 喂丝操作

6.1 【喂丝系统】界面操作规程(图 3-25)

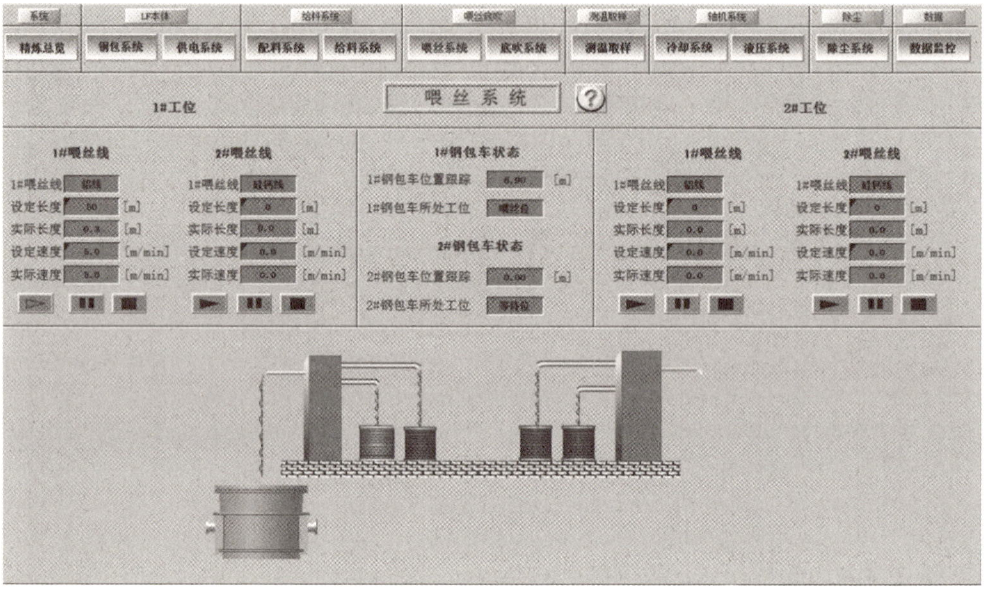

图 3-25

1. 界面简介

【喂丝系统】界面主要完成通过操作 1#、2#工位喂丝机设备给处于各自喂丝位的钢包钢水加入铝线、钙铁线从而调整钢水成分作业。

2. 操作规程

喂丝控制:当钢包位于喂丝位时,根据计算结果选取丝线种类、应喂丝长度,在对应窗口“设定长度”窗口输入有效数值,之后点击“运行”按钮,喂丝机将启动喂丝作业,中间可点击“暂停”按钮暂停喂丝作业,或点击“停止”按钮结束喂丝。喂丝结束,“设定长度”值自动复位。根据需要,可在“设定速度”窗口修改喂丝速度。

3. 操作要领

钢包未处于喂丝位时,喂丝无效。

4. 参数范围

喂丝长度设定为 0~300 m;喂丝速度设定为 0~300 m/min。

6.2 喂丝作业

进入【钢包系统】界面,将钢包移至喂丝位。

进入【喂丝系统】界面(图 3-26),根据计算结果选取丝线种类、应喂丝长度,在对应窗口“设定长度”窗口输入有效数值，之后点击“运行”按钮，喂丝机将启动喂丝作业，中间可点击“暂停”按钮暂停喂丝作业，或点击“停止”按钮结束喂丝。

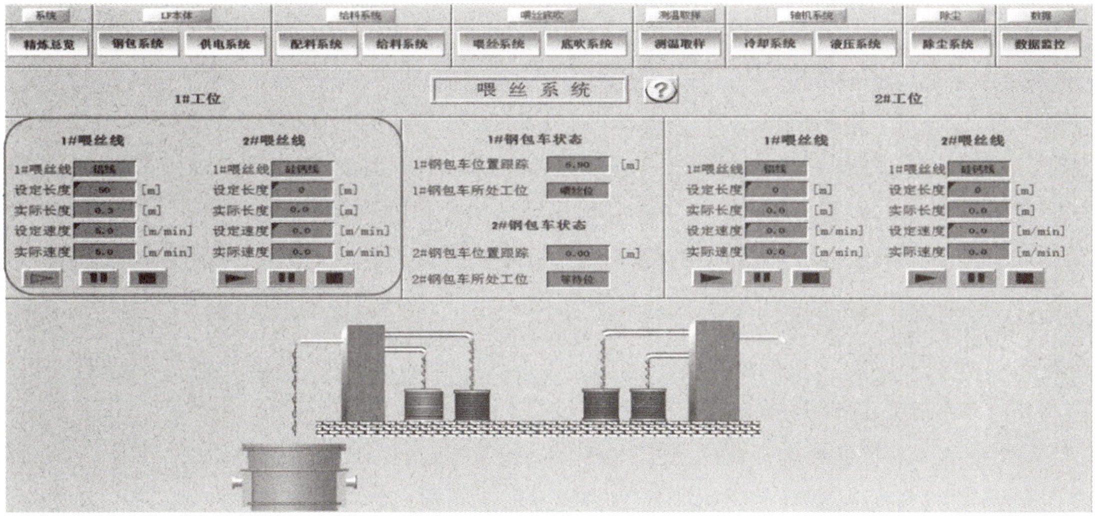

图 3-26

任务7　吊出钢包操作

进入【钢包系统】界面将钢包车移至等待位。

进入【精炼总览】界面吊出钢包。

点击“结束操作”按钮，进入【LF冶炼信息一览】界面（图 3-27）。

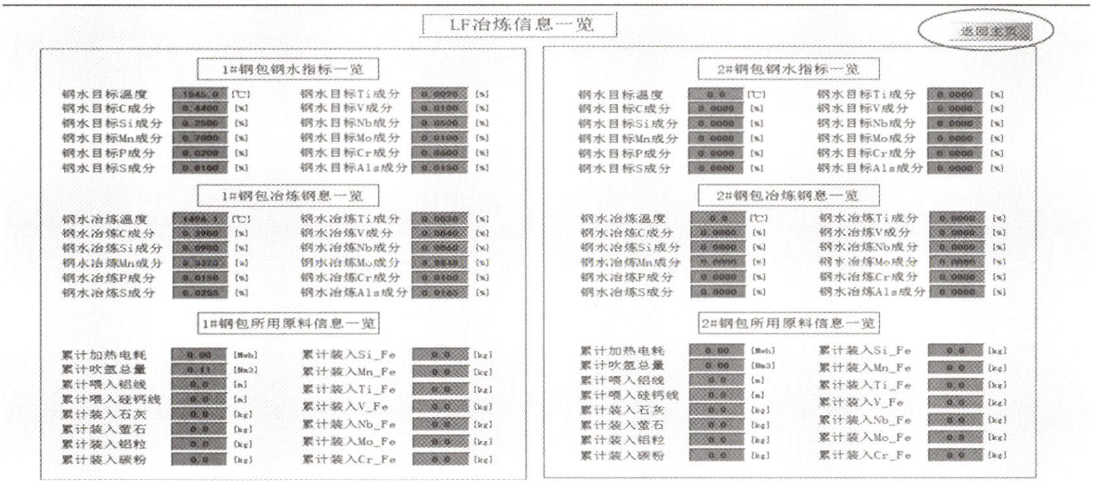

图 3-27

实训总结

【项目小结】

1. 工艺仿真实训项目,可在电脑上反复操作练习,允许试错,不存在实验成本投入。
2. 通过练习可加深对 LF 炉外精炼工艺及设备的记忆和理解。
3. 通过反复操作练习可记住工艺操作要点,并进行调整操作,最终冶炼合格的钢水。

【项目反思】

1. 什么是钢水炉外精炼？炉外精炼的目的和手段是什么？
2. 什么是 LF 炉,LF 炉工艺的主要优点有哪些？
3. LF 炉具有的主要冶金功能和采用的精炼手段有哪些？
4. LF 精炼系统组成是什么？
5. LF 炉提温速率一般为多少？
6. LF 精炼工艺操作要点有哪些？

【项目评价】

按照表 3-1 进行评价：

表 3-1

考核项目	内容	考核要求	计分标准	分值	组号	得分
项目实施态度	1. 实训的积极性； 2. 遵守安全操作规程情况； 3. 遵守纪律情况	1. 积极参加实训； 2. 遵守安全操作规程； 3. 有良好的职业道德和敬业精神	1. 遵守反操作规程得 20 分； 2. 遵守劳动纪律得 20 分	40	1	
					2	
					3	
					4	
					5	
理论知识掌握	LF 炉认识	能够描述 LF 炉各部分及其冶金功能	描述设备正确得 20 分	20	1	
					2	
					3	
					4	
					5	

表 3-1(续)

考核项目	内容	考核要求	计分标准	分值	组号	得分
LF 精炼操作	LF 精炼系统各工艺过程	能够操作 LF 精炼各工艺过程	工艺过程操作正确得 40 分	40	1	
					2	
					3	
					4	
					5	
合计得分						

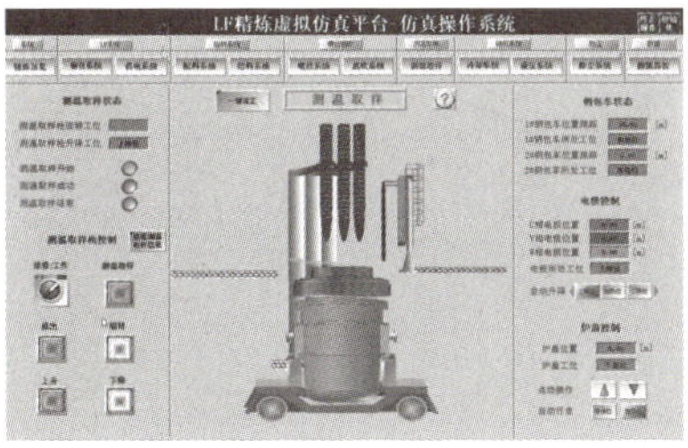

LF 精炼工艺仿真实训视频

项目 4　板坯连铸工艺仿真实训

【项目描述】

1. 通过板坯连铸工艺仿真实训，熟知板坯连铸的主要生产控制工艺，掌握板坯连铸的基本原理，熟练地操作板坯连铸设备（包括对其进行检查、维护和一般故障的判断）。

2. 操作过程中能按照仿真实训规程，提高对冶送引锭、中间包行走、钢包回转台承接钢水、开浇拉坯、火焰切割等板坯连铸生产及控制过程的认知，并拓展对冷却、压下等外场冶金技术的调控机理，及其随连铸生产实际的工艺变化规律的深层次思考及控制，获得较好的连铸技术经济指标。

3. 按照生产要求完成板坯连铸的完整操作，具备高等技术人才应有的生产操作技能、独立分析问题和解决现场实际问题的能力，以及组织安全生产的能力。

【项目分析】

1. 知识目标

（1）直观理解连铸机主要装备组成及功能，重点掌握结晶器、拉矫机等关键连铸装备的组成及其运行特点。

（2）熟悉连铸生产操作流程，包括送引锭、中间包行走、钢包回转台承接钢水、开浇拉坯、火焰切割等。

2. 技能目标

（1）具备板坯连铸操作的基本技能（包括开浇准备参数及工艺设置、非稳态浇铸、终浇拉尾坯等）。

（2）掌握冷却、压下等外场冶金技术的调控机理，及其随连铸生产实际的工艺变化规律，能够按照生产要求高效平稳地完成板坯连铸的完整操作。

【项目实施】

通过对板坯连铸的送引锭、中间包行走、钢包回转台承接钢水、开浇拉坯、火焰切割等转炉炼钢生产及控制，完成对板坯连铸的仿真操作过程。项目具体实施以下分解任务。

任务1　仿真系统基本操作

1.1　板坯连铸操作流程图(图4-1)

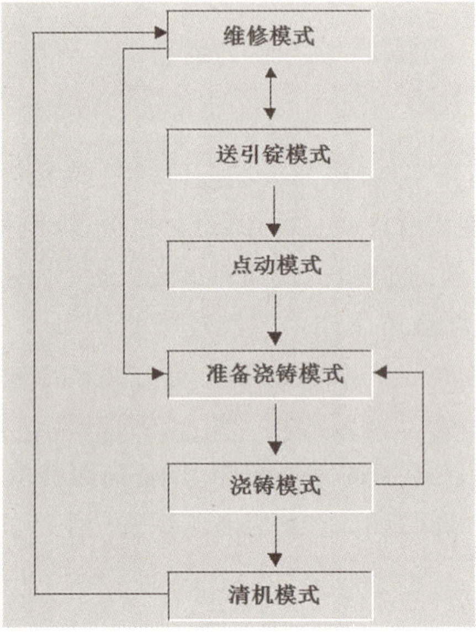

图4-1

1.2　系统登录及退出操作

程序进入【板坯连铸虚拟仿真平台-仿真操作系统】初始界面,如图4-2所示。

图4-2

点击“板坯连铸虚拟仿真平台-仿真操作系统”按钮,进入板坯连铸主页内。

1.3　系统退出操作

在【板坯连铸生产仿真实训】初始界面，点击“退出”按钮打开退出小窗口 

点击“确认”即可退出软件，点击“放弃”则返回首页。

1.4　按钮说明

1. 方形按钮，可以点击，执行相应操作。绿色表示该设备已启动或者该阀门已打开到位，绿色闪烁表示该设备正在启动或者该阀门正在打开。红色表示该设备已停止运行或者该阀门已关闭到位，红色闪烁表示该设备正在停止或者该阀门正在关闭。

2. 圆形为灯，起到指示作用，有两种颜色。绿色表示该设备已启动或者该阀门已打开到位，绿色闪烁表示该设备正在启动或者该阀门正在打开。红色表示该设备已停止运行或者该阀门已关闭到位，红色闪烁表示该设备正在停止或者该阀门正在关闭。

3. 50.00 带三角的文本框，用于参数设置，重要参数会有最大值、最小值及精度的限制。

4. 0.00 文本显示，不可更改。用于显示设备参数、技术指标及仪表数值等。

5. 档位指示。用于显示设备控制模式。

任务2　进入仿真程序（以Q235钢种为例）

2.1　【模式选择】界面操作规程（图4-3）

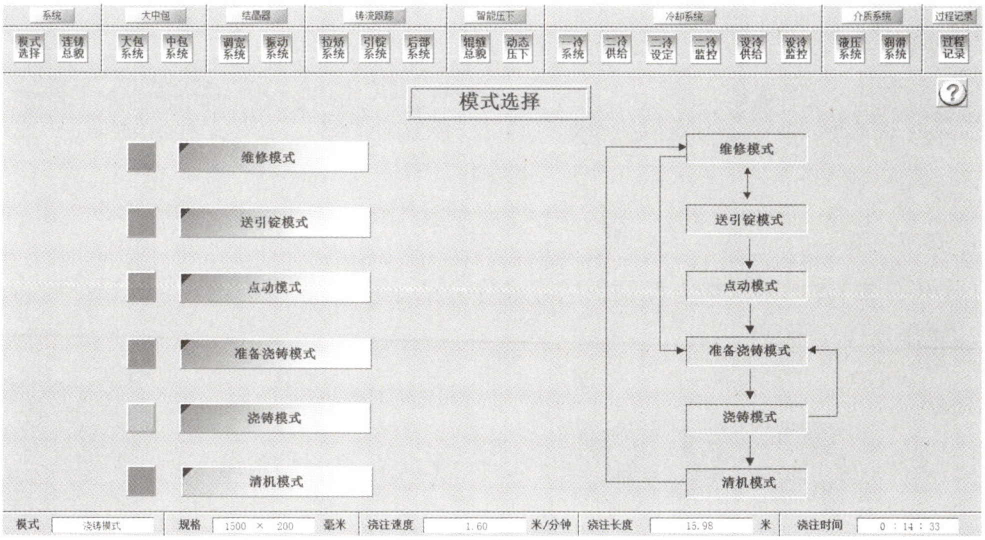

图4-3

1. 界面简介

【模式选择】界面左侧栏中有各种模式的选择，右侧为各模式之间的转换顺序。

2. 操作规程

左侧栏中操作模式切换按钮右侧的长方形按钮为操作模式切换条件提示按钮。按钮显示暗绿色时，表示该模式选择已经满足条件，可以点击左侧方形按钮选择该操作模式；按钮显示灰色时，表示该模式选择未满足条件，无法选择该操作模式；点击该按钮，将弹出一个详细条件窗口，窗口内所列条件为该操作模式需要具备的限制条件，绿色指示灯表示该条件满足，红色指示灯表示该条件不满足。

2.2 【连铸总貌】界面操作规程（图 4-4）

进入仿真操作系统后，我们看到的第一个界面为【转炉总貌】，在界面的左侧为工序操作区域，这个区域既是我们的操作总纲，也是我们学习仿真操作系统的最佳引导。

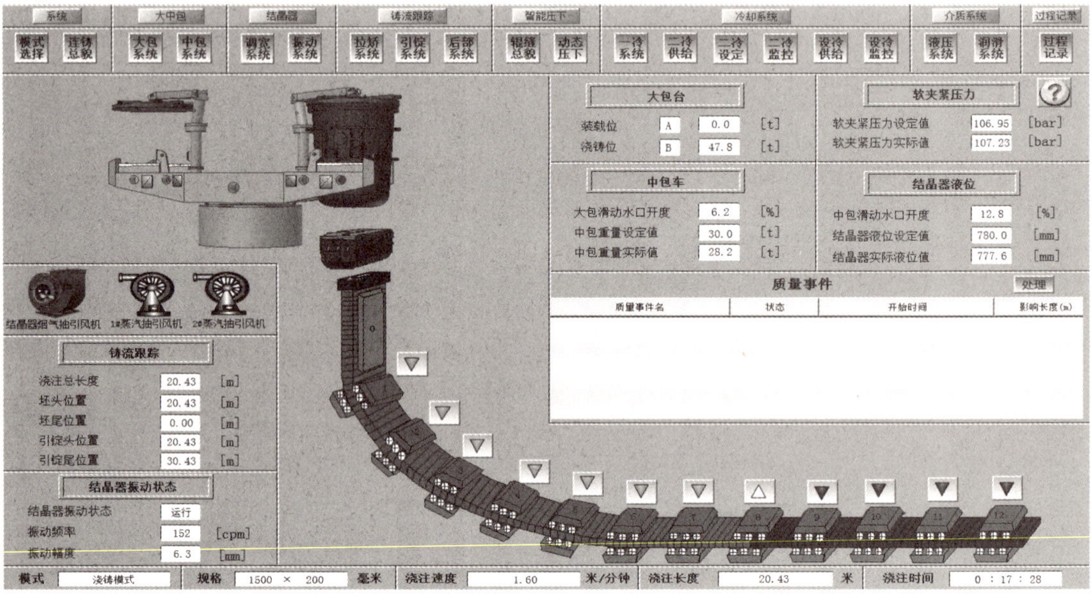

图 4-4

1. 界面简介

【连铸总貌】界面对现场关键设备状态进行浏览，同时对设备进行相应的操作控制。

2. 操作规程

（1）点击

中任何一个设备，弹出设备操作窗口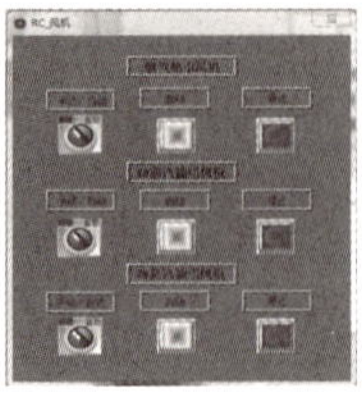，可以对设备进行相应的操作。

(2)如果出现重量事件,点击 处理 ,进行确认处理。

2.3　进入仿真程序

系统分为六种模式:维修模式、送引锭模式、点动模式、准备浇铸模式、浇铸模式和清机模式,如图 4-3 所示。 维修模式 按钮绿色代表维修模式的条件都满足并且系统正处于维修模式,下一步进行送引锭模式的操作。

任务3　送引锭模式

3.1　【液压系统】界面操作规程(图 4-5)

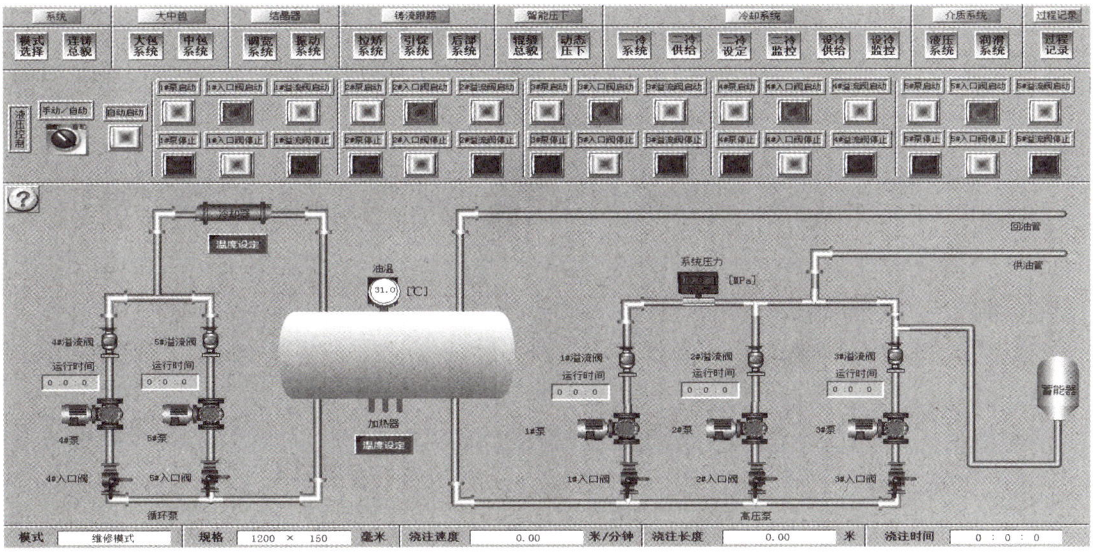

图 4-5

1. 界面简介

【液压系统】界面用于对液压站内各设备实时监视与操作控制。冶炼前准备需要启动液压,给设备提供能源。在页面右上部,实时显示液压站运行信息。

2. 操作规程

操作分为自动与手动两种模式。

(1)自动操作模式:在左上部有液压站“手动/自动”控制模式转换开关,选择“自动”模式,点击“自动启动”按钮,液压站将自动启动运行,高压泵为用二备一,循环泵为用一备一。

(2)手动操作模式:手动模式下,可以对液压站内单个设备如三个高压泵、两个循环泵、五个溢流阀等进行操作控制。

3. 操作要领

(1)无论选择手动模式还是自动模式,都必须手动打开入口阀。

(2)开溢流阀必须先开泵,关泵必须先关溢流阀。

(3)自动操作模式下,油温高于 55 ℃,打开冷凝器;油温低于 30 ℃,关闭冷凝器。

(4)只有液压系统工作正常,炉顶各阀门及设备才能正常工作。

3.2 【结晶器调宽系统】界面操作规程(图 4-6)

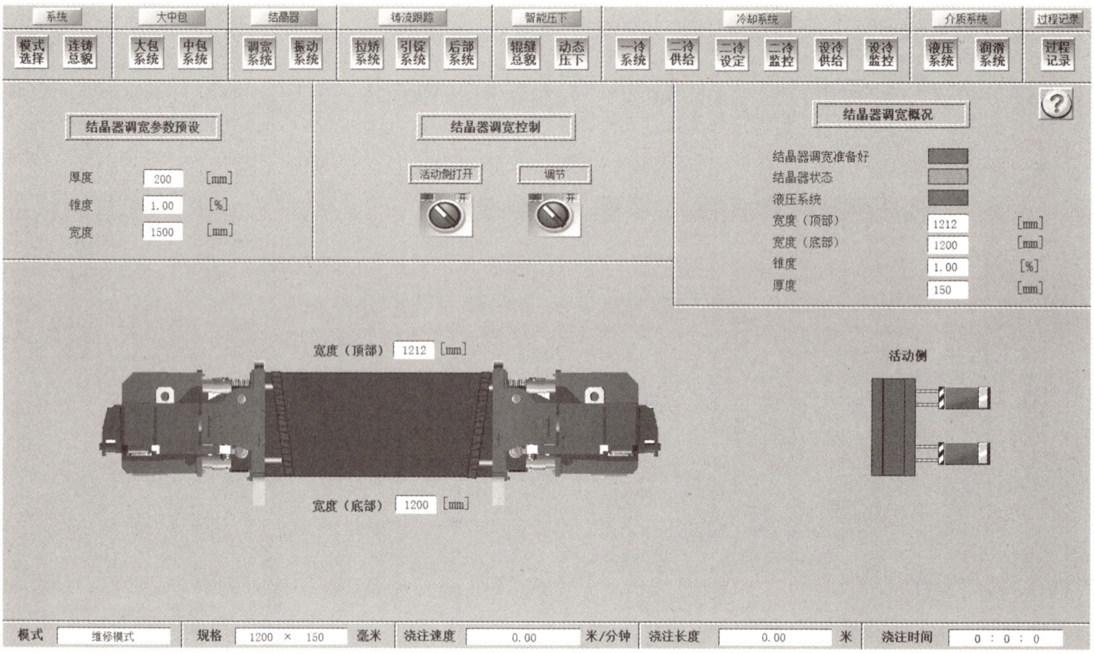

图 4-6

1. 界面简介

【结晶器调宽系统控制】界面用于对板坯厚度、宽度、锥度设定调节等相关联设备实施详细监视控制。参数预设完后需要将活动侧打开,根据设定值进行调节,将调节打到“开”状态,进行调节,最终调节到所设定的目标值。

2. 操作规程

(1)在界面左上角相应窗口输入你所准备浇铸的板坯宽度、厚度以及结晶器倒锥度等设定值(厚度允许值为 200、250、300 三种规格、宽度允许值为 1 200~2 100 mm、锥度允许值为 0~1)。

(2)当液压系统准备好时,在界面右上角相应窗口依次点击结晶器“活动侧打开”“调节”按钮,结晶器将执行相应的调节至你所设定的规格值(浇铸期间,该操作无效)。

3. 操作要领

“结晶器调宽准备好”“结晶器状态”及“液压系统”相应方框为绿色,表示正常,红色表示故障;值得注意的是,结晶器在调宽动作期间时“结晶器状态”显示为红色。

3.3 【拉矫系统】界面操作规程(图 4-7)

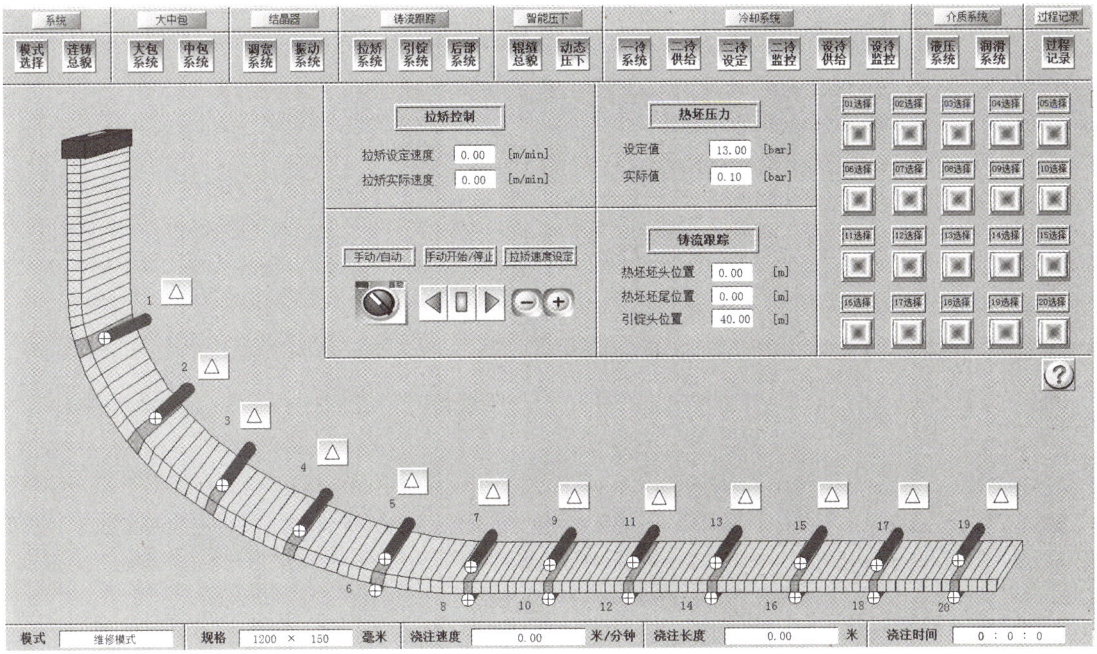

图 4-7

1. 界面简介

【拉矫系统】界面用于对连铸机实施拉矫作业、扇形段驱动辊道升降控制等相关联设备实施详细监视控制。

2. 操作规程

(1)在界面上点击拉矫“手动/自动”“手动开始/停止”“拉矫速度设定”相关按钮,拉矫系统将执行相应的运行作业(送引锭模式拉矫最高速度为 14 m/min,点动模式最高速度为 1 m/min,其他模式最高运行速度为 1.6 m/min)。

(2)当拉矫用于“手动”控制模式时,相应拉矫辊道可以单独选择;自动状态下,拉矫辊道将全部被选中,用于浇铸作业。

(3)点击驱动辊道上方的△按钮,将弹出“驱动辊道夹紧操作”窗口 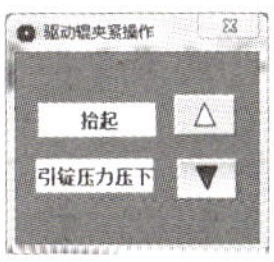

,实施手动控制驱动辊道升降作业。

(4)界面中还显示了很多实时信息,如“热坯坯头位置”“热坯坯尾位置”“引锭头位置”“热坯压力设定值”“热坯压力实际值”及“拉矫速度值”等。

3.4 【润滑系统】界面操作规程(图 4-8)

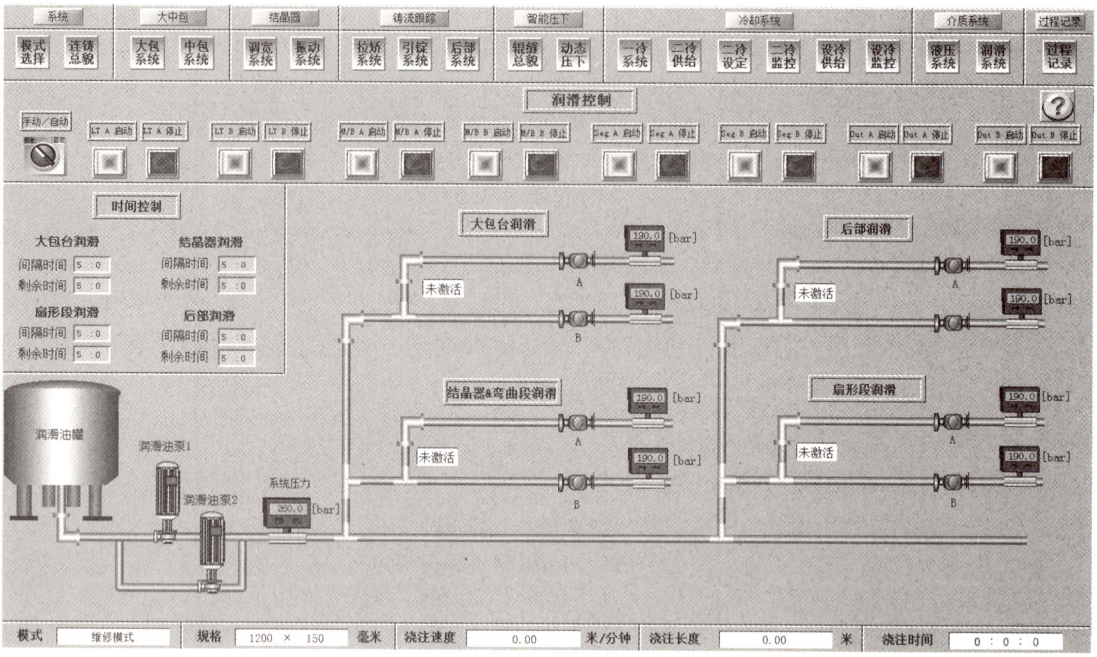

图 4-8

1. 界面简介

【润滑控制】界面用于对连铸机关节运转设备润滑供给系统等相关联设备实施详细监视控制。

2. 操作规程

(1)自动模式下,当区域设备运转时,该区域润滑将实施分时自动供油润滑。

(2)手动模式下,可以对润滑各个设备单元进行操作控制,点击“启动”“停止”按钮,进行手动启停操作;

(3)在“时间控制”框内可以对每个系统进行打油时间间隔时间的设定。

3.5 送引锭模式

进入【模式选择】界面(图 4-9),点击

,弹出送引锭模式条件窗口(图 4-10)。

此对话框列出了进入送引锭模式所需满足的全部条件。左侧绿色方块表示该条件当前已满足,红色方块表示该条件尚未满足。单击未满足的条件按钮“液压系统自动”。进入【液压系统】界面(图 4-11),将“模式选择”选到“自动”,点击“自动”启动,如图 4-12 所示,液压站将按照预定的程序自动运行。

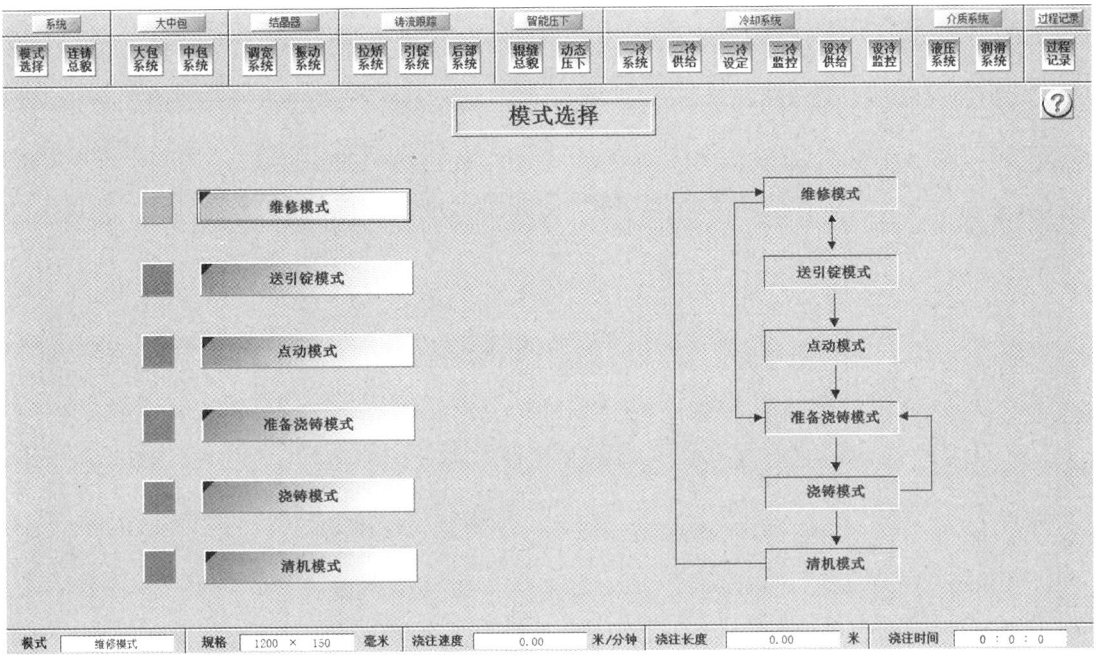
系统
大中包
结晶器
铸流跟踪
智能压下
冷却系统
介质系统
过程记录
模式选择
连铸总貌
大包系统
中包系统
调宽系统
振动系统
拉矫系统
引锭系统
后部系统
辊缝总貌
动态压下
一冷系统
二冷供给
二冷设定
二冷监控
设冷供给
设冷监控
液压系统
润滑系统
过程记录
模式选择
维修模式
送引锭模式
点动模式
准备浇铸模式
浇铸模式
清机模式
维修模式
送引锭模式
点动模式
准备浇铸模式
浇铸模式
清机模式
模式
维修模式
规格
1200 × 150
毫米
浇注速度
0.00
米/分钟
浇注长度
0.00
米
浇注时间
0 : 0 : 0

图 4-9

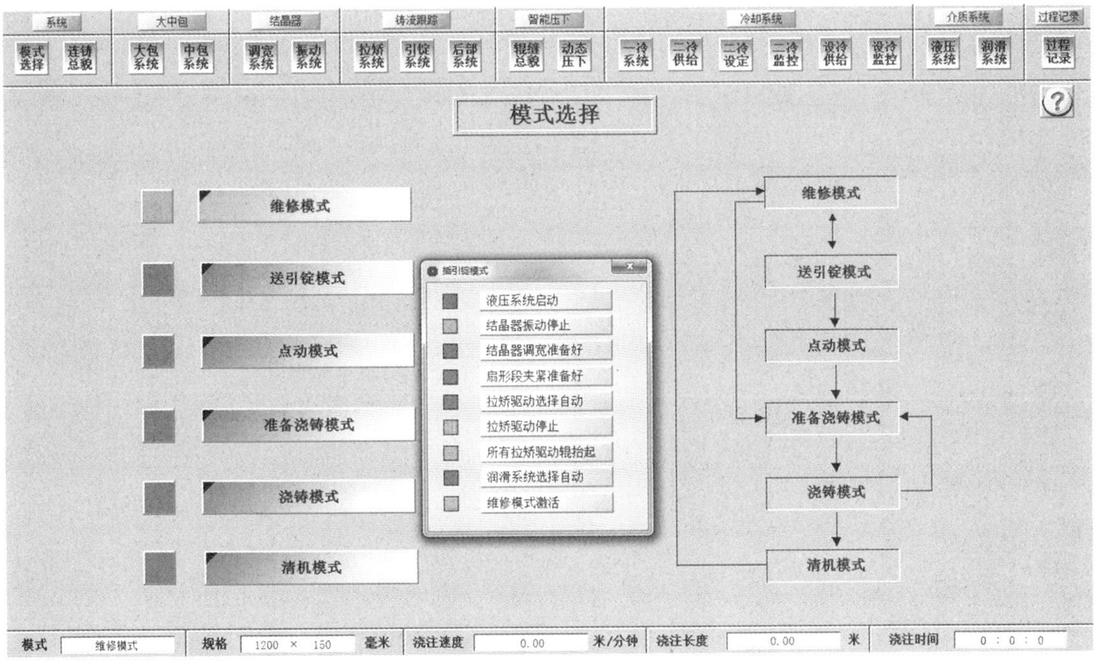
模式选择
维修模式
送引锭模式
点动模式
准备浇铸模式
浇铸模式
清机模式
液压系统启动
结晶器振动停止
结晶器调宽准备好
扇形段夹紧准备好
拉矫驱动选择自动
拉矫驱动停止
所有拉矫驱动辊抬起
润滑系统选择自动
维修模式激活
维修模式
送引锭模式
点动模式
准备浇铸模式
浇铸模式
清机模式
模式
维修模式
规格
1200 × 150
毫米
浇注速度
0.00
米/分钟
浇注长度
0.00
米
浇注时间
0 : 0 : 0

图 4-10

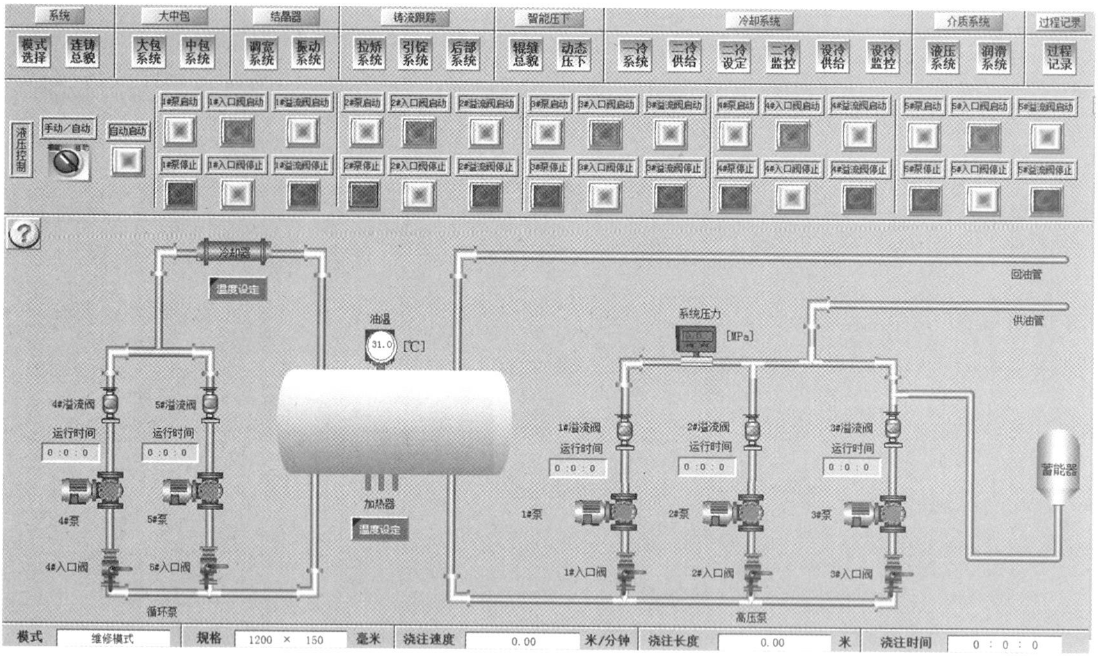

图 4-11

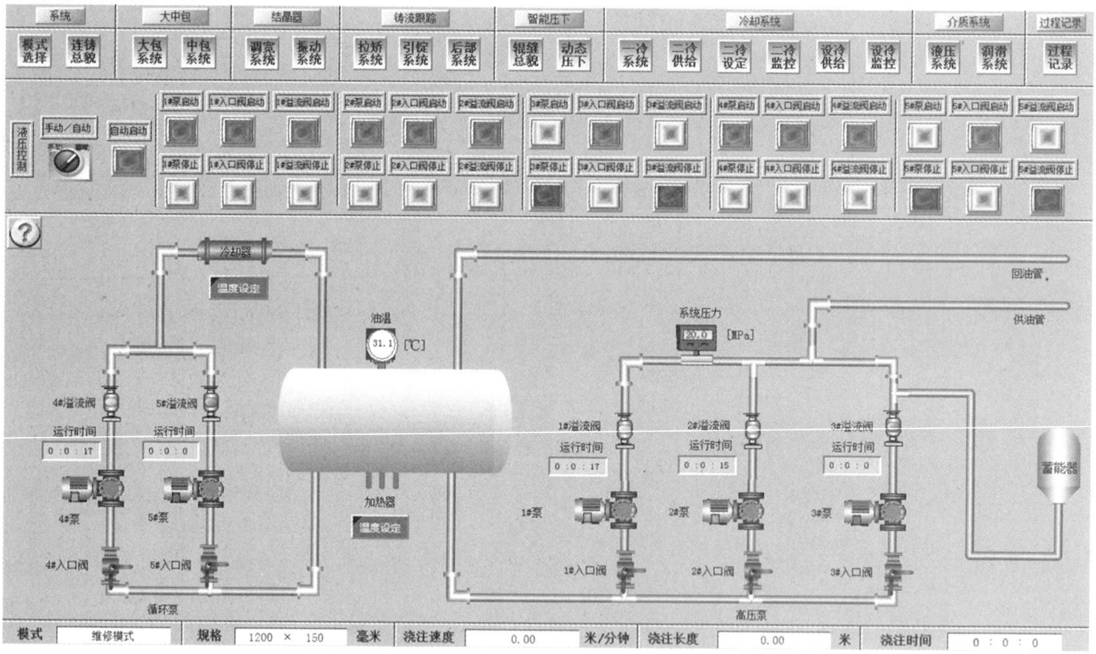

图 4-12

单击未满足的条件按钮“结晶器调宽准备好”(图 4-13)。

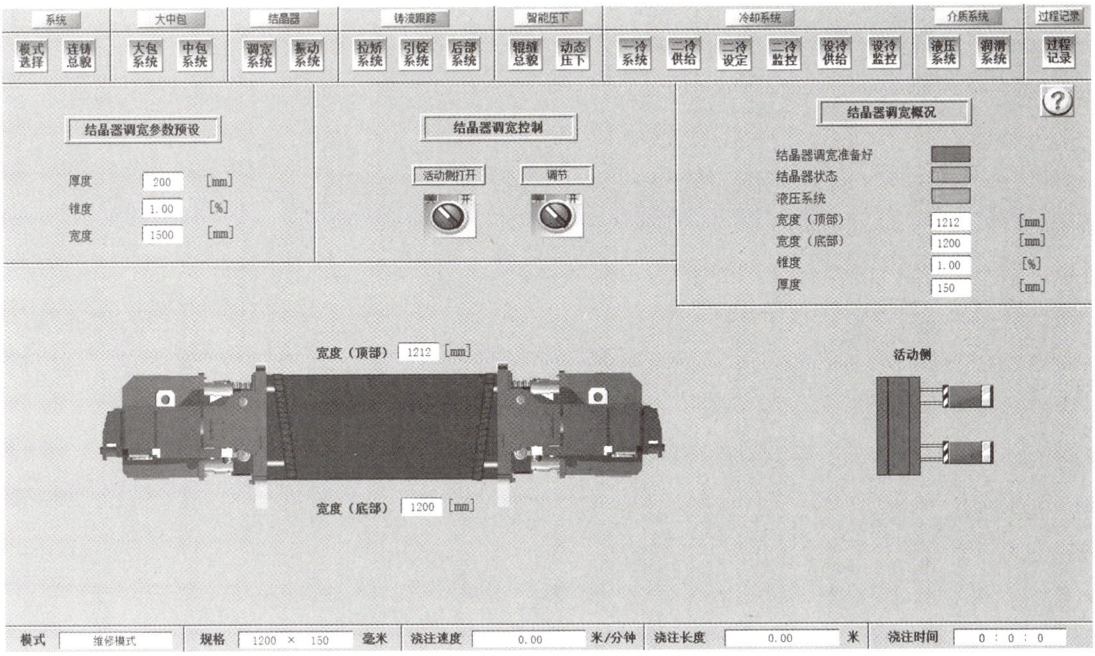

图 4-13

进入【调宽系统】界面，将活动侧开关选择“开”，将调节开关选择“开”（图 4-14）。

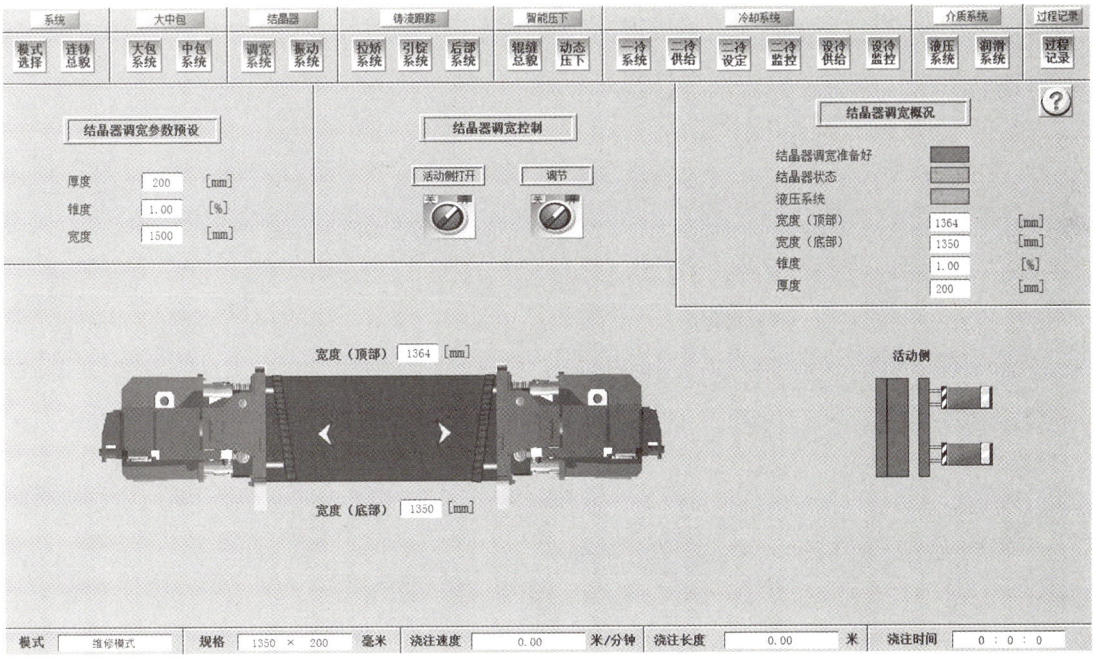

图 4-14

单击未满足的条件按钮“扇形段夹紧准备好”（图 4-15）。

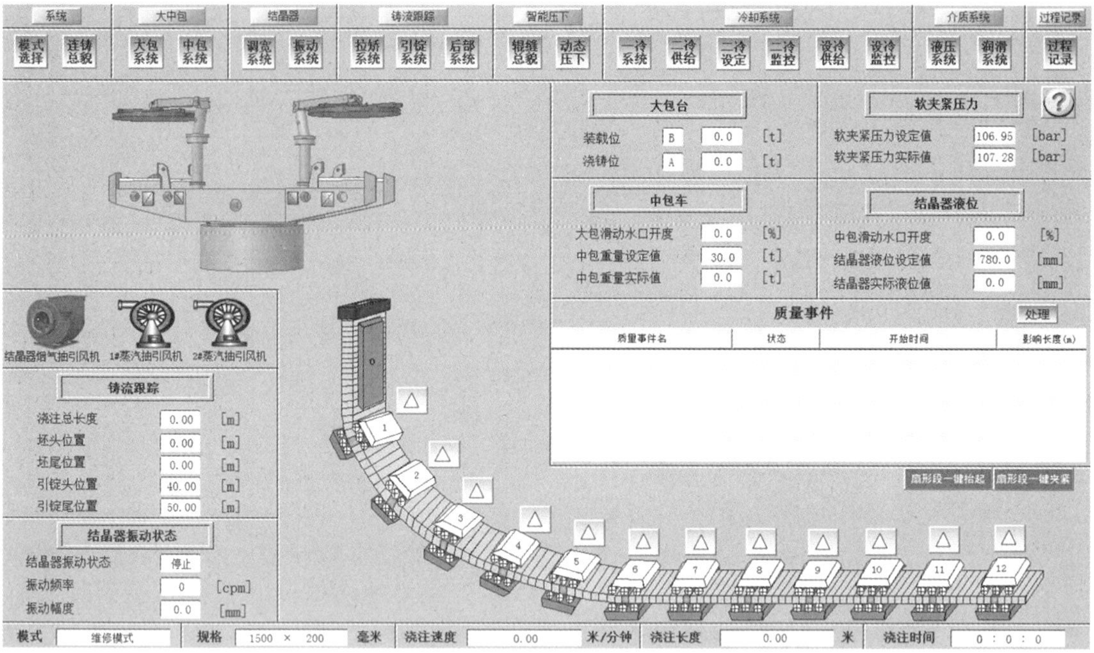

图 4-15

进入【连铸总貌】界面，点击 扇形段一键夹紧 ，所有扇形段全部加紧（图 4-16）。

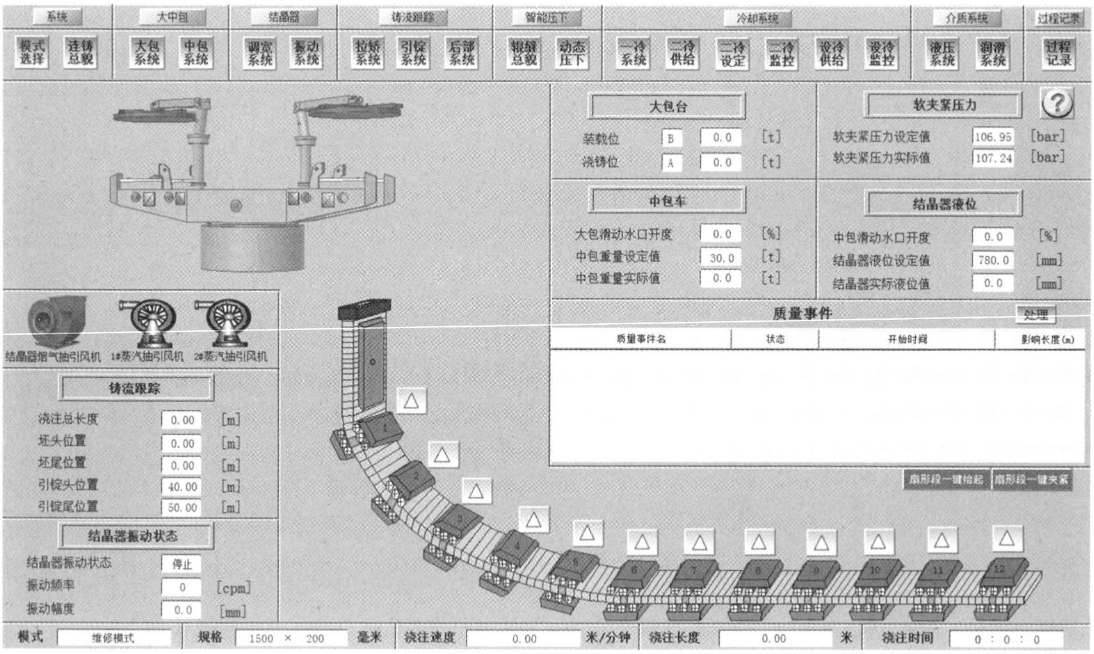

图 4-16

单击未满足的条件按钮“拉矫驱动”选择“自动”（图 4-17）。

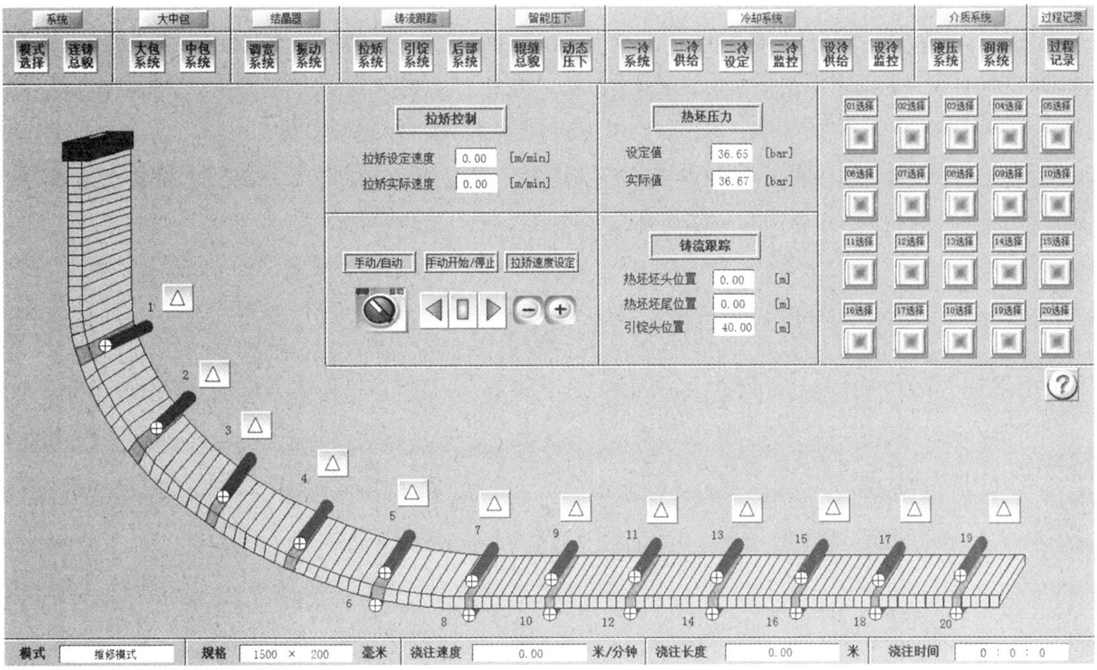

图 4-17

进入【拉矫系统】界面，点击“自动”，拉矫系统将按照预定的程序自动运行(图 4-18)。

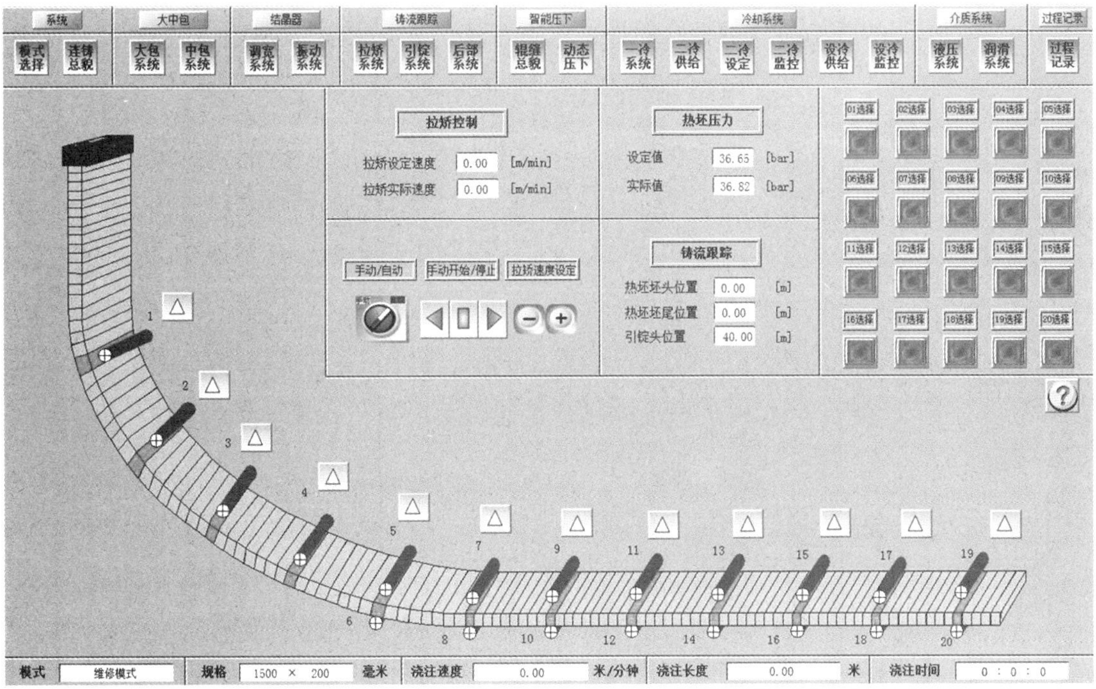

图 4-18

单击未满足的条件按钮“润滑系统”选择“自动”(图 4-19)。

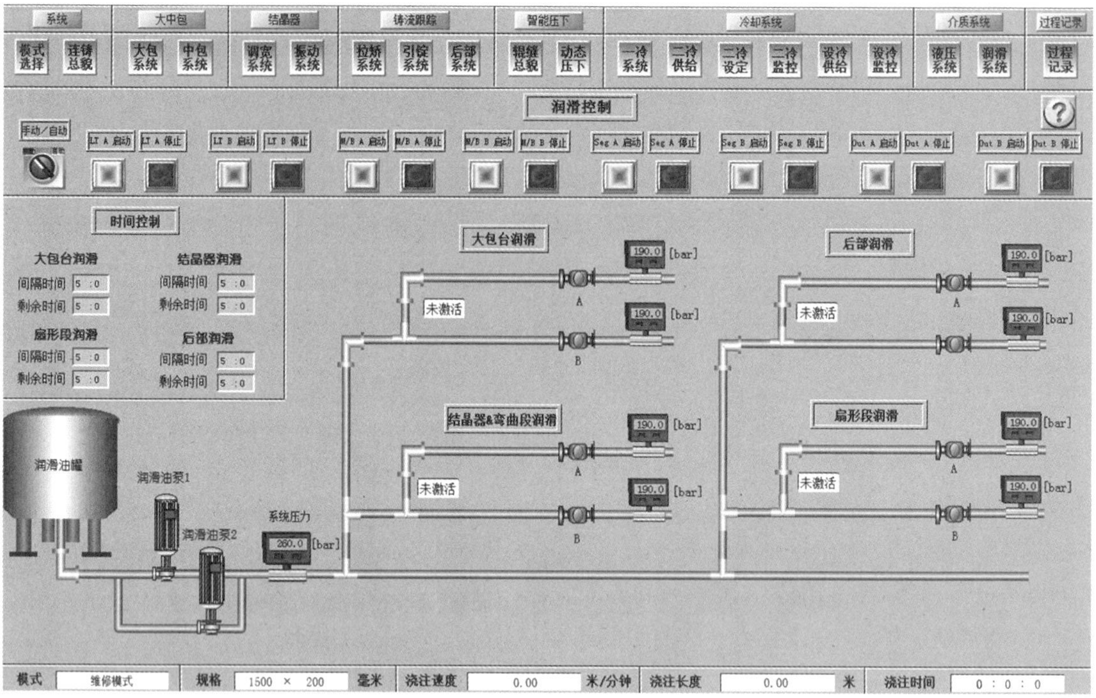

图 4-19

进入【润滑系统】界面，点击“自动”，润滑系统将按照预定的程序自动运行(图 4-20)。

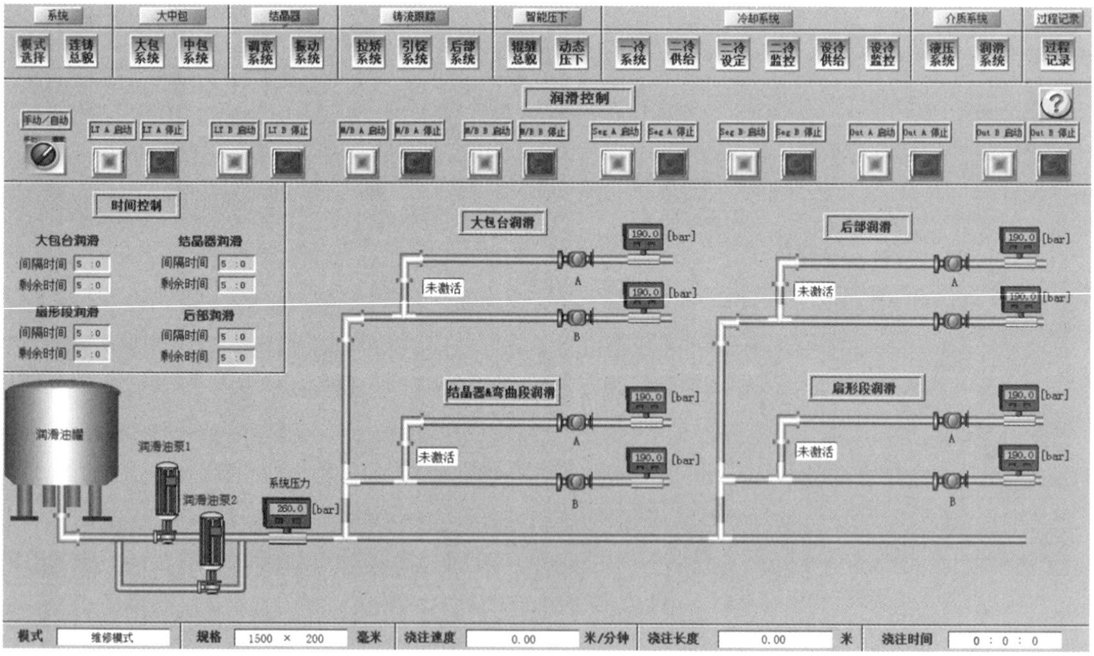

图 4-20

操作完成以后，送引锭模式条件全部满足(图 4-21)。

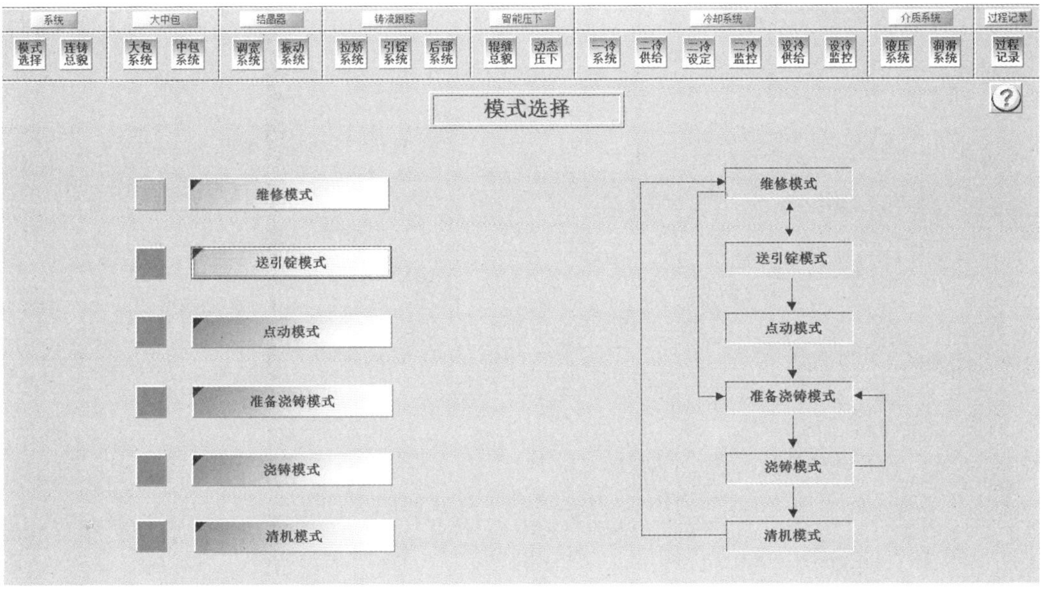

图 4-21

返回【模式选择】界面(图 4-22),点击选中送引锭模式,进行送引锭操作。

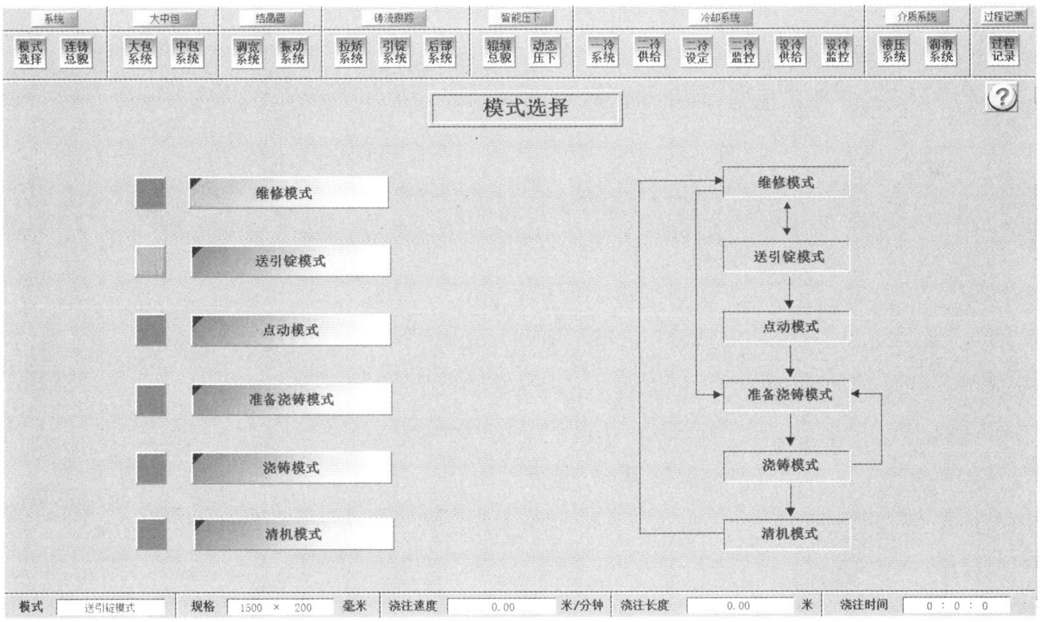

图 4-22

进入【引锭系统】界面,将“引锭控制”模式选为“自动”,点击“自动启动”,引锭杆进入推出位,然后可以一键将引锭快速送到位,点击弹出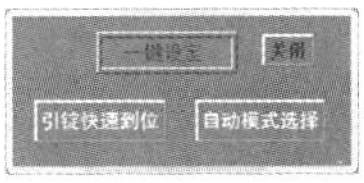,点击“引锭快

速到位”，也可以将“引锭辊道控制控制”模式选为“自动”，引锭头位置运行到 1 m 左右到位，如图 4-23 和图 4-24 所示。

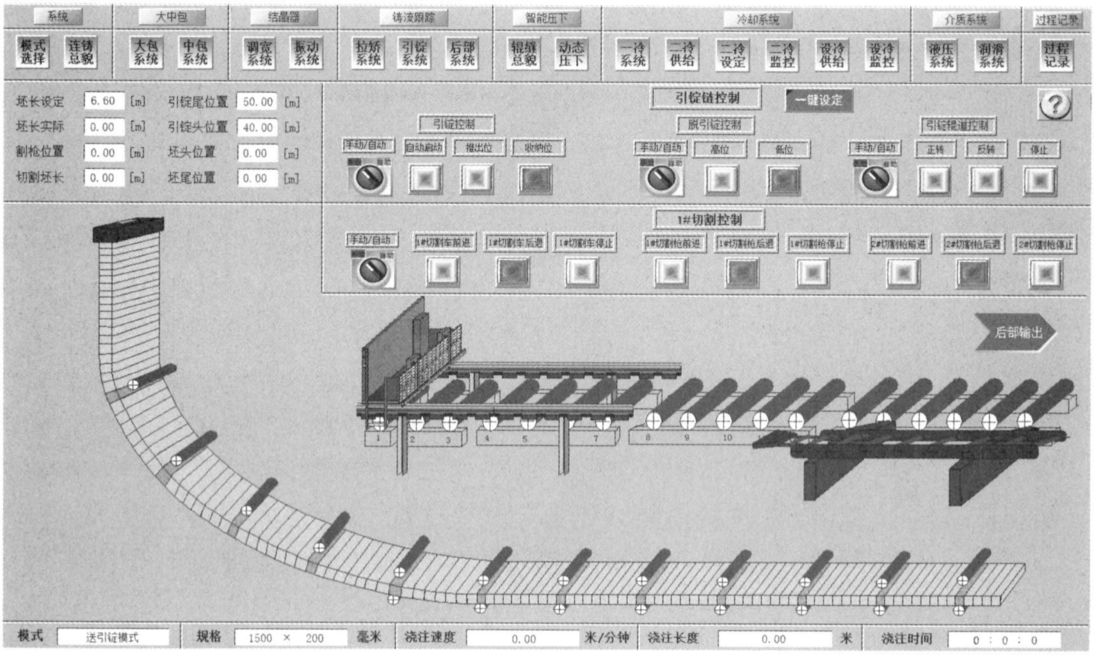

图 4-23

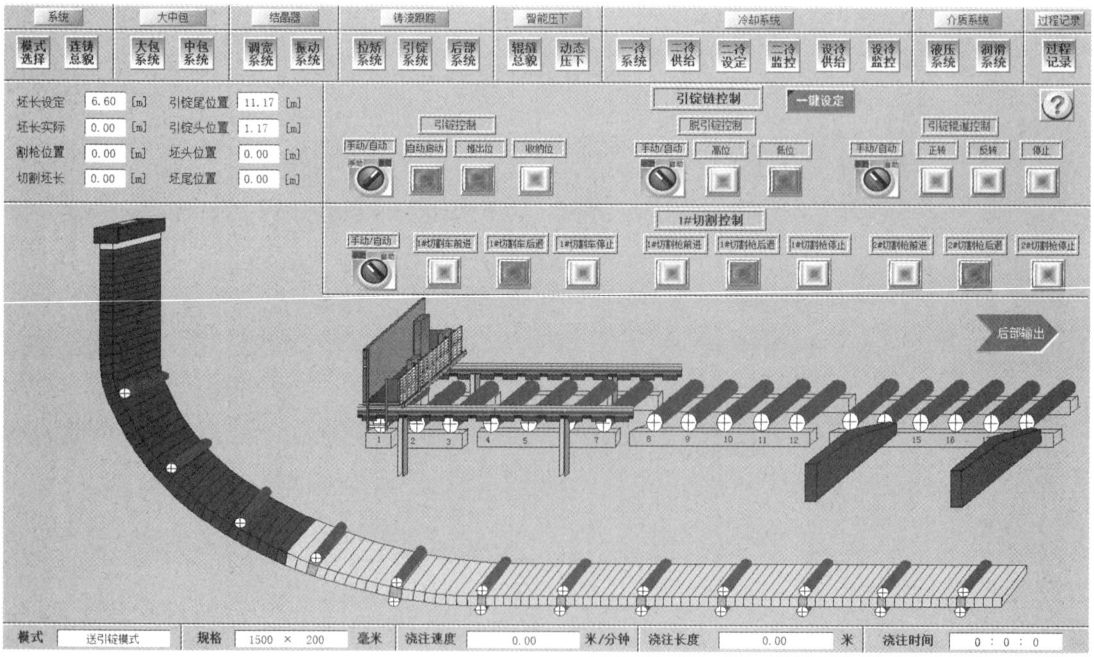

图 4-24

任务4　点动模式

进入【模式选择】界面，点击

，弹出点动模式条件窗口（图4-25）。

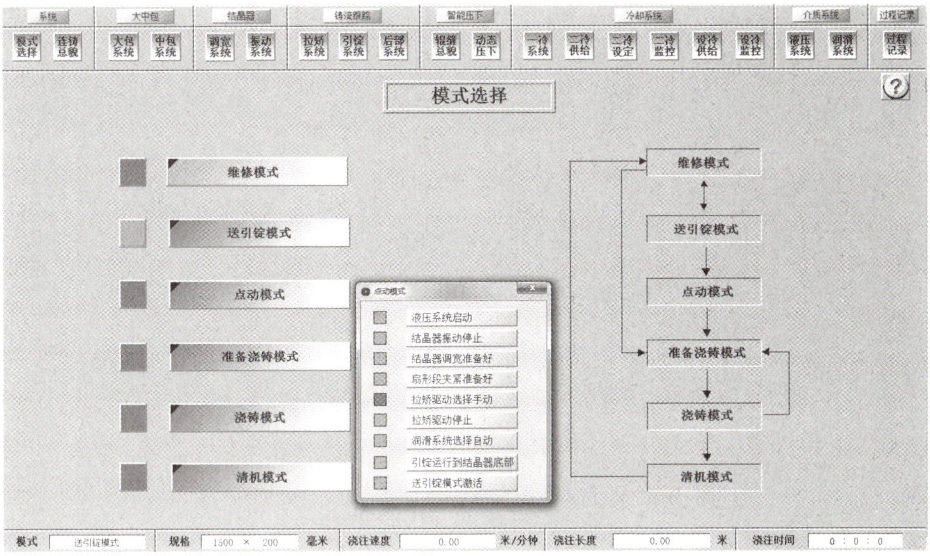

图4-25

此对话框列出了进入点动模式所需满足的全部条件。左侧绿色方块表示当前条件已满足，红色方块表示条件尚未满足。单击未满足的条件按钮“拉矫驱动选择手动”（图4-26）。

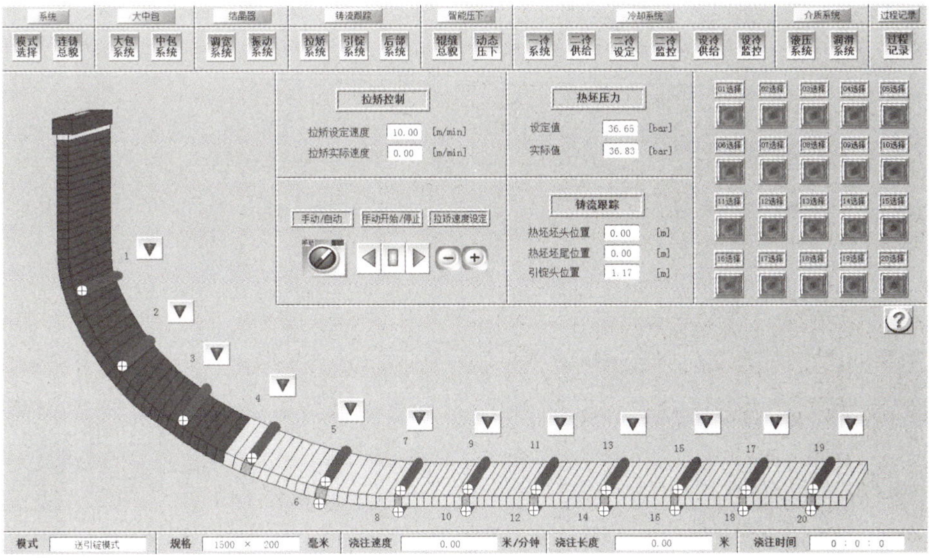

图4-26

进入【拉矫系统】界面，选择“手动”（图 4-27）。

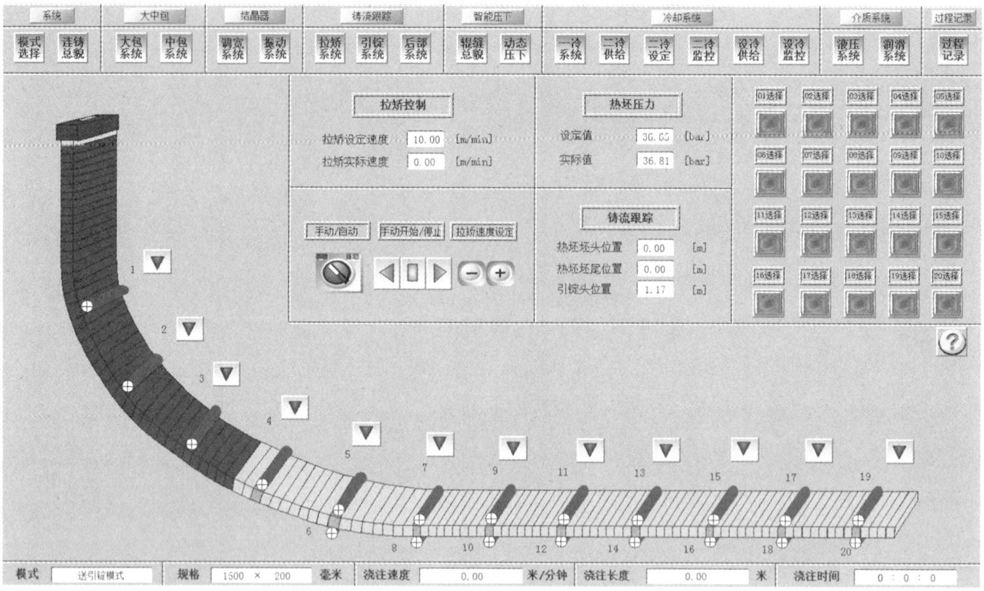

图 4-27

该操作完成以后，点动模式条件全部满足。

返回【模式选择】界面，点击

选中点动模式（图 4-28），进行点动操作。

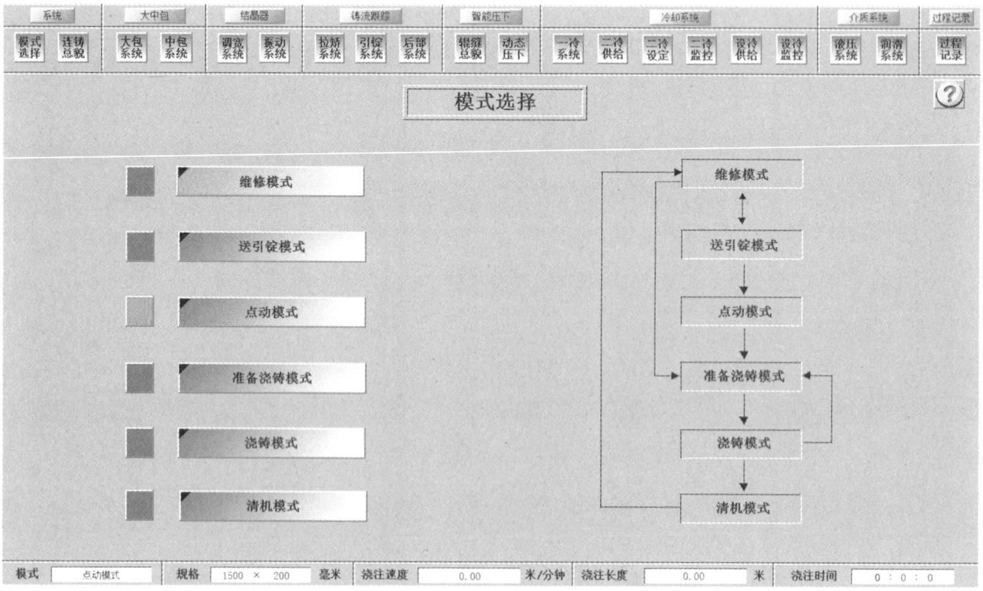

图 4-28

进入【拉矫系统】界面，可以一键将引锭快速调整到位（图 4-29），点击 一键调整到位 ，也可以手动调整 ◀ □ ▶ ，待引锭头位置在 0.40 m 左右，引锭调整到位（图 4-30）。

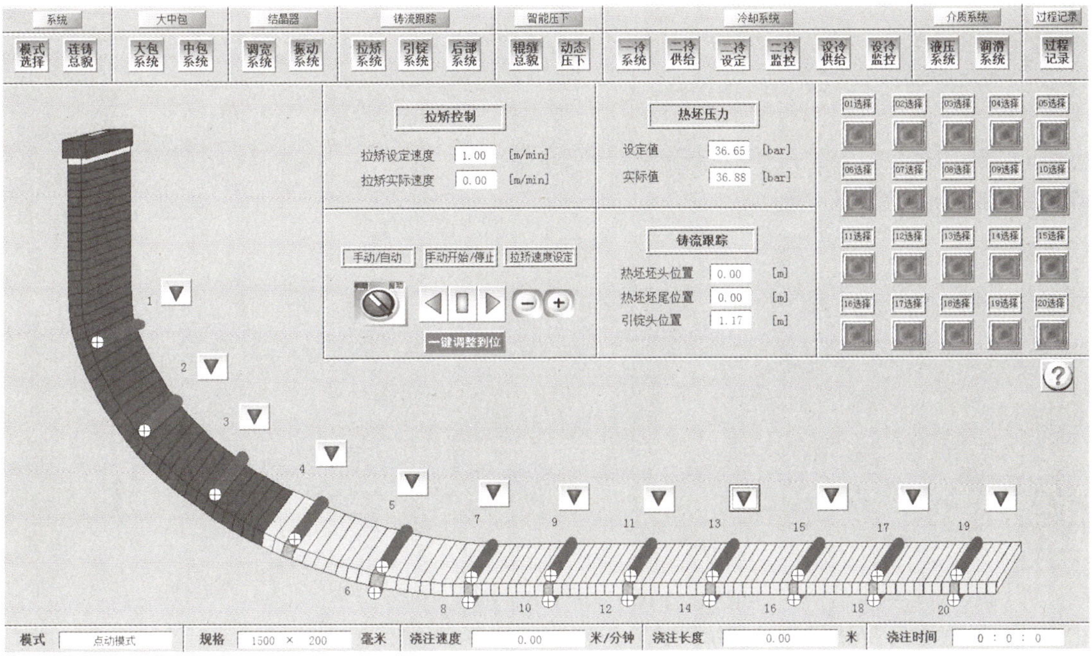

图 4-29

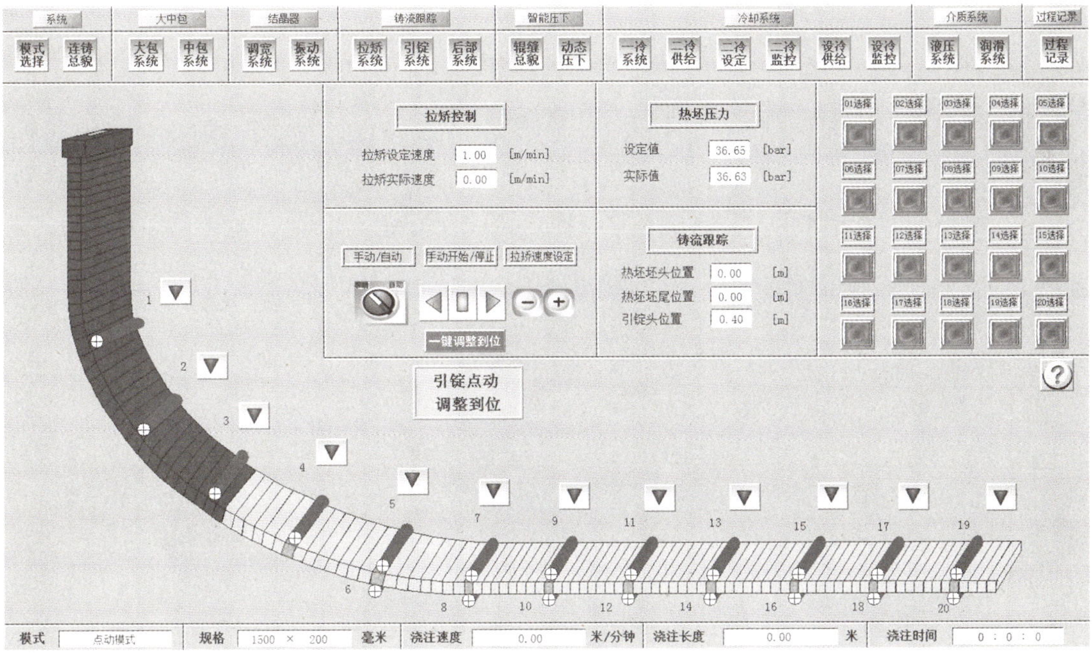

图 4-30

任务 5　准备浇铸模式

5.1　准备浇铸模式

返回【模式选择】界面，准备浇铸模式条件全部满足后，点击

选中准备浇铸模式（图 4-31）。

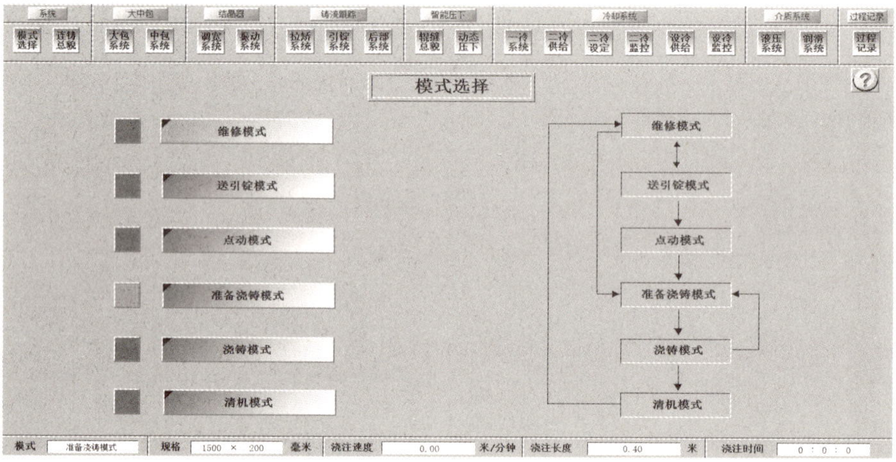

图 4-31

5.2　【大包系统】界面操作规程（图 4-32）

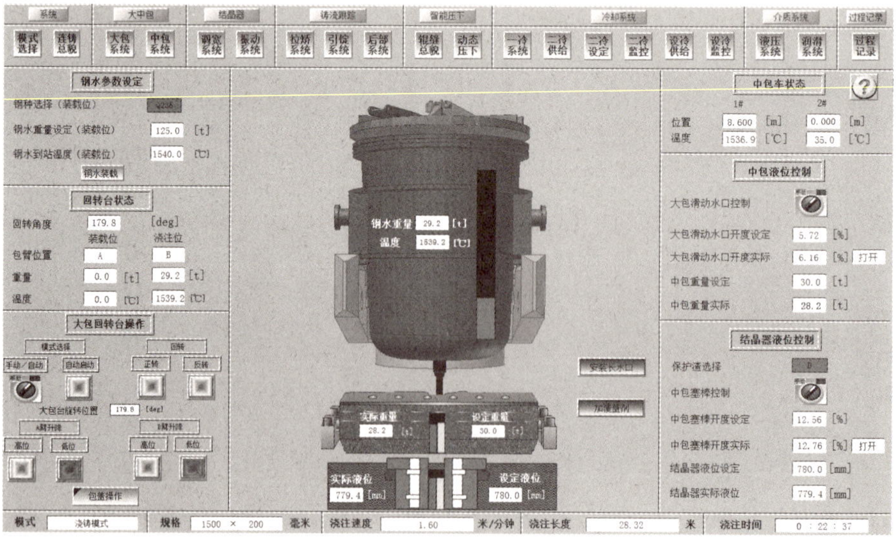

图 4-32

1. 界面简介

【大包系统】界面用于对钢包、钢包回转台等设备，以及中包、中包车、滑动水口等相关联设备实施详细监视控制。

2. 操作规程

(1)“钢水参数设定”窗口：可点击左上角“钢种选择”按钮，选中某一钢种，并在第二行自动生成钢水重量后，装有钢水的钢包将坐入大包回转台的接收侧包臂上，钢水重量、温度可通过手动输入方式调整修改(钢水重量最大允许值130 t、温度最大允许值1 700 ℃)。

(2)通过“大包回转台操作”控制，可实现大包臂的升降和回转台的回转作业。通过打开“包盖操作”控制，可实施大包盖的升降和回转作业。

(3)大包以及包盖回转条件：大包滑动水口关闭，大包方可回转；液压工作正常，大包以及包盖方可回转。

(4)“中包液位控制”窗口：输入中包吨位设定值，当条件满足时，可操控其上方按钮，通过“手动”方式点击“+”/“-”相应调整开口度或自动方式自动打开/关闭滑动水口，将钢水注入至中间包内。或者可以选择“自动”方式，系统自动进行上述操作。

(5)在“结晶器液位控制”一栏内，输入结晶器液位设定值，当条件满足时，可操控其上方按钮，通过“手动”方式点击“+”/“-”相应调整开口度或自动方式自动打开/关闭滑动水口，将钢水注入至结晶器内。或者可以选择“自动”方式，系统自动进行上述操作。

3. 操作要领

(1)中包滑动水口打开条件：中包在浇铸位且钢水重量大于0.3 t、温度大于1 470 ℃，结晶器允许注入钢水；操作模式为“浇铸”。

(2)大包滑动水口打开条件：大包在浇铸位且已经停止回转，钢水重量大于0.3 t、温度大于1 490 ℃，中包在浇铸位且中包液位允许注入钢水；操作模式为“浇铸”。

5.3 【中包系统】界面操作规程(图4-33)

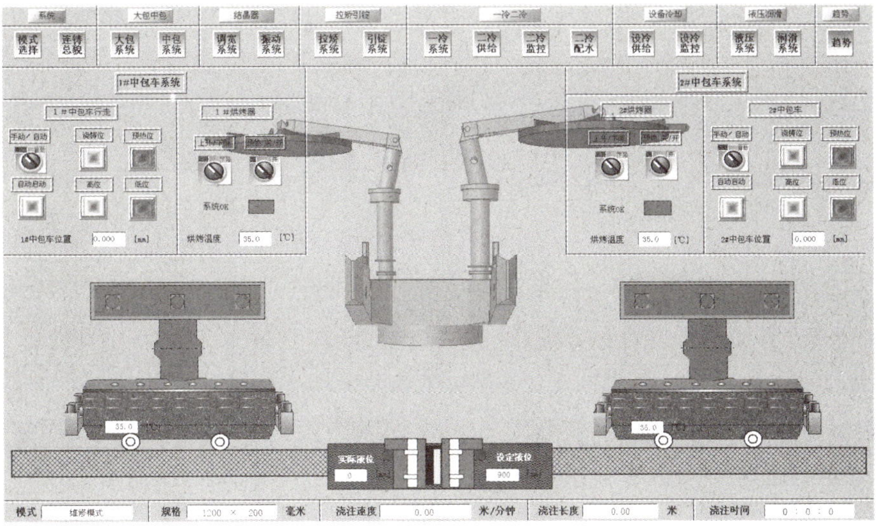

图4-33

1. 界面简介

【中包系统】界面用于对中间包、中间包车行走等设备以及中间包烘烤等相关联设备实施详细监视控制。浇铸前准备需要将中包进行烘烤，烘烤到所需温度后，烘烤器抬起，将中包车开到结晶器位。

2. 操作规程

(1)通过各自中包车行走操作台，可实现中间包车的行走作业。

(2)当中包车在预热位时，点击各自中包烘烤器“上升/下降”及“预热关/开”等操作按钮，可实现中包烘烤器升降、对中包预热烘烤等功能。中包烘烤至 1 050°，烘烤自动停止，禁止继续烘烤。

3. 操作要领

(1)一台中包车处于预热位，另一台中包车方可向浇铸位方向行走；

(2)中包车处于预热位，烘烤器方可降下烘烤；

(3)液压工作后，中包车方能行走。

5.4 【振动系统】界面操作规程(图 4-34)

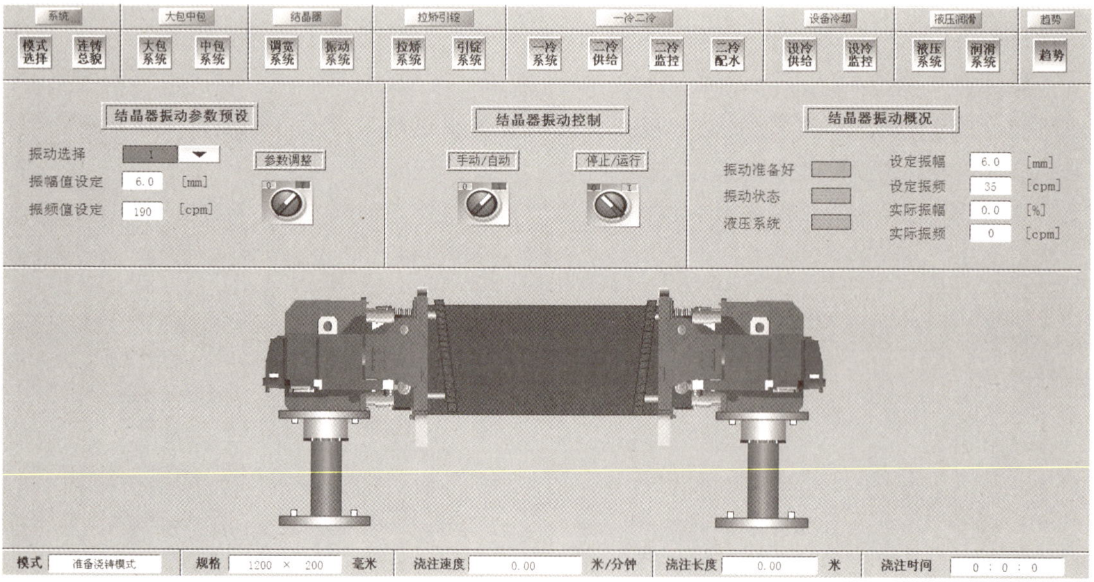

图 4-34

1. 界面简介

【振动系统】界面用于对结晶器振幅、振频设定调节等相关联设备实施详细监视控制。

2. 操作规程

在界面左上角相应窗口选择振动表，或输入结晶器振幅、振频等设定值(振幅允许值为 0~20 mm、振频允许值为 0~200 cpm)，如图 4-35 所示。

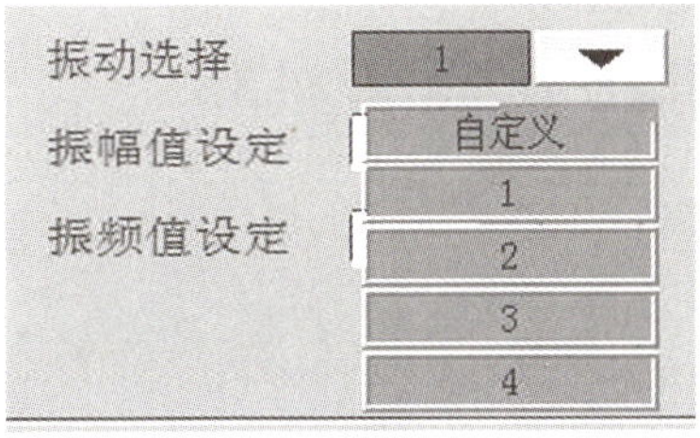

图 4-35

在界面右上角相应窗口点击“参数调节”按钮，将设定值输入实际执行设定值中。

当液压系统准备好时，在界面右上角相应窗口点击结晶器“手动/自动”“参数调整”及“停止/运行”相关按钮，结晶器振动系统将执行相应的运动作业。

5.5 【引锭系统】界面操作规程（图 4-36）

1. 界面简介

【引锭系统】界面用于对连铸机实施传送引锭作业等相关联设备实施详细监视控制。

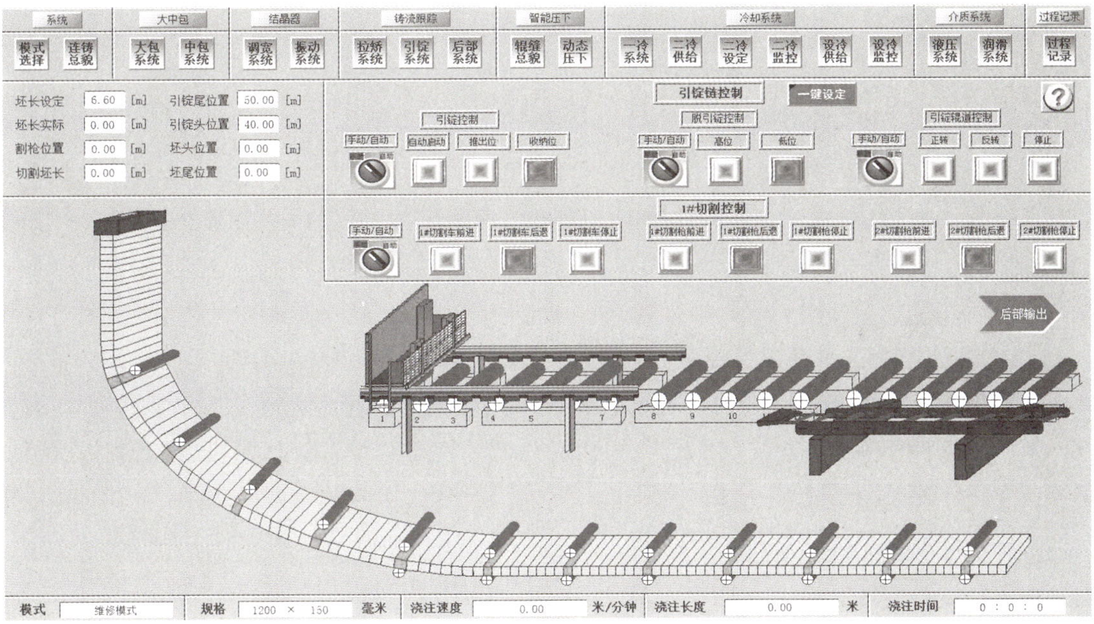

图 4-36

2. 操作规程

（1）自动模式下，选择“插引锭模式”后，点击“自动启动”按钮，引锭自动进行下装引锭动作。在界面左上方有“引锭尾位置”和“引锭头位置”显示。引锭头位置在 0~40 m。

（2）手动模式下，可以对“引锭链”和“辊道”等设备进行单独控制，点击相应按钮，进行相应设备的手动控制。

5.6 【后部系统】界面操作规程(图 4-37)

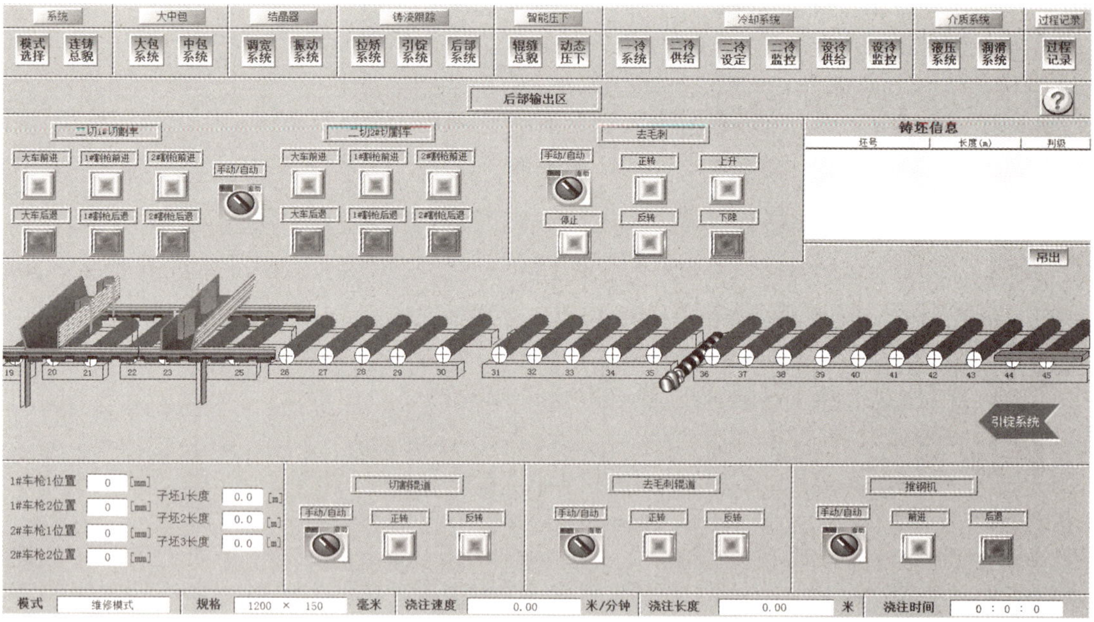

图 4-37

1. 界面简介

【后部系统】界面用于对二次切割、去毛刺机、切割辊道、推钢机等设备的实时监视与操作控制。

2. 操作规程

操作分为自动与手动两种模式。

(1)自动操作模式:选择“自动”模式,系统将按照预定的程序运行。

(2)手动操作模式:在手动模式下,可以对后部系统单个设备如切割机、去毛刺机、推钢机等进行操作控制。

5.7 【辊缝总貌】界面操作规程(图 4-38)

1. 界面简介

【辊缝总貌】界面主要实现辊缝值的操作与信息监控等功能。

2. 操作规程

在画面上点击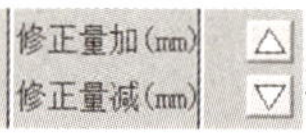

进行辊缝值的调整,完成以后点击

。

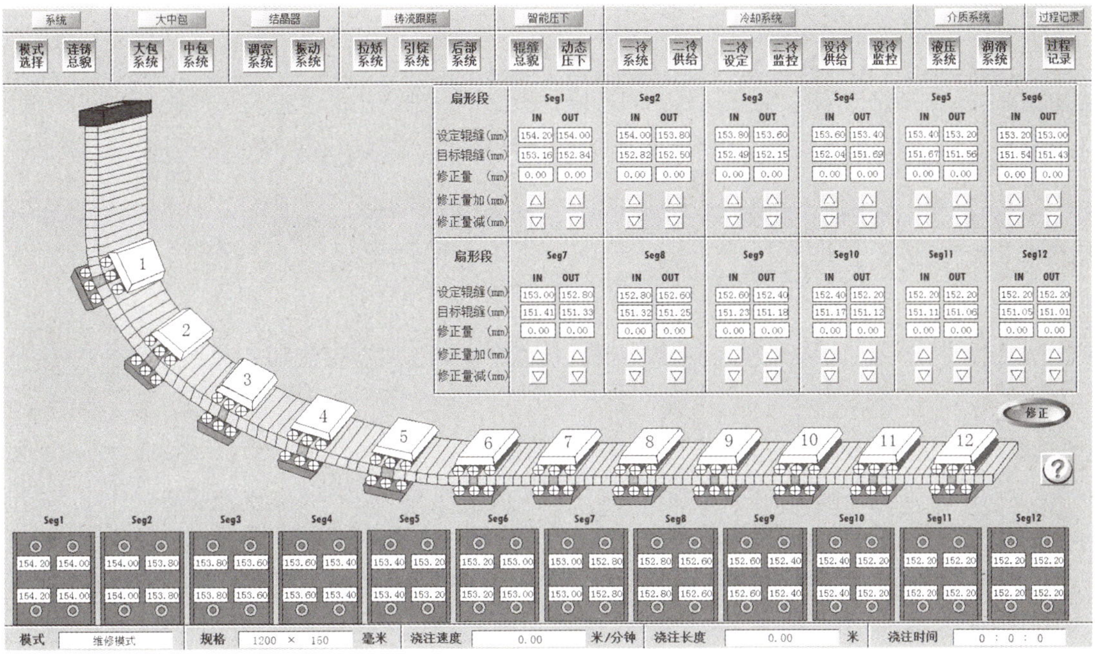

图 4-38

5.8 【动态压下】界面操作规程(图 4-39)

1. 界面简介

【动态压下】界面主要实现对轻压下的操作与信息监控等功能。

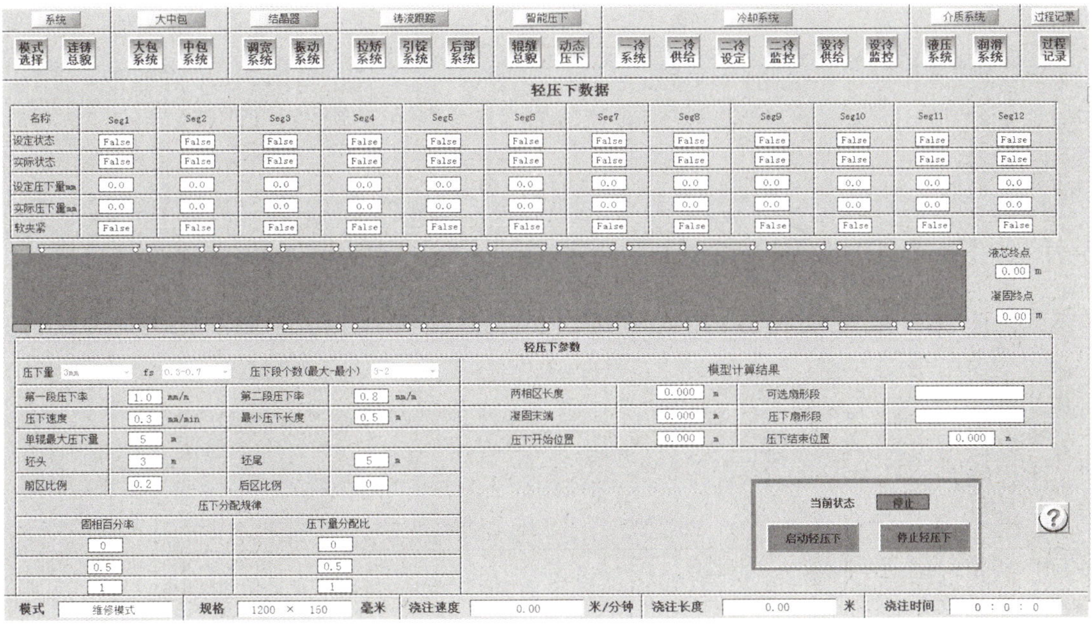

图 4-39

2. 操作规程

启动轻压下之前需要设定压下量、周相率(f_s)和压下段个数,设置完成后,点击启动轻压下就可以启动轻压下。

3. 操作要领

浇注长度大于 31 m 才能启动轻压下。

5.9 【一冷系统】界面操作规程(图 4-40)

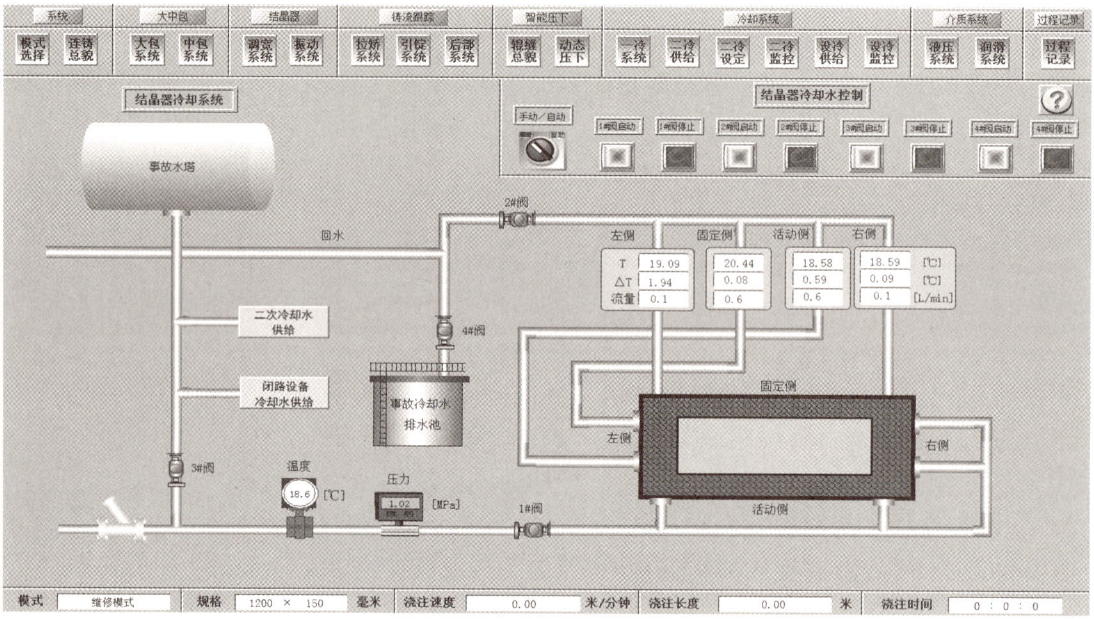

图 4-40

1. 界面简介

【一冷系统】界面用于对连铸机结晶器冷却等相关联设备实施详细监视控制。

2. 操作规程

(1)自动模式下,当区域设备运转时,设备冷却水阀根据生产状况进行启停。

(2)手动模式下,可以对各个阀进行操作控制,点击“启动”“停止”按钮,进行手动启停操作。

5.10 【二冷供给】界面操作规程(图 4-41)

1. 界面简介

【二冷供给】本界面用于对连铸机铸坯二次冷却水、冷却压缩空气等相关联设备实施详细监视控制

2. 操作规程

(1)自动模式下,当区域设备运转时,设备冷却水阀根据生产状况进行启停。

(2)手动模式下,可以对各个阀进行操作控制,点击“启动”“停止”按钮,进行手动启停操作。

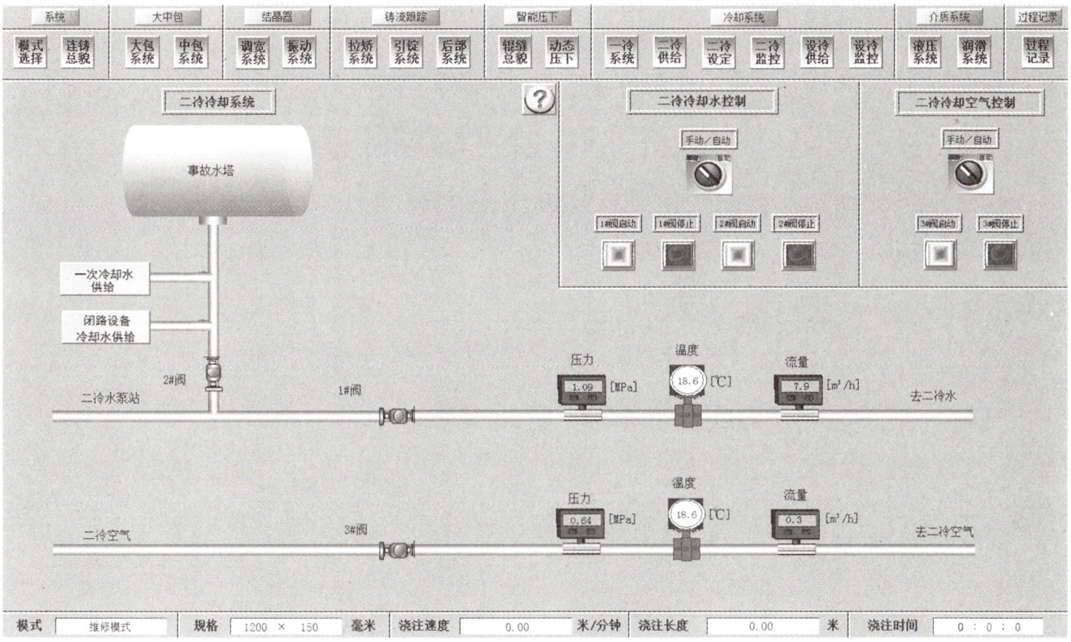

图 4-41

5.11　【二冷设定】界面操作规程（图 4-42）

1. 界面简介

【二冷设定】界面主要对冷却水流量及冷却空气压力实施监控及控制。

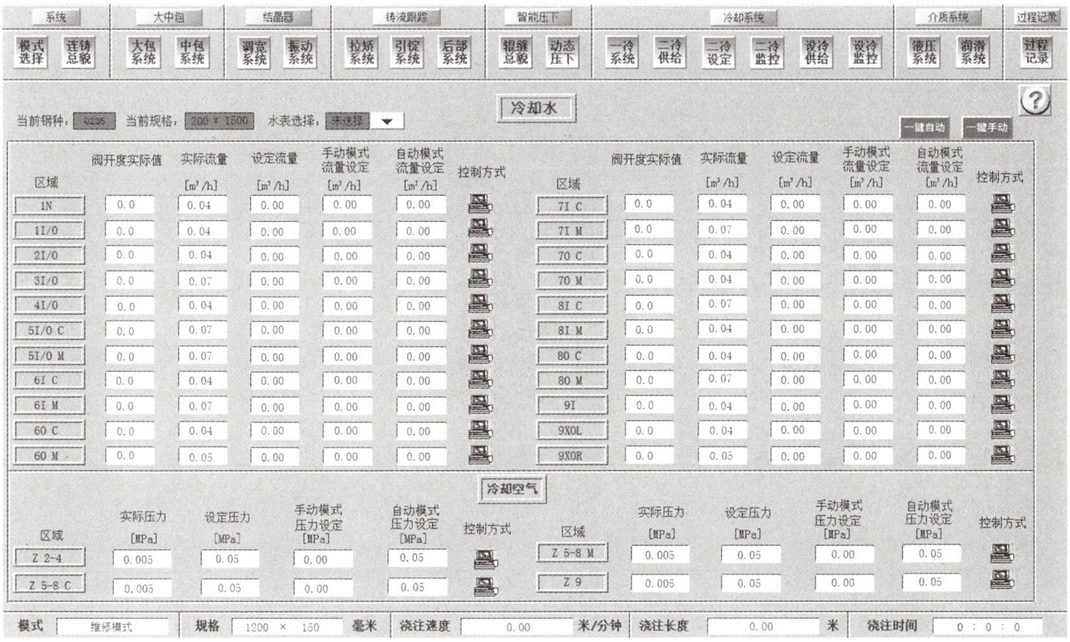

图 4-42

2. 操作规程

(1)选择“二冷水表”，有四种水表可供选择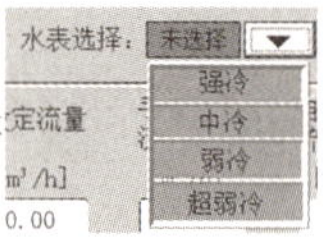

，不同的钢种对应不同的选择。

(2)冷却水流量和冷却空气压力有自动和手动两种模式。模式切换可以点击

按钮或者点击，选择“自动模式”，系统会读取程序设定好的数据；选择“手动模式”，需要在

和

设流量和压力。

5.12 【二冷监控】界面操作规程(图 4-43)

1. 界面简介

【二冷监控】界面主要对二冷水流量实施监控。

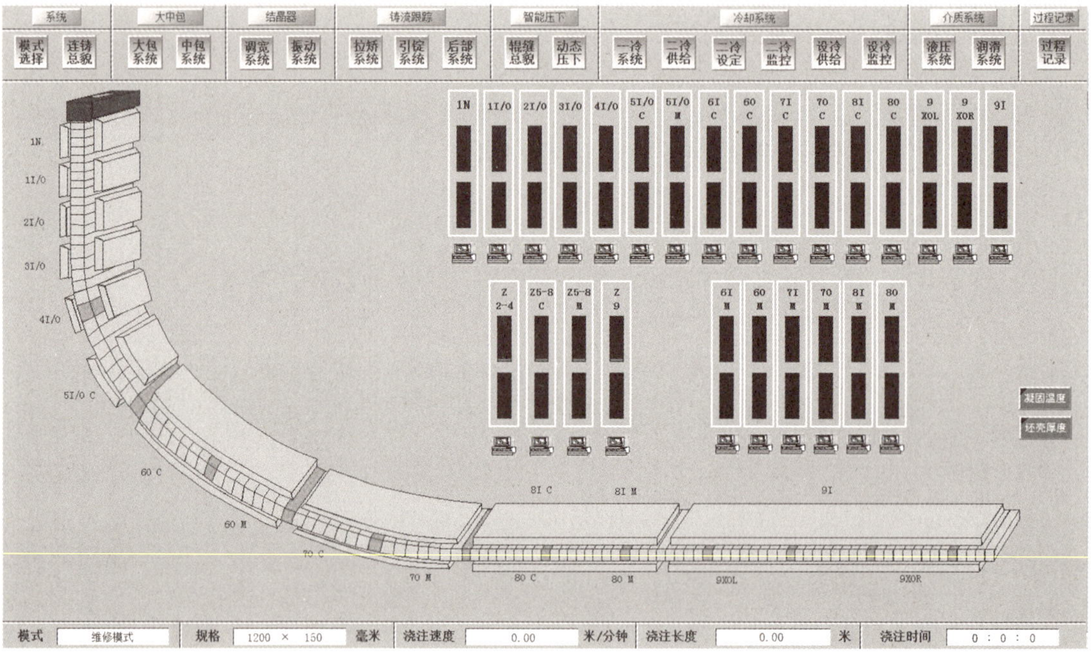

图 4-43

2. 操作规程

点击

和

，分别弹出如图 4-44 和图 4-45 所示：

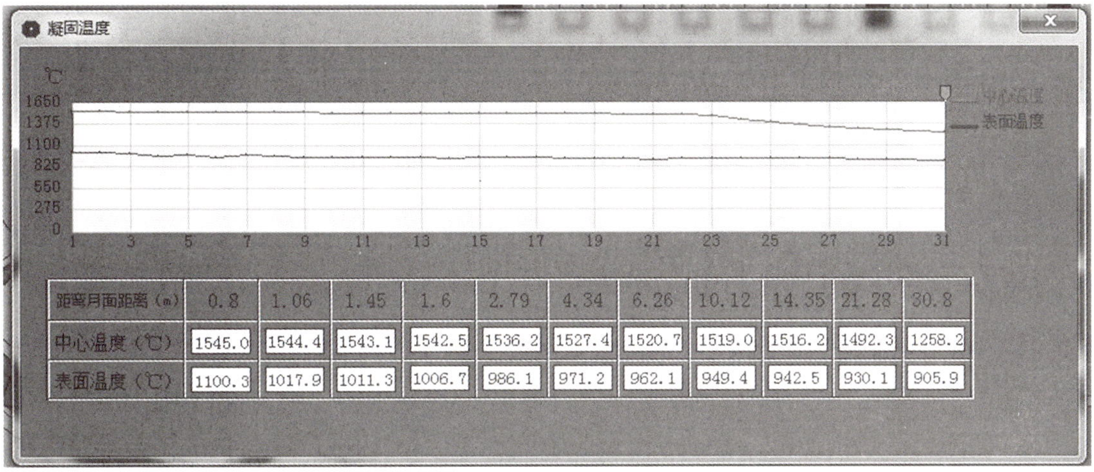

图 4-44

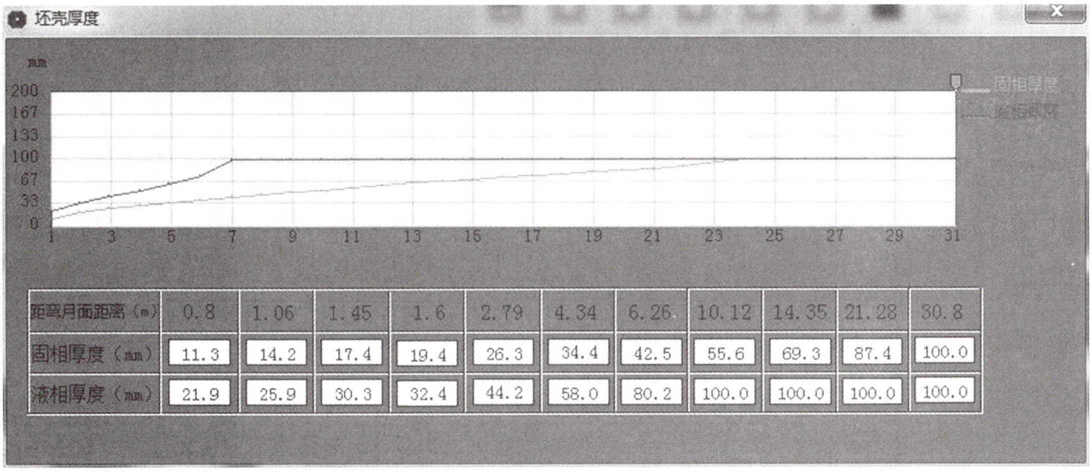

图 4-45

5.13　【设冷供给】界面操作规程（图 4-46）

1. 界面简介

【设冷供给】界面用于对连铸机扇形段设备冷却水供给等相关联设备实施详细监视控制。

2. 操作规程

（1）自动模式下，当区域设备运转时，设备冷却水阀根据生产状况进行启停。

（2）手动模式下，可以对各个阀进行操作控制，点击“启动”“停止”按钮，进行手动启停操作。

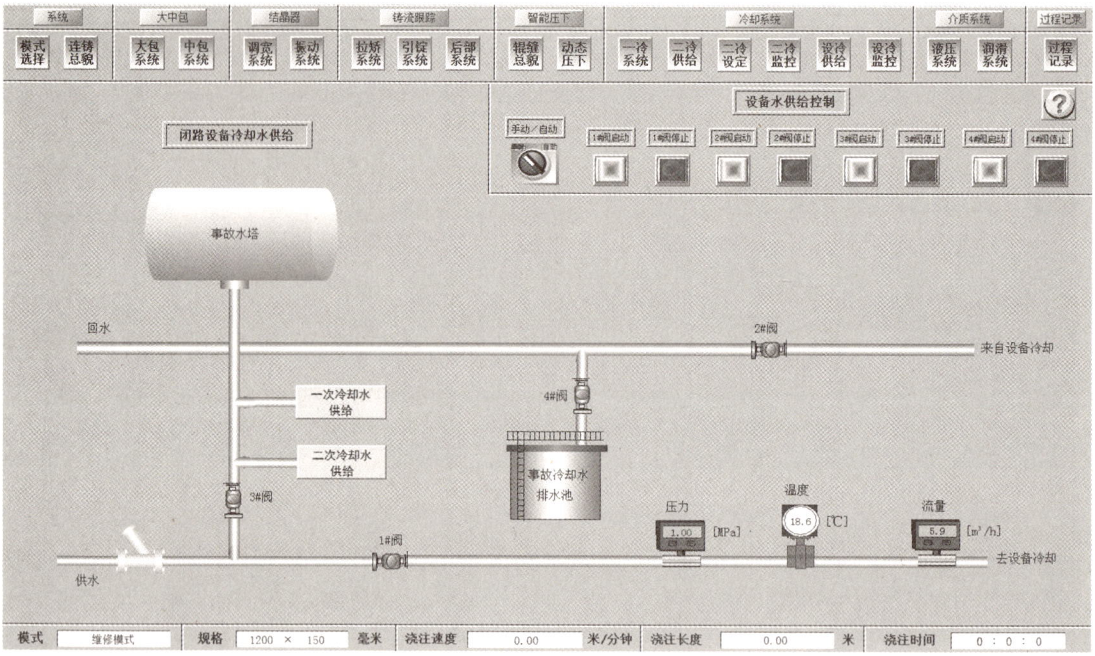

图 4-46

5.14 【设冷监控】界面(图 4-47)

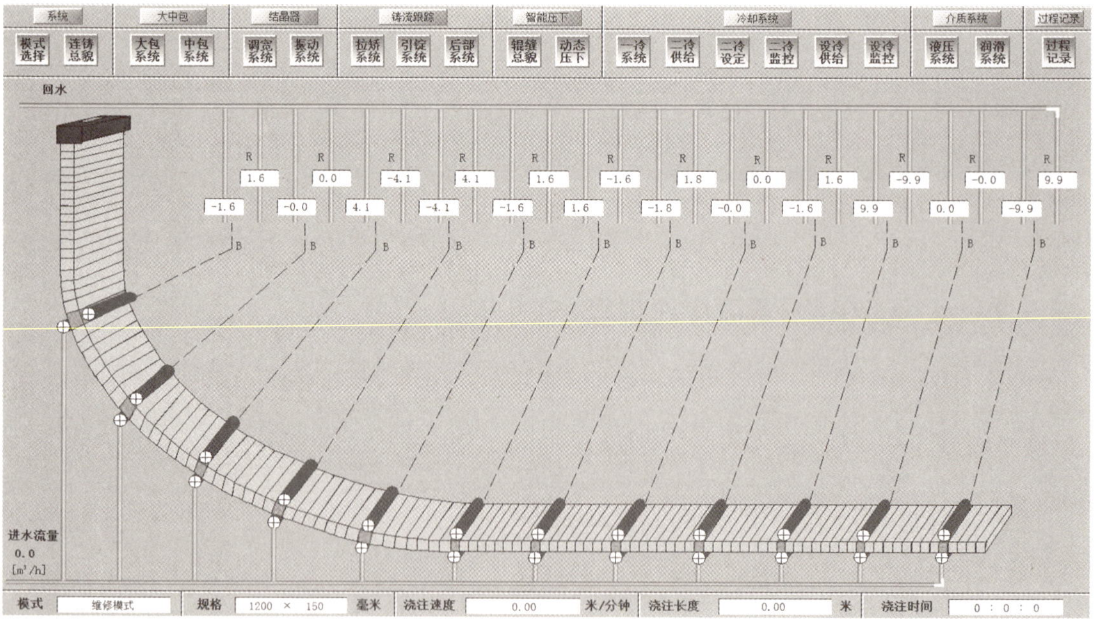

图 4-47

【设冷监控】界面主要对设备冷却水参数实施监控。

任务6　浇铸模式

进入【模式选择】界面，点击

，弹出浇铸模式条件窗口（图 4-48）。

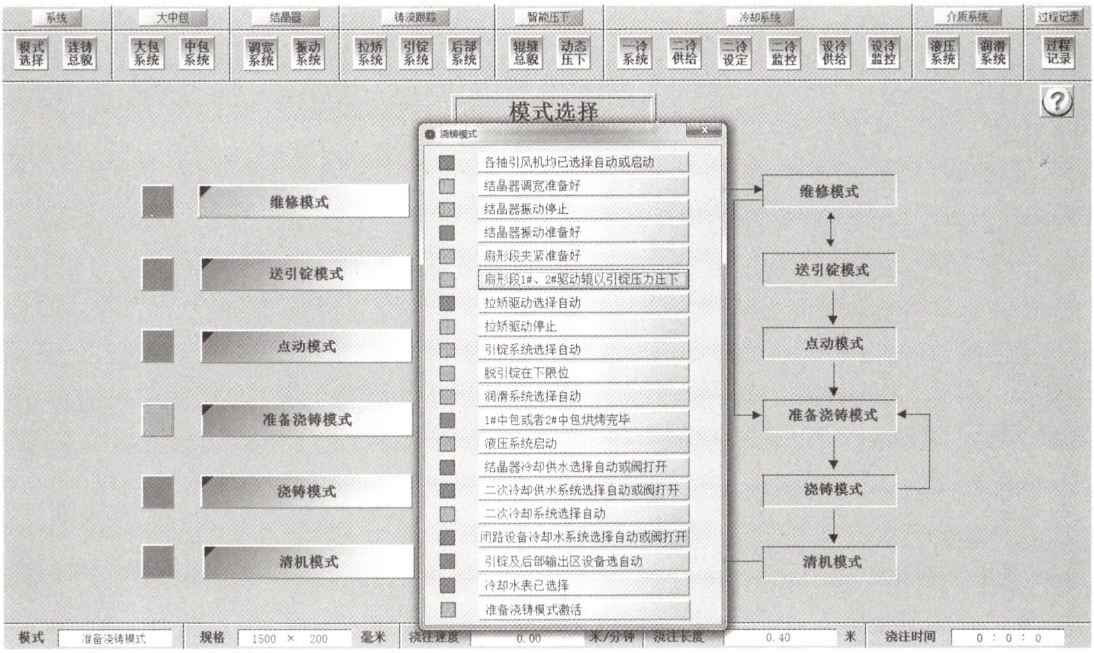

图 4-48

此对话框列出了进入浇铸模式所要满足的全部条件。左侧绿色方块表示该条件当前已满足，红色方块表示该条件当前尚未满足。单击未满足的条件按钮“各抽引风机均已选择自动或启动”。

进入【连铸总貌】界面（图 4-49），点击

中任何一个设备，弹出设备操作窗口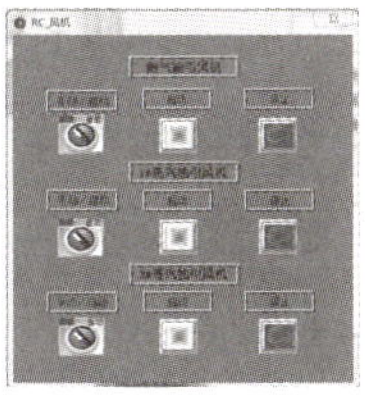，将所有模式都选为自动。

单击未满足的条件按钮“结晶器振动准备好”。

进入【振动系统】界面（图 4-50），首先选择振动表

，有三种振动表可供选择，这里以 Q235 为例，所以选择 2#振动表。然后将“参数调整”选到 1，将振动控制模式选为“自动”(图 4-51)。

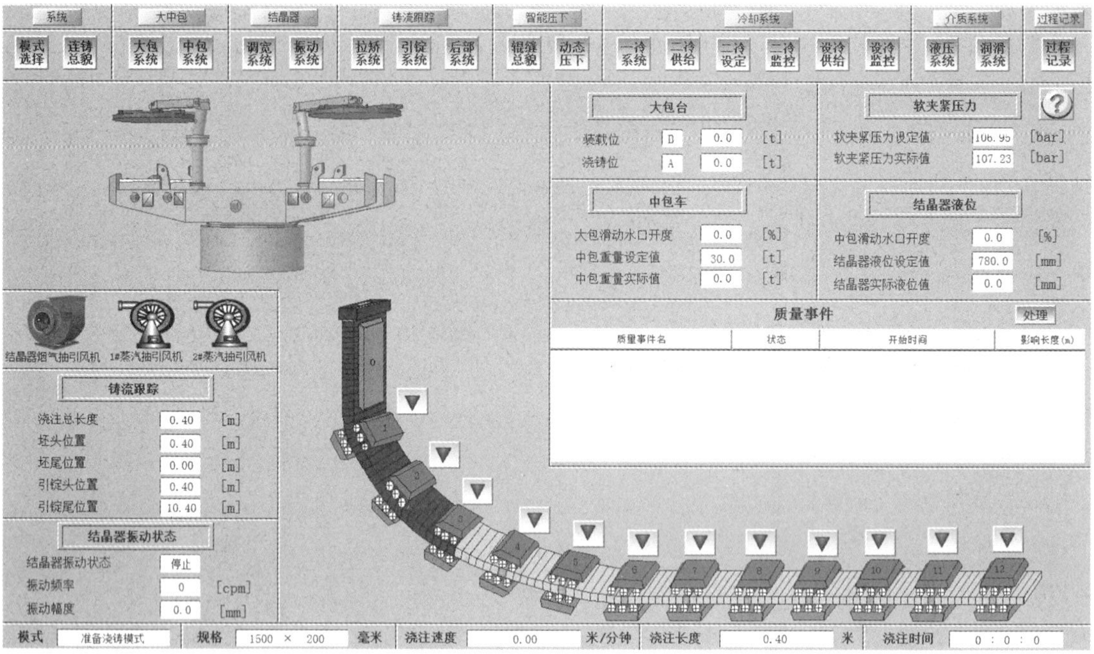

图 4-49

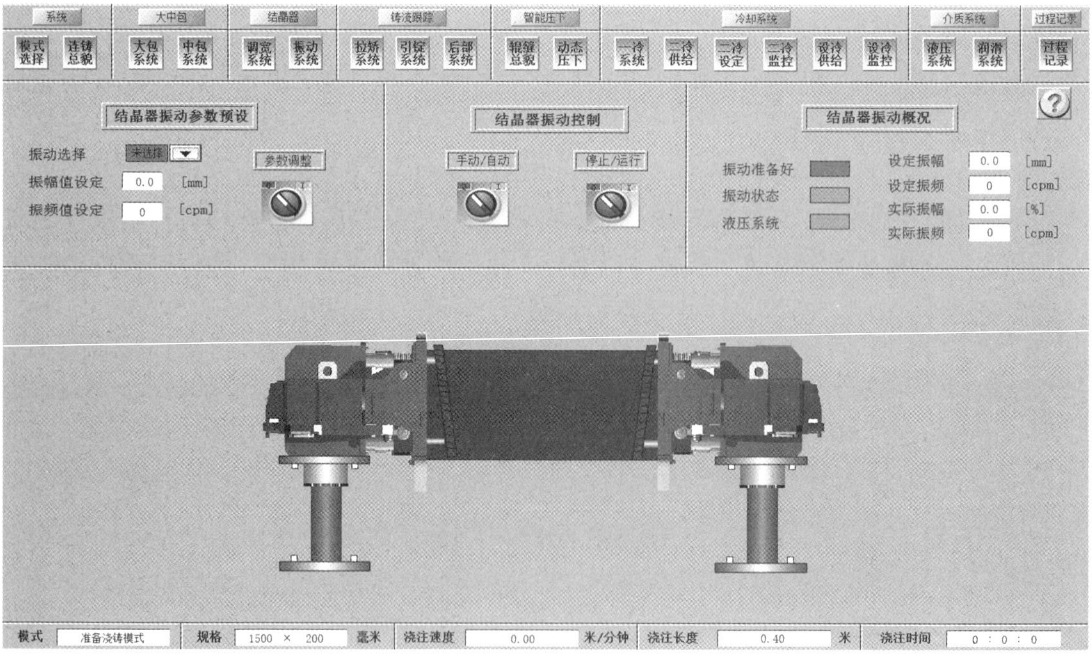

图 4-50

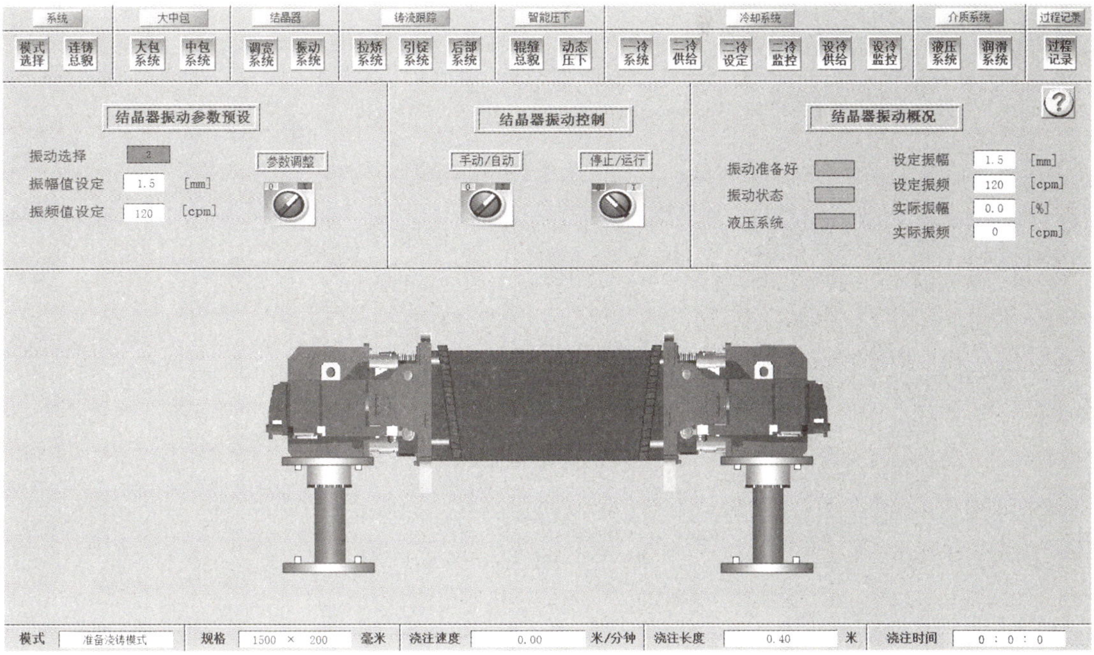

图 4-51

单击未满足的条件按钮“拉矫驱动选择自动”(图 4-52)。

进入【拉矫系统】界面,将系统模式选为“自动”(图 4-53)。

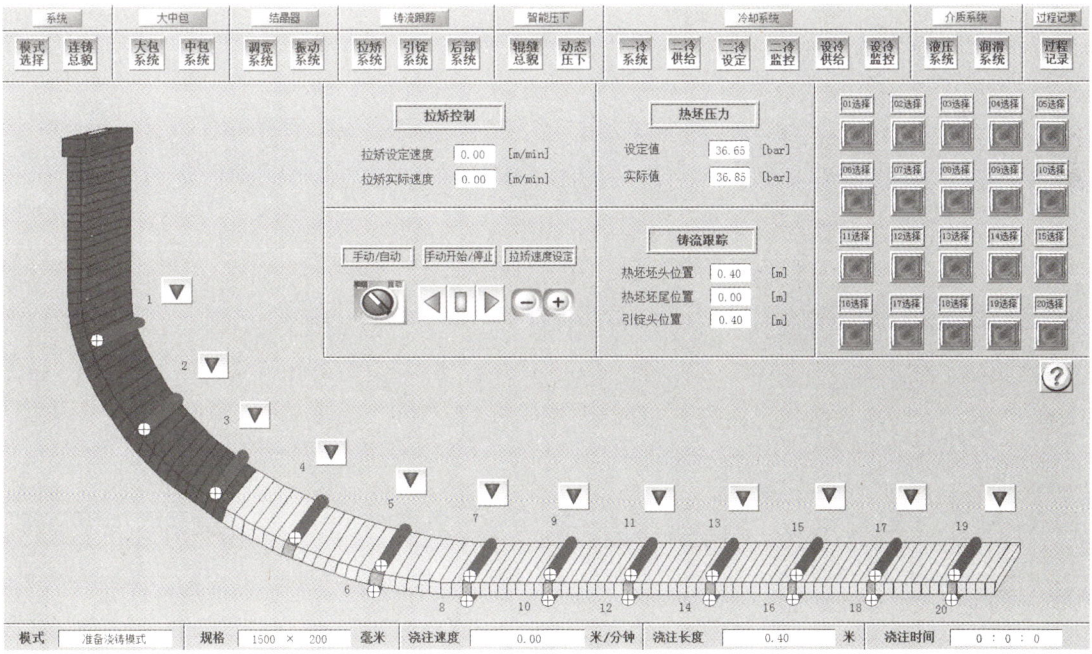

图 4-52

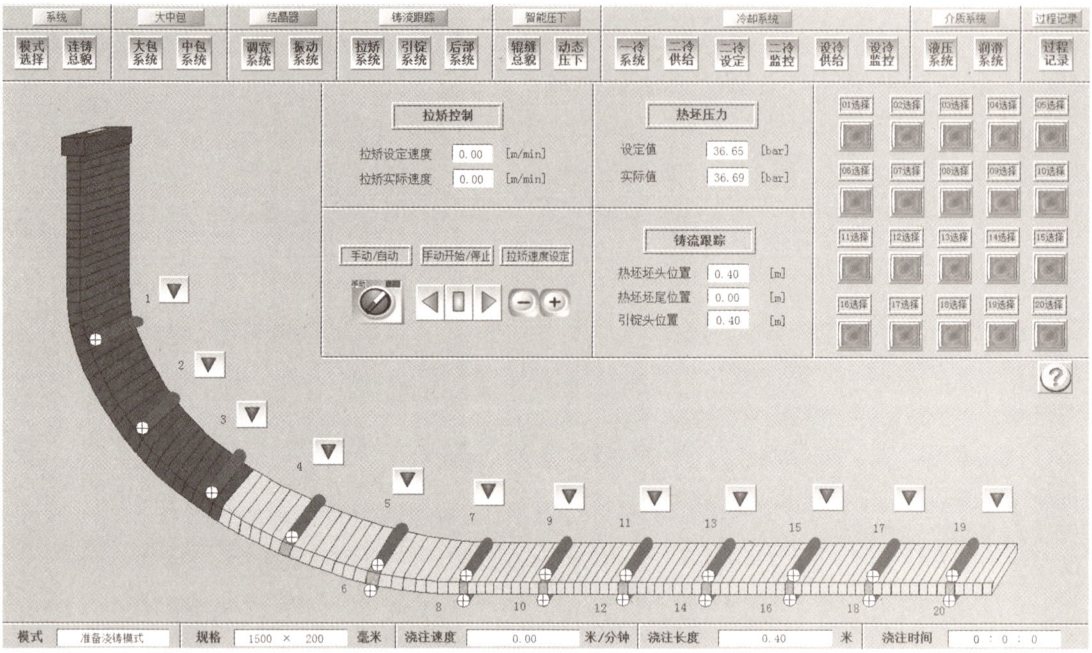

图 4-53

单击未满足的条件按钮“1#中包或者 2#中包烘烤完毕”（图 4-54）。

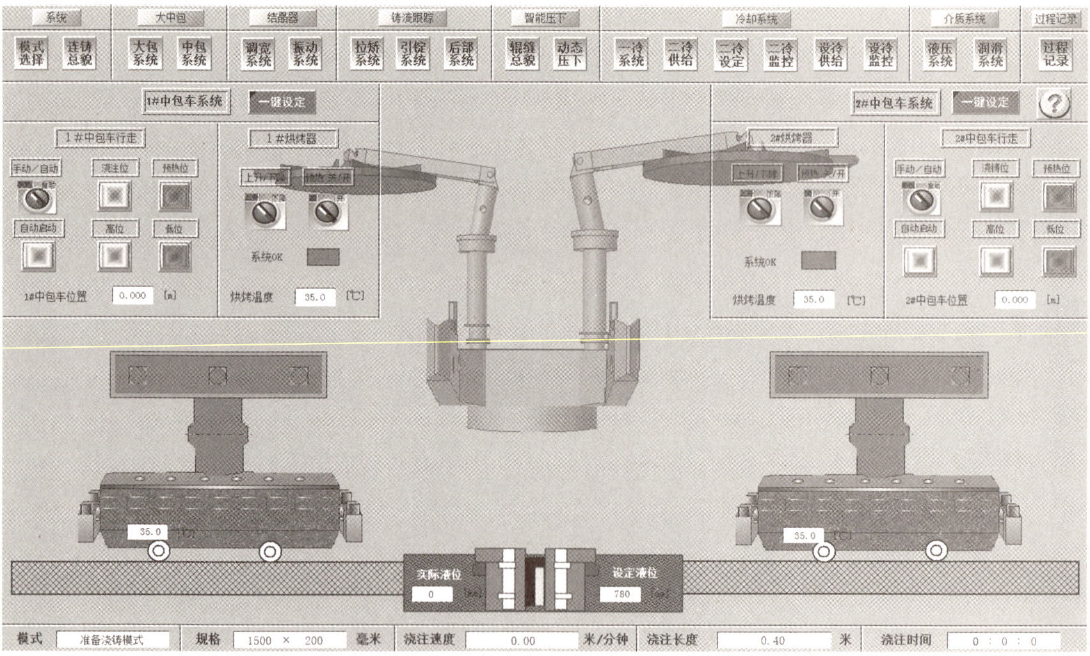

图 4-54

进入【中包系统】界面，有两台中间包车可供选择，这里以 1#为例，将 1#烘烤器“下降”，预热开关“开”，可以等待系统自动烘烤到位，也可以快速烘烤，点击

，弹出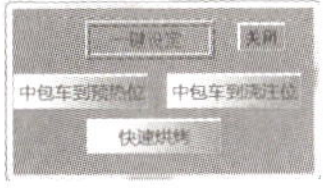

，点击

，中包车烘烤温度到达 1 034 ℃，烘烤完毕，将烘烤器“上升”，如图 4-55 所示。

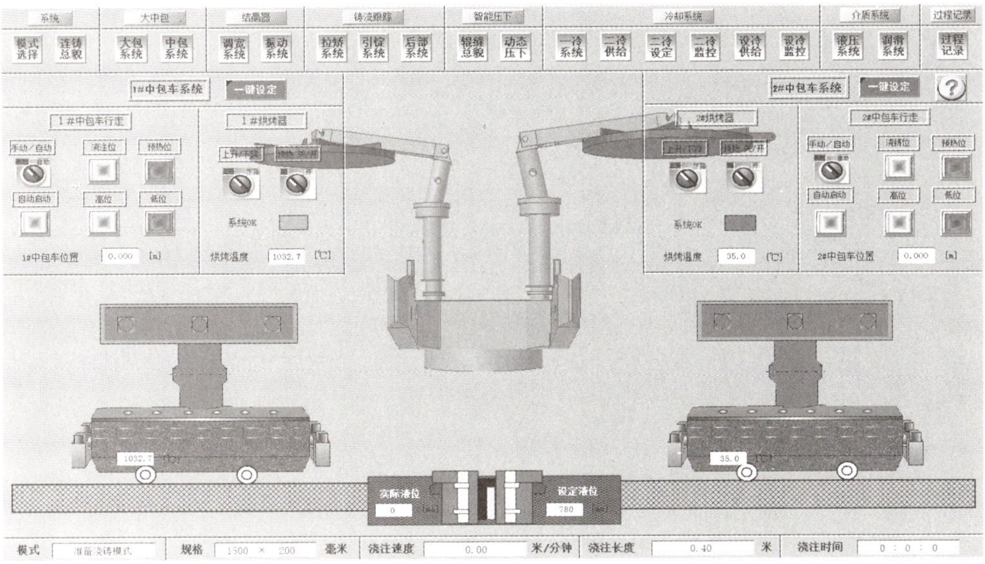

图 4-55

将中间包车开到位，1#中间包行走模式选为“自动”，点击“自动启动”，1#中间包车按照设定程序开到浇铸位，如图 4-56 所示。

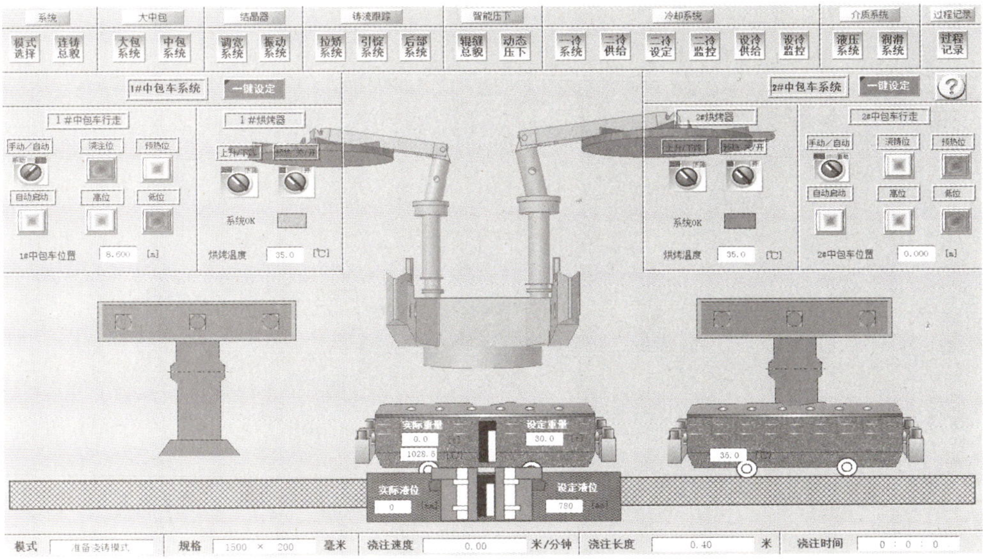

图 4-56

单击未满足的条件按钮“结晶器冷却供水选择自动或阀打开”(图 4-57)。

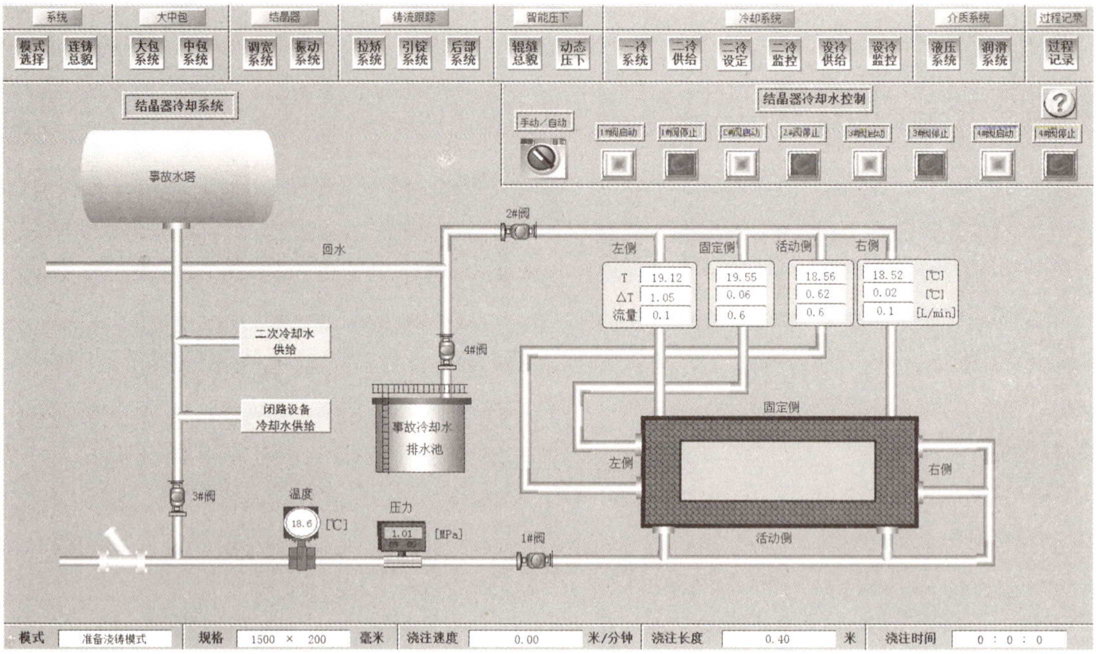

图 4-57

进入【一冷系统】界面,将系统模式选为“自动”(图 4-58)。

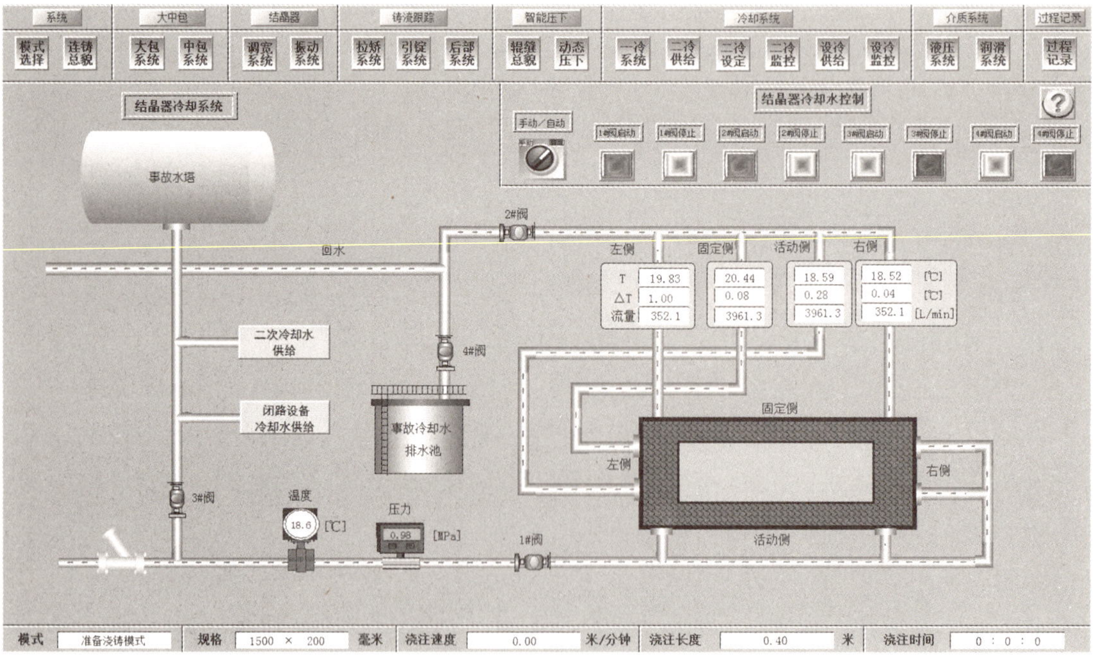

图 4-58

单击未满足的条件按钮“二次冷却供水选择自动或阀打开”(图4-59)。

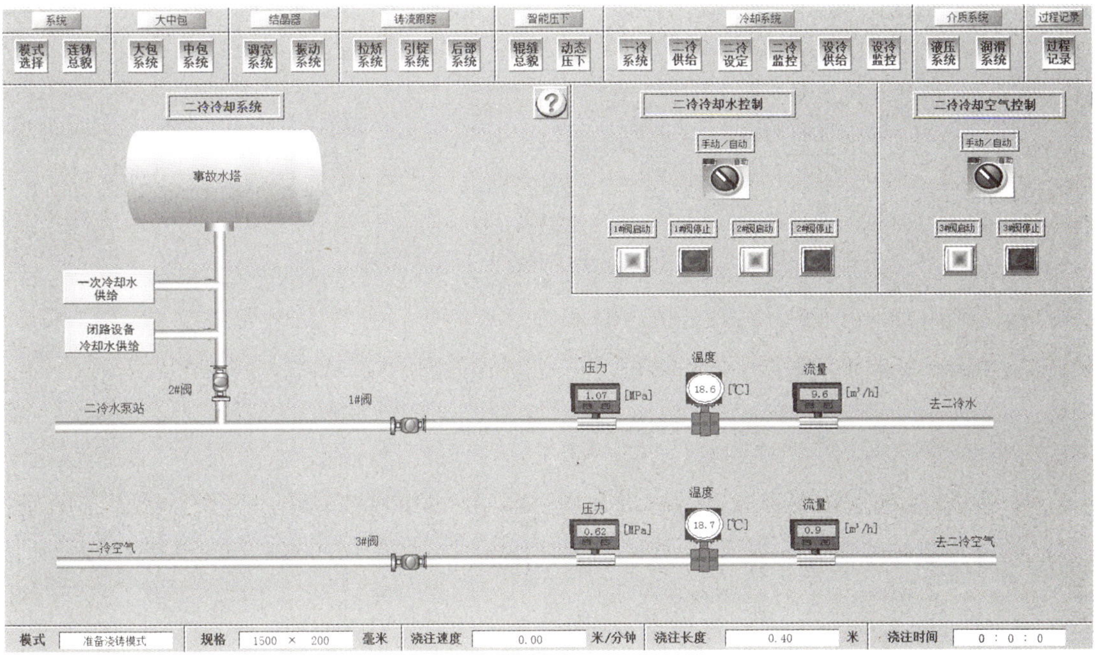

图 4-59

进入【二冷供给】界面,将二冷冷却水和二冷冷却空气选为“自动”(图4-60)。

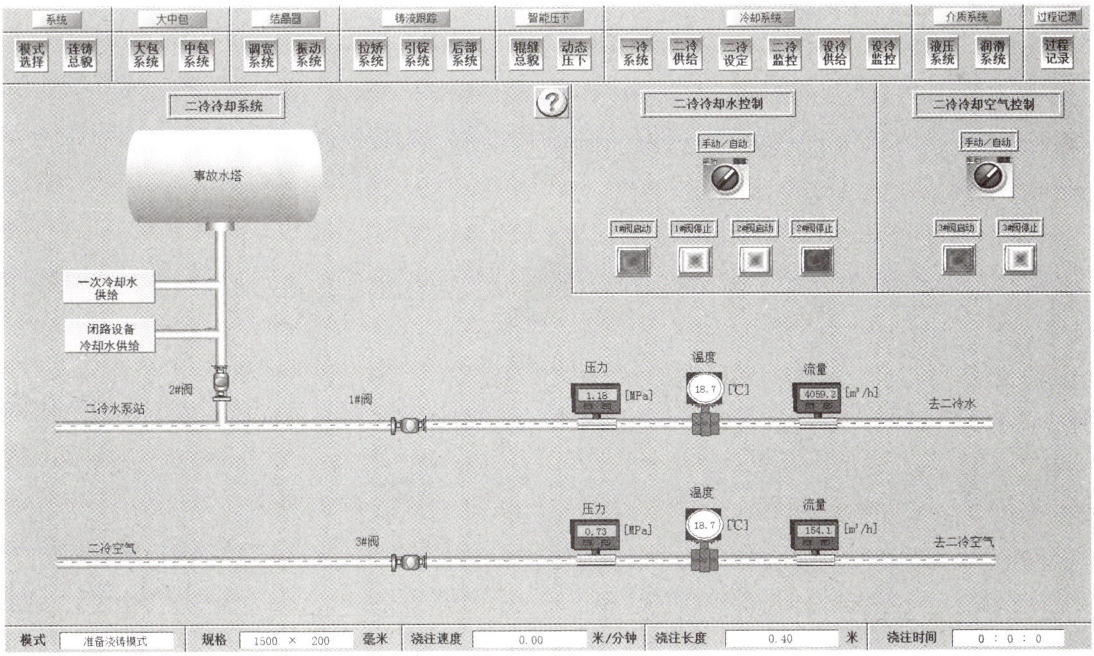

图 4-60

单击未满足的条件按钮“闭路设备冷却供水选择自动或阀打开”(图4-61)。

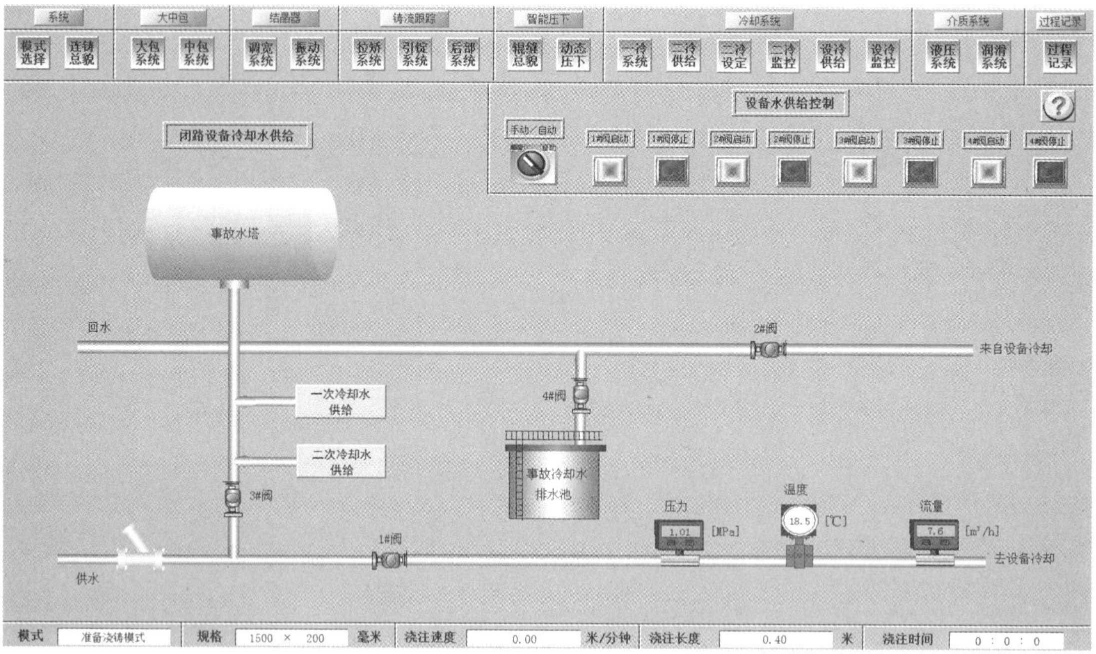

图 4-61

进入【设冷供给】界面，将系统模式选为“自动”（图 4-62）。

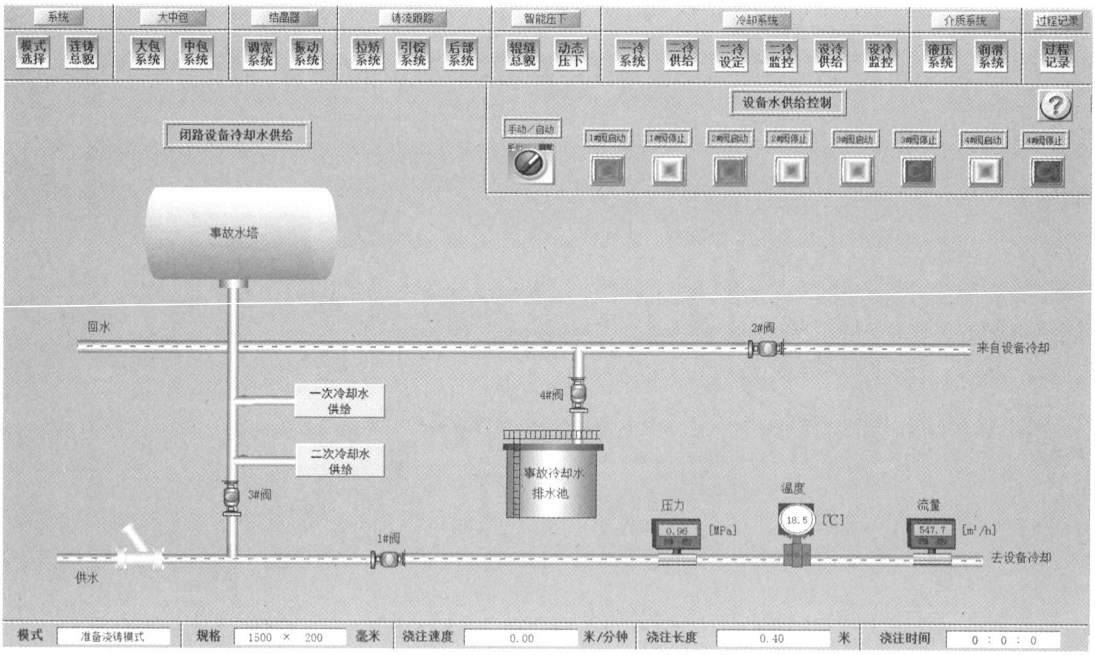

图 4-62

单击未满足的条件按钮“引锭及后部输出区设备选自动”，如图 4-63 和图 4-64 所示。

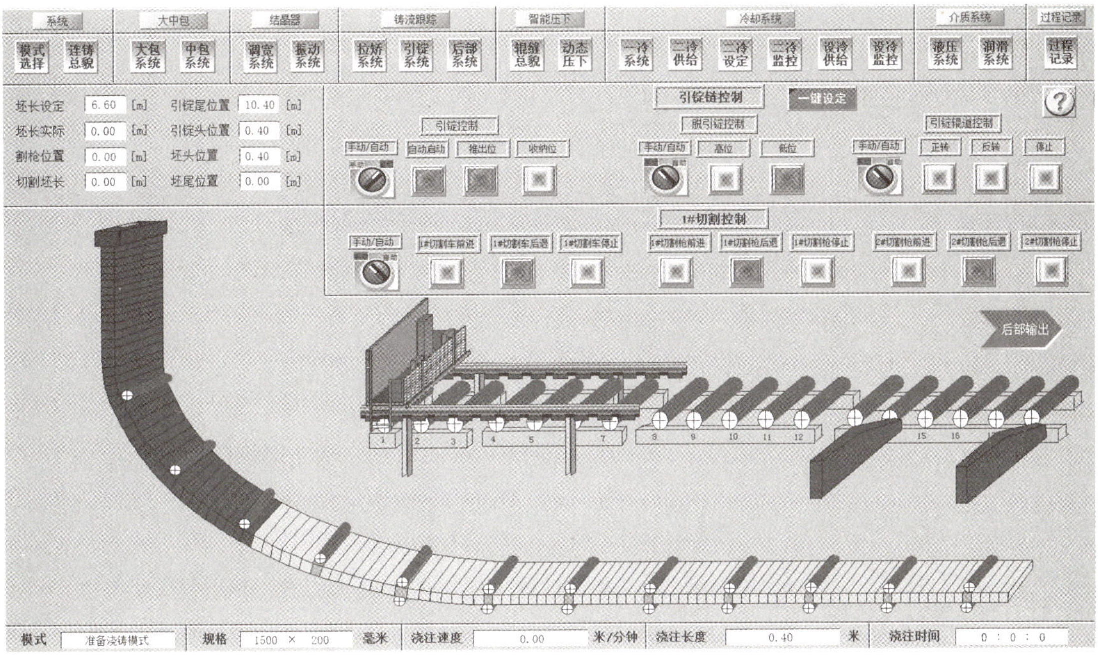

图 4-63

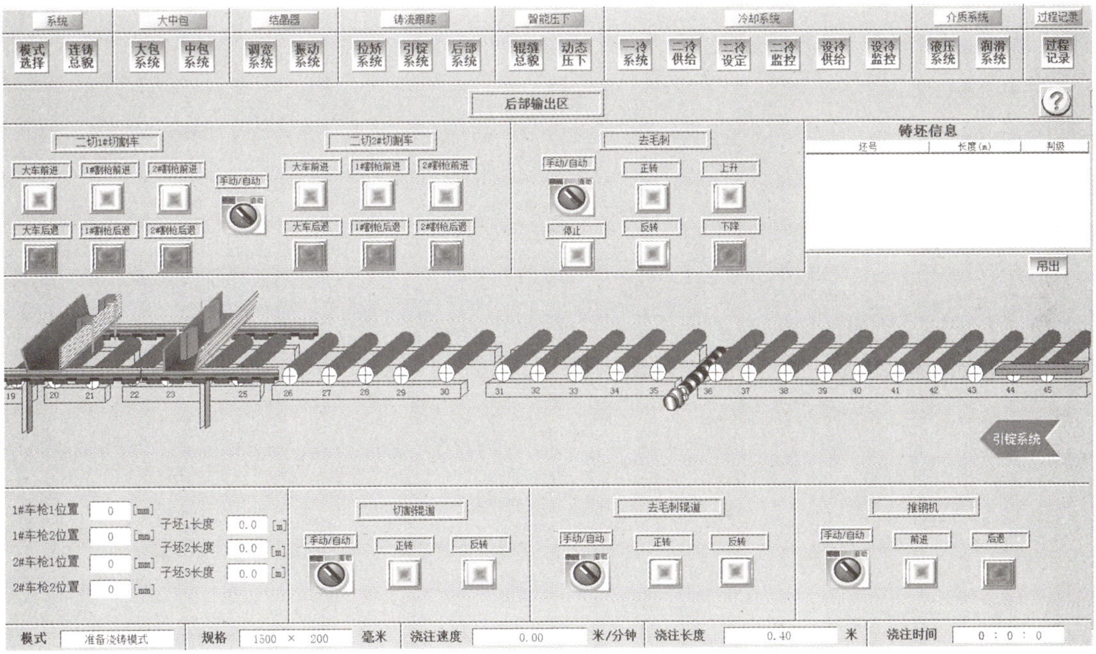

图 4-64

进入【引锭系统】和【后系统】界面，将所有设备模式选为“自动”，可以点击**一键设定**弹出

，选择**自动模式选择**，所有设备都设成自动模式，如图 4-65 和图 4-66 所示。

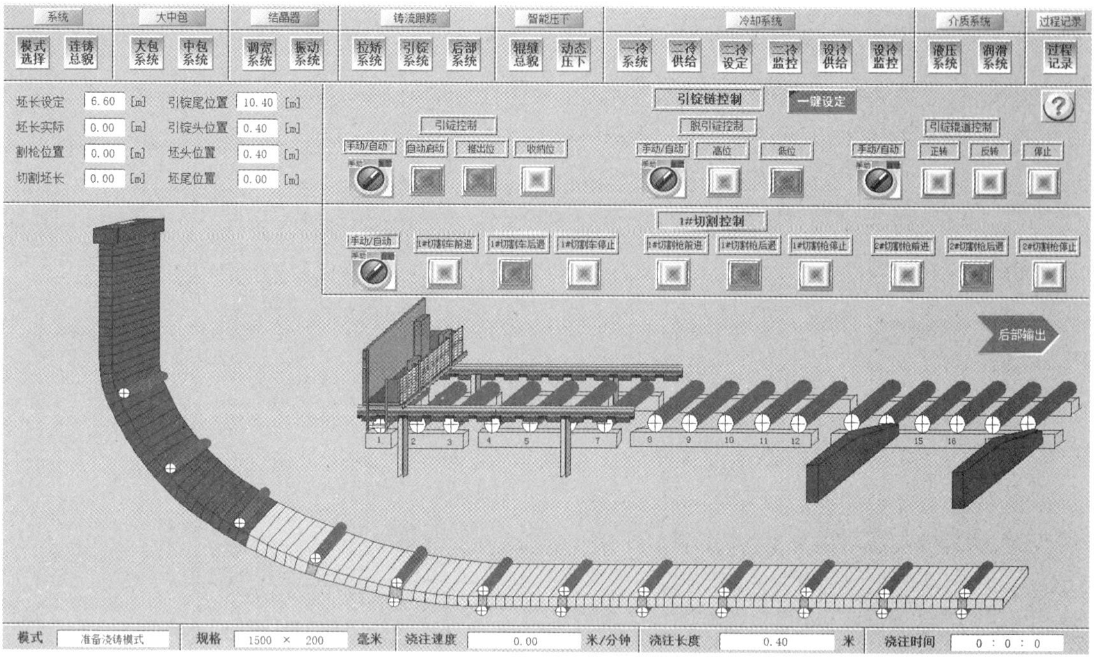

图 4-65

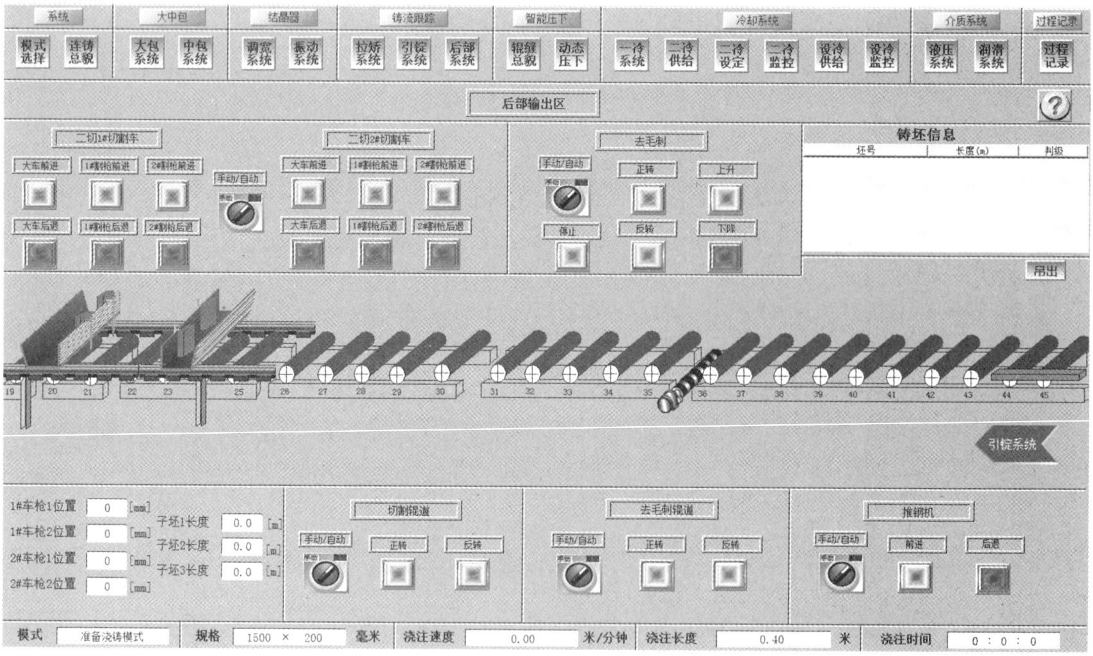

图 4-66

单击未满足的条件按钮“冷却水表已选择”（图 4-67）。

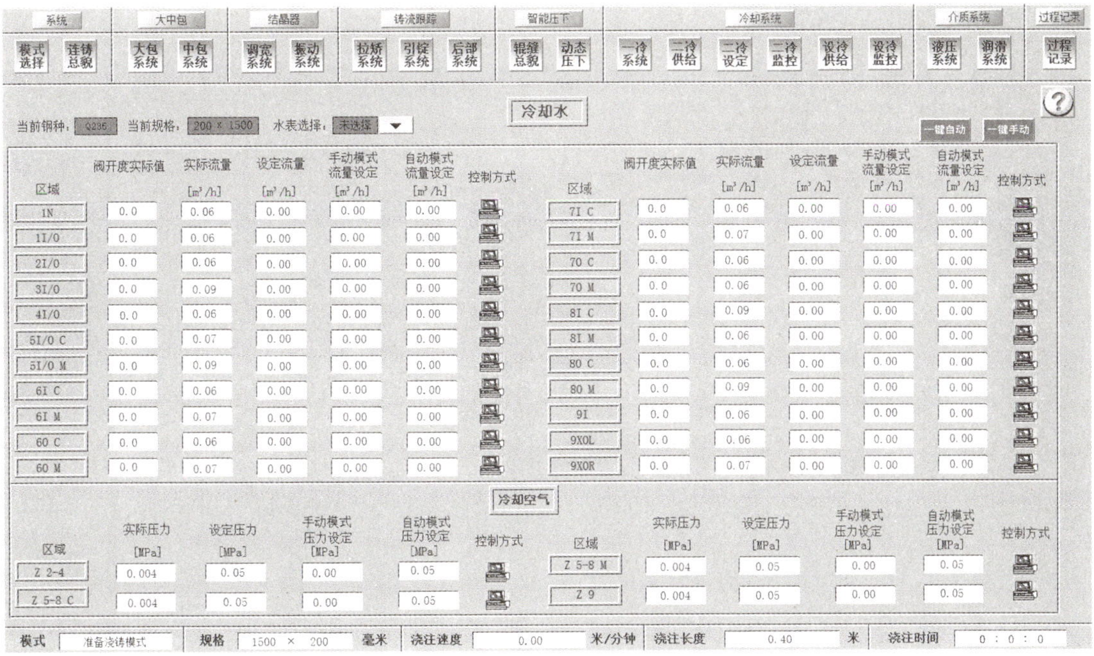

图 4-67

进入【二冷设定】界面，有四种水表可供选择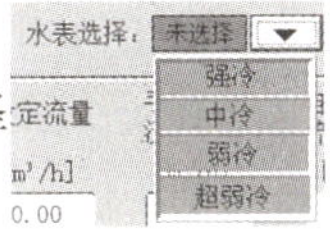

，这里以 Q235 钢种为例，选择中冷水表（图 4-68）。

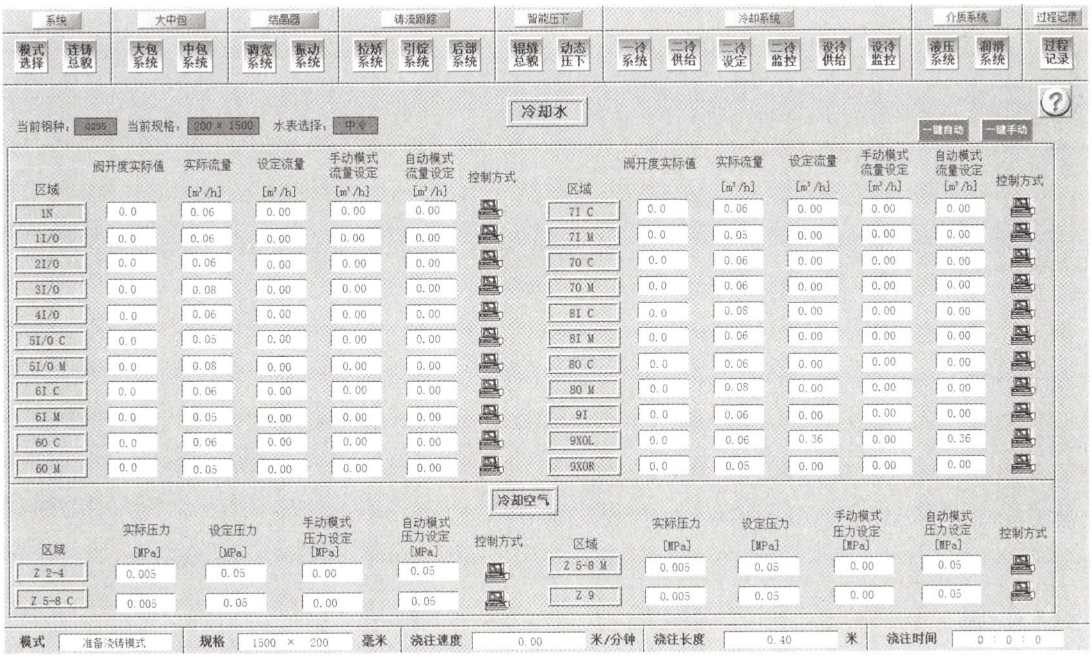

图 4-68

操作完成以后，浇铸模式条件全部满足。

返回【模式选择】界面（图 4-69），点击 浇铸模式 选中浇铸模式，进行浇铸操作（图 4-70）。

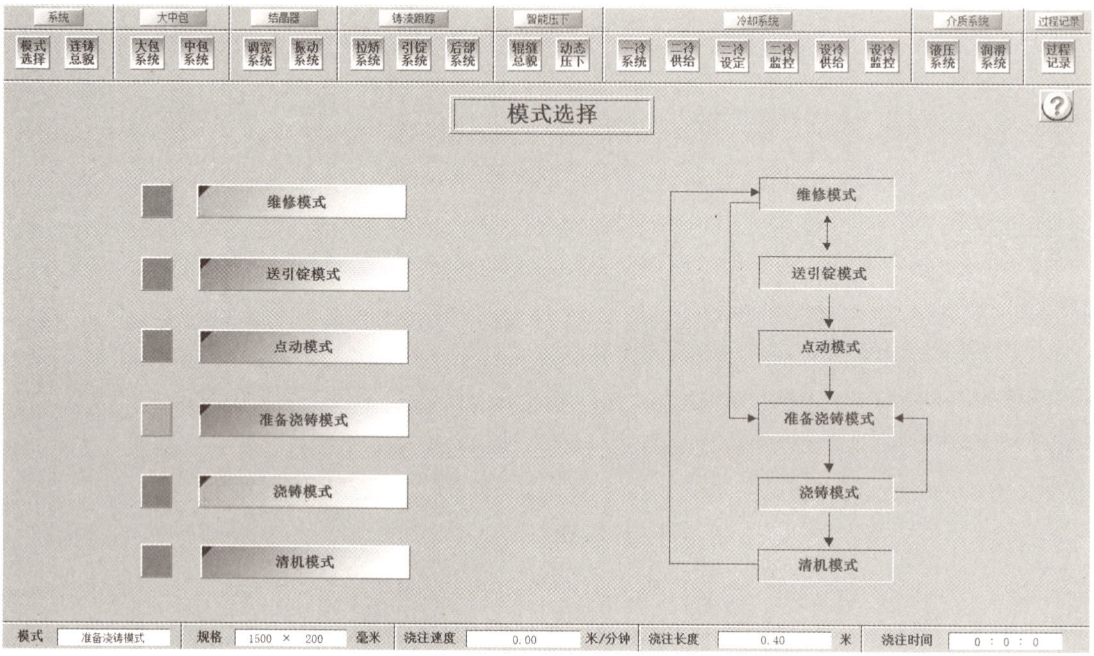

图 4-69

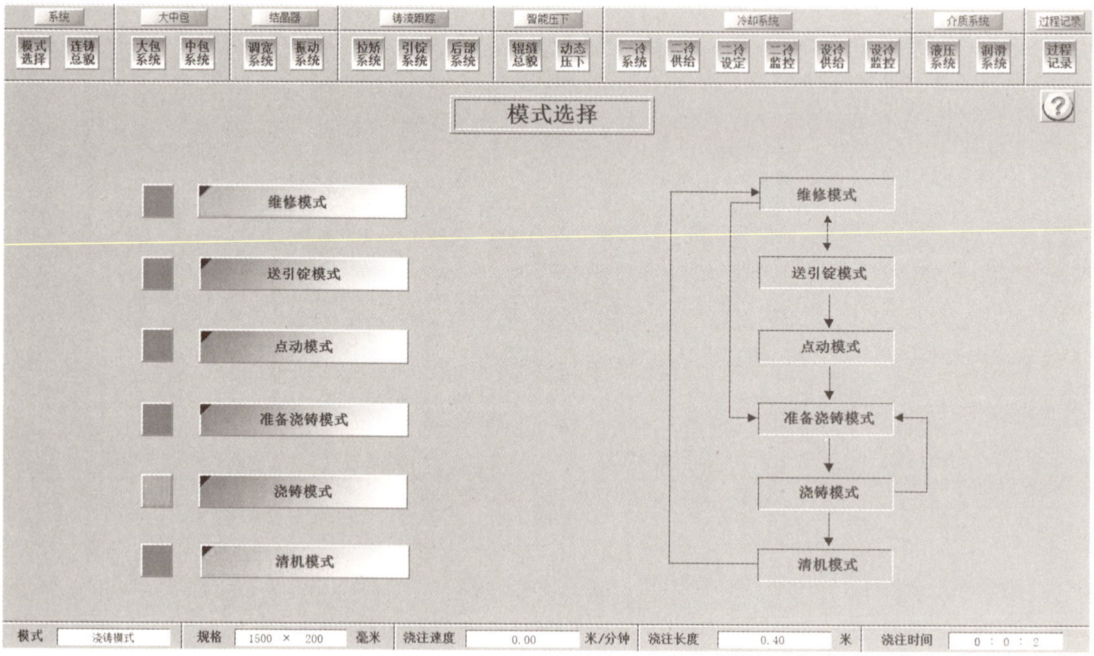

图 4-70

进入【大包系统】界面(图 4-71),将装载钢水,点击 钢水装载 ,然后将钢包转到浇铸位,操作“大包回转台”,将系统模式选择“自动”,点击“自动启动”(图 4-72)。

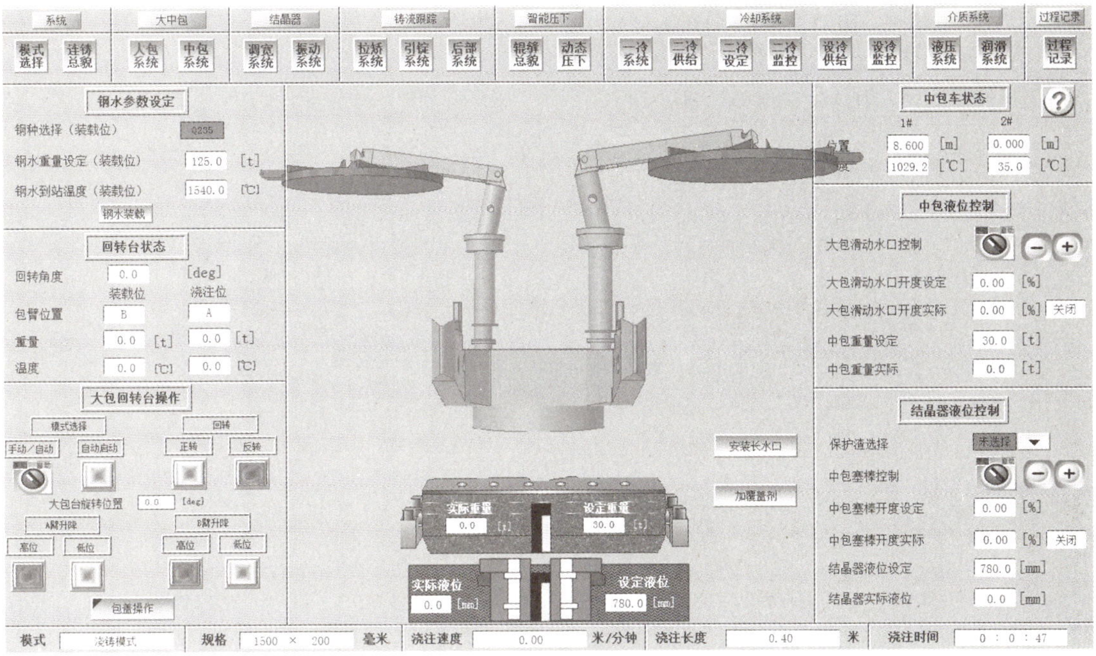

图 4-71

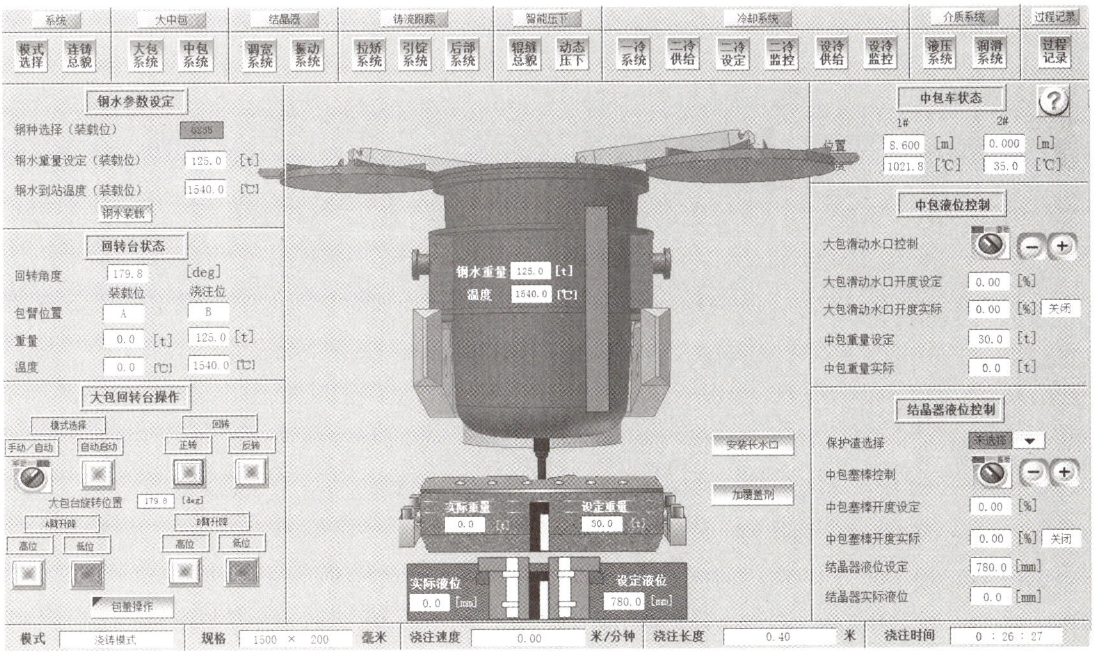

图 4-72

操作包盖,点击 包盖操作 ,弹出(图 4-73):

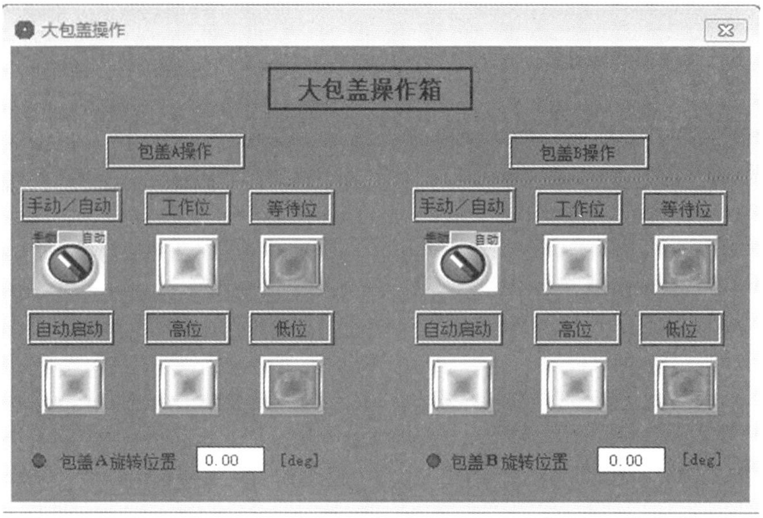

图 4-73

将系统模式选择“自动”,点击“自动启动”(图 4-74)。

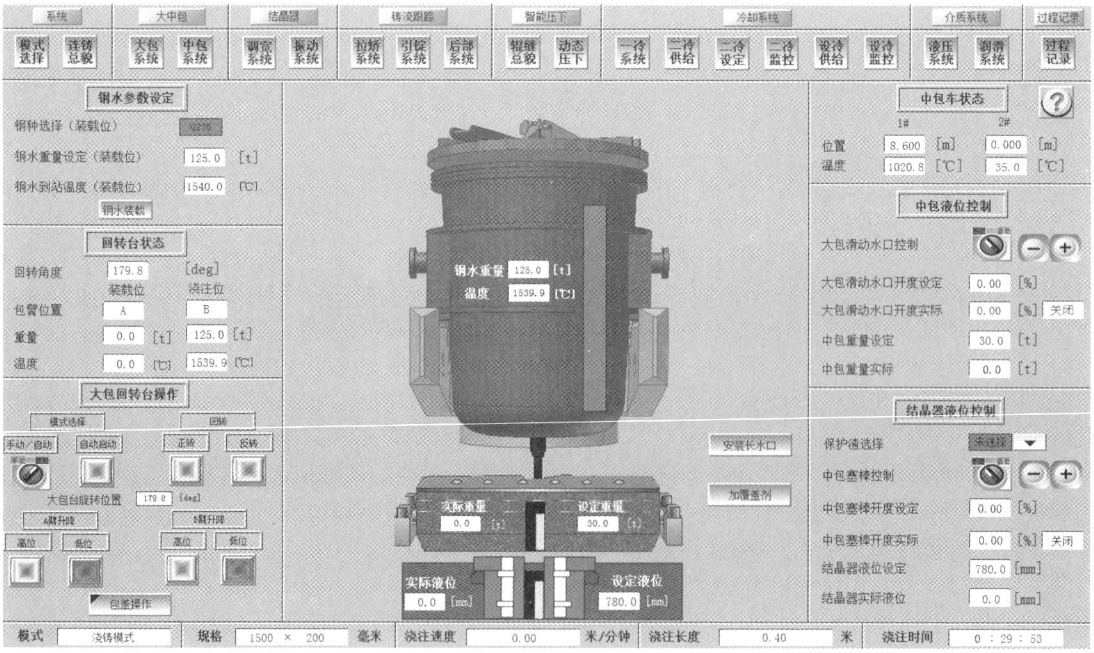

图 4-74

开始浇铸,点击 安装长水口 ,将长水口装上,操作“中包液位控制”(图 4-75),开始浇铸的时候只能手动操作,可以通过 大包滑动水口开度设定 0.00 [%] 和 ⊖⊕ 手动调节大包滑动水口开度,当中包重量实际值等于中包重量设定值时就可以将系统模式选择自动。

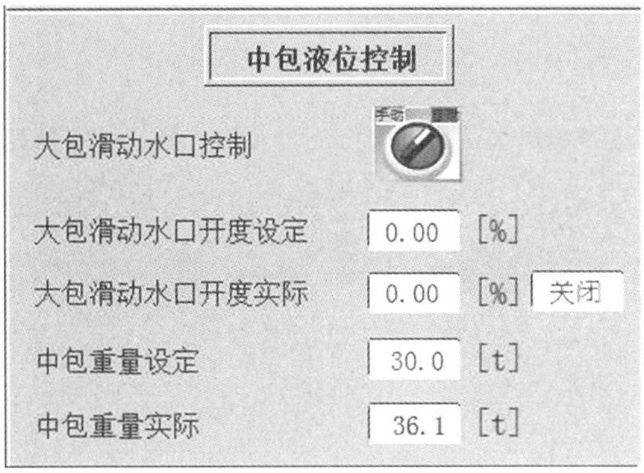

图 4-75

点击 加覆盖剂 ，加上覆盖剂，选择保护渣，有四种保护渣可供选择 保护渣选择 未选择 A B C D ，这里以 Q235 钢种为例，所以选择 B。

操作“结晶器液位控制”，开始浇注的时候只能手动操作，可以通过 中包塞棒开度设定 0.00 [%] 和 − + 手动调节中包塞棒开度，当结晶器液位实际值大于等于结晶器液位设定值时，且浇注长度大于 1 m，就可以将系统模式选择自动，如图 4-76 所示。

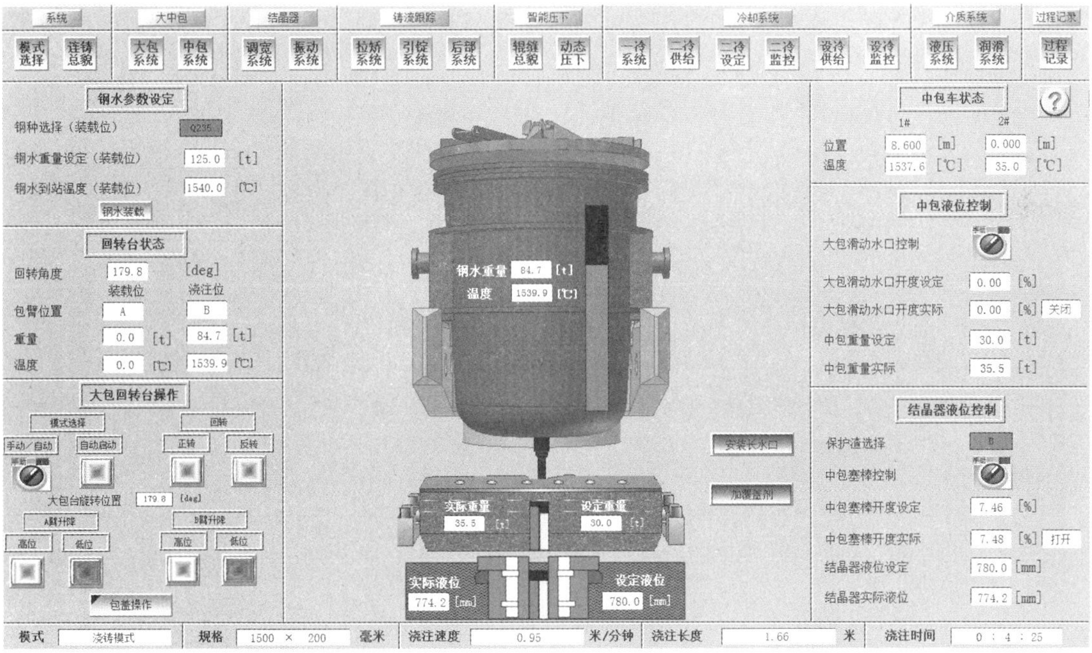

图 4-76

系统进入正常拉坯状态，可以【拉矫系统】界面调节拉速，点击“+”或“-”相应调整拉矫速度设定值，也可以直接设定 拉矫设定速度 1.60 [m/min] ，Q235 钢种的拉速最大值为 1.6 m/min。

当浇注长度大于 31 m 时，可以启动动态轻压下，如图 4-77 所示。

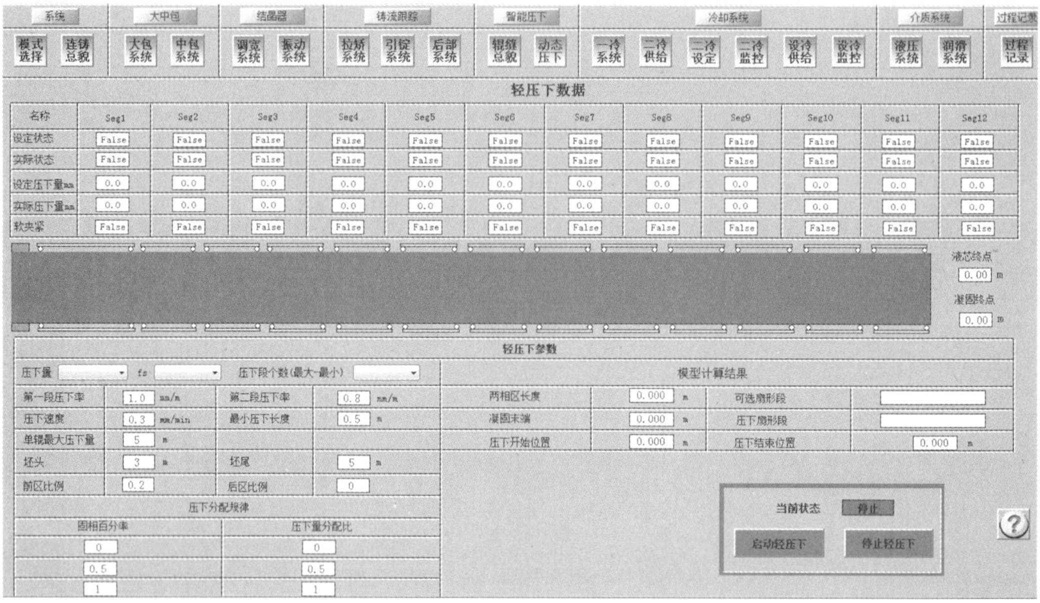

图 4-77

进入【动态压下】界面，设置压下量、f_s 和压下段个数，Q235 钢种分别对应 压下量 3mm fs 0.3-0.7 压下段个数(最大-最小) 3-2，设置完成以后，点击 启动轻压下，轻压下启动，如图 4-78 和图 4-79 所示。

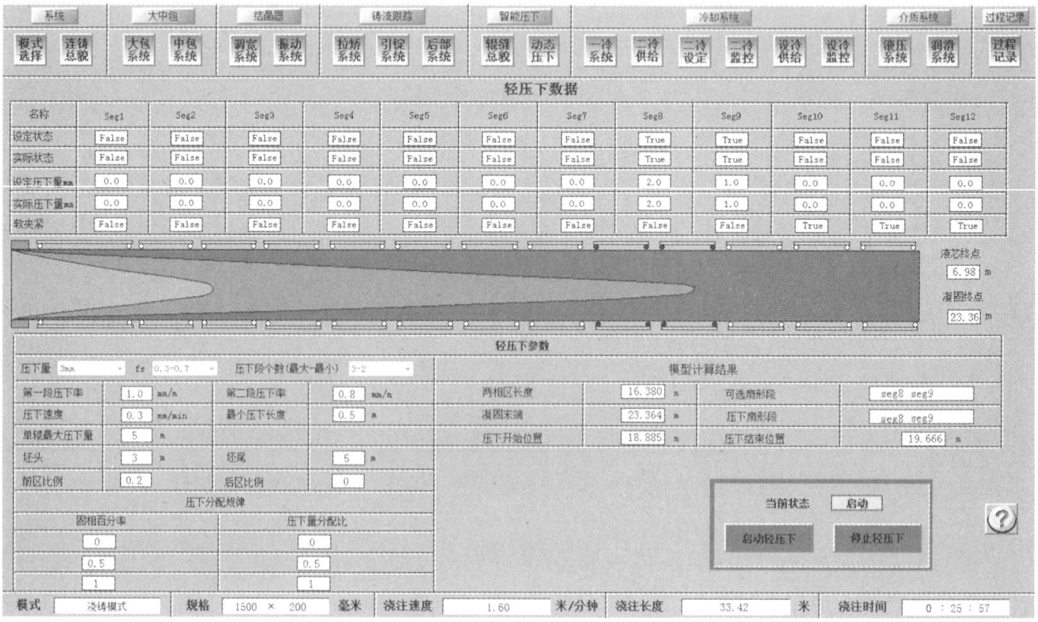

图 4-78

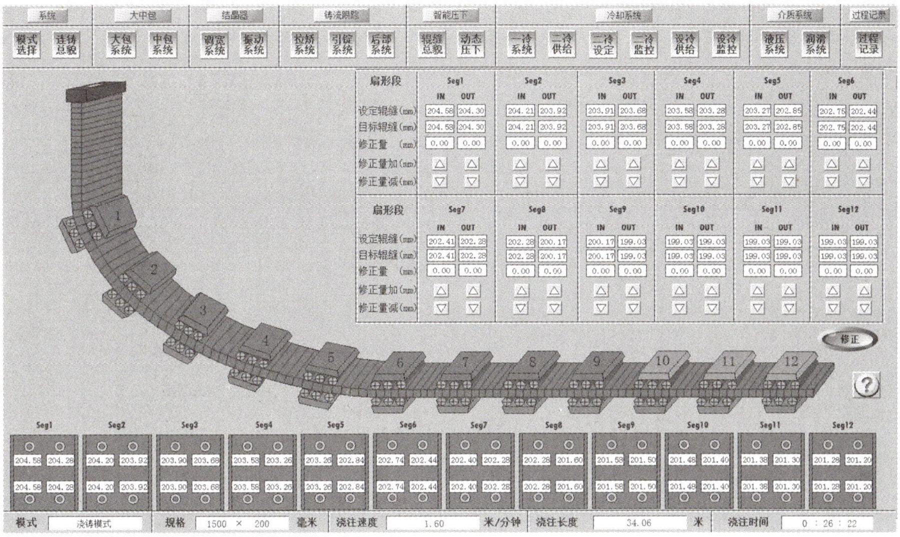

图 4-79

任务 7　清机模式和终止操作

7.1　清机模式

返回【模式选择】界面(图 4-80),清机模式条件都满足了,点击选中清机模式。

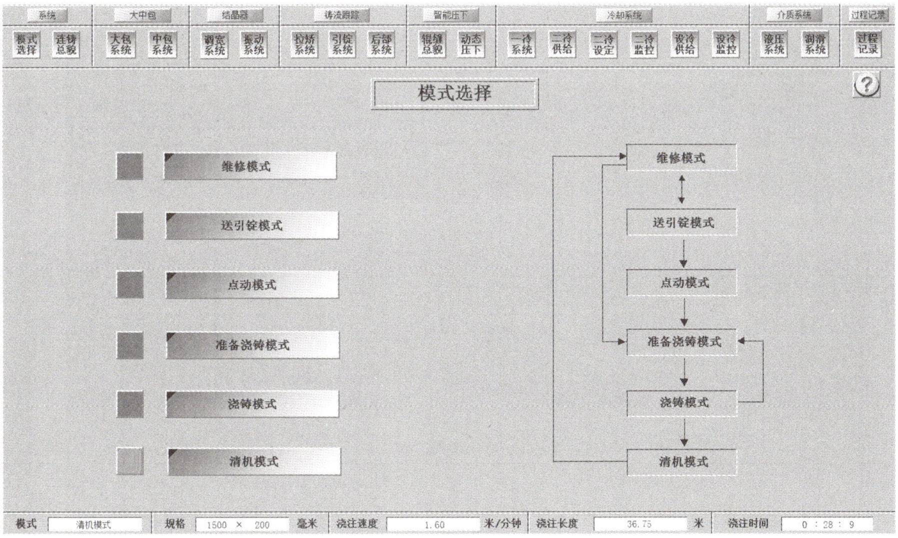

图 4-80

进入【引锭系统】界面(图 4-81)和【后部输出区】界面(图 4-82),观察切割情况。

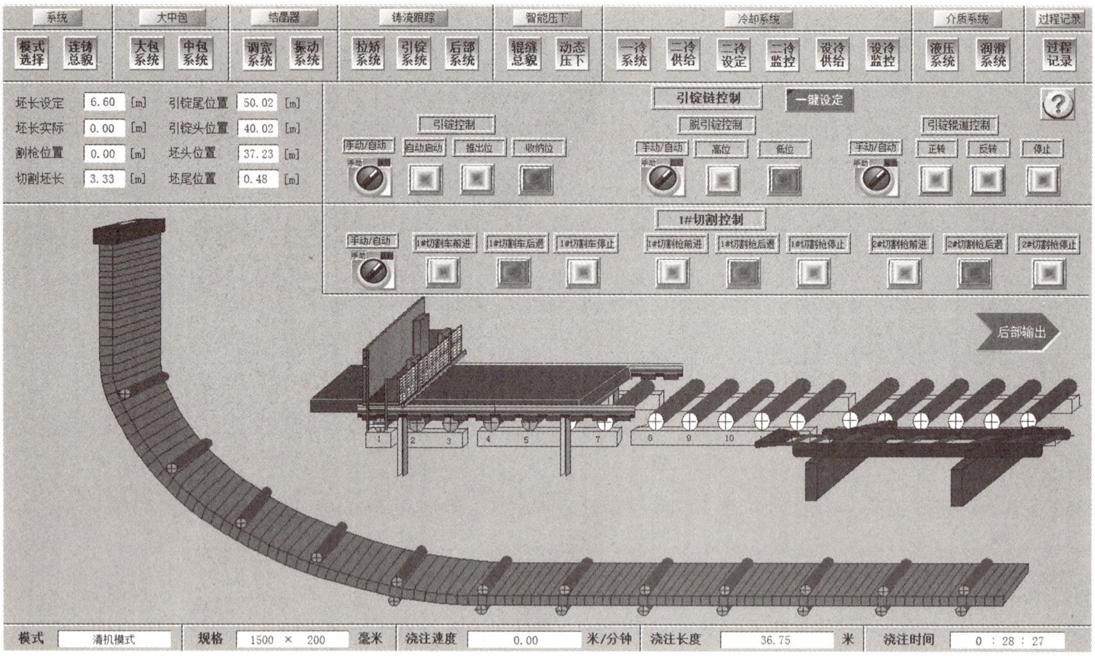

图 4-81

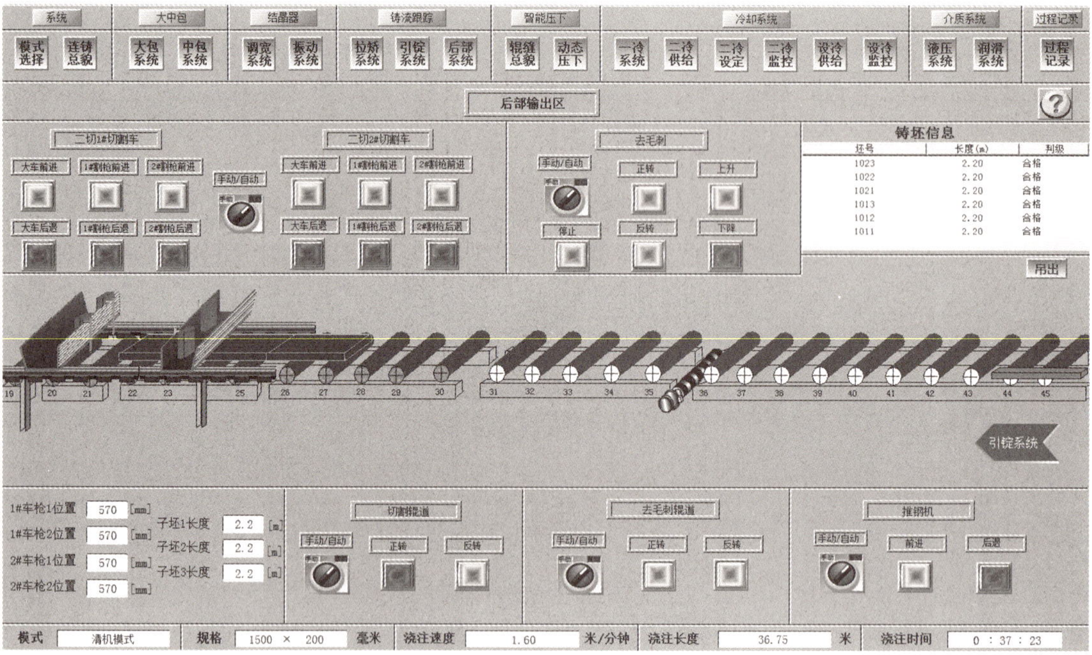

图 4-82

7.2　终止操作

点击“终止操作”进入【铸坯信息图表显示】界面(图4-83),查看操作结果。返回主页,退出系统,操作结束。

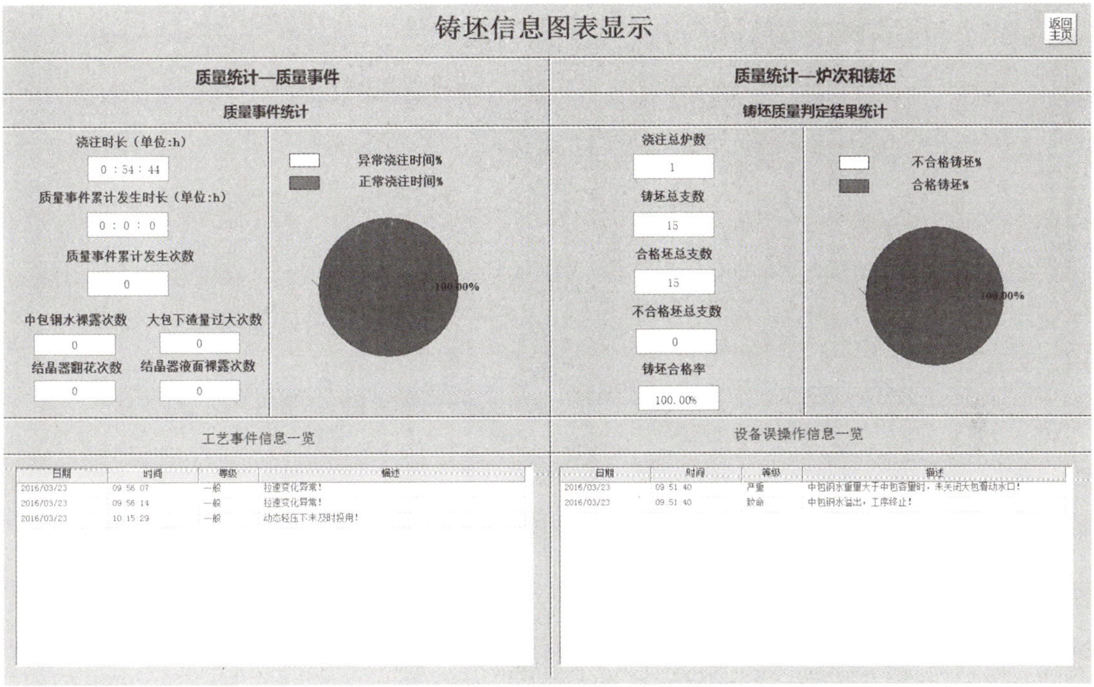

图4-83

任务8　操作记录查看与反思

8.1　【操作记录】界面操作规程(图4-84)

1. 界面简介

【操作记录】界面主要记录了整个冶炼过程中所做的操作以及误操作情况。

2. 操作规程

(1)当前操作:点击

按钮,显示的内容就是冶炼周期内所有的操作。

(2)历史查询:在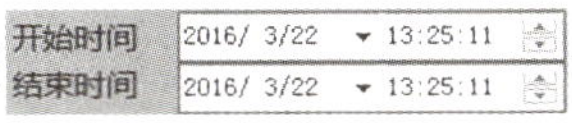

设置好起止时间,点击

,就可以查询历史操作。

3. 操作要领

结束时间一定要大于开始时间。

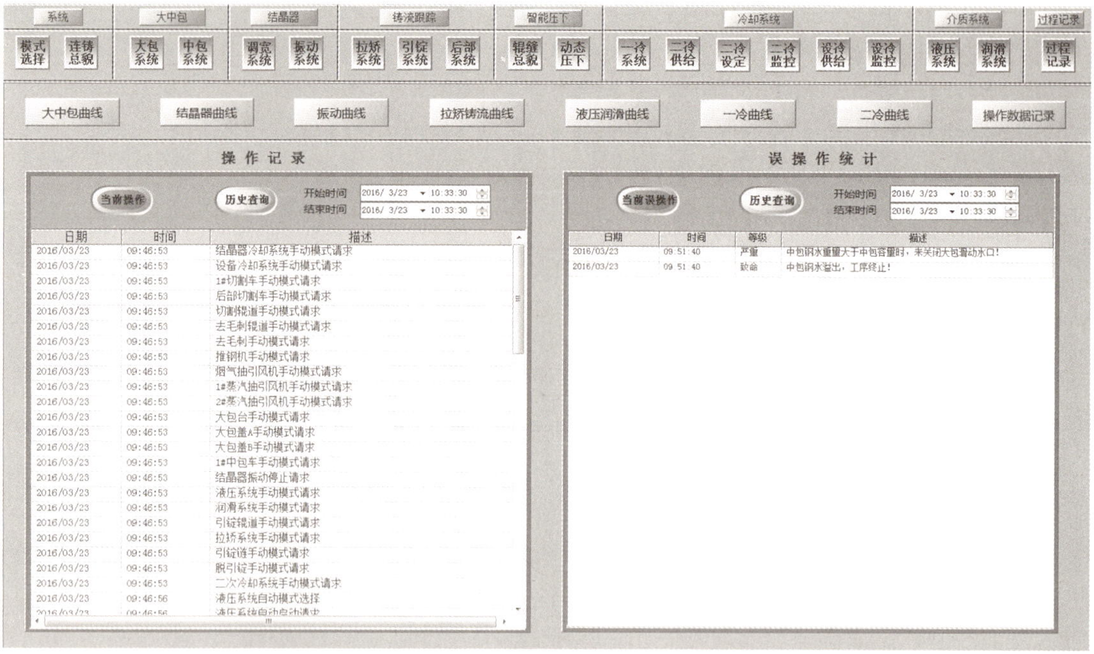

图 4-84

8.2 【大中包曲线】界面操作规程(图 4-85)

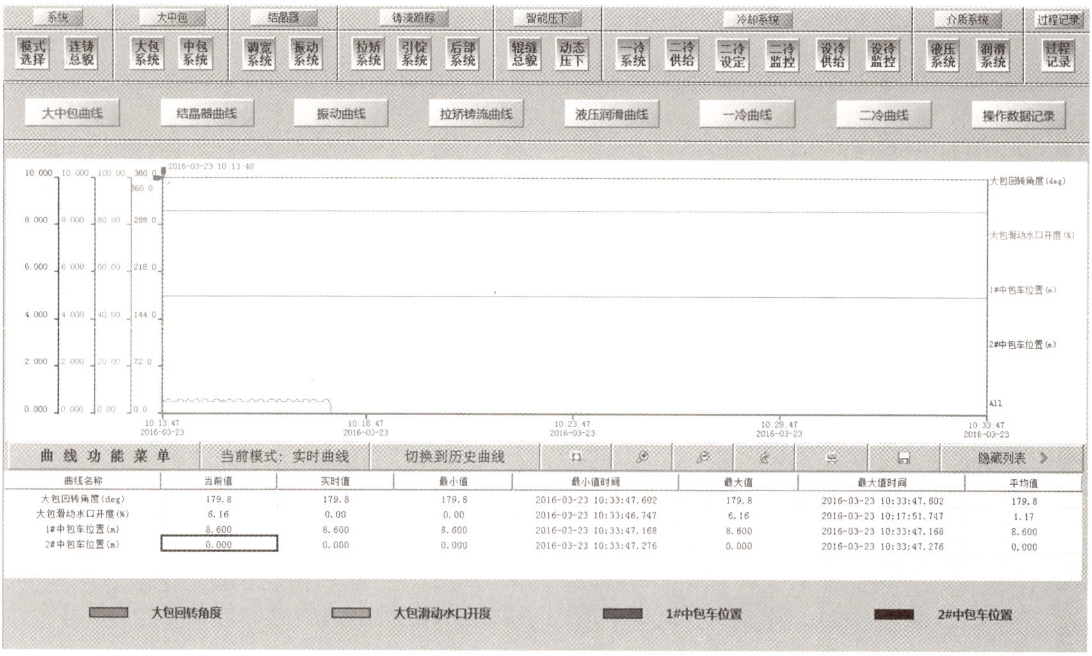

图 4-85

1. 界面简介

【大中包曲线】界面主要记录了整个冶炼过程中大包回转角度、大包滑动水口开度、1#

中包车位置及2#中包车位置变化曲线。

2. 操作规程

(1)实时曲线：点击图4-86所示内容进行实时曲线和历史曲线切换，实时曲线显示一个小时内的曲线。

图4-86

(2)历史曲线：将曲线切换到历史曲线，点击　　弹出图4-87。

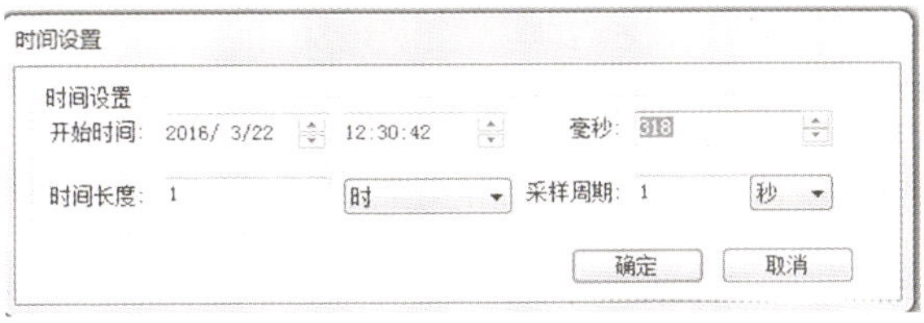

图4-87

设置开始时间、时间长度及单位就可以对历史曲线开始查询。

3. 操作要领

采样周期一定要小于时间长度。

8.3 【结晶器曲线】界面操作规程(图4-88)

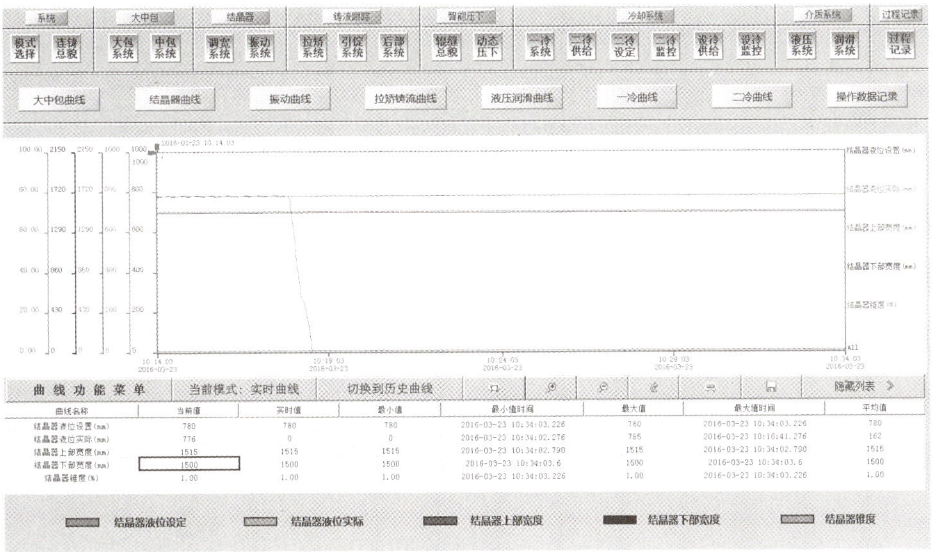

图4-88

1. 界面简介

【结晶器曲线】界面主要记录了结晶器液位设定值、结晶器液位实际值、结晶器上部宽度、结晶器底部宽度及结晶器锥度的变化情况。

2. 操作规程

(1)实时曲线:点击图 4-89 所示内容进行实时曲线和历史曲线切换,实时曲线显示一个小时内的曲线。

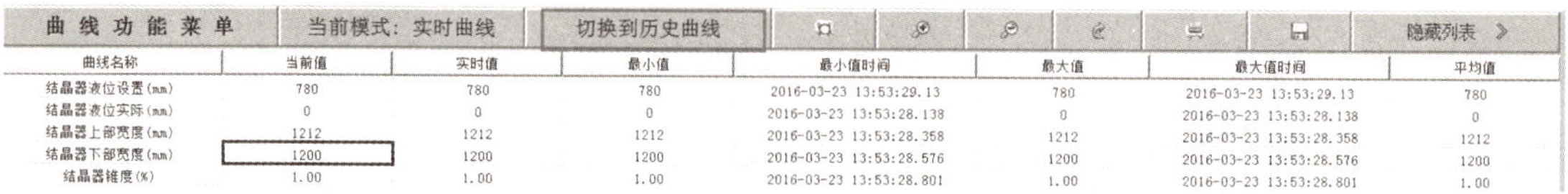

曲线名称	当前值	实时值	最小值	最小值时间	最大值	最大值时间	平均值
结晶器液位设置(mm)	780	780	780	2016-03-23 13:53:29.13	780	2016-03-23 13:53:29.13	780
结晶器液位实际(mm)	0	0	0	2016-03-23 13:53:28.138	0	2016-03-23 13:53:28.138	0
结晶器上部宽度(mm)	1212	1212	1212	2016-03-23 13:53:28.358	1212	2016-03-23 13:53:28.358	1212
结晶器下部宽度(mm)	1200	1200	1200	2016-03-23 13:53:28.576	1200	2016-03-23 13:53:28.576	1200
结晶器锥度(%)	1.00	1.00	1.00	2016-03-23 13:53:28.801	1.00	2016-03-23 13:53:28.801	1.00

图 4-89

(2)历史曲线:将曲线切换到历史曲线,点击弹出图 4-90。

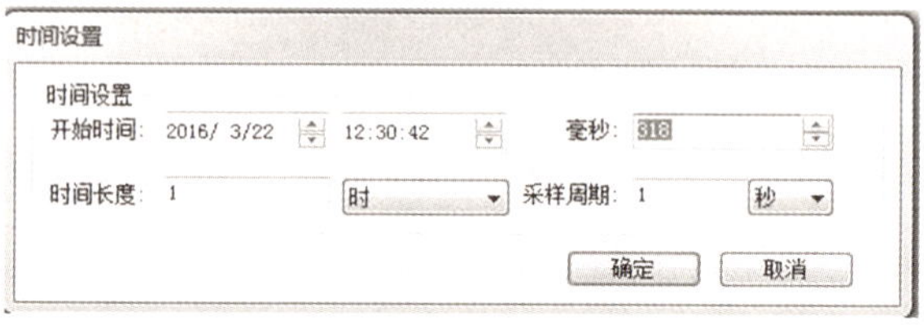

图 4-90

设置开始时间、时间长度及单位就可以对历史曲线开始查询。

3. 操作要领

采样周期一定要小于时间长度。

8.4 【振动曲线】界面操作规程(图 4-91)

1. 界面简介

【振动曲线】界面主要记录了振动振幅设定值、振动振幅实际值、振动频率设定值及振动频率实际值变化情况。

2. 操作规程

(1)实时曲线:点击图 4-92 所示内容进行实时曲线和历史曲线切换,实时曲线显示一个小时内的曲线。

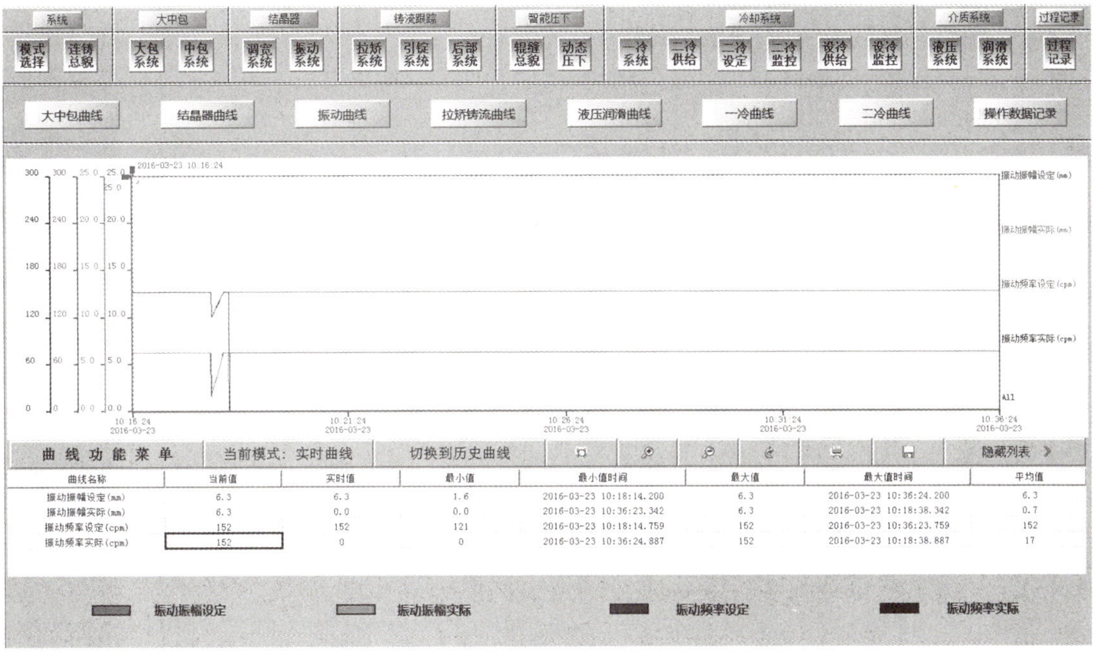

曲线名称	当前值	实时值	最小值	最小值时间	最大值	最大值时间	平均值
振动振幅设定(mm)	6.3	6.3	1.6	2016-03-23 10:18:14.200	6.3	2016-03-23 10:36:24.200	6.3
振动振幅实际(mm)	6.3	0.0	0.0	2016-03-23 10:36:23.342	6.3	2016-03-23 10:18:38.342	0.7
振动频率设定(cpm)	152	152	121	2016-03-23 10:18:14.759	152	2016-03-23 10:36:23.759	152
振动频率实际(cpm)	152	0	0	2016-03-23 10:36:24.887	152	2016-03-23 10:18:38.887	17

图 4-91

曲线名称	当前值	实时值	最小值	最小值时间	最大值	最大值时间	平均值
振动振幅设定(mm)	0.0	0.0	0.0	2016-03-23 13:57:56.13	0.0	2016-03-23 13:57:56.13	0.0
振动振幅实际(mm)	0.0	0.0	0.0	2016-03-23 13:57:55.243	0.0	2016-03-23 13:57:55.243	0.0
振动频率设定(cpm)	0	0	0	2016-03-23 13:57:55.460	0	2016-03-23 13:57:55.460	0
振动频率实际(cpm)	0	0	0	2016-03-23 13:57:55.683	0	2016-03-23 13:57:55.683	0

图 4-92

（2）历史曲线：将曲线切换到历史曲线，点击弹出图 4-93。

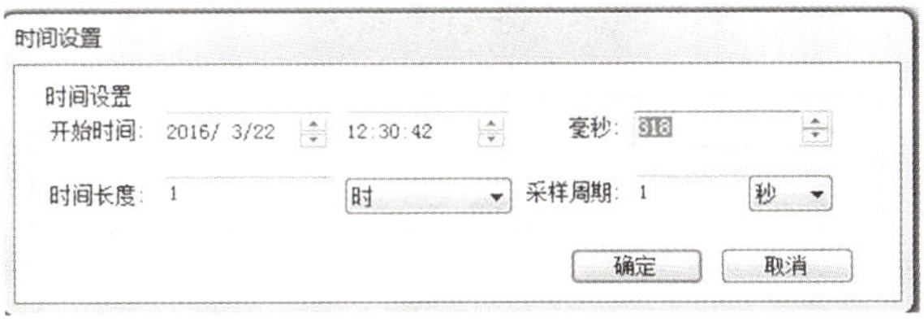

图 4-93

设置开始时间、时间长度及单位就可以对历史曲线开始查询。

3. 操作要领

采样周期一定要小于时间长度。

8.5 【拉矫铸流曲线】界面操作规程（图 4-94）

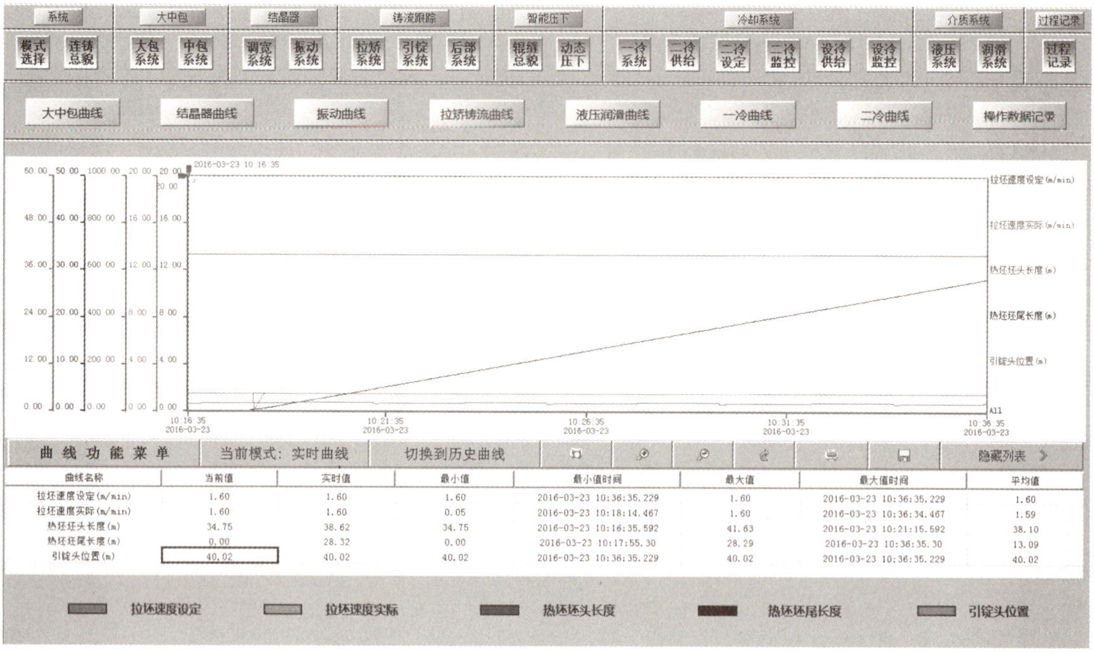

曲线名称	当前值	实时值	最小值	最小值时间	最大值	最大值时间	平均值
拉坯速度设定(m/min)	1.60	1.60	1.60	2016-03-23 10:36:35.229	1.60	2016-03-23 10:36:35.229	1.60
拉坯速度实际(m/min)	1.60	1.60	0.05	2016-03-23 10:18:14.467	1.60	2016-03-23 10:36:34.467	1.59
热坯坯头长度(m)	34.75	38.62	34.75	2016-03-23 10:16:35.592	41.63	2016-03-23 10:21:15.592	38.10
热坯坯尾长度(m)	0.00	28.32	0.00	2016-03-23 10:17:55.30	28.29	2016-03-23 10:36:35.30	13.09
引锭头位置(m)	40.02	40.02	40.02	2016-03-23 10:36:35.229	40.02	2016-03-23 10:36:35.229	40.02

图 4-94

1. 界面简介

【拉矫铸流曲线】界面主要记录了速度设定值、速度实际值、热坯坯头跟踪值、热坯坯尾跟踪值及引锭头位置值的变化情况。

2. 操作规程

（1）实时曲线：点击图 4-95 所示内容进行实时曲线和历史曲线切换，实时曲线显示一个小时内的曲线。

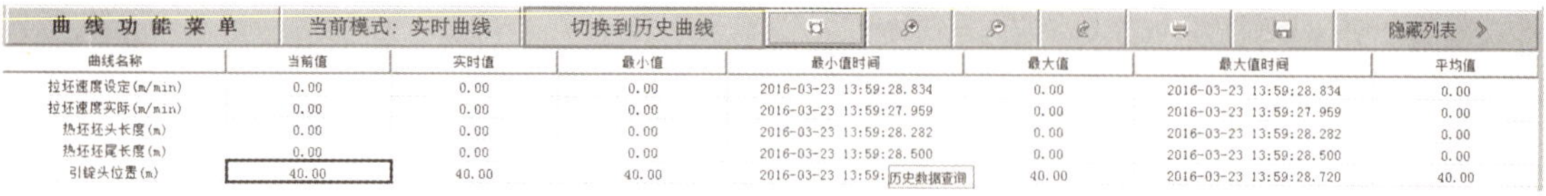

曲线名称	当前值	实时值	最小值	最小值时间	最大值	最大值时间	平均值
拉坯速度设定(m/min)	0.00	0.00	0.00	2016-03-23 13:59:28.834	0.00	2016-03-23 13:59:28.834	0.00
拉坯速度实际(m/min)	0.00	0.00	0.00	2016-03-23 13:59:27.959	0.00	2016-03-23 13:59:27.959	0.00
热坯坯头长度(m)	0.00	0.00	0.00	2016-03-23 13:59:28.282	0.00	2016-03-23 13:59:28.282	0.00
热坯坯尾长度(m)	0.00	0.00	0.00	2016-03-23 13:59:28.500	0.00	2016-03-23 13:59:28.500	0.00
引锭头位置(m)	40.00	40.00	40.00	2016-03-23 13:59:	40.00	2016-03-23 13:59:28.720	40.00

图 4-95

（2）历史曲线：将曲线切换到历史曲线，点击  弹出图 4-96。

设置开始时间、时间长度及单位就可以对历史曲线开始查询。

3. 操作要领

采样周期一定要小于时间长度。

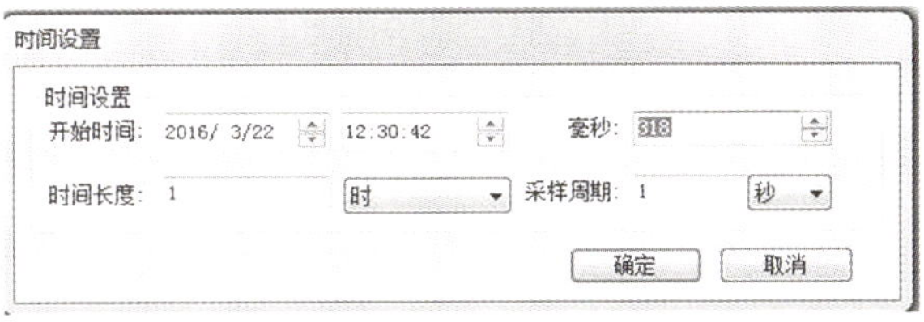

图 4-96

8.6 【液压润滑曲线】界面操作规程(图 4-97)

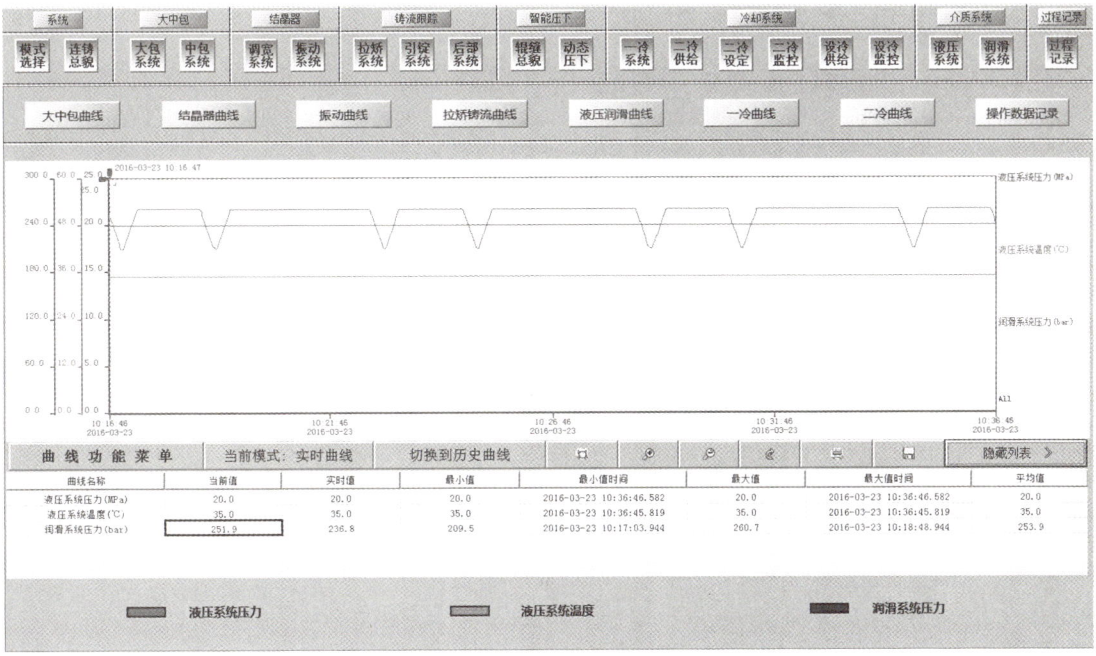

图 4-97

1. 界面简介

【液压润滑曲线】界面主要记录了液压温度值、液压压力值和润滑压力值的变化情况。

2. 操作规程

(1)实时曲线:点击图 4-98 所示内容进行实时曲线和历史曲线切换,实时曲线显示一个小时内的曲线。

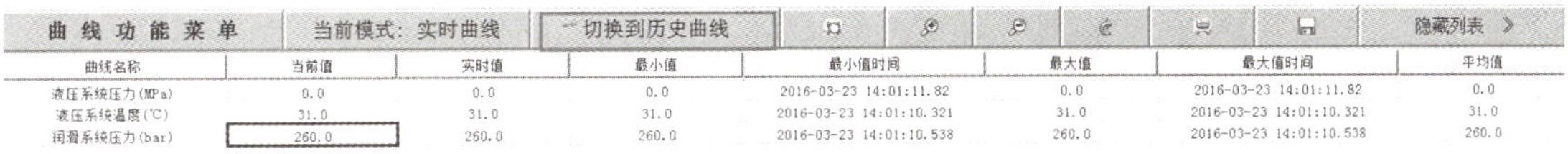

图 4-98

(2)历史曲线:将曲线切换到历史曲线,点击弹出图 4-99。

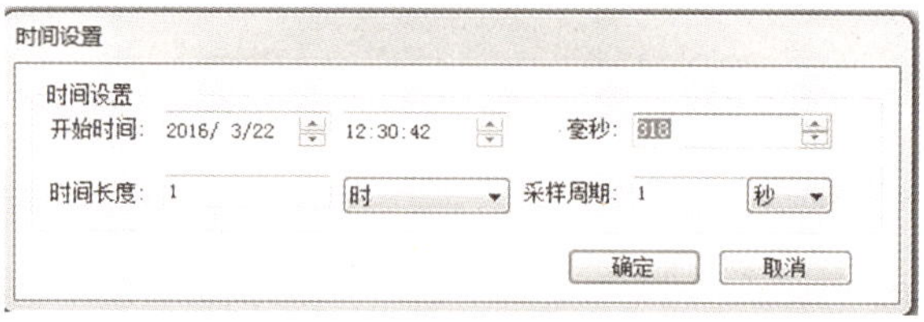

图 4-99

设置开始时间、时间长度及单位就可以对历史曲线开始查询。

3. 操作要领

采样周期一定要小于时间长度。

8.7 【一冷曲线】界面操作规程(图 4-100)

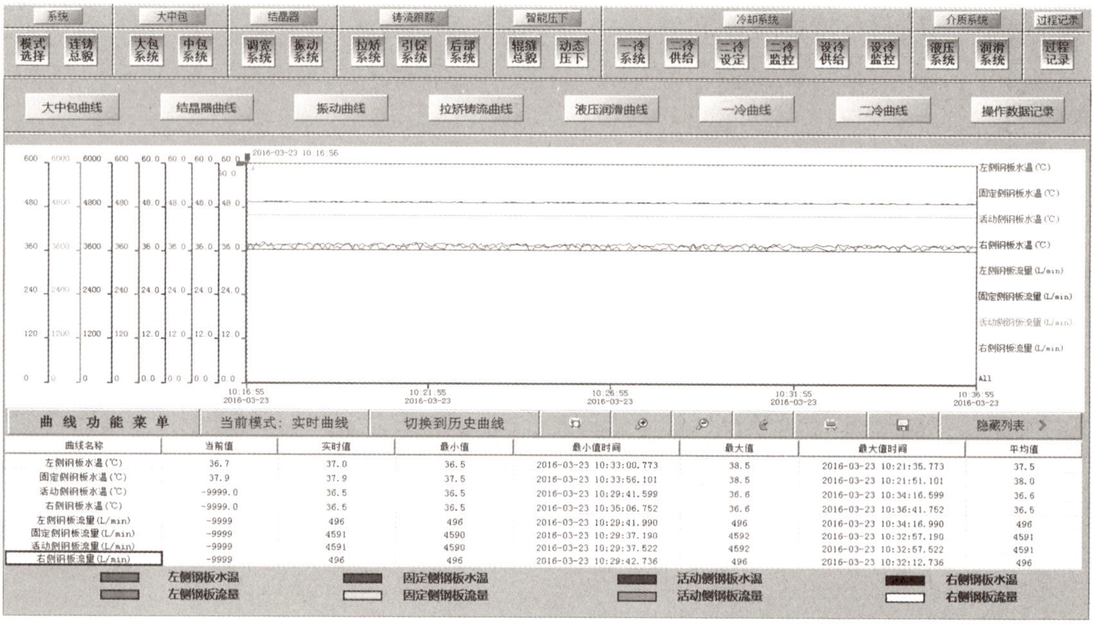

图 4-100

1. 界面简介

【一冷曲线】界面主要记录了左侧铜板水温、左侧铜板流量、右侧铜板水温、右侧铜板流量、固定侧铜板水温、固定侧铜板流量、活动侧铜板水温及活动侧铜板流量的变化情况。

2. 操作规程

(1)实时曲线:点击图 4-101 所示内容进行实时曲线和历史曲线切换,实时曲线显示一个小时内的曲线。

曲线名称	当前值	实时值	最小值	最小值时间	最大值	最大值时间	平均值
左侧铜板水温(℃)	20.4	19.4	18.5	2016-03-23 13:48:08.601	20.5	2016-03-23 13:47:43.601	19.5
固定侧铜板水温(℃)	20.2	19.8	19.5	2016-03-23 13:51:18.924	20.5	2016-03-23 13:44:33.924	20.0
活动侧铜板水温(℃)	-9999.0	18.5	18.5	2016-03-23 14:02:24.148	18.6	2016-03-23 14:02:29.148	18.6
右侧铜板水温(℃)	-9999.0	18.5	18.5	2016-03-23 13:59:29.365	18.6	2016-03-23 13:52:54.365	18.5
左侧铜板流量(L/min)	-9999	0	0	2016-03-23 14:02:24.582	0	2016-03-23 14:02:29.582	0
固定侧铜板流量(L/min)	-9999	1	0	2016-03-23 13:47:19.799	2	2016-03-23 13:42:44.799	1
活动侧铜板流量(L/min)	-9999	1	0	2016-03-23 13:47:45.17	2	2016-03-23 13:42:45.17	1
右侧铜板流量(L/min)	-9999	0	0	2016-03-23 13:57:50.236	0	2016-03-23 13:59:30.236	0

图 4-101

（2）历史曲线：将曲线切换到历史曲线，点击　　弹出图 4-102。

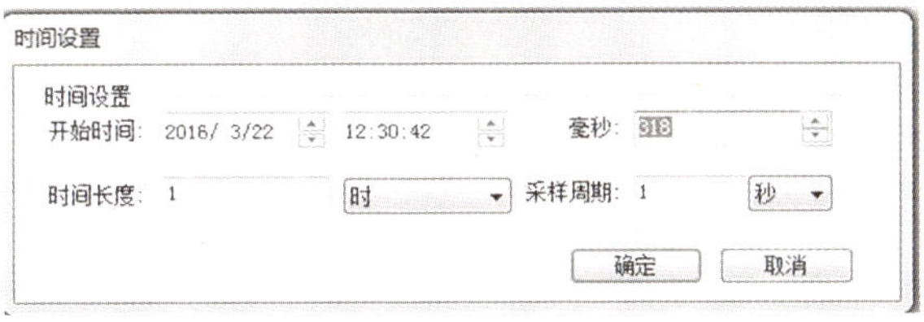

图 4-102

设置开始时间、时间长度及单位就可以对历史曲线开始查询。

3. 操作要领

采样周期一定要小于时间长度。

8.8　【二冷曲线】界面操作规程（图 4-103）

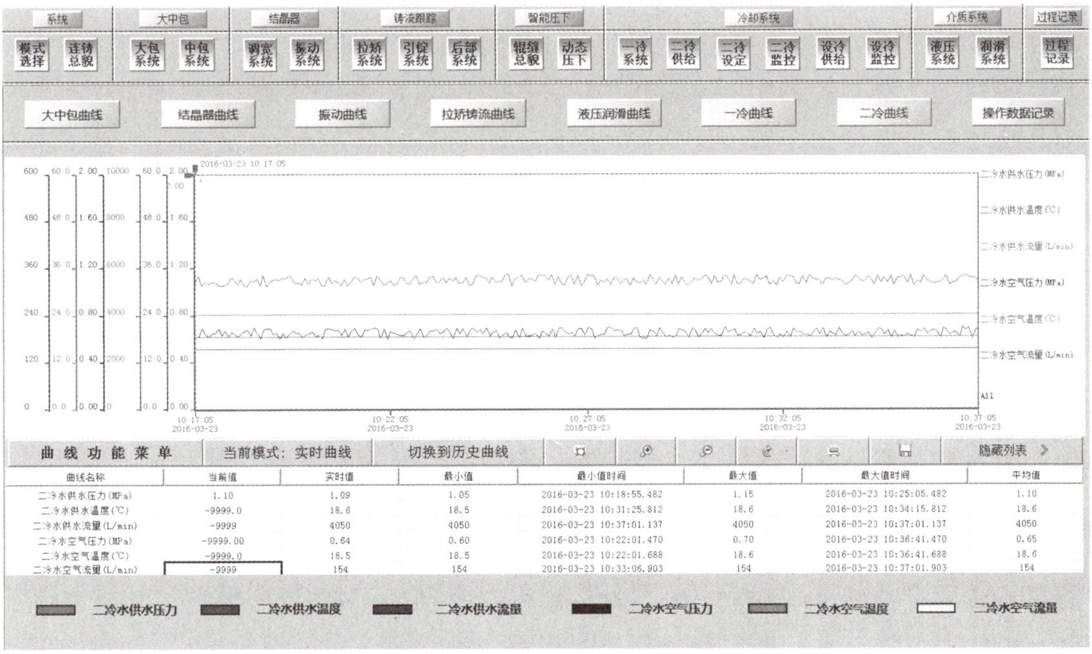

曲线名称	当前值	实时值	最小值	最小值时间	最大值	最大值时间	平均值
二冷水供水压力(MPa)	1.10	1.09	1.05	2016-03-23 10:18:55.482	1.15	2016-03-23 10:25:05.482	1.10
二冷水供水温度(℃)	-9999.0	18.6	18.5	2016-03-23 10:31:25.812	18.6	2016-03-23 10:34:15.812	18.6
二冷水供水流量(L/min)	-9999	4050	4050	2016-03-23 10:37:01.137	4050	2016-03-23 10:37:01.137	4050
二冷水空气压力(MPa)	-9999.00	0.64	0.60	2016-03-23 10:22:01.470	0.70	2016-03-23 10:36:41.470	0.65
二冷水空气温度(℃)	-9999.0	18.5	18.5	2016-03-23 10:22:01.688	18.6	2016-03-23 10:36:41.688	18.6
二冷水空气流量(L/min)	-9999	154	154	2016-03-23 10:33:06.903	154	2016-03-23 10:37:01.903	154

图 4-103

1. 界面简介

【二冷曲线】界面主要记录了二冷水供水压力、二冷水供水温度、二冷水供水流量、二冷水空气压力、二冷水空气温度、二冷水空气水流量的变化情况。

2. 操作规程

(1)实时曲线:点击图 4-104 所示内容进行实时曲线和历史曲线切换,实时曲线显示一个小时内的曲线。

曲线名称	当前值	实时值	最小值	最小值时间	最大值	最大值时间	平均值
二冷水供水压力(MPa)	0.98	1.02	0.95	2016-03-23 14:00:07.62	1.05	2016-03-23 14:02:32.62	1.00
二冷水供水温度(℃)	18.6	18.6	18.5	2016-03-23 13:55:07.384	18.6	2016-03-23 14:02:27.384	18.6
二冷水供水流量(L/min)	0	0	0	2016-03-23 14:04:02.608	0	2016-03-23 14:04:02.608	0
二冷水空气压力(MPa)	0.53	0.57	0.50	2016-03-23 14:00:07.826	0.60	2016-03-23 14:02:32.826	0.55
二冷水空气温度(℃)	-9999.0	18.6	18.5	2016-03-23 13:59:28.40	18.6	2016-03-23 14:00:53.40	18.5
二冷水空气流量(L/min)	-9999	0	0	2016-03-23 14:04:03.259	0	2016-03-23 14:04:03.259	0

图 4-104

(2)历史曲线:将曲线切换到历史曲线,点击弹出图 4-105。

图 4-105

设置开始时间、时间长度及单位就可以对历史曲线开始查询。

3. 操作要领

采样周期一定要小于时间长度。

实 训 总 结

【项目小结】

1. 板坯连铸工艺仿真实训项目提供了生动、逼真的学习情境,可在电脑上反复操作练习,不受温度、试剂和设备的制约,允许试错,不存在实验成本投入。

2. 通过练习送引锭、中间包行走、钢包回转台承接钢水、开浇拉坯、火焰切割等转炉炼钢生产及控制过程,自主分析包括冷却、压下等外场冶金技术的调控机理,以及随连铸生产实际的工艺变化规律,并系统撰写实验报告,充分调动学生学习积极性和参与性,可加深对板坯连铸各生产系统工艺及设备的记忆和理解。

3. 通过反复操作练习可记住工艺操作要点,并进行调整操作,实现真正意义上的对板坯连铸过程进行整体把握,最终完成完整工艺操作。

【项目反思】

1. 板坯连铸的工艺流程及其特点？
3. 板坯连铸的设备组成及其作用？
3. 从工艺角度分析提高连铸钢水纯净度的措施。
4. 评价连铸坯重量应从哪几方面考虑？

【项目评价】

按照表4-1进行评价：

表4-1

考核项目	内容	考核要求	计分标准	分值	组号	得分
项目实施态度	1. 实训的积极性； 2. 遵守安全操作规程情况； 3. 遵守纪律情况	1. 积极参加实训； 2. 遵守安全操作规程； 3. 有良好的职业道德和敬业精神	1. 遵守操作规程得20分； 2. 遵守劳动纪律得20分	40	1	
					2	
					3	
					4	
					5	
理论知识掌握	1. 板坯连铸系统各设备组成； 2. 连铸各工序的冶金功能	1. 能够描述板坯连铸系统各设备组成； 2. 能够描述连铸各工序的冶金功能	1. 描述正确得10分； 2. 描述正确得10分	20	1	
					2	
					3	
					4	
					5	
板坯连铸系统的操作	具备板坯连铸操作的基本技能	能操作送引锭、中间包行走、钢包回转台承接钢水、开浇拉坯、火焰切割等板坯连铸生产及控制过程	1. 操作步骤合理得10分； 2. 操作熟练得10分； 3. 能按照生产要求高效平稳地完成完整连铸工序得20分	40	1	
					2	
					3	
					4	
					5	
合计						

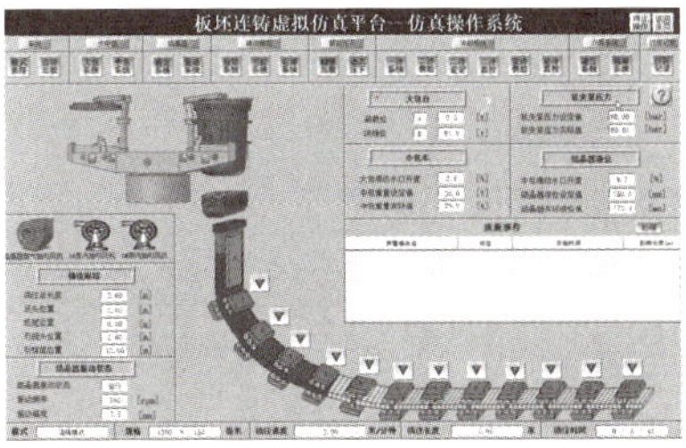

板坯连铸工艺仿真实训视频

项目5 电解铝生产工艺仿真实训

【项目描述】

1. 通过电解铝生产工艺仿真实训，熟知电解铝的主要生产工艺控制，了解电解车间电解槽及附属设备结构，掌握电解车间安全操作规程、设备操作规程和技术规程。

2. 能够准确掌握预焙铝电解槽阳极更换、抬母线、出铝、效应熄灭等正常生产操作步骤与重量，完成铝电解正常生产。

3. 能够分析电解铝生产工艺仿真过程中阳极更换、抬母线、出铝、效应熄灭操作记录曲线，全面掌握电解槽运行情况、工艺技术条件。

【项目分析】

1. 知识目标

(1)能够表述出电解铝生产的基本原理和工艺过程。

(2)能够描述出电解铝生产系统主要设备名称和操作要点。

2. 技能目标

(1)能够准确完成预焙铝电解槽阳极更换、抬母线、出铝、效应熄灭正常生产操作步骤。

(2)能够分析正常生产操作对电解槽槽况、电解槽工艺技术条件的影响。

【项目实施】

通过对电解铝生产的阳极更换、抬母线、出铝、效应熄灭正常生产的仿真操作，完成对电解槽生产操作与控制。项目具体实施以下分解任务。

任务1 电解槽生产认识学习

1.1 系统登录及退出操作

登录：当程序进入【有色金属冶炼电解铝生产虚拟仿真平台】系统初始界面(图5-1)，选择登录账号类型(教师/学生)，输入账号密码后点击登录即可进入软件首页。

退出：在软件初始界面，点击右上角“用户中心”出现下拉窗口，点击窗口中的“退出系统”按钮,即可退出系统(图 5-2)。

用户登录后主要功能有:认知入口,仿真操作入口,考核评价入口以及成绩查询。

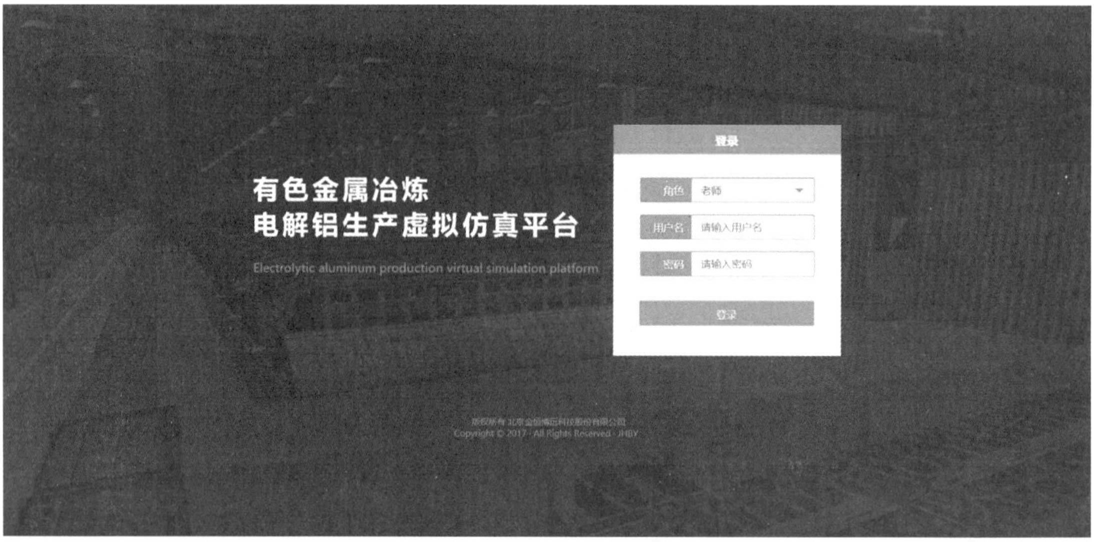

图 5-1

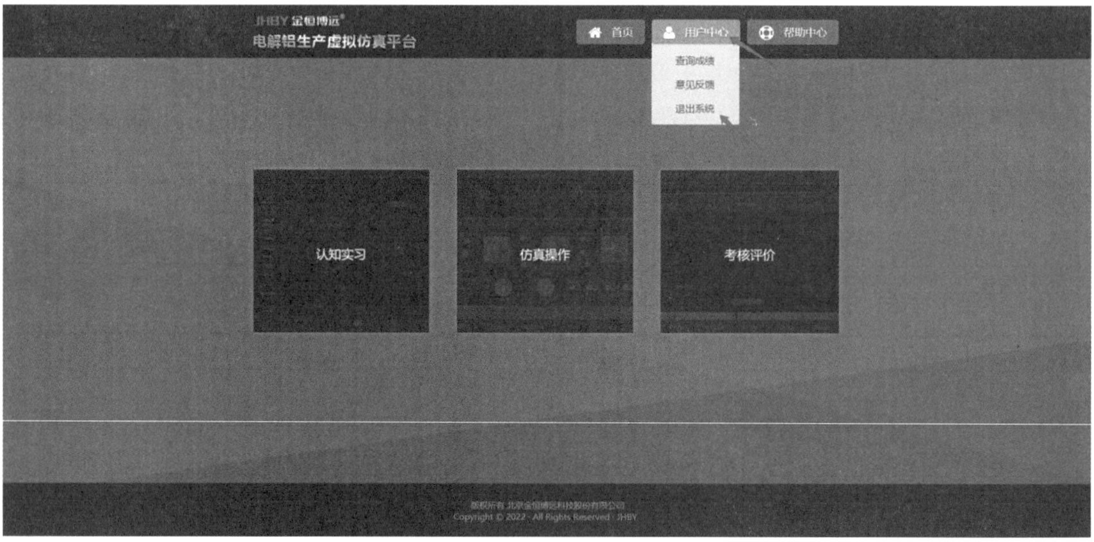

图 5-2

1.2 进入“认知学习”模块

登录学生用户后,点击“认知学习”即可进入相关模块进行学习或操作。点击“认知学习”可进入认知学习页面,如图 5-3 所示。点击左侧引导栏即可切换内容,其中包含各种主要设备、原理动画、设备结构动画以及图文介绍等内容,以供学生学习了解电解铝生产的相关内容。

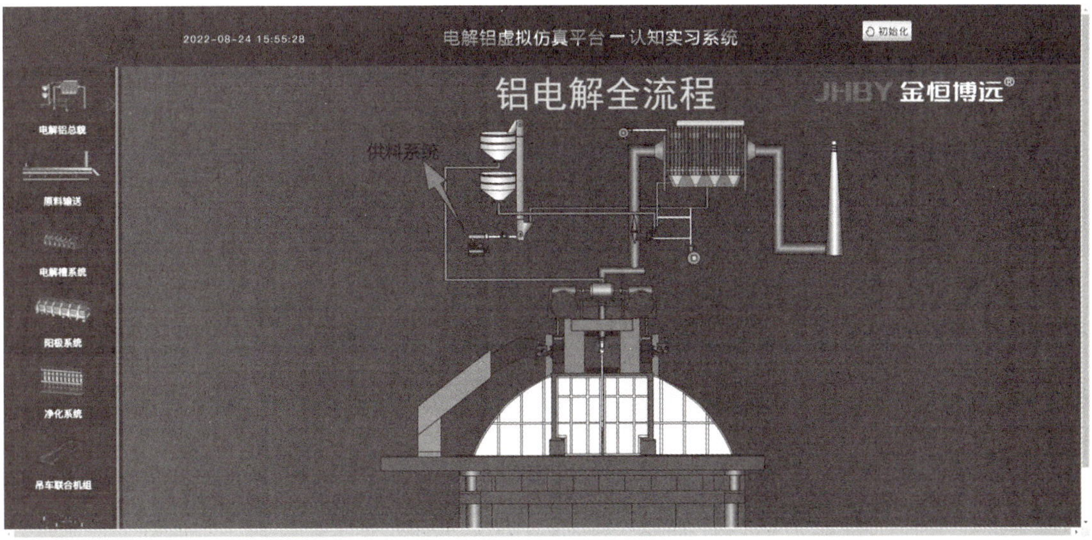

图 5-3

1.3　软件其他模块功能

(1)点击“仿真操作”即可进入如图 5-4 所示页面,选择所需进入的模块,即可进入对应仿真页面。此处进入的仿真主要为练习版本,有较为详细的引导和操作指引。以供学生练习操作使用。

图 5-4

(2)点击考核评价后,进入如图 5-5 所示页面,点击对应项目后“进入”即可进行对应考核,提交之后返回此页面,可进入其他类目进行考试,每项只能进入一次。考核完成后显示成绩,全部考核好之后点击最下方“提交成绩”,成绩会发送到服务器进行存储。

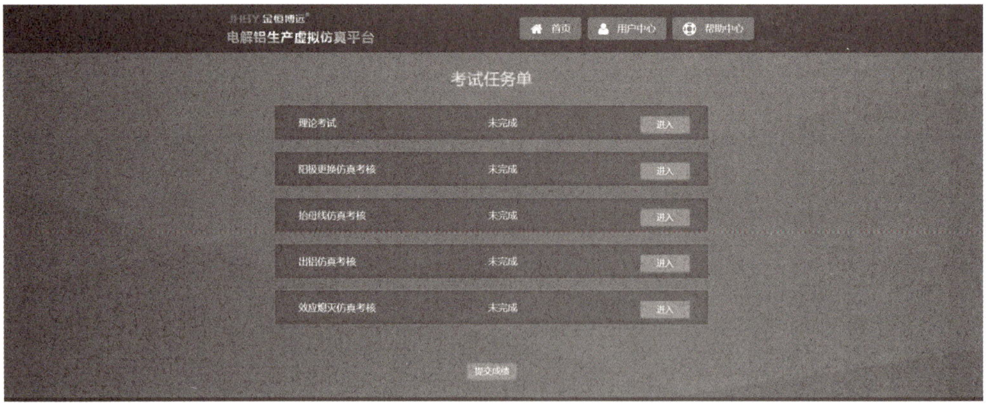

图 5-5

(3)成绩查询功能:点击"用户中心"下"查询成绩"按钮,即可查看到成绩页面(图 5-6),点击"查看试卷"即可查询操作记录等。

图 5-6

(4)操作记录查询:点击"查看试卷"进入如图 5-7 所示页面,此页面可查询理论考核记录、仿真考核的得分点等信息。

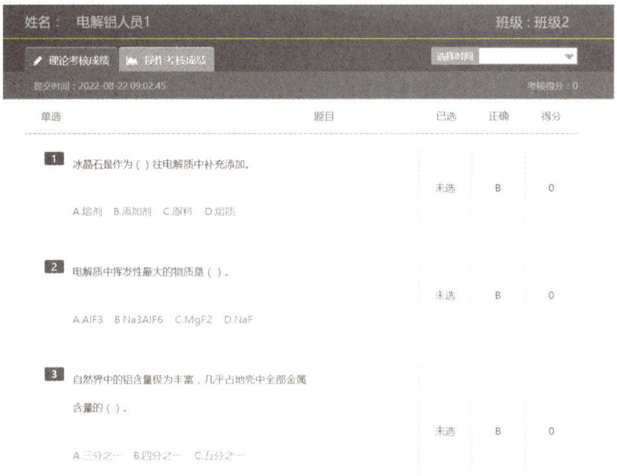

图 5-7

(5)理论考核记录查询:点击右上角"选择时间",选择所查询的时间段,即可查询当时的考试情况,选择内容以及分值,如图5-8所示。

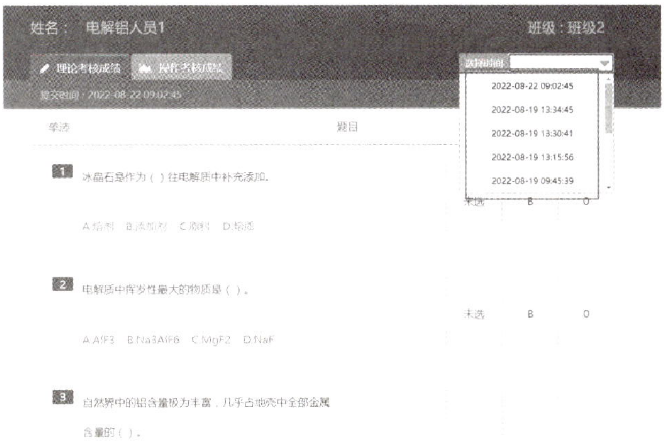

图5-8

(6)仿真考核记录:点击"操作考核成绩"后,点击"选择时间",选择对应时间段即可查看当时的考试结果(图5-9),点击对应模块后方"查看"按钮,即可查看单项得分情况(图5-10)。

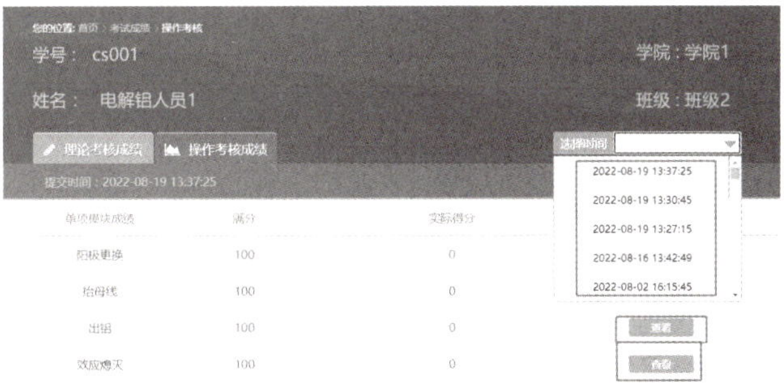

图5-9

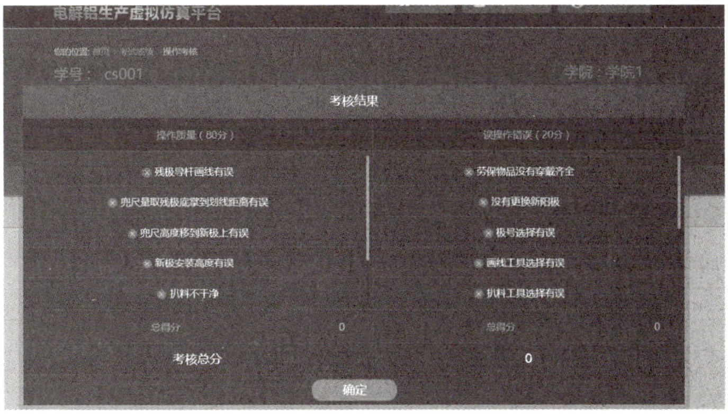

图5-10

任务2 电解槽阳极更改作业仿真

2.1 阳极更换原理

炭阳极在电解过程中参与电化学反应而连续消耗，阳极炭块有一定的高度，消耗到一定程度后，为保证生产的连续进行，必须定期更换。

$$Al_2O_3+yC \longrightarrow 2Al+(3-y)CO_2+(2y-3)CO$$

2.2 阳极更换作业操作流程图(图5-11)

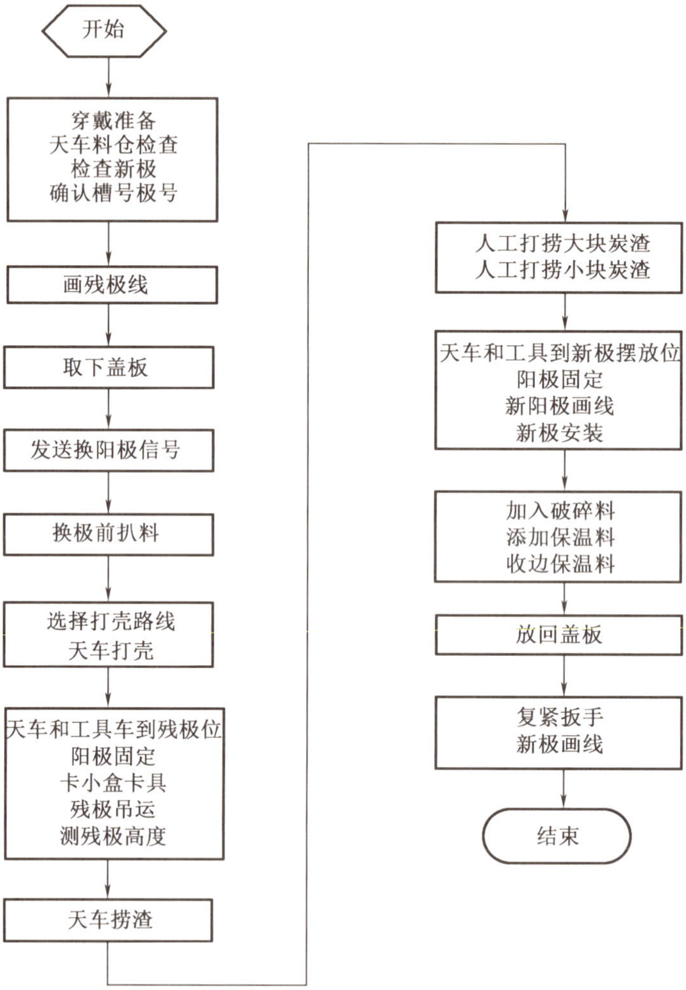

图5-11

2.3 【阳极更换作业】操作规程

2.3.1 操作前准备

(1)穿戴劳保用品

选择安全帽、护目眼镜、工作服、电解靴、口罩、手套、披肩帽、护腿和围裙,穿戴完成后点击"确定"按钮,进入场景,如图5-12所示。

图5-12

(2)天车料仓检查

点击"天车控制"弹框,打开【天车控制板】面板(图5-13),点击"电源"按钮,打开电源开关,打开液压系统开关、空压机开关,可以看到"料仓空"指示灯亮,需要加料。点击"对位"开关,自动对位,天车移动至加料口,点击关闭料仓"对位"开关,再点击"料仓加料"开关,天车料仓开始加料,等"料仓满"的指示灯亮后,说明加料完成,点击关闭"料仓加料"开关。需要说明的是,每次操作完天车控制面板上的按钮或开关都要使按钮或开关回到最初的状态。

(3)检查新极

点击菜单中"检查新极"跳转到新极界面或点击厂房中的阳极,打开界面(图5-14),可以看出新阳极有裂纹或破损,点击"更换阳极"按钮,破损的阳极更换为完好的阳极,点击按钮关闭该窗口。

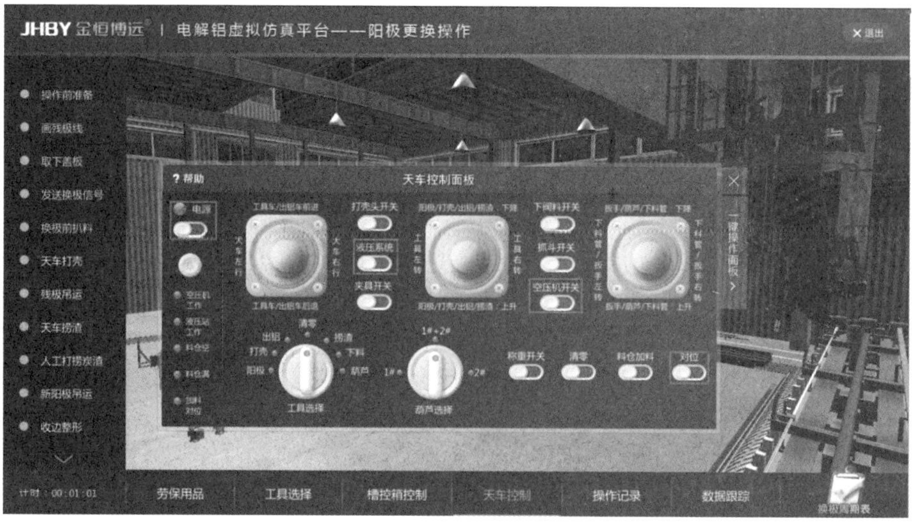

图 5-13

图 5-14

(4)确认槽号极号

点击“确认槽号极号按钮”或点击右下角的“换极周期表”,可打开换极周期表窗口,时间最长的一对阳极,即为需要更换的阳极。

2.3.2　画残极线

点击“工具选择”弹框,选择“尺子”“粉笔”, 点击“尺子”,上下拖动尺子,直到看到竖直的基准线变为绿色时,点击“粉笔”画线,画完线后点击“确定”按钮,完成画线操作,如图 5-15 所示。

2.3.3　取下盖板

点击菜单中的“取下盖板”自动完成取下盖板的操作,或手动点击场景中的盖板,可以取下盖板,如图 5-16 所示。

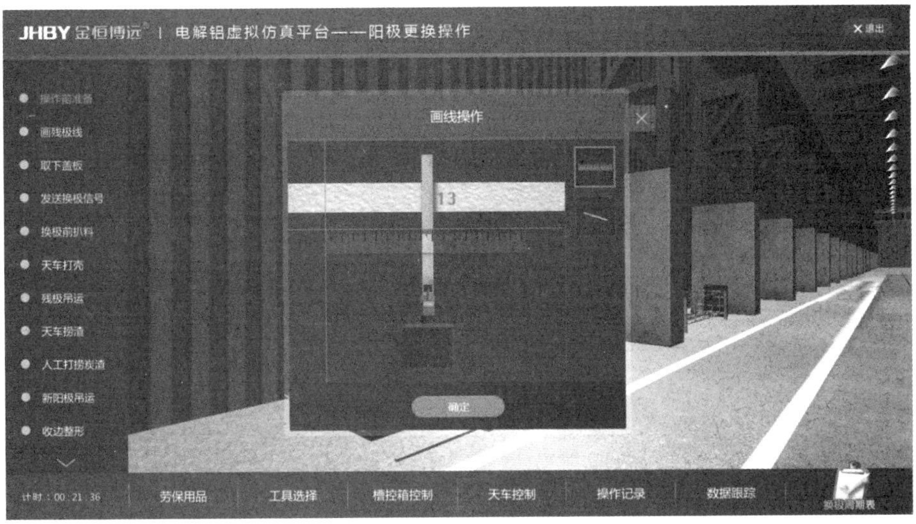

图 5-15

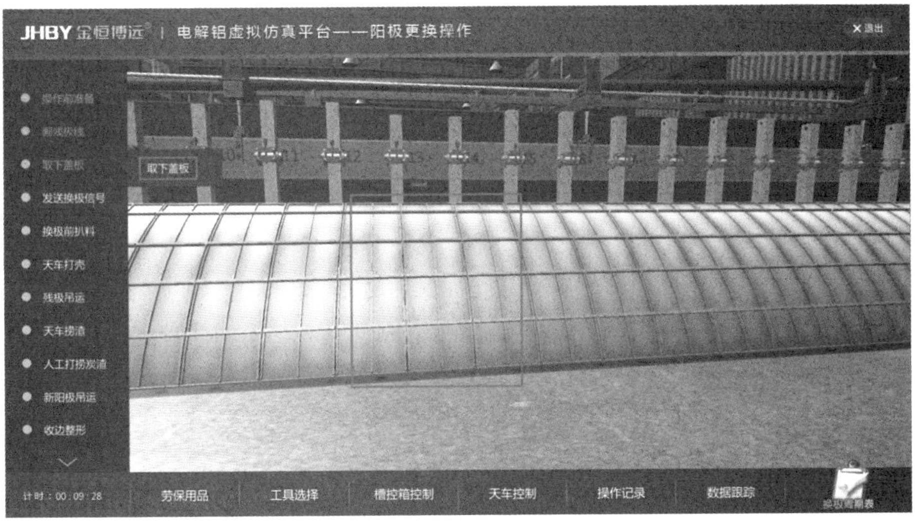

图 5-16

2.3.4　发送换阳极信号

点击菜单中的“发送换极信号”或点击“槽控箱控制”弹框，打开【槽控箱控制】面板，点击“换阳极”按钮，等“换阳极”指示灯亮后，点击“确认”按钮关闭槽控箱控制面板，进入下一步操作，如图 5-17 所示。

2.3.5　换极前扒料

点击“工具选择”弹框，选择“扒料耙”“盛料盒”，后点击高亮区域，开始扒料，如图 5-18 所示。

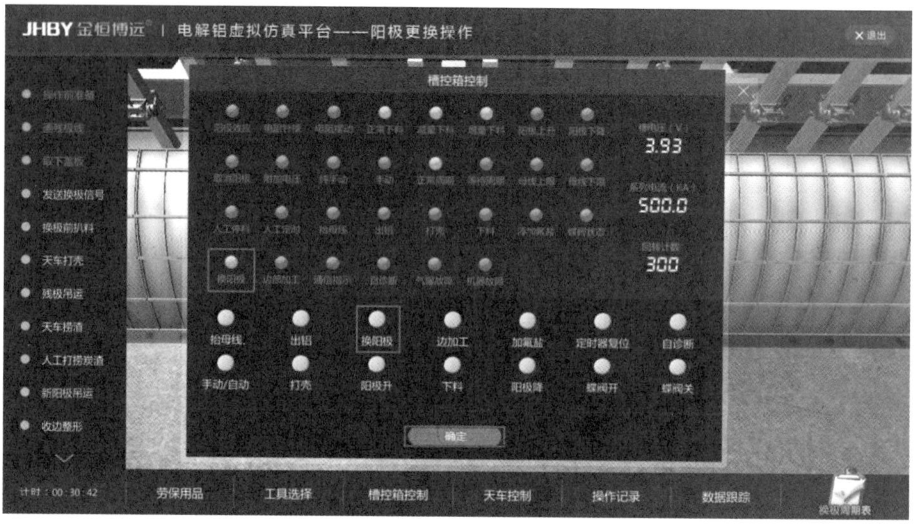

图 5-17

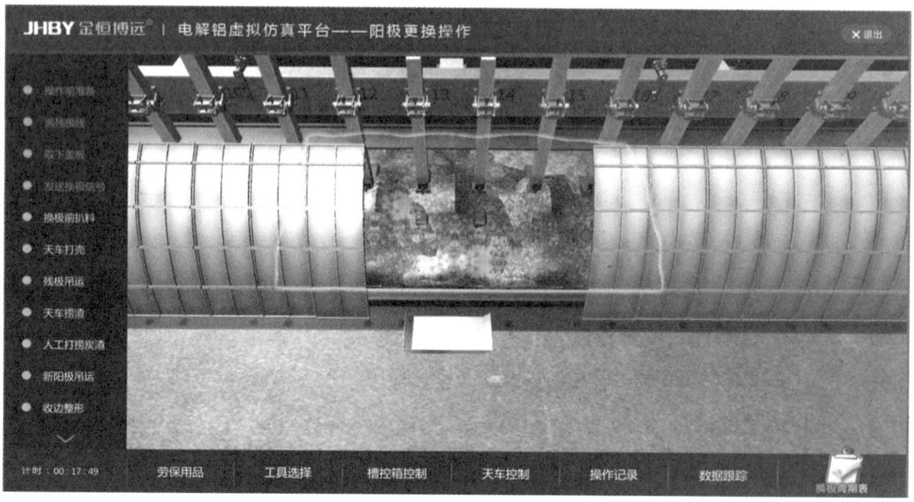

图 5-18

2.3.6 车打壳

包括天车和工具车到打壳位、选择打壳路线、打壳等操作。

点击"天车控制"弹框，打开【天车控制】面板。工具选择调到"打壳"，手动操作大车左行、大车右行等到达打壳位，或通过点击右边的一键操作面板，点击"打壳位"，天车和工具车直接到达打壳位，如图 5-19 所示。

点击菜单中的"选择打壳路线"，在距离槽边缘 5 cm 的位置打壳，选择距槽边缘 5 cm，点击"确定"按钮。

选择完打壳路线后，弹出【选择模式】界面，有"手动操作"和"一键操作"两种模式，点击"确认"按钮关闭选择模式窗口。

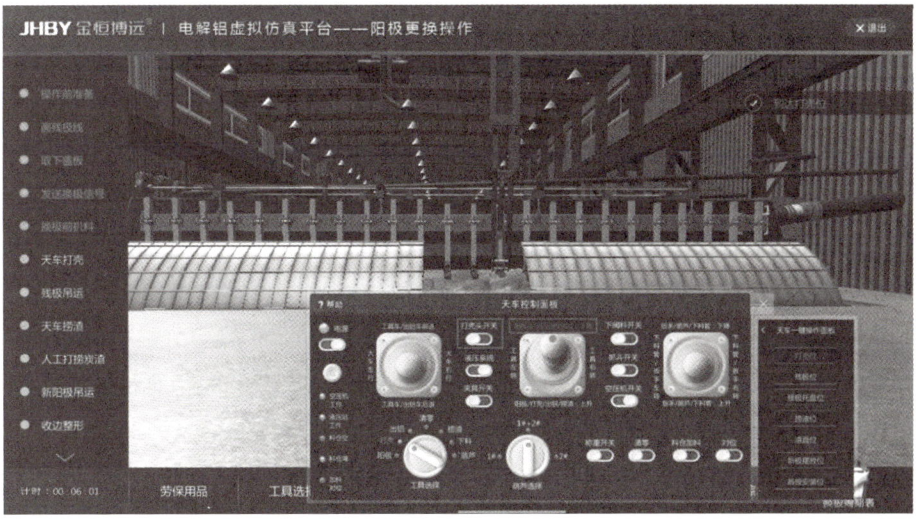

图 5-19

2.3.7　残极吊运

残极吊运包括天车和工具车到残极位、阳极固定、卡小盒卡具、残极吊运、测残极高度等操作。

点击“天车控制”弹框，打开【天车控制】界面。工具选择调到“阳极”，手动操作大车左行、大车右行等到达残极位，或通过点击右边的一键操作面板，点击“残极位”，天车和工具车直接到达残极位，点击“工具左转”或“工具右转”按钮，工具车旋转 180°，使夹阳极导杆的夹具转到后面去以便夹住阳极导杆，如图 5-20 所示。

操作 **阳极/打壳/出铝/捞渣：下降** 按钮，打开“夹具开关”，夹紧阳极导杆。操作 **扳手/葫芦/下料管：下降** 按钮，下降后点击“下料管/扳手左转”按钮松开卡具，点击 **扳手/葫芦/下料管：上升** 按钮，分离卡具，卡具离开阳极导杆。

点击 **阳极/打壳/出铝/捞渣：上升** 按钮，提起残极，点击“大车右行”和 **工具车/出铝车后行** 按钮，将残极吊至残极托盘位置；或者点击右边的一键操作面板，点击“残极位”按钮，天车自动完成移动至残极托盘位。

点击“选择工具”弹框，选择“兜尺”和“粉笔”，出现画线操作的界面，点击兜尺，上下拖动兜尺，直到基准线变为绿色时，点击“确定”按钮。表示阳极导杆上的线和兜尺上的线高度一致。测完残极高度，放下残极。

2.3.8　天车捞渣

点击“天车控制”弹框，打开【天车控制】面板。工具选择调到“捞渣”，手动操作大车左行、大车右行等到达捞渣位，或通过点击右边的一键操作面板，点击“捞渣位”，天车和工具车直接到达捞渣位，如图 5-21 所示。

捞渣模式有手动操作和一键操作，点击“确认”按钮关闭选择模式窗口。

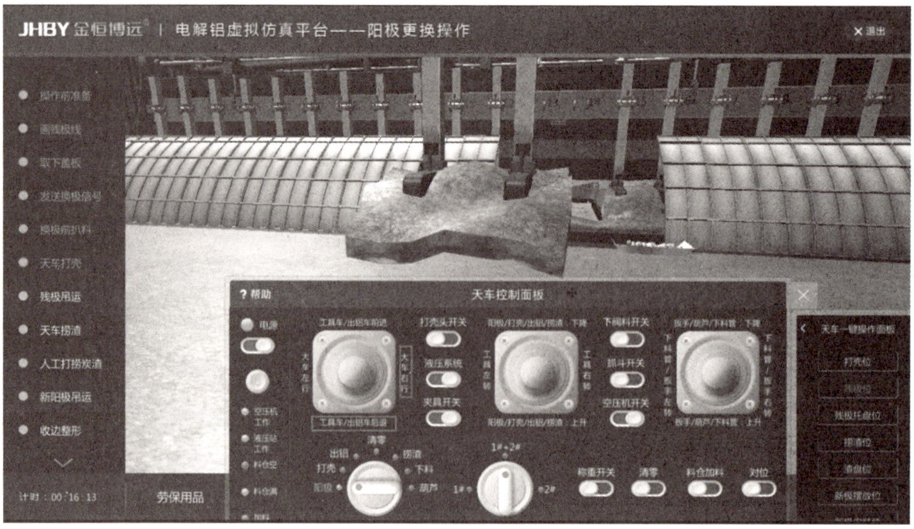

图 5-20

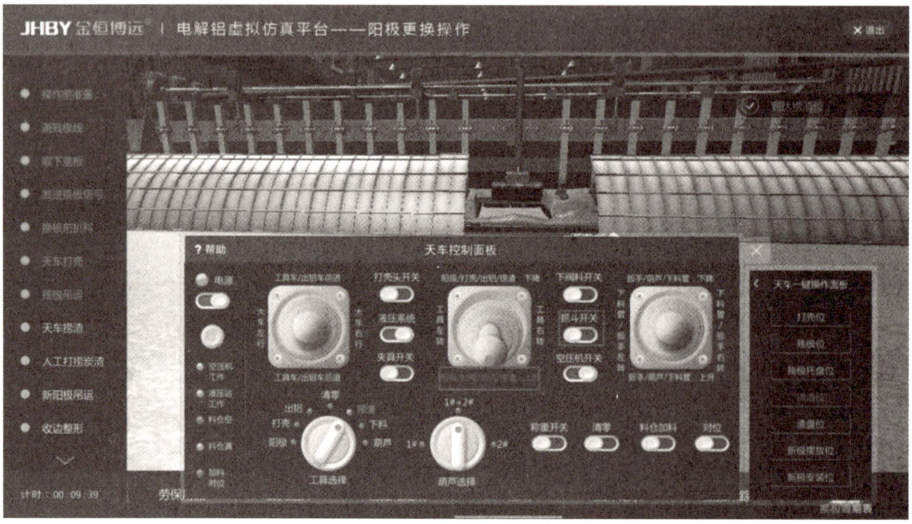

图 5-21

2.3.9 人工捞渣

包括打捞大块和打捞小块操作。点击“工具选择”弹框，选择“五尺耙”“炭渣盒”，点击高亮区域，开始打捞大块炭渣。打捞完大块，点击高亮的炭渣盒移走。点击“工具选择”弹框，选择“炭渣勺”“炭渣盒”，点击高亮区域，开始打捞小块炭渣。打捞完小块，点击高亮的炭渣盒移走，如图 5-22 所示。

2.3.10 新阳极吊运

包括天车和工具车到新极摆放位、阳极固定、新阳极画线、新极安装等操作。点击“天车控制”弹框，打开【天车控制】界面。工具选择调到“阳极”，手动操作大车左行、大车右行等到达阳极摆放位，或通过点击右边的“一键操作”按钮，点击“阳极摆放位”，天车和工具车直接到达阳极摆放位，如图5-23所示。

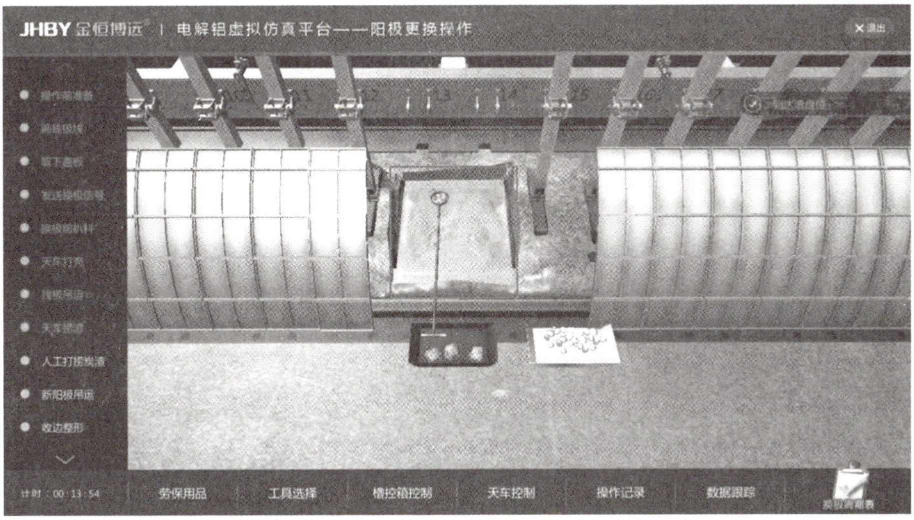

图5-22

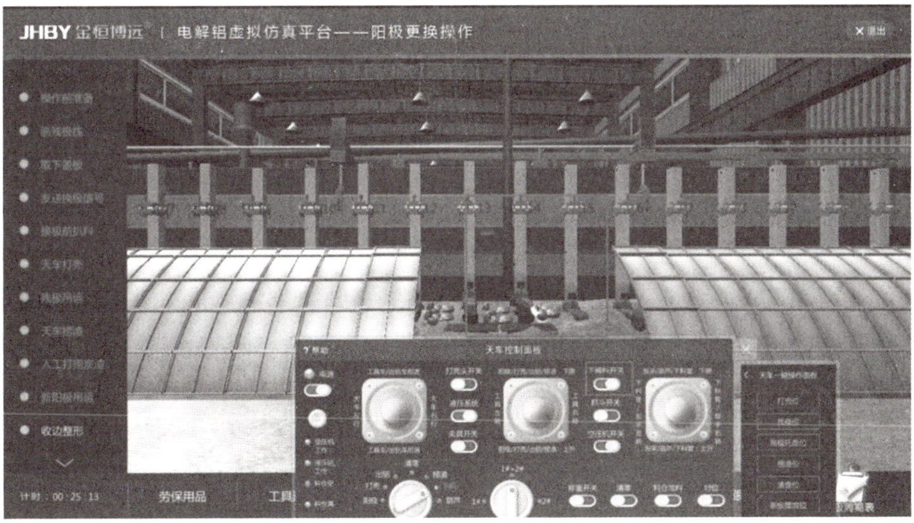

图5-23

操作 **工具车/出铝车前行** 按钮，打开“夹具开关”，夹紧阳极导杆。点击“选择工具”弹框，选择“兜尺”和“粉笔”，出现画线操作的界面，点击“兜尺”，上下拖动兜尺，直到基准线变为绿色时，点击“确定”按钮。将兜尺上的线高度比对和新阳极导杆高度一致，说明新阳极画线完毕。

点击“天车控制”弹框，打开【天车控制】界面。手动操作大车左行、大车右行等到达新极安装位，或通过点击右边的一键操作面板，点击“新极安装位”，天车和工具车直接到达新极安装位。注意：阳极导杆上红线的位置要和水平母线下沿的位置平齐时，才可以安装新极。

2.3.11　收边整形

收边整形包括加入破碎料、加入保温料、收边保温料操作。

点击“工具选择”弹框，选择“扫把”“铁锹”“大锤”，点击高亮的壳面块，用大锤砸碎变成破碎料，然后用铁锹将其放置到高亮的位置。

点击“天车控制”弹框，打开【天车控制】面板。工具选择调到“下料”，手动操作 **工具车/出铝车后行** 到达新极安装位界面，点击 **扳手/葫芦/下料管：下降** 按钮，打开下料阀开关开始下料，下料完毕点击“下料阀开关”关闭，下完料下料阀归位，如图 5-24 所示。

点击高亮的料，用铁锹收编保温料。

所有换阳极操作完成后，点击盖板，放回。

选择扳手，再次复紧新阳极的卡具，选择“尺子”和“粉笔”，再次在新阳极上画线。

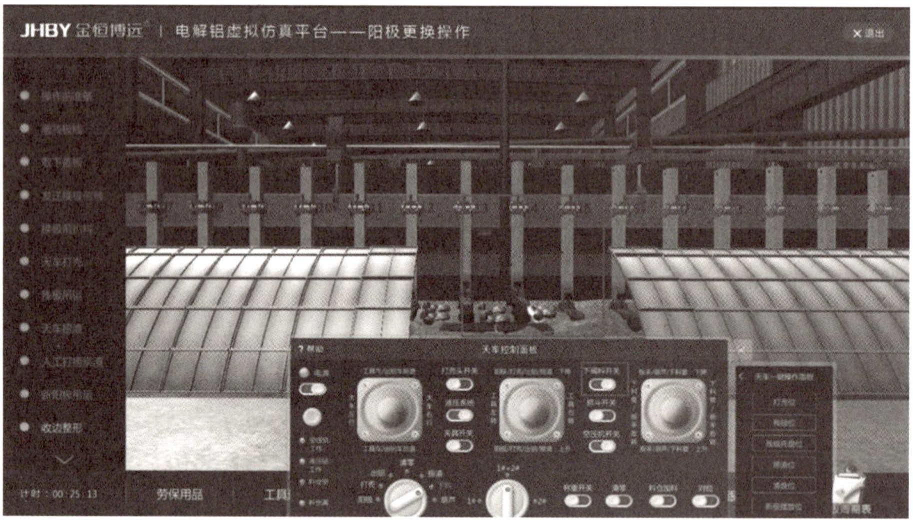

图 5-24

任务 3　电解槽抬母线作业仿真

3.1　抬母线作业原理

预焙电解槽在生产当中，随着阳极的不断消耗，水平母线逐步下移到下限位，因此需要将母线提升到上限位，使电解槽能够连续生产。

抬母线作业主要由天车工和抬母线作业组人员共同完成。

3.2 抬母线作业操作流程图(图 5-25)

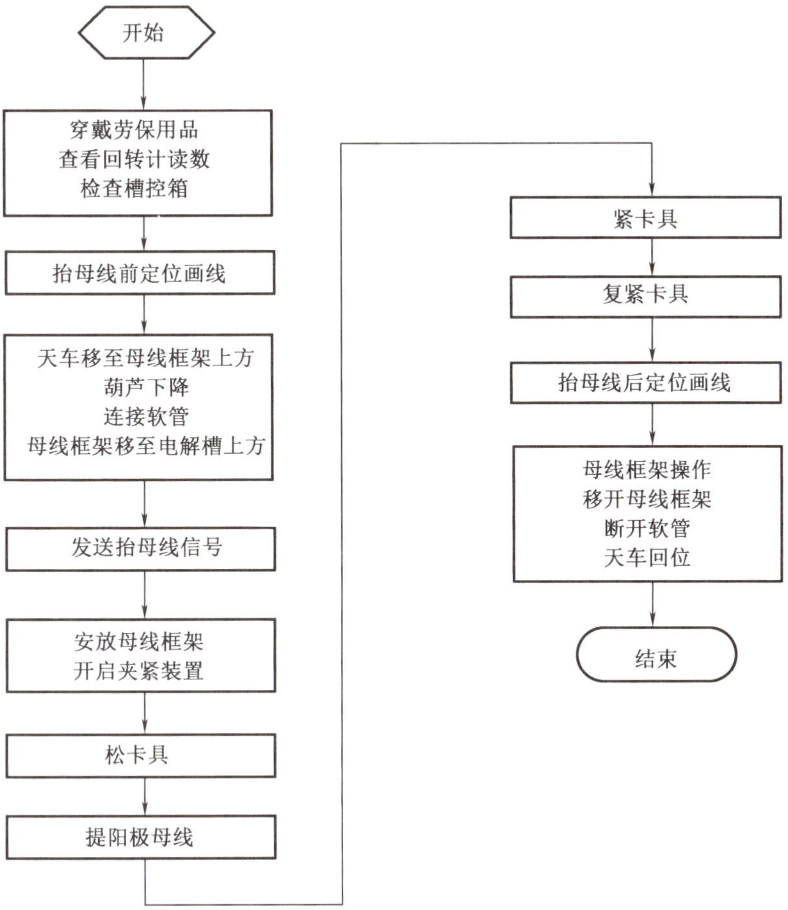

图 5-25

3.3 【抬母线作业】操作规程

3.3.1 操作准备

抬母线作业操作准备包括穿戴劳保用品、查看回转计读数、检查槽控箱。

点击“安全帽”“护目眼镜”“工作服”“隔热靴”“呼吸器”“手套”“安全带”“护腿”“围裙”,穿戴完成后点击“确定”按钮,进入下一步操作。

在现场指示标高亮区域点击“查看回转计读数”(图 5-26),指示标读数为 350,即确定为需抬母线槽。

检查槽控箱工作情况,确保正常。

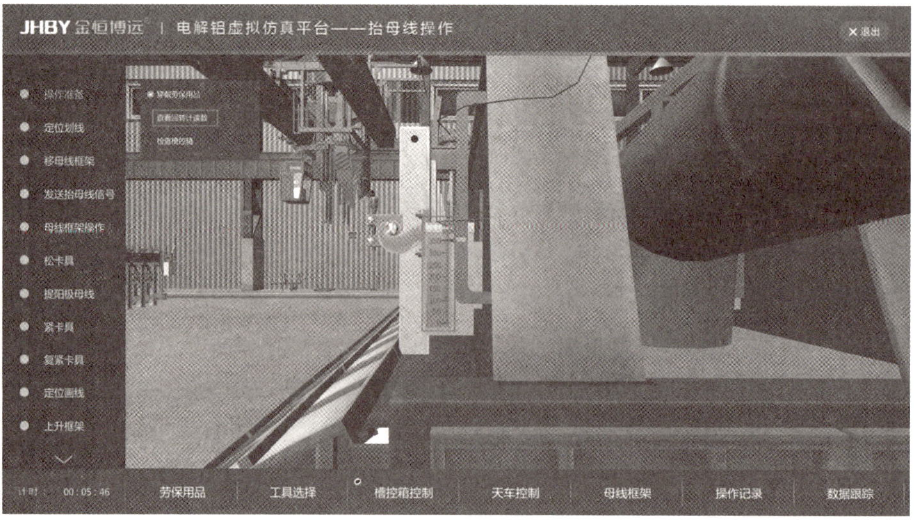

图 5-26

3.3.2 定位画线

点击“工具选择”弹框，选择“尺子”“粉笔”后点击高亮的阳极导杆，弹出画线操作的界面，在水平母线与导杆压接处沿母线下沿用粉笔画线标识，具体画线步骤为：点击“尺子”，上下拖动尺子，直到尺子水平基准线变为绿色时，点击“粉笔”画线，画完线后点击“确定”按钮，完成画线操作，如图 5-27 所示。

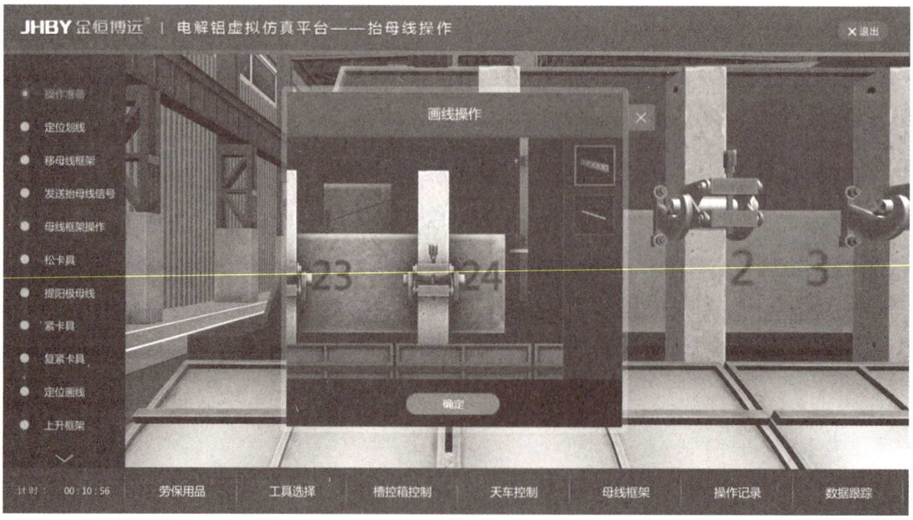

图 5-27

3.3.3 移母线框架

移母线框架包括开启空压机、天车移至母线框架上方、葫芦下降、连接软管、将母线框架移至电解槽上面等操作。

天车移至母线框架上方。打开【天车控制】面板电源开关、空压机开关，工具选择调到

“葫芦”，操作大车左行、大车右行将天车移至母线框架上方；或者点击右边的“一键操作”按钮，点击某个位置，直接到达选定的位置。天车到达某个位置，在软件界面右上角会有黄色的字体显示。

葫芦下降。点击 扳手/葫芦/下料管：下降 按钮，使葫芦降下。如图 5-28 所示。

连接软管。点击高亮区域的软管，进行软管连接操作，连接完成后点击“母线框架”弹框，将顶部气缸开关切换到开启状态。如图 5-29 所示。

图 5-28

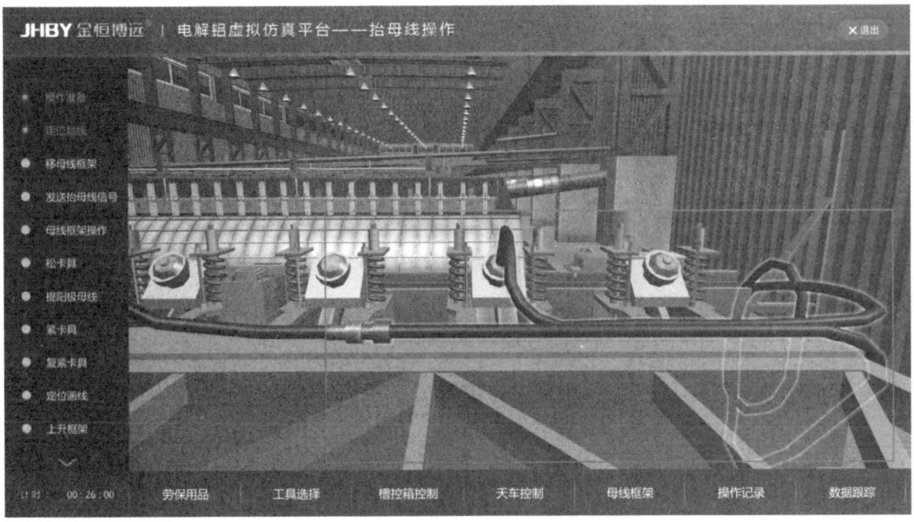

图 5-29

母线框架移至电解槽上方。点击 扳手/葫芦/下料管：上升 按钮，提起母线框架，再点击大车左行、大车右行将母线框架移至电解槽上方，或者通过“一键操作”，直接到达电解槽位置。如图 5-30 所示。

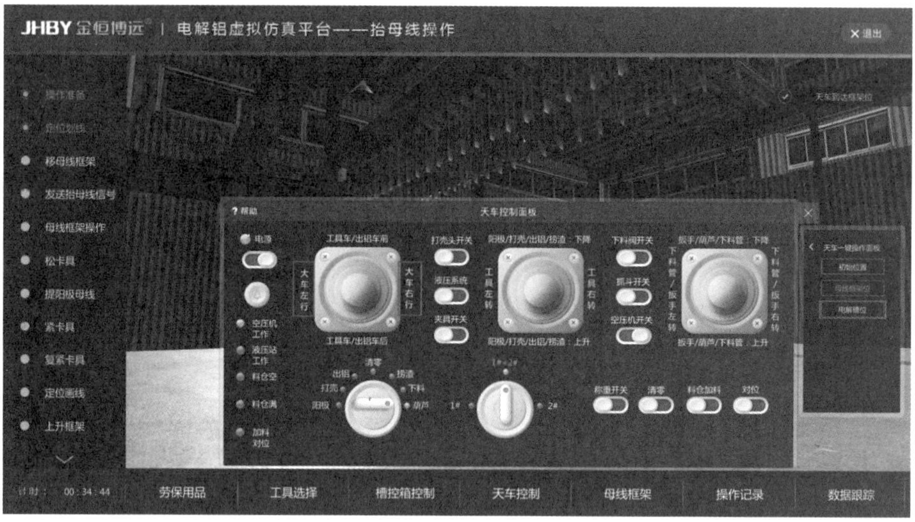

图 5-30

3.3.4 发送抬母线信号

点击“槽控箱控制”弹框，发送抬母线信号，点击“抬母线”按钮，点击多次，等抬母线指示灯亮后，点击“确定”按钮进入下一步操作，如图 5-31 所示。

图 5-31

3.3.5 母线框架操作

母线框架操作包括安放母线框架和开启夹紧装置。

安放母线框架点击 扳手/葫芦/下料管：下降 按钮，将母线框架降下，确保 24 组阳极导杆全部进入阳极夹具内，提升机稳定坐于电解槽上部结构上。

点击“母线框架”弹框，将夹紧气缸开关切换到开启状态，夹紧阳极导杆。

3.3.6　松卡具

点击“母线框架”弹框，将气动扳手阀门开关切换到开启状态，点击小盒卡具的“松开”按钮，使卡具处于旋松状态，如图 5-32 所示。

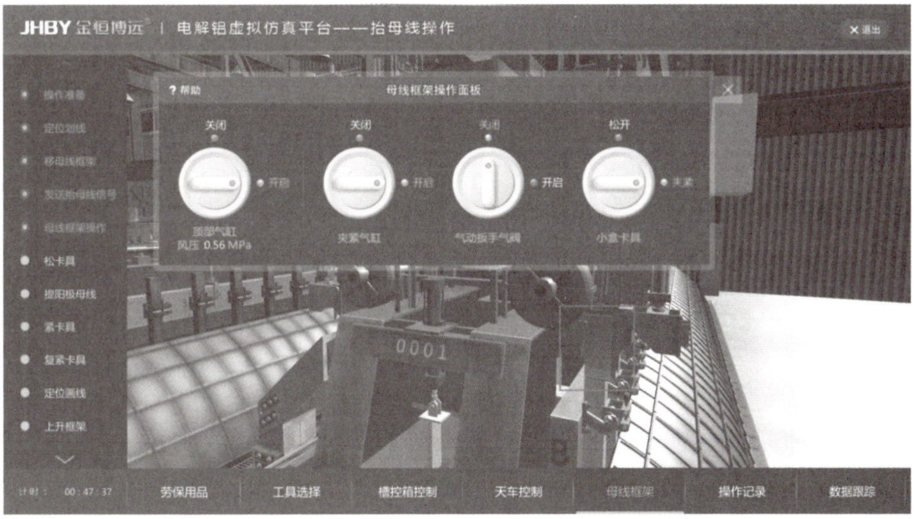

图 5-32

3.3.7　提阳极母线

点击“槽控箱控制”弹框，点击“手动/自动”按钮，界面上“手动”指示灯亮，然后连续点击“阳极升”按钮，在现场可以看到水平母线缓慢上升的过程，槽控箱界面回转计读数逐渐降至 50，此时母线上限指示灯亮，可停止点击“阳极升”按钮，点击“确定”按钮退出槽控箱操作，如图 5-33 所示。

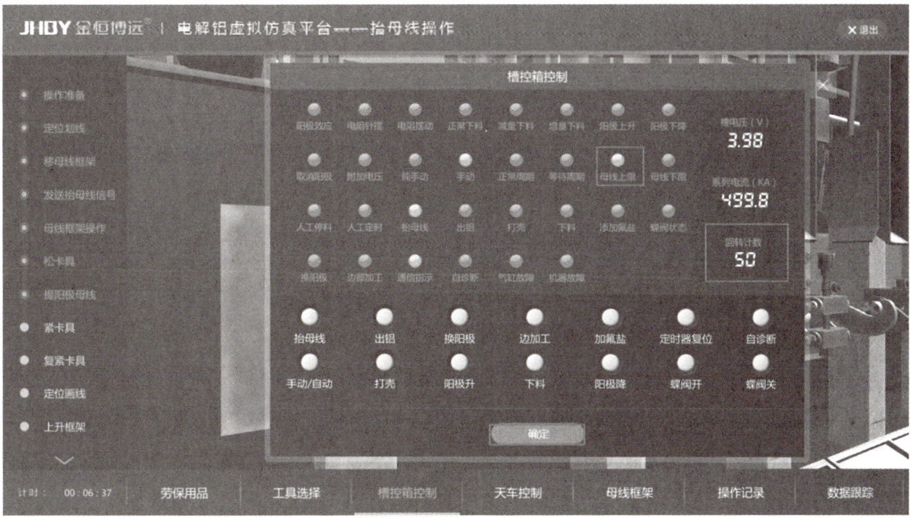

图 5-33

3.3.8 紧卡具与复紧卡具

操作母线框架的摇臂使扳手下降，卡住下盒卡具的螺杆头，拧紧小盒卡具。具体操作步骤为：点击“母线框架”弹框，点击小盒卡具的“夹紧”按钮，使卡具拧紧。

点击“工具选择”弹框，选择“扳手”后，点击高亮区域，复紧小盒卡具，如图 5-34 所示。

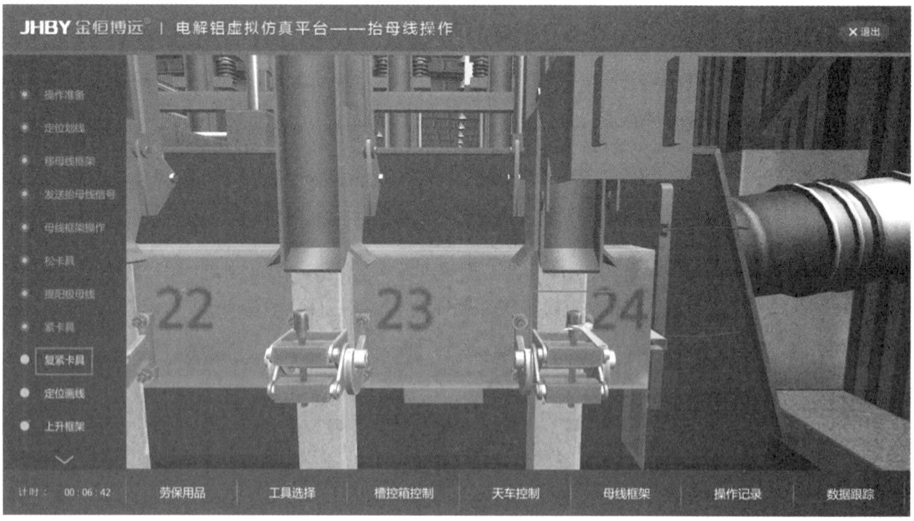

图 5-34

3.3.9 定位画线

点击“工具选择”弹框，选择“尺子”“粉笔”后点击高亮的阳极导杆，弹出画线操作的界面，在水平母线与导杆压接处沿母线下沿用粉笔画线标识，具体画线步骤为：点击“尺子”，上下拖动尺子，直到尺子水平基准线变为绿色时，点击“确定”按钮，完成画线操作。

3.3.10 上升框架

上升框架包括母线框架操作、移开母线提升机、断开软管、天车回位等操作。

母线框架操作。点击“母线框架”弹框，将夹紧气缸开关切换至“关闭”状态，同时关闭气动扳手气阀、关闭顶部气缸。

移开母线框架。点击 扳手/葫芦/下料管：上升 按钮，提起母线框架使其上升到上限位，点击“大车左行”“大车右行”按钮，使母线框架到达母线框架初始位置，再点击 扳手/葫芦/下料管：下降 ，使母线框架放置在母线框架支架上；也可点击“一键操作”，一键到达母线框架位置。

断开软管。点击高亮显示的软管，断开软管，如图 5-35 所示。

天车回位。点击 扳手/葫芦/下料管：上升 按钮，使葫芦上升，再点击“大车左行”“大车右行”按钮使天车回到初始位置，或点击“一键操作”到达初始位置。

图 5-35

任务 4　电解槽出铝作业仿真

4.1　出铝作业原理

随着电解生产电化学反应的不断变化，在阴极不断析出铝液，为了确保工艺技术条件的稳定和正常生产，电解槽每 24 h 出铝 1 次，出铝任务要尽可能接近每天的实际产铝量，确保铝水平及槽况的稳定。理论上公分铝量为 1.3 t，铝水平保持过低、过高对铝电解生产都有影响。

出铝作业由电解工、出铝工、天车工协同完成。

（1）电解工

电解工主要完成检查出铝槽“火眼”，确保下料正常，避免在出铝过程中发生阳极效应。按照出铝排包顺序，提前将要出铝的 3 台电解槽的出铝洞全部扩开，将碳渣打捞干净（在出铝过程中不允许再扩洞，打捞碳渣，作业人员专心监控电压）。出铝区域拉设安全警戒带，安排好出铝顺序：存在交叉作业，优先安排出铝，尽可能延长换极与出铝间隔时间，减少电解槽热平衡的影响。

（2）出铝工

出铝工负责开出铝车、接风管、维护出铝包。

（3）天车工

天车工负责核实出铝任务单（包括是否存在压铝或提前赶铝的情况，哪些电解槽铝已出，哪些电解槽铝没出，防止出现重复或漏出铝的情况），检查钢丝绳、天车大车钩头升降及制动机构是否正常。

4.2 抬母线作业操作流程图(图 5-36)

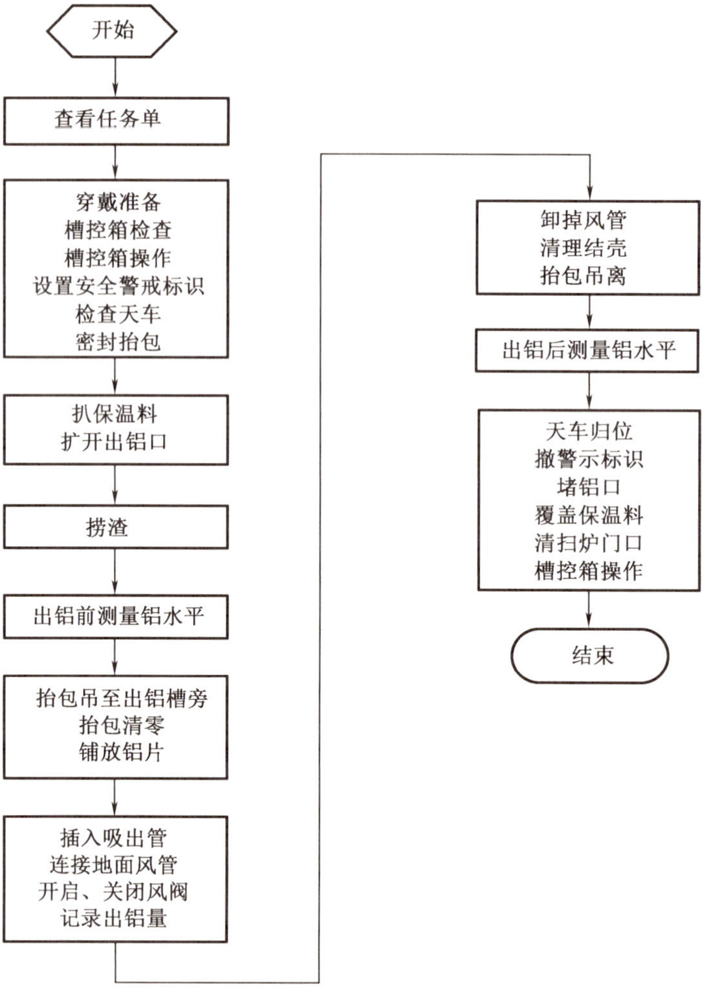

图 5-36

4.3 【出铝作业】操作规程

4.3.1 查看任务单

点击"查看任务单",弹出"出铝任务单",或者点击右下角的出铝任务单图标也可弹出任务单,并且可实时查看。查看完任务单点击"确定"进入场景,如图 5-37 所示。

4.3.2 操作准备

出铝作业操作准备包括穿戴准备、槽控箱检查、槽控箱发送出铝信号,设置安全警戒标识、检查天车、密封抬包等准备。

穿戴准备。点击"安全帽""护目眼镜""工作服""电解靴""呼吸器""披肩帽""绝缘手套""中面罩",穿戴完成后点击"确定"按钮,进入下一步操作。

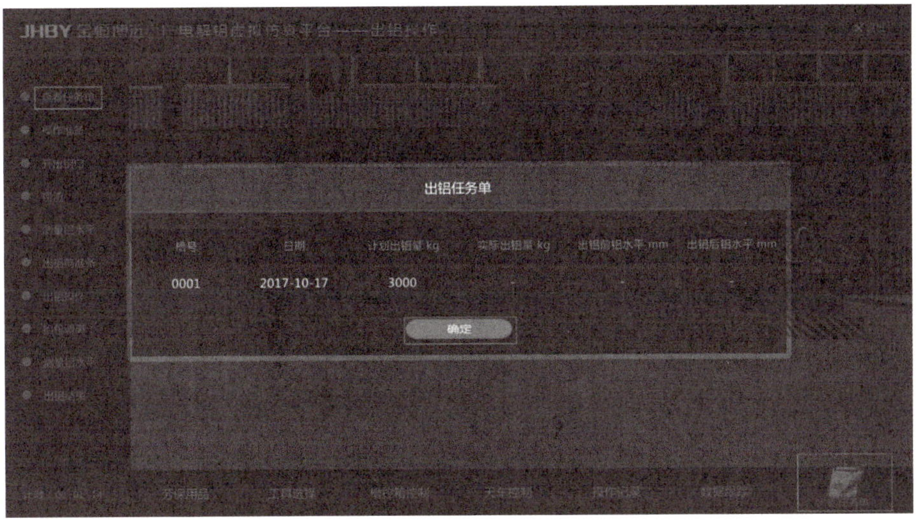

图 5-37

槽控箱检查。点击“槽控箱控制”弹框，检查槽控箱，确保不在效应状态或效应等待状态，检查完毕点击“确定”按钮，进入下一步操作。

槽控箱发送出铝信号。点击“槽控箱控制”，发送出铝信号，点击“出铝”按钮，出铝指示灯亮后，点击“确定”按钮进入下一步操作。

设置安全警戒标识。点击“工具选择”弹框，选择“出铝警示牌”和“警示带”，点击“确定”按钮，将其放置在高亮区域的通廊大门口侧面，如图 5-38 所示。

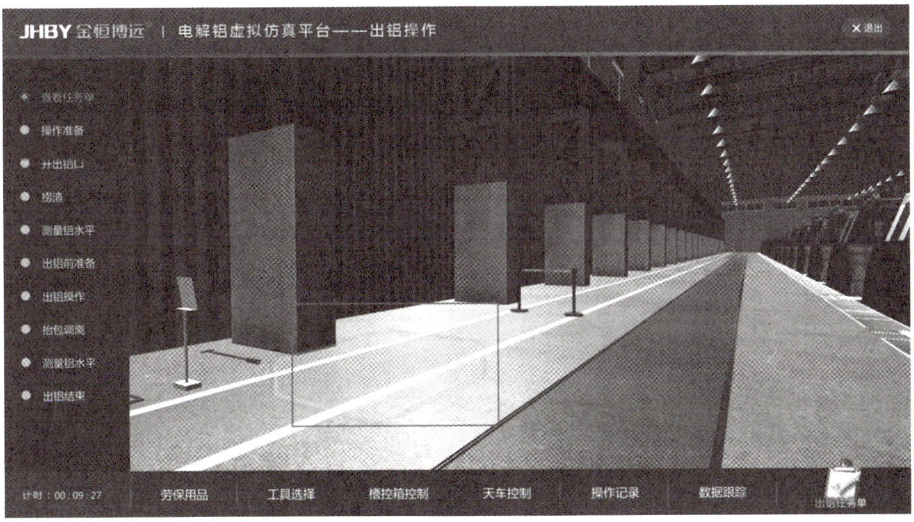

图 5-38

检查天车。点击天车上的高亮区域，检查钢丝绳、天车大车钩头升降及制动机构是否正常，绝缘是否良好。待出现“正常、良好”的提示框后点击“确定”按钮进入下一步操作。

密封抬包。点击“工具选择”弹框，选择“石棉绳”，在抬包高亮区域点击，完成抬包的密封。如图 5-39 所示。

图 5-39

4.3.3 开出铝口

开出铝口主要包括扒保温料、使用手动气柄阀打壳、使用碓子扩开出铝口的操作。

扒保温料。点击高亮显示的“槽盖板”，打开槽盖板。选择“扒料耙”“盛料盒”，点击高亮的扒料区域进行扒料操作。如图 5-40 所示。

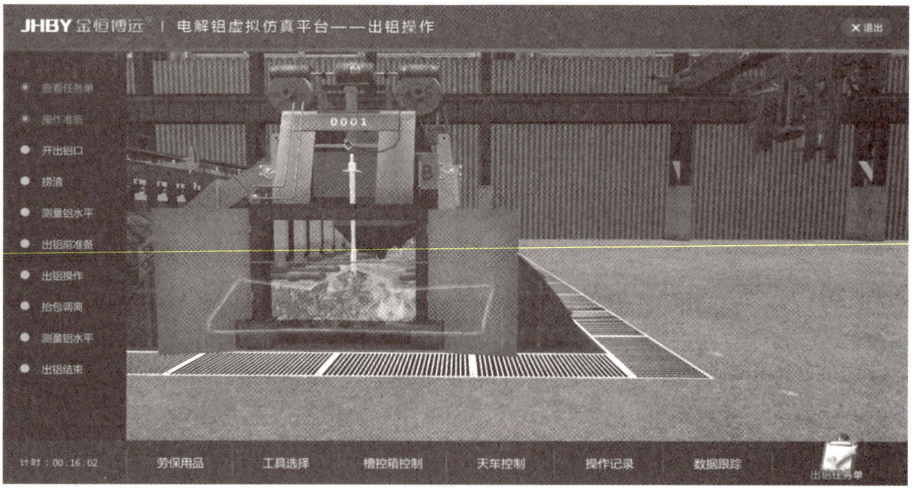

图 5-40

扩开出铝口。点击高亮的“手动气柄阀”进行打壳，打壳完毕后，点击“工具选择”弹框，选择“碓子”在高亮区域扩开出铝口。

4.3.4 捞渣

点击“工具选择”弹框，选择“炭渣盒”“炭渣勺”后点击高亮区域，预热炭渣勺，然后使用炭渣勺将电解质表面漂浮的炭渣捞干净，将炭渣放到炭渣盒里面。

4.3.5　测量铝水平

点击“工具选择”弹框，选择“尺子”“钢钎”，将钢钎伸到电解槽最底端，然后取出，等钢钎冷却完毕，测量没有沾电解质（电解质颜色灰白）部分的钢钎长度并记录。具体测量步骤为：点击高亮的钢钎，出现：铝水平测量的界面，点击尺子，上下拖动尺子，直到水平基准线变为绿色时，点击“测量完毕”按钮，记录的值即为出铝前的铝水平值，如图 5-41 所示。

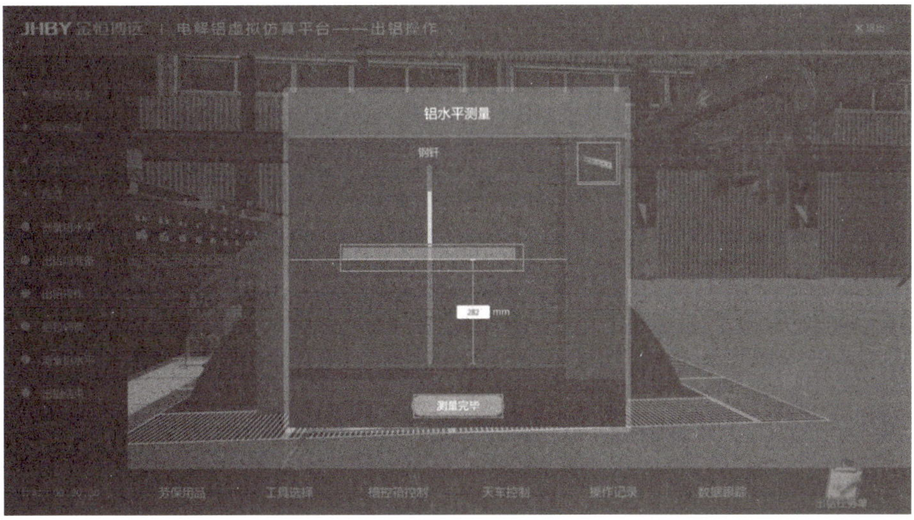

图 5-41

4.3.6　出铝前准备

出铝前准备包括将抬包吊至出铝槽旁、抬包清零、在出铝槽旁铺放铝片。

抬包吊至出铝槽旁。打开【天车控制】面板电源开关、液压系统开关、空压机开关，工具选择调到“出铝”，操作大车左行、大车右行、**工具车/出铝车前行**、**工具车/出铝车后行**到达抬包初始位置，操作**阳极/打壳/出铝/捞渣：下降**、**阳极/打壳/出铝/捞渣：上升**两个按钮，将抬包吊起来，再操作大车左行、大车右行、**工具车/出铝车前行**、将抬包吊至出铝槽旁；或者点击右边的一键操作面板，点击某个位置，直接到达选定的位置。抬包到达某个位置，在软件界面右上角会有黄色的字体显示。

抬包清零。抬包吊起来后点击打开“称重开关”，之后点击“清零”进行清零操作。

铺放铝片。点击“工具选择”弹框，选择“铝片”，在出铝口高亮区域点击，进行铺铝片操作。

4.3.7　出铝操作

出铝操作包括插入吸出管、连接地面风管、开启和关闭风阀、记录出铝量。

插入吸出管。铺完铝片点击**阳极/打壳/出铝/捞渣：下降**下降抬包，将吸出管下入出铝口。

连接地面风管。点击“工具选择”弹框，选择“风管”，点击高亮区域接好风管、挂好防脱链。

开启和关闭风阀、记录出铝量。点击高亮区域的“压缩空气阀门”打开阀门，在右上角可实时查看出铝量，如图 5-42 所示。关闭阀门后弹出出铝任务单，在任务单上记录实际出铝量。

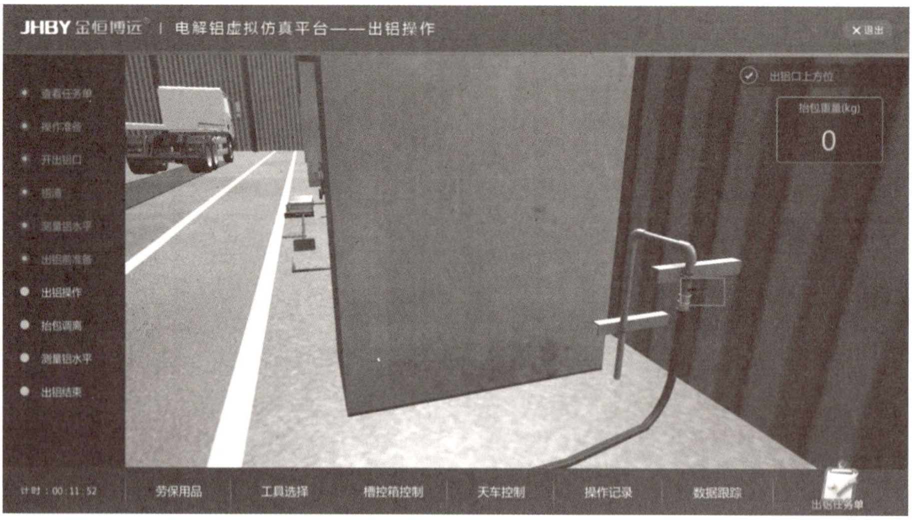

图 5-42

4.3.8 抬包吊离

抬包吊离包括卸掉风管、吊出抬包、清理结壳、抬包吊离。

卸掉风管、吊出抬包。点击风管的高亮区域，断开风管，抬包吸出管移出出铝口。

清理结壳。点击“工具选择”弹框，选择“碓子”，点击高亮区域的吸出管位置清理结壳。

抬包吊离。点击 **阳极/打壳/出铝/捞渣：上升** 按钮，抬包上升到上限位，点击出铝车/工具左转、出铝车/工具右转，让吸出管的方向与行走方向反向，操作天车上的大车左行、大车右行、**工具车/出铝车前行**、**工具车/出铝车后行**，将出铝包吊至出铝车处，点击 **阳极/打壳/出铝/捞渣：下降** 按钮，将出铝包平稳地放到出铝车上。或者点击右边的“一键操作”，点击铝车位，抬包到达铝车位置，如图 5-43 所示。

4.3.9 测量铝水平

点击“工具选择”弹框，选择“尺子”“钢钎”，将钢钎伸到电解槽最底端，然后取出，等钢钎冷却完毕，测量没有沾电解质（电解质颜色灰白）部分的钢钎长度并记录。具体测量步骤为：点击高亮的钢钎，出现：铝水平测量的界面，点击尺子，上下拖动尺子，直到水平基准线变为绿色时，点击“测量完毕”按钮，记录的值即为出铝前的铝水平值。

4.3.10 出铝结束

出铝结束包括天车归位、撤警示标识、堵铝口、覆盖保温料、清扫炉门口、移开铝片、槽控箱操作出铝结束。

图 5-43

天车归位。操作天车控制面板，大车左行、大车右行、**工具车/出铝车前行**、**工具车/出铝车后行**，将天车放到最左边位置，工具车/出铝车在最前边位置。

点击警示带和警示牌，撤走警示标识。

点击“工具选择”弹框，选择“铁锨”“扫把”，进行堵铝口、覆盖保温料操作，操作完成后用扫把清扫炉门口，关闭槽罩。

点击“槽控箱控制”弹框，点击“出铝”按钮，出铝指示灯灭，点击“确定”按钮退出【槽控箱控制】界面，如图 5-44 所示。

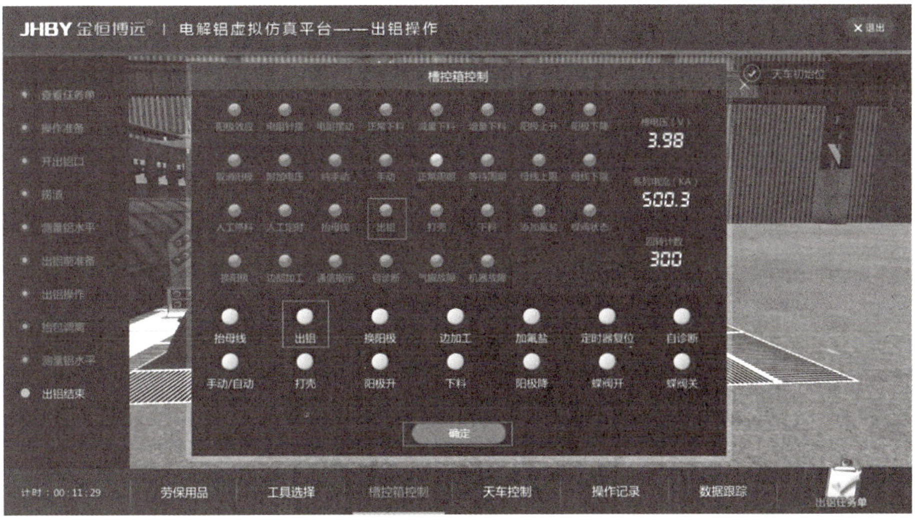

图 5-44

任务5　电解槽效应熄灭作业仿真

5.1　效应熄灭作业原理

阳极效应:是指熔盐电解过程中发生在阳极上的特殊现象。阳极电流密度超过了临界电流密度时就会发送阳极效应。当发生阳极效应时,在阳极与电解质接触的周边上出现许多细小的电弧光,槽电压上升到数十伏,电解质停止沸腾,并以小滴状在阳极周边上飞溅,大型电解槽上部结构出现微微颤动,并伴有响声。

临界电流密度的定义:阳极效应通常是在阳极电流密度增大到一定值时发生,此时电流密度称为临界电流密度。

影响临界电流密度的因素:氧化铝浓度 、炭素材料、分子比、溶盐的组成、电解质温度。

阳极效应发生的机理:当氧化铝浓度降低时,电解质同炭阳极之间的湿润性变差,析出的气体容易进入阳极和电解质的界面,随着阳极气泡的逐渐增多,小气泡聚合成较大气泡,形成连续的气体膜,由于气体的绝缘性,阻碍了电流的通过。当阳极的导电面积有相当部分被气膜覆盖,其有效面积减少,其电流密度增大,超出该条件下的临界电流密度。

阳极效应的外观特征:

1. 气泡不再大量析出,电解质停止沸腾。

2. 有大量的烟气排出,排出的气体除 CO 和 CO_2 外,还有 CF_4 和 C_2F_6。

3. 电压上升,与电解槽并联的低压灯泡发亮,系列电流急剧降低。

4. 阳极周围发生明亮小火花,并带有特别的响声和吱吱声。

阳极效应时槽内特征:

1. 电解质中氧化铝浓度降低;

2. 炭阳极附近 F^-离子浓度升高,而含氧离子浓度降低;

3. 炭阳极电位升高达到 F^-放电电位,析出炭氟化合物气体 CF_4 和 C_2F_6;阳极表面为一层气体膜所覆盖。

5.2　效应熄灭作业操作流程图(图 5-45)

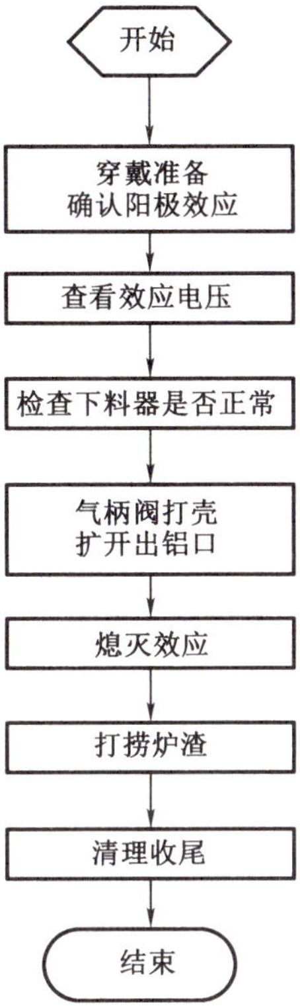

图 5-45

5.3　【效应熄灭作业】操作规程

5.3.1　操作前准备

效应熄灭作业操作前准备包括穿戴准备和确认阳极效应。

穿戴准备。点击选择“安全帽”“护目眼镜”“工作服”“隔热靴”“呼吸器”“绝缘手套”“披肩帽”“护腿”“围裙”和“中面罩”,穿戴完点击“确定”进入场景。

确认阳极效应。点击“确认”按钮,关闭提示框。

5.3.2　查看效应电压

点击“槽控箱控制”按钮或左侧菜单的查看效应电压按钮,打开【槽控箱控制】界面(图 5-46)查看效应电压。点击“确认”按钮表示已查看效应电压。

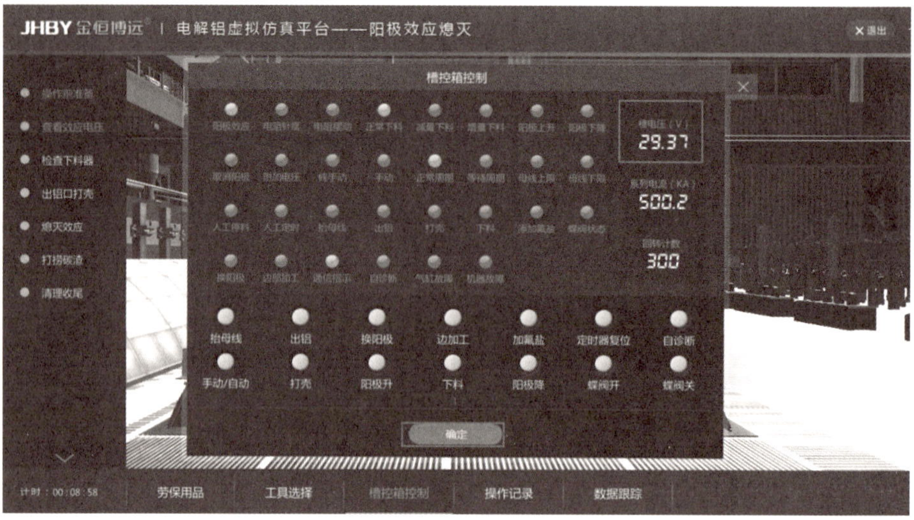

图 5-46

5.3.3 检查下料器

打开烟道端槽罩，点击“槽控箱控制”弹框打开槽【控箱控制】界面，点击“打壳”按钮，发送打壳信号，点击“确认”按钮，检查下料是否正常，确认完点击“关闭烟道端槽罩”，如图 5-47 所示。

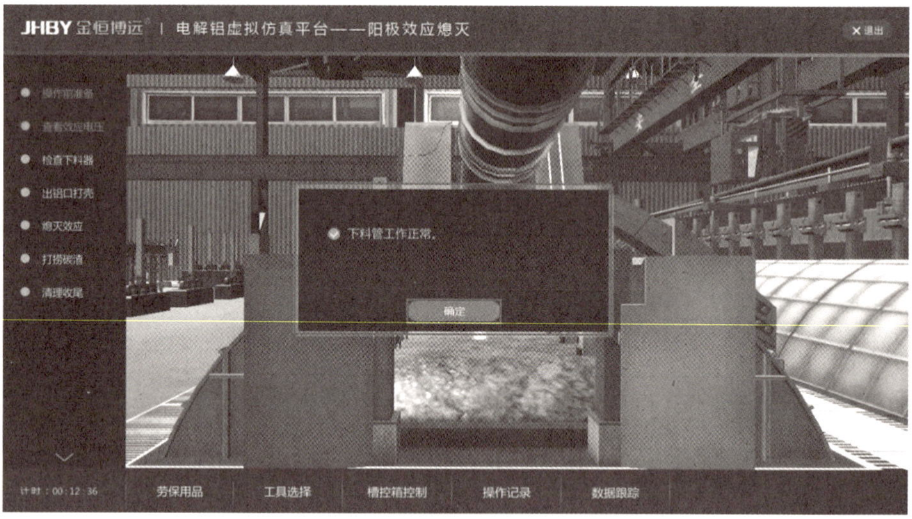

图 5-47

5.3.4 出铝口打壳

出铝口打壳包括气柄阀打壳和手动扩开出铝口。打开出铝端槽罩，点击操作气柄阀打壳。点击“工具选择”弹框，选择“碓子”，点击高亮的碓子，扩开出铝口，如图 5-48 所示。

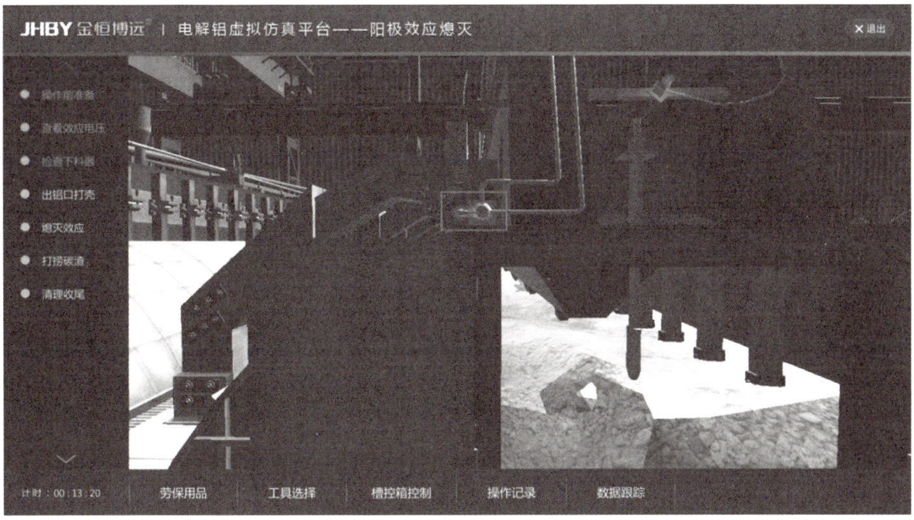

图 5-48

5.3.5　熄灭效应

点击“工具选择”弹框，选择“效应木棒”，点击高亮的效应木棒，侧身将效应棒从出铝口插入阳极底掌下。回到槽控机旁观察阳极效应是否熄灭，确认阳极效应熄灭，槽控机电压恢复到正常时，点击“确定”按钮退出【槽控箱控制】界面，同时拔出效应棒，如图 5-49 所示。

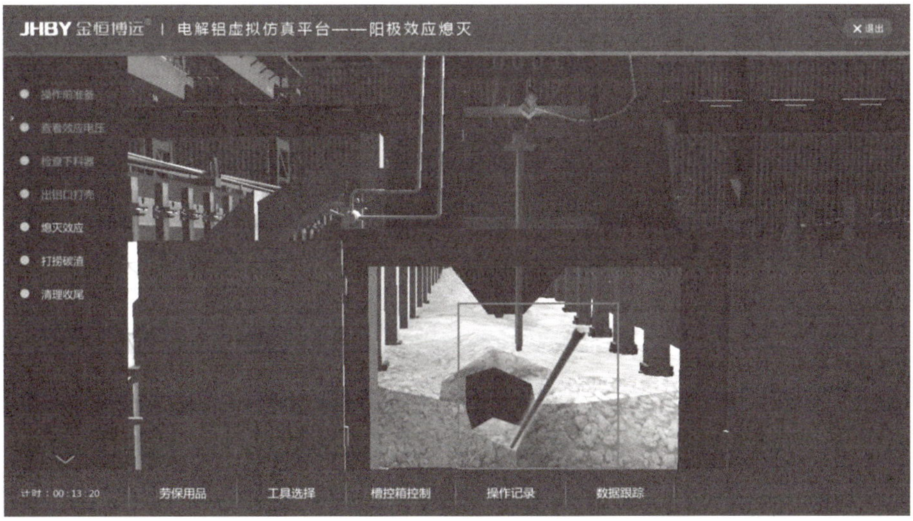

图 5-49

5.3.6　打捞炭渣

点击“工具选择”弹框，选择“炭渣盒”“炭渣勺”，点击高亮区域，开始打捞炭渣。打捞完炭渣，点击炭渣盒并移开。

5.3.7 清理收尾

点击“关闭出铝端槽罩”,并打开【槽控箱控制】界面,确认槽电压正常。

实训总结

【项目小结】

1. 电解铝生产仿真实训项目,可在电脑上反复操作练习,允许试错,不存在实验成本投入。

2. 通过练习可加深对电解槽各生产系统工艺及设备的记忆和理解。

3. 通过反复操作练习可记住工艺操作要点,并进行调整操作,最终完成电解槽生产操作与控制。

【项目反思】

1. 铝电解槽主要包括哪些结构?

2. 铝电解车间主要由哪些铝生产设备组成?

3. 铝电解有哪些正常生产操作?

4. 预焙铝电解槽阳极更换、抬母线、出铝、效应熄灭有哪些正常生产操作要点?

【项目评价】

按照表 5-1 进行评价:

表 5-1

考核项目	内容	考核要求	计分标准	分值	组号	得分
项目实施态度	1. 实训的积极性; 2. 遵守安全操作规程情况; 3. 遵守纪律情况	1. 积极参加实训; 2. 遵守安全操作规程; 3. 有良好的职业道德和敬业精神	1. 遵守操作规程得 20 分; 2. 遵守劳动纪律得 20 分	20	1	
					2	
					3	
					4	
					5	
阳极更换作业	1. 操作步骤正确与否; 2. 正确完成操作时间	1. 操作步骤正确与否; 2. 正确完成操作时间	操作步骤正确与否系统自动总统计,时间标准:按使用时间降序排列给分	25	1	
					2	
					3	
					4	
					5	

表 5-1(续)

考核项目	内容	考核要求	计分标准	分值	组号	得分
抬母线作业	1. 操作步骤正确与否； 2. 正确完成操作时间	1. 操作步骤正确与否； 2. 正确完成操作时间	操作步骤正确与否系统自动总统计，时间标准：按使用时间降序排列给分	20	1	
					2	
					3	
					4	
					5	
出铝作业	1. 操作步骤正确与否； 2. 正确完成操作时间	1. 操作步骤正确与否； 2. 正确完成操作时间	操作步骤正确与否系统自动总统计，时间标准：按使用时间降序排列给分	20	1	
					2	
					3	
					4	
					5	
效应熄灭	1. 操作步骤正确与否； 2. 正确完成操作时间	1. 操作步骤正确与否； 2. 正确完成操作时间	操作步骤正确与否系统自动总统计，时间标准：按使用时间降序排列给分	15	1	
					2	
					3	
					4	
					5	
合计得分						

电解铝工艺仿真实训视频——换阳极

电解铝工艺仿真实训视频——抬母线

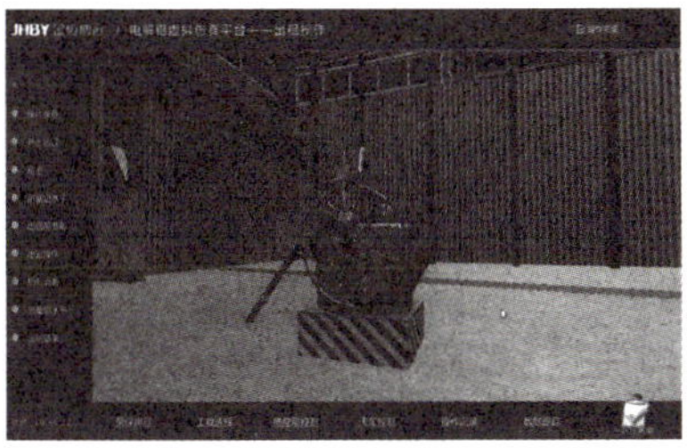

电解铝工艺仿真实训视频——出铝

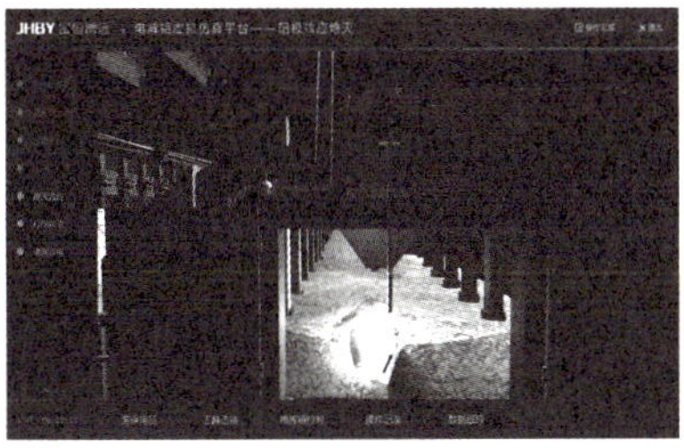

电解铝工艺仿真实训视频——阳极效应

项目6 艾萨炉炼铜工艺仿真实训

【项目描述】

1. 通过艾萨炉炼铜工艺仿真实训，熟知艾萨炉炼铜的主要生产控制工艺，掌握艾萨炉炼铜的基本原理，熟练地操作艾萨炉炼铜设备（包括对其进行检查、维护和一般故障的判断）。

2. 操作过程中能按照仿真实训规程，提高对水冷、备料、烘炉转熔炼、料量的增加和氧量匹配，稳定控制熔池温度等艾萨炉炼铜生产及控制过程的认知，获得较好的炼铜技术经济指标。

3. 按照生产要求完成冶炼一炉铜的完整操作，具备高等技术人才应有的生产操作的技能、独立分析问题和解决现场实际问题的能力，以及组织安全生产的能力。

【项目分析】

1. 知识目标

（1）能够熟悉艾萨炉炼铜车间和设备，明确各炼铜工序的冶金功能，掌握转炉炼铜的基础理论和基本原理。

（2）能够描述出艾萨炉炼铜工艺操作要点和基本流程，包含水冷、备料、烘炉转熔炼、料量的增加和氧量匹配、稳定控制熔池温度。

（3）具备艾萨炉炼铜工艺中常见异常工况处理的相关知识。

2. 技能目标

（1）熟悉并掌握铜冶炼艾萨炉的生产流程和操作方法。

（2）能够按照生产要求高效平稳地完成冶炼一炉铜的完整操作。

【项目实施】

通过对艾萨炉炼铜的水冷启动、布料、启动熔炼、调整供料流量、控制喷枪端压、风量控制、放铜与堵口等艾萨炉炼铜生产及控制，完成对冶炼一炉铜的仿真操作过程。

项目具体实施以下分解任务。

任务1　仿真系统基本操作

1.1　艾萨炉炼铜操作流程图(图6-1)

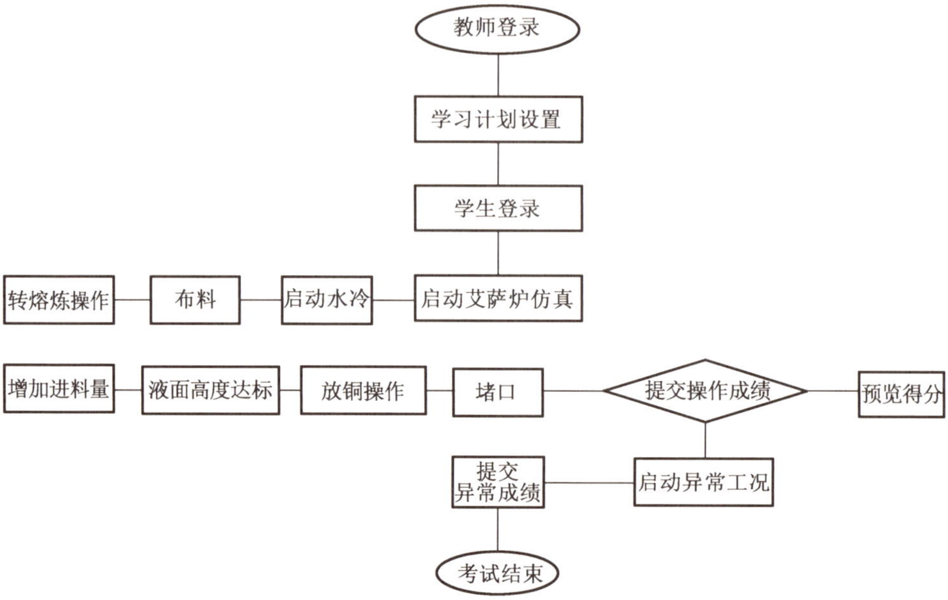

图6-1

1.2　冶炼过程标准和主要技术参数

1. 初始状态

水冷系统关闭状态;喷枪处于烘炉状态,氧气无供应,切断阀关闭,放空切断阀打开;风量为风油比设定值(油量设定值/357.1(4));喷枪插入液面下方200 mm,端压10 KPa(插入深度每增减100 mm,端压值相应增减5 KPa);油系统一台油泵启动状态,喷枪供油750 L/min;熔池温度1 200 ℃;备料系统紧急停止状态,全部皮带为空;皮带连锁部分处于解除状态,需要检查设定正确的连锁。

2. 布料

进入系统后,备料系统处于急停状态,需要解除急停状态,检查设定正确的连锁,将初始料量设定在30~40 t/h,设定11#皮带对应的给料转速(0.5 t/r)对应的频率(9.8 r/Hz),点击"加料顺序启",启动皮带系统完成布料,当物料达到16#皮带时,皮带会变色提示,并有流量显示,此时及时点加料停止,完成布料操作。

3. 启动熔炼

布料完成后,需要选择温度检测热电偶(热电偶3),将喷枪从烘炉状态切换为标准状态,此时氧气管路切断阀自动打开,放散关闭,油路切断阀自动关闭,吹扫自动打开。喷枪切换为标准状态后，进行氧气流量的匹配设定（计算氧量和实际氧量偏差控制在±1 以内）、风量匹配设定（计算氧量和实际氧量偏差控制在±1 以内）。设定完成，点击熔炼启动，加料系统随熔炼启动自动开始运行，艾萨炉进入熔炼状态。

4. 逐步增加进料流量

熔炼启动后，逐步增加入炉精矿流量，每次增加量不超过 10 t/h，两次调整间隔≥30 s，将精矿流量增加到 90~110 t/h。在改变精矿流量后，要同步设定氧气流量、空气流量、11#皮带对应转速。同时随着熔炼的进行，艾萨炉熔体液面逐渐上升，喷枪埋入液面深度增加，端压升高。需要调整喷枪高度，保持端压在 9~12 kPa。

5. 喷枪端压自动投入

当精矿流量达到 60 t/h 后，认为熔炼进入稳定期，端压可以调整为自动控制，此时喷枪随着炉内熔体液面的增长自动进行高度调节，不用再手动调整喷枪高度。

6. 风量控制连锁投入

当精矿流量达到 80 t/h 后，认为熔炼的氧气、空气可以自动进行配比调节，此时需要设定总入炉气体流量为 7 m^3/s，启动风量连锁，风量可随着氧气流量设定值的改变自动调整，不用再手动设定。

7. 放铜与堵口

当喷枪高度到达 2~2.2 m 时，点击总貌上的放铜按钮进行放铜操作，炉中熔体液面和喷枪高度会逐渐下降，当下降到 0.6~0.8 m 时，点击总貌界面的堵口按钮，停止放铜，正常工艺部分的操作完成，点击提交按钮提交操作，预览成绩。

1.3　通过管理器登录铜仿真界面

（1）点击“用户”“密码”，登录自己的账号。

（2）点击铜冶炼虚拟仿真平台。

（3）根据计划选择铜仿真操作或者考核评价。

（4）选择要操作的炉型，下载程序安装，安装完成再点击要操作的炉型，启动仿真程序。登录界面如图 6-2 所示。

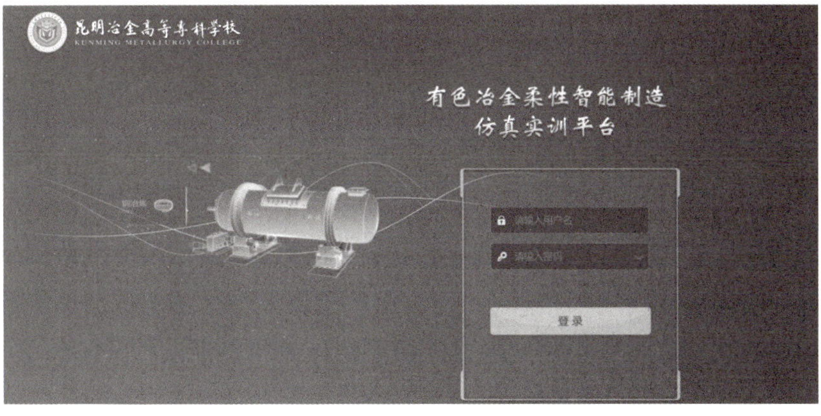

图 6-2

选择操作模块如图 6-3 所示。

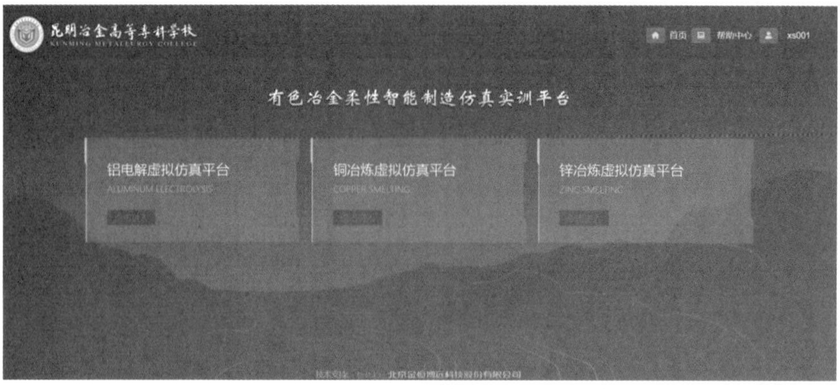

图 6-3

选择仿真或者考核评价如图 6-4 所示。

图 6-4

选择操作炉型如图 6-5 所示。

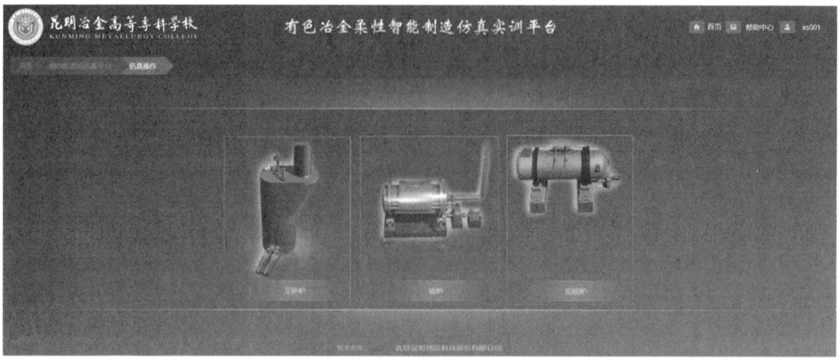

图 6-5

任务 2　水冷启动操作

艾萨炉仿真程序启动后，点击【水冷原件流量】界面，点击右上角的“启动水冷”，运行艾萨炉冷却系统（图 6-6）。点击最右侧的“显示虚拟场景画面”，可打开 3D 场景窗口，可通过鼠标滚轮调整虚拟场景窗口大小。如果是一机双屏，则虚拟场景自动在第二扩展屏上全屏显示，可随时关闭/打开，点击任意一个小画面可放大，再次点击还原。

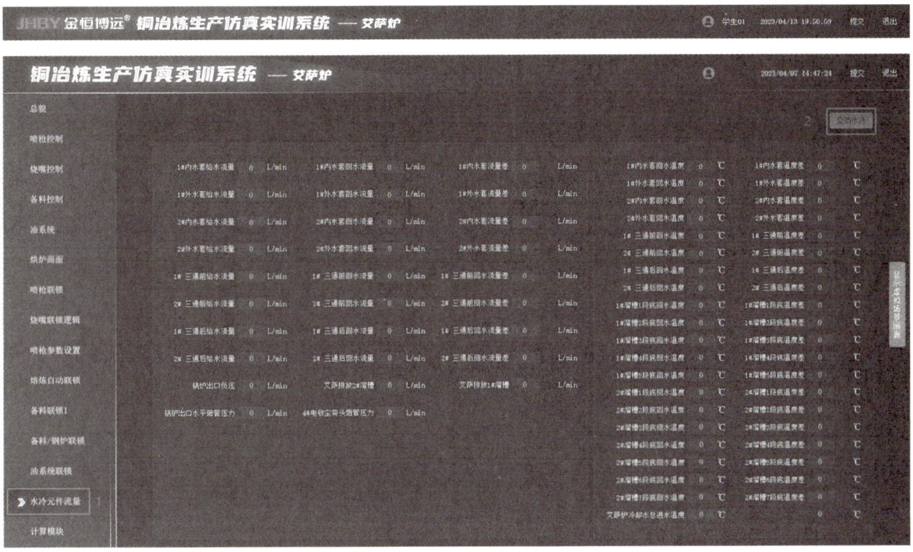

图 6-6

任务 3　布 料 操 作

3.1　加料复位

点击【备料控制】界面，备料系统处于加料急停状态，所有皮带空料。点击加料复位解除加料急停的状态。

3.2　检查连锁和自动状态

依次点击图 6-8 中所示的 12#皮带，10#皮带和中间仓系统弹出窗口，检查连锁和自动、手动状态，并将连锁投入。

3.3 设定初始布料量和 11#皮带匹配转速

点击对应中间仓旁边的“设定流量(干)”,设定投入的中间仓系统布料流量,总流量在 30~40 t/h。

点击 11#皮带,设定皮带对应的转速频率,计算方法按 0.5 t/r,对应的频率为 9.8 r/Hz,30 t/h 对应的转速应该是 30/0.5=60 r/min,60 r/min 对应的频率为 60/9.8=6.12 Hz,如图 6-7 所示。

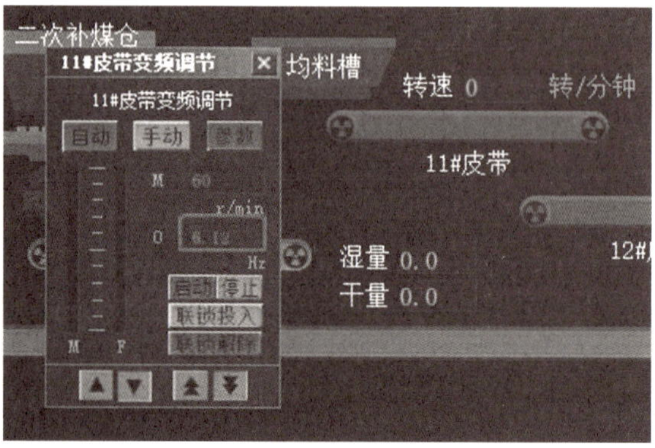

图 6-7

3.4 完成布料操作

完成以上设定后,点击加料顺序启动备料系统,皮带系统从 17#皮带往上逐步启动(出现箭头和端部转动),直到料仓给料机启动供料。此时精矿从料仓向下运行,约 20 s 到达 16#皮带,16#皮带变为蓝色,并显示流量。此时点击加料停止按钮,完成布料操作。如图 6-8 所示。

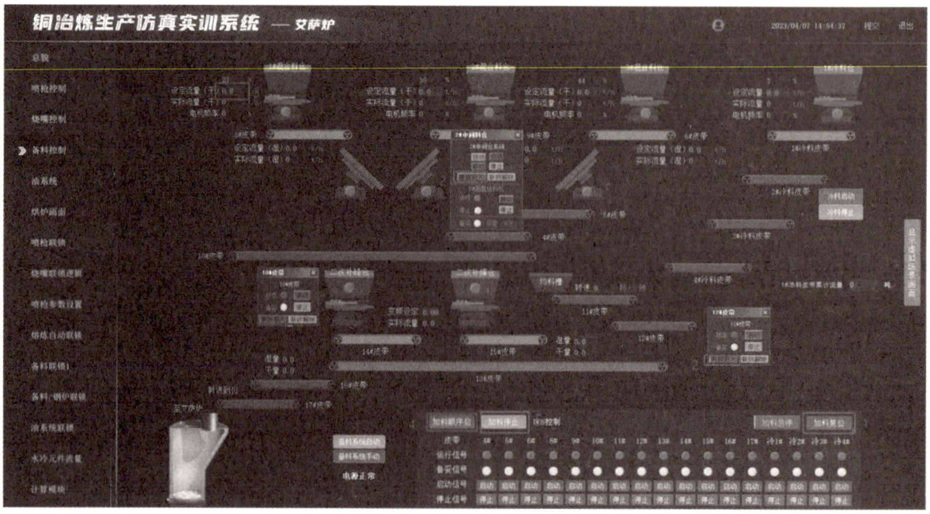

图 6-8

注意:物料到达 16#皮带后及时停止备料系统,物料入炉超过 0.1 t 会扣分。

任务 4　启动熔炼操作

4.1　热电偶测温选择

备料完成后,点击【喷枪控制】界面(图 6-9),在熔池温度处点击,弹出熔池温度选择,点击 3,选择第 3 热电偶测定熔池温度。

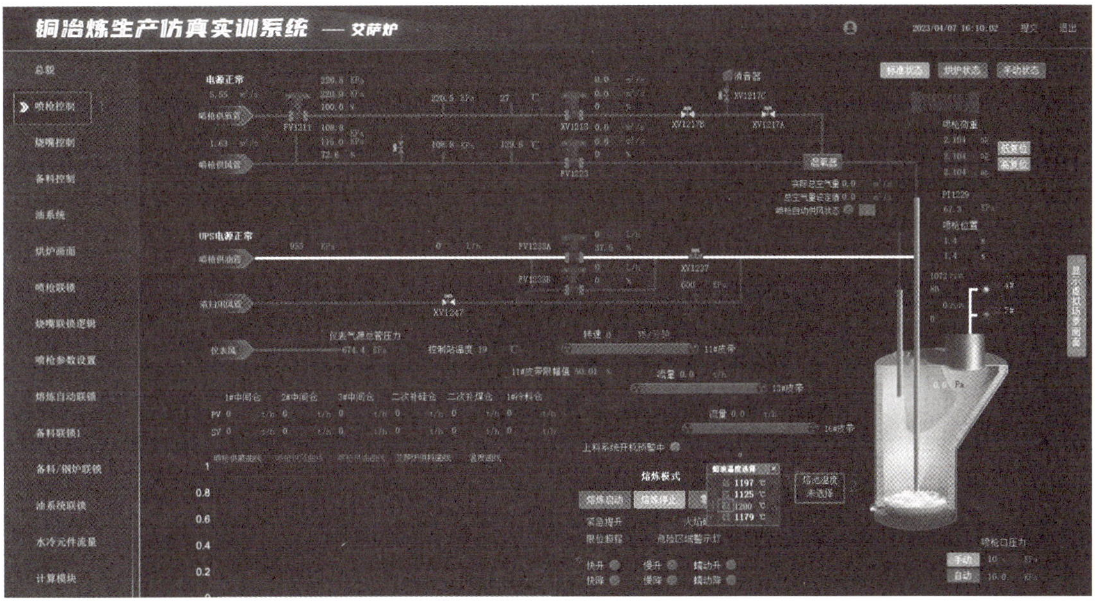

图 6-9

4.2　启动熔炼

点击【喷枪控制】或【总貌】界面,点击切换喷枪为标准状态,设定喷枪供氧量和供风量(如果氧气处于串级控制状态,则只用设定空气流量),使计算氧量和实际氧量偏差控制在±1 以内,点击“熔炼启动”按钮,炉子进入熔炼模式,备料系统会自动跟随启动供料,艾萨炉液面逐渐升高,喷枪端压逐渐上升。

熔炼启动后,需要将艾萨炉内负压调整到-1~-5 Pa,点击 6 弹出弹窗,将 MV 值设定在 86~90,如图 6-10 所示。

4.3　调整供料流量

熔炼启动后,逐步增加入炉精矿流量,点击【喷枪控制】或【总貌】界面中的中间仓设置区域,改变对应中间仓的 SV 值。

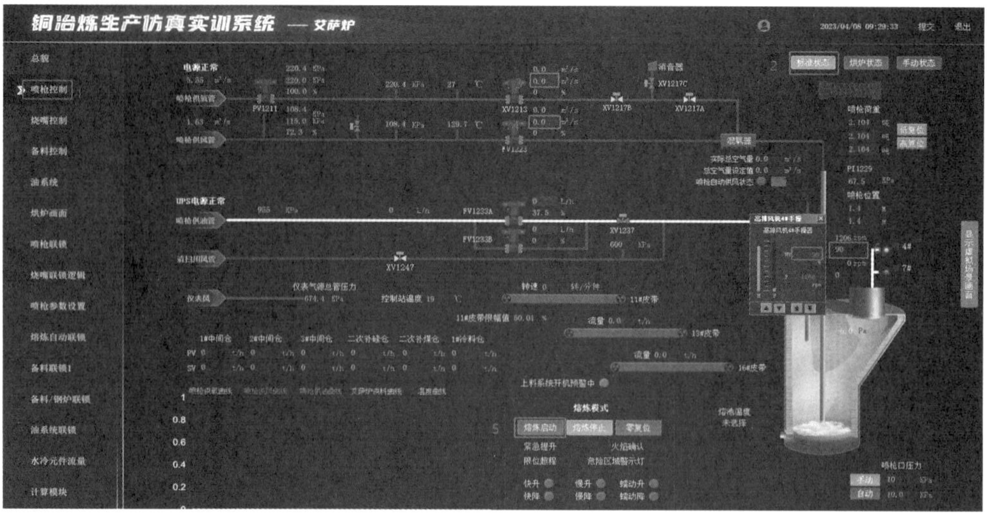

图 6-10

注意:每次增加量不超过 10 t/h,两次调整间隔≥30 s,将精矿流量增加到 90~110 t/h。每次调整精矿流量后,都要对应调整 11#皮带转速和喷枪供风流量,如图 6-11 所示。

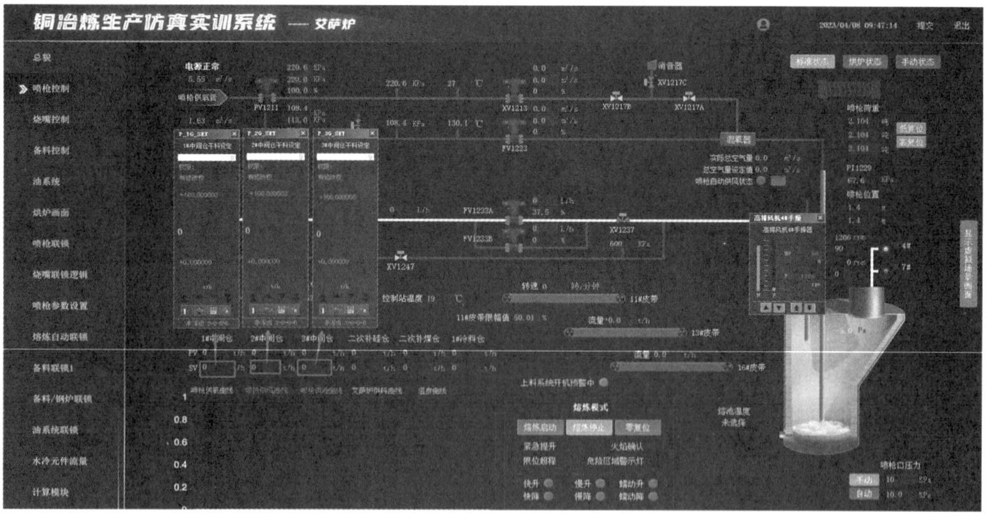

图 6-11

4.4 控制喷枪端压

随着熔炼的进行,艾萨炉熔体液面逐渐上升,喷枪埋入液面深度增加,端压升高。此时需要调整喷枪高度,保持端压(图 6-12 中标记为“4”)在 9~12 kPa。点击“喷枪升降”控制(图 6-12 中标记为“1”)弹出控制窗口,点击“蠕动上升”调整端压实际压力,压力在合适范围时点击“停止”按钮(图 6-12 中标记为“3”)。

当入炉精矿流量达到 60 t/h 后,可将喷枪端压控制转成自动模式(图 6-12 中标记为“5”)。如图 6-12 所示。

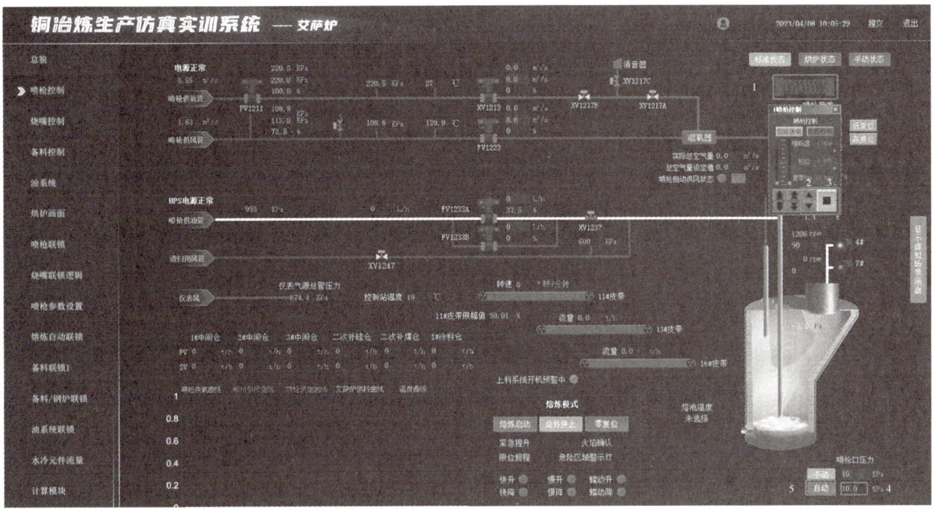

图 6-12

4.5　喷枪供风流量自动控制投用

当入炉精矿流量到达 80 t/h 时,可以设定喷枪入炉风量自动控制。点击【喷枪控制】界面,在总空气量设定值中设定数值为 7,然后点击喷枪自动供风状态后的方块,弹窗中点击“投入”。此时喷枪供风流量会自动设置为 7-氧气流量,不再用手动进行供风流量设定,如图 6-13 所示。

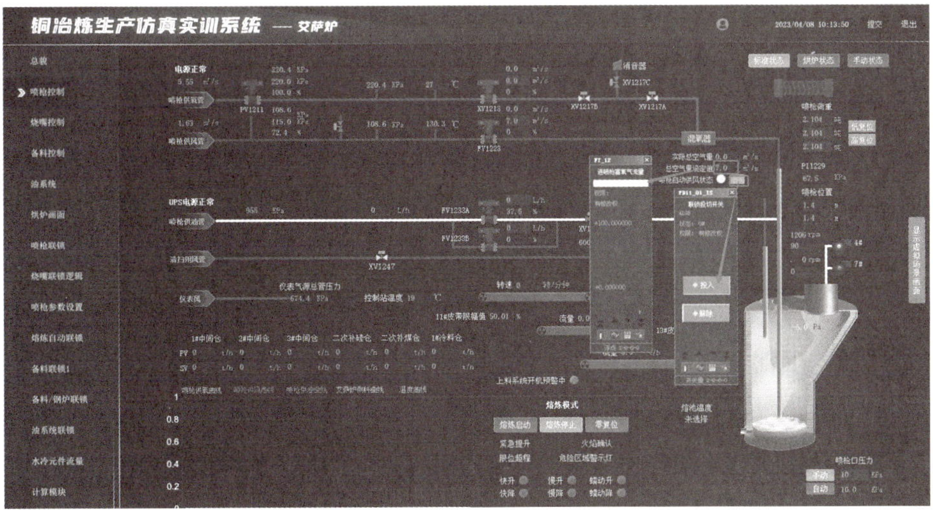

图 6-13

任务 5　放铜与堵口操作

随着熔炼的进行，自动控制状态下的喷枪高度达到 2.0~2.2 m 时，点击【总貌】界面的“放铜”按钮，打开放铜口，冰铜会从放铜口流出，炉中熔体液面下降，喷枪高度也随之降低。当自动控制的喷枪高度到达 0.6~0.79 m 时，点击“堵口”按钮，停止放铜，整个冶炼操作完成，如图 6-14 所示。

点击右上角的“提交”按钮，将成绩上传至管理系统，同时弹出成绩列表，可预览本次操作得分情况，正常操作部分结束。

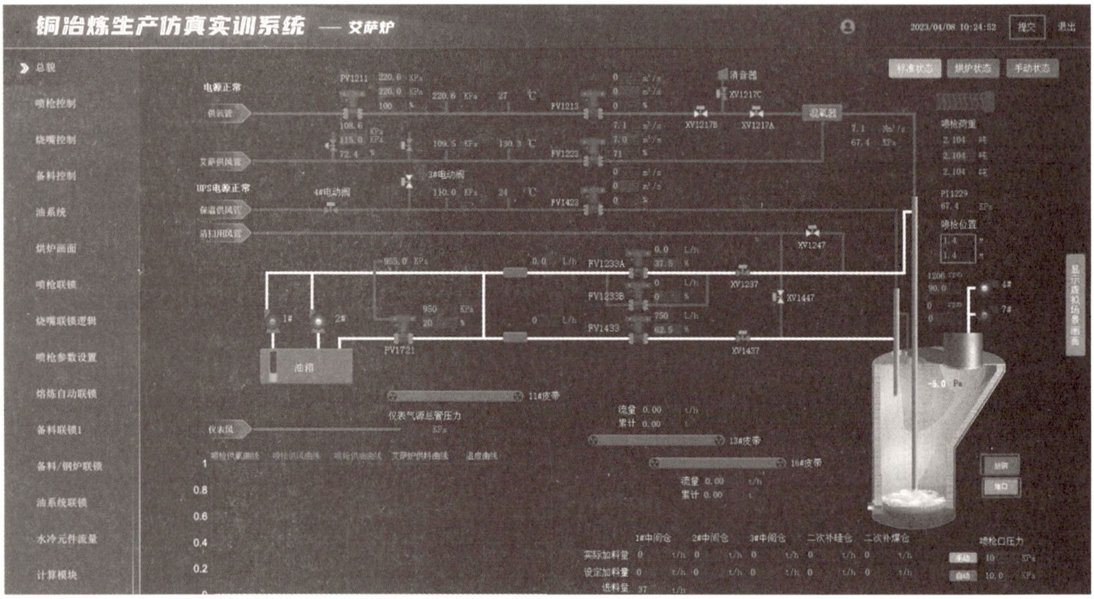

图 6-14

任务 6　异常工况考核

正常操作提交后，在弹出的成绩预览窗口下方，点击进入“异常考核”按钮，进入异常工况处理。软件共设置 9 种异常工况，需要识别每种工况里面的正确选项并勾选，排除干扰项，达到异常工况处理知识的学习目的，如图 6-15 所示。

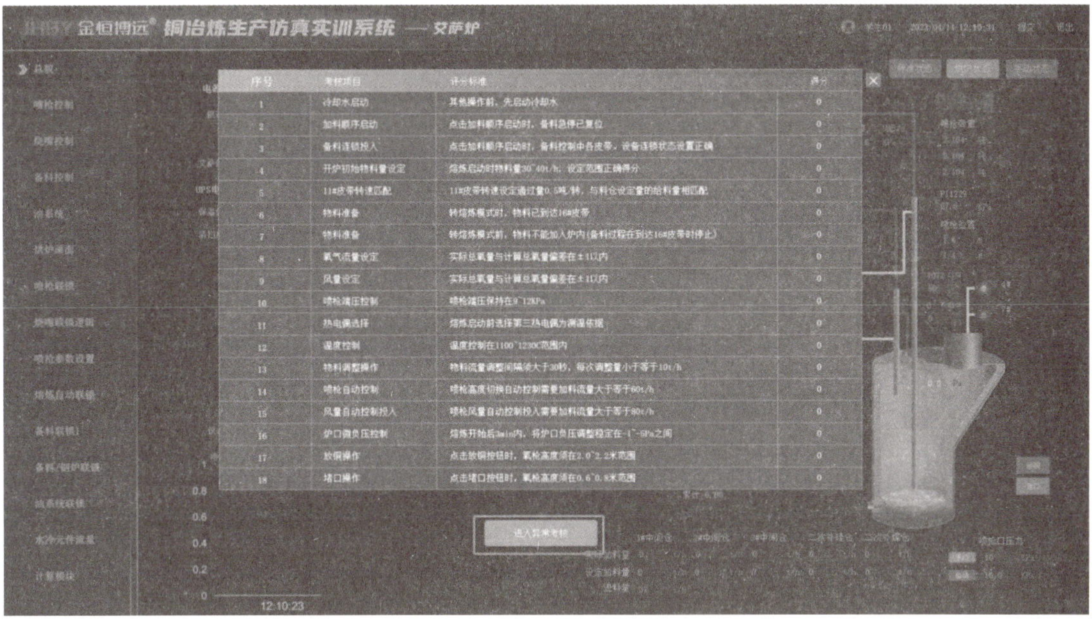

图 6-15

6.1　泡沫渣(图 6-16)

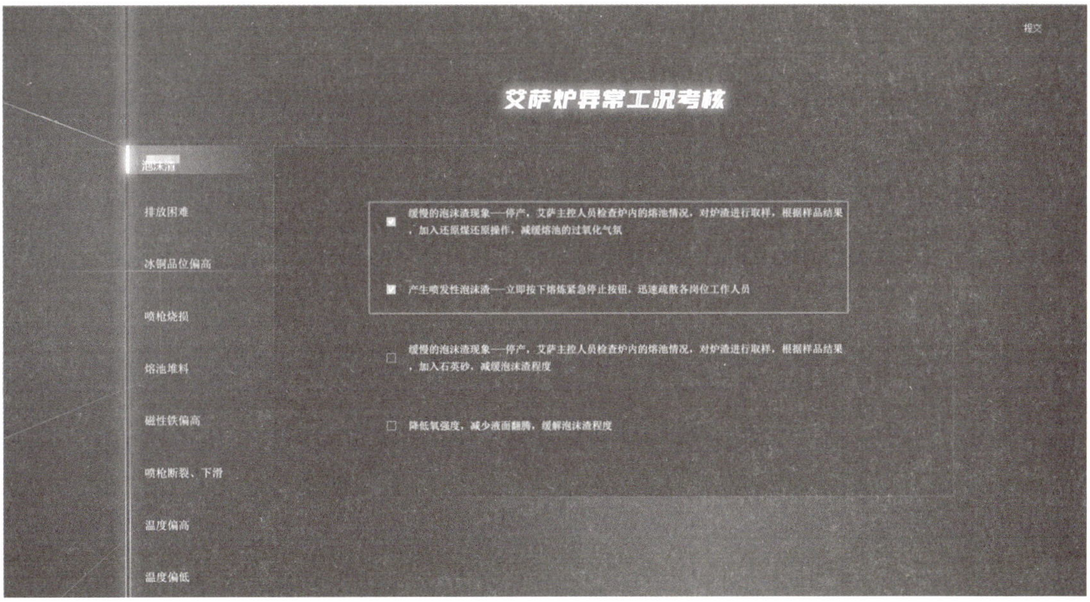

图 6-16

6.2 排放困难(图 6-17)

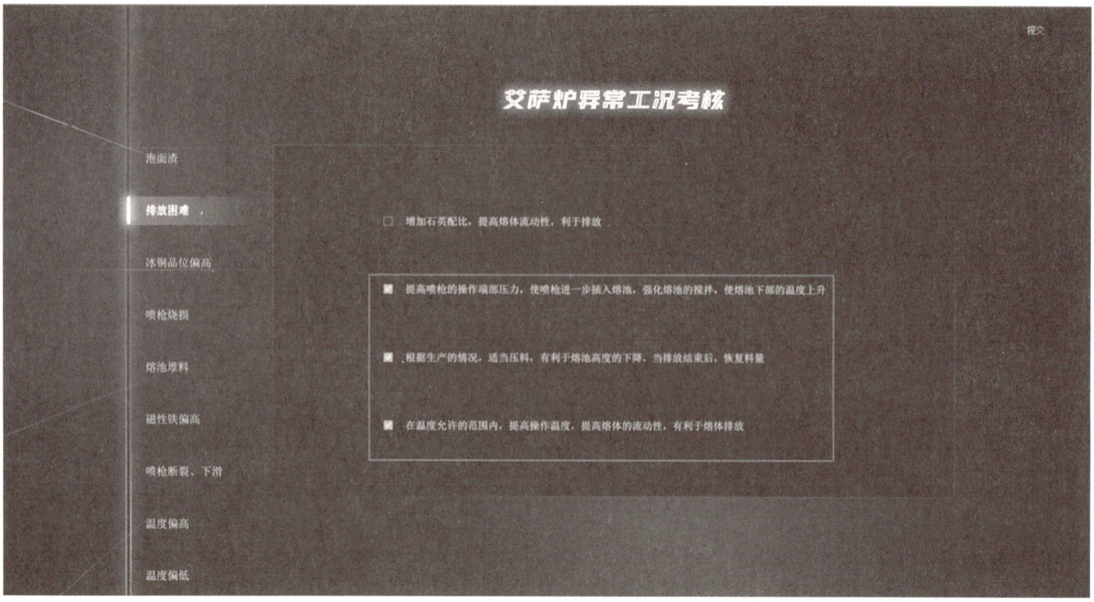

图 6-17

6.3 冰铜品位偏高(图 6-18)

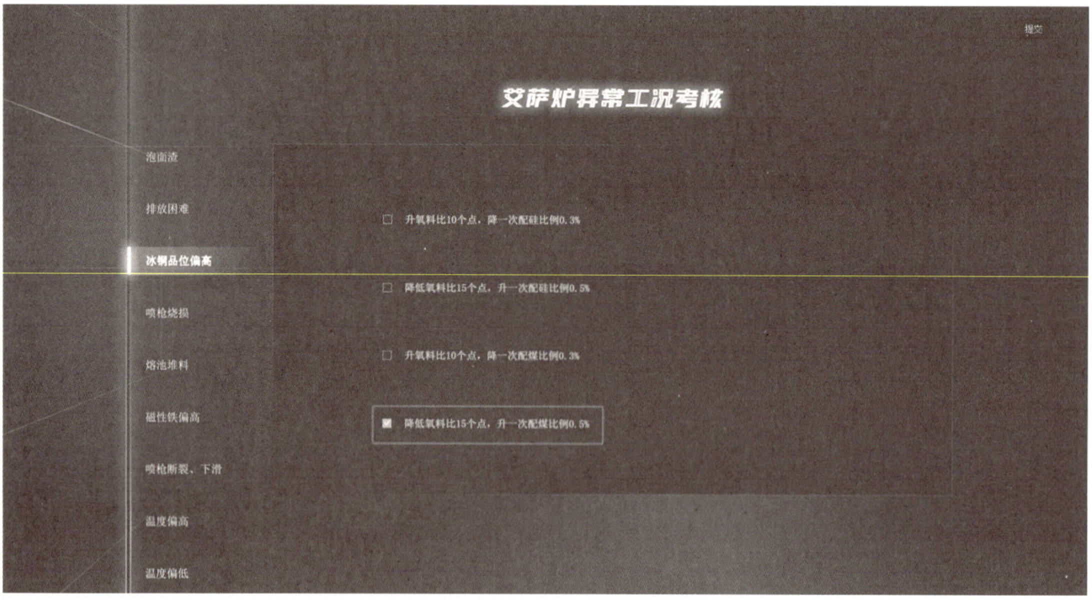

图 6-18

6.4　喷枪烧损(图 6-19)

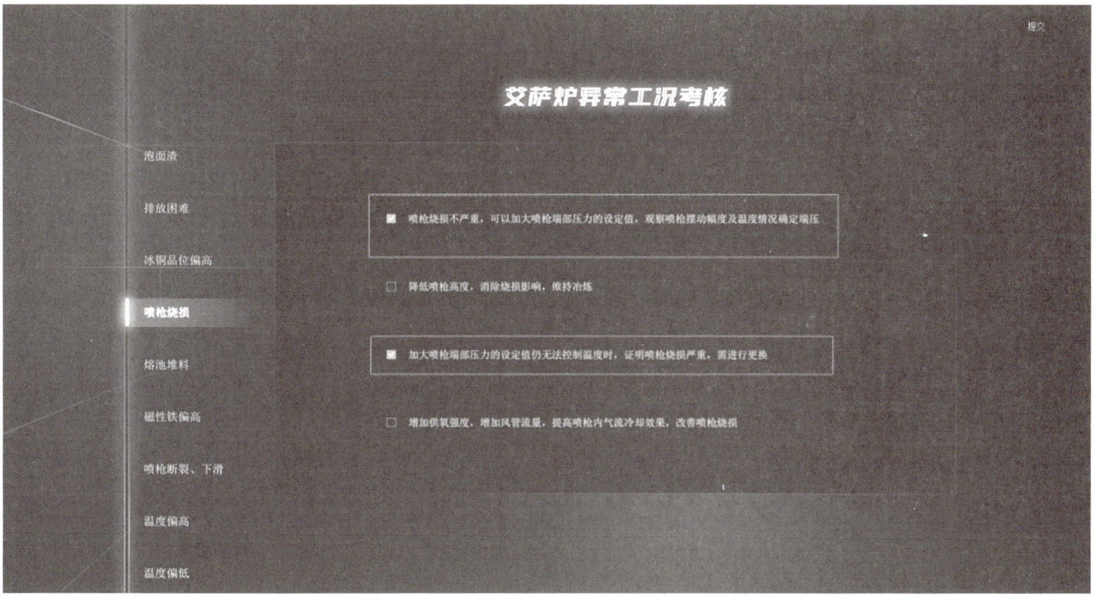

图 6-19

6.5　熔池堆料(图 6-20)

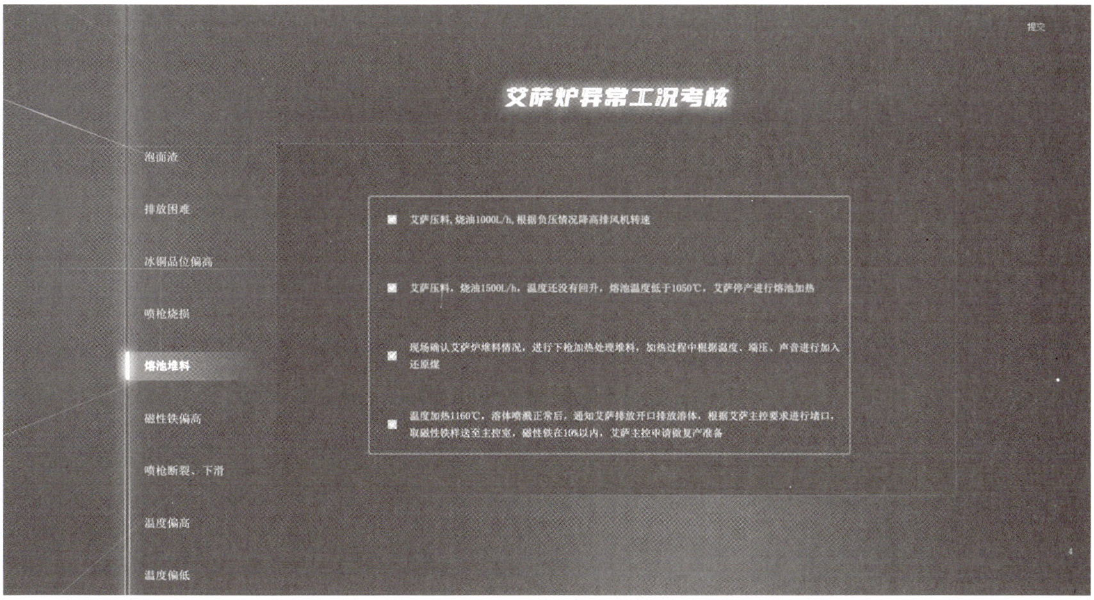

图 6-20

6.6 磁性铁偏高(图 6-21)

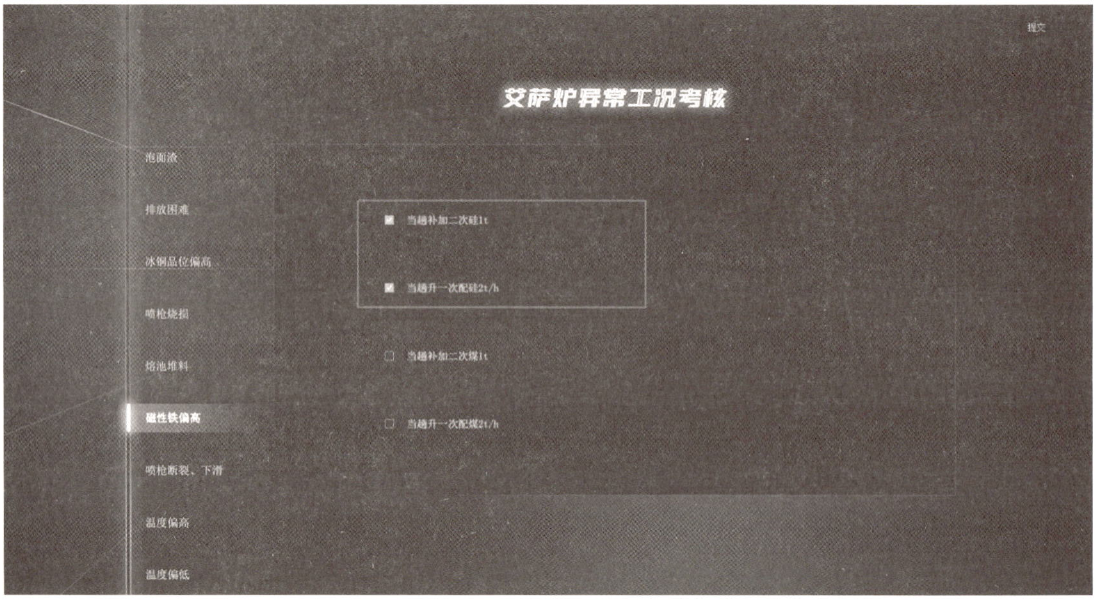

图 6-21

6.7 喷枪断裂、下滑(图 6-22)

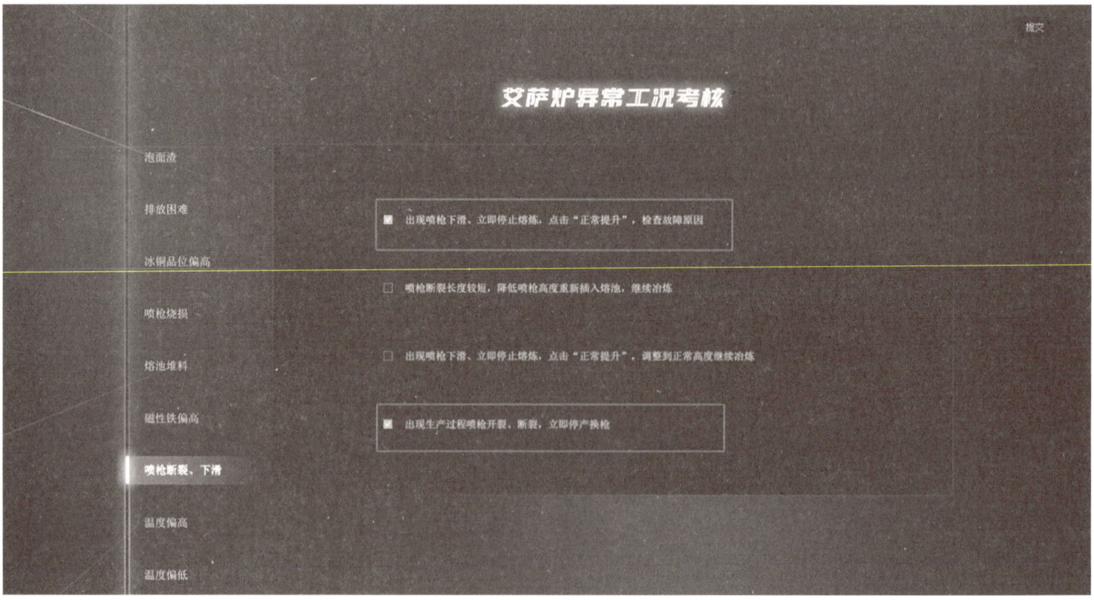

图 6-22

6.8　温度偏高(图 6-23)

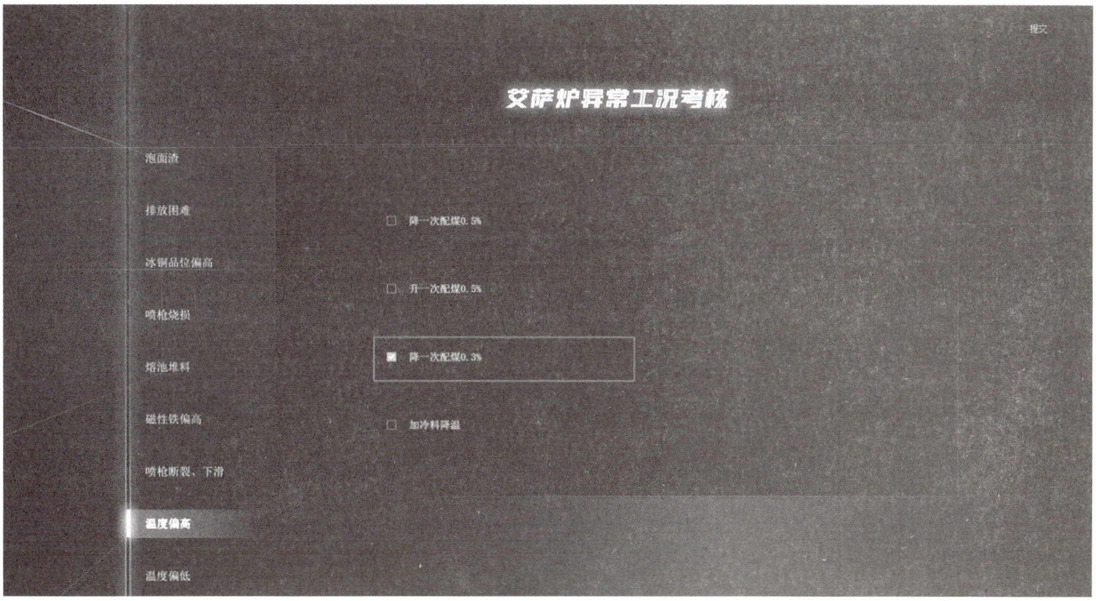

图 6-23

6.9　温度偏低(图 6-24)

图 6-24

当所有异常项都处理完毕,点击右上角的“提交”按钮,弹出确认窗口,点击“是”将异常项处理结果提交到管理系统记录成绩,全部操作完成,系统自动退出。在管理系统中可查询考试成绩。如图 6-25 所示。

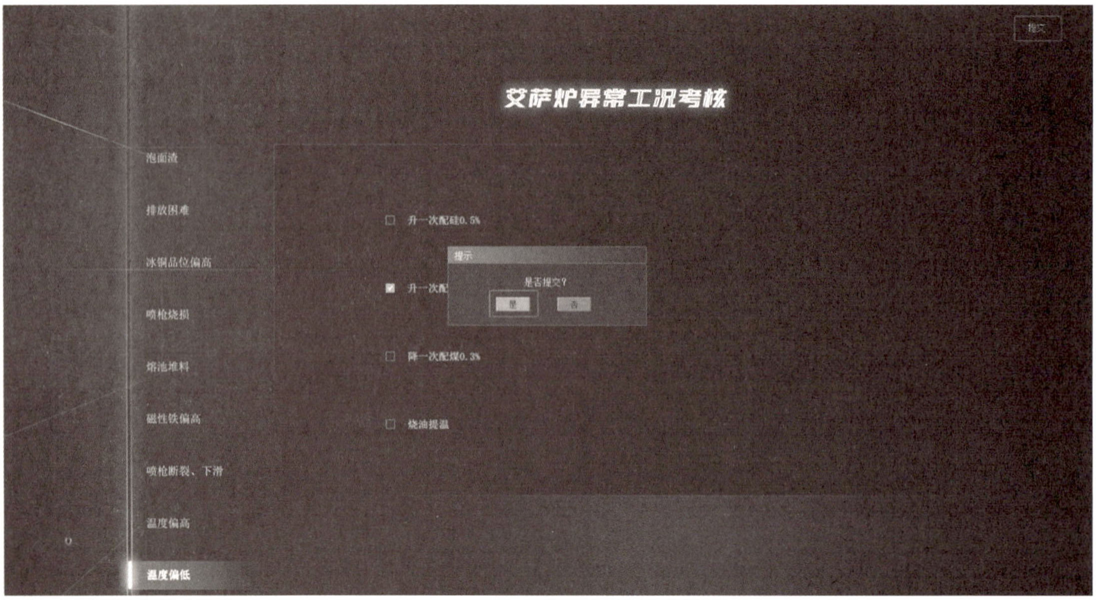

图 6-25

实 训 总 结

【项目小结】

1. 艾萨炉炼铜工艺仿真实训项目供了生动、逼真的学习情境，可在电脑上反复操作练习，不受温度、试剂和设备的制约，允许试错，不存在实验成本投入。

2. 通过练习水冷启动、布料、启动熔炼、调整供料流量、控制喷枪端压、风量控制、放铜与堵口等铜转炉冶炼的基本流程，充分调动学生学习积极性和参与性，可加深对艾萨炉炼铜各生产系统工艺及设备的记忆和理解。

3. 通过反复操作练习可记住工艺操作要点，并进行调整操作，真正意义上的对艾萨炉炼铜过程进行整体把握，最终冶炼一炉合格的铜水。

【项目反思】

1. 艾萨炉炼铜的基本原理是什么？
2. 艾萨炉炼铜工艺流程及其特点？
3. 艾萨炉炼铜的设备组成是什么？

【项目评价】

按照下表 6-1 进行评价：

表 6-1

考核项目	内容	考核要求	计分标准	分值	组号	得分
项目实施态度	1. 实训的积极性； 2. 遵守安全操作规程情况； 3. 遵守纪律情况	1. 积极参加实训； 2. 遵守安全操作规程； 3. 有良好的职业道德和敬业精神	1. 遵守操作规程得 20 分； 2. 遵守劳动纪律得 20 分	40	1	
					2	
					3	
					4	
					5	
理论知识掌握	1. 艾萨炉炼铜系统各设备组成； 2. 艾萨炉炼铜的基本工艺流程	1. 能够描述艾萨炉炼铜系统各设备组成； 2. 能够描述艾萨炉炼铜的基本工艺流程	1. 描述正确得 10 分； 2. 描述正确得 10 分	20	1	
					2	
					3	
					4	
					5	
艾萨炉炼铜系统的操作	具备艾萨炉炼铜操作的基本技能	能够操作艾萨炉炼铜系统，进行加料、吹炼、加溶剂造渣、倒渣、造铜、出铜等艾萨炉炼铜生产及控制过程	根据系统操作得分折算，满分 30 分	30	1	
					2	
					3	
					4	
					5	
艾萨炉炼铜工艺中常见异常工况处理	对常见的 9 种异常工况进行	具备常见的 9 种异常工况的处理能力	根据系统操作得分折算，满分 10 分	10	1	
					2	
					3	
					4	
					5	
合计得分						

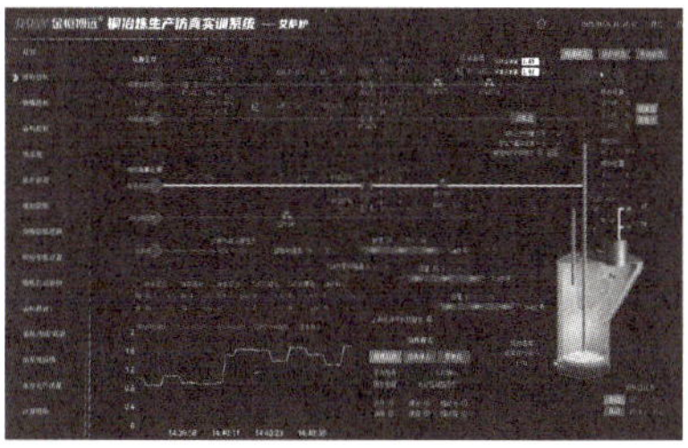

艾萨炉炼铜工艺仿真实训视频

项目 7　转炉炼铜工艺仿真实训

【项目描述】

1. 通过转炉炼铜工艺仿真实训，熟知转炉炼铜的主要生产控制工艺，掌握转炉炼铜的基本原理，熟练地操作转炉炼铜设备（包括对其进行检查、维护和一般故障的判断）。

2. 操作过程中能按照仿真实训规程，提高对加料、吹炼、加溶剂造渣、倒渣、造铜、出铜等转炉炼铜生产及控制过程的认知，获得较好的炼铜技术经济指标。

3. 按照生产要求完成冶炼一炉铜的完整操作，具备高等技术人才应有的生产操作的技能、独立分析问题和解决现场实际问题的能力，以及组织安全生产的能力。

【项目分析】

1. 知识目标

（1）能够熟悉转炉炼铜车间和设备，明确各炼铜工序的冶金功能，掌握转炉炼铜的基础理论和基本原理。

（2）能够描述出转炉炼铜工艺操作要点，掌握铜转炉冶炼的基本流程，包含加料、吹炼、加溶剂造渣、倒渣、造铜、出铜等。

（3）具备转炉炼铜工艺中常见异常工况处理的相关知识。

2. 技能目标

（1）熟悉并掌握转炉铜冶炼的生产流程和操作方法。

（2）能够按照生产要求高效平稳地完成冶炼一炉铜的完整操作。

【项目实施】

通过对转炉炼铜的加料、吹炼、加溶剂造渣、倒渣、造铜、出铜等转炉炼铜生产及控制，完成对冶炼一炉铜的仿真操作过程。

项目具体实施以下分解任务。

任务 1　仿真系统基本操作

1.1　转炉炼铜操作流程图（图 7–1）

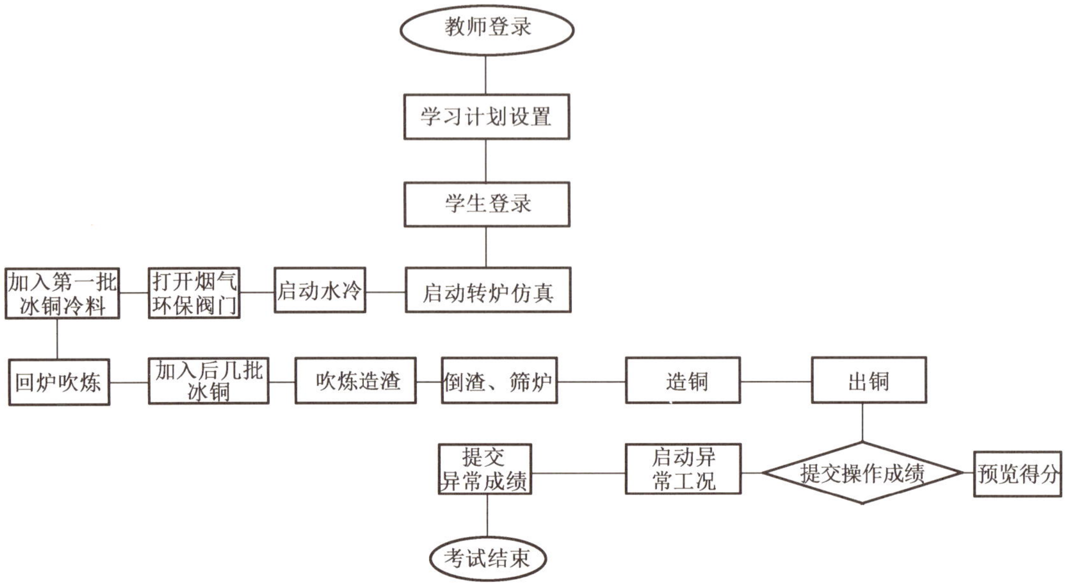

图 7–1

1.2　冶炼过程标准和主要技术参数

1. 初始状态

水冷系统关闭状态；转炉处于 70°加料位停止，各准备条件处于就绪状态，控制模式手动，转炉模式交流手动，活动小车、挡火板、东环和西环集烟罩打开到位，各连锁已投入，送风阀关闭，放风阀打开，氧气调节阀关闭，旁路调节阀关闭，GM 风机调节阀 50%，手动，环保蝶阀关闭，主烟气蝶阀关闭。给料系统中设备处于自动模式，除转炉角度外，其余处于就绪状态，溜槽闸门关闭到位，溜槽提升到位，各计量数为 0。

操作前首先要将水冷启动，高温蝶阀、烟气蝶阀、环保蝶阀打开，完成准备工作。

2. 转炉倾动

炉修模式 0°～359°无限制旋转，正常模式为–20°～140°，转动速度为 2°/s。在自动模式下，点击“开始吹炼”，转炉会自动回炉，并且随着回炉进行，放风阀、送风阀、密封小车、挡火板会在规定的位置联动动作。点击“停止吹炼”，转炉会自动倾炉到 65°停止，过程中同样有放风阀、送风阀、密封小车、挡火板的联动动作。

在手动模式下，可通过操作台完成对转炉的倾炉、回炉、停止转动的操作。

3. 加料操作

转炉在 65°~70°，且东西环集烟罩打开的情况下才允许加料，起吹加料量铜锍要求在 60~80 t，冷料要求在 10~15 t。铜锍和冷料总加入量要求在 140~160 t。

4. 送风流量和送风压力

在吹炼过程中，送风流量要求≥19 000 m^3/h，送风压力要求在 0.035~0.12 MPa，随着吹炼的进行，模拟风眼逐渐堵塞，送风压力会逐渐升高，送风流量会逐渐减小，送风流量<18 000 m^3/h，炉子会触发连锁保护，自动倾转到 70°停止。

5. 造渣要求

在造渣期，加入石英溶剂，并进行送风吹炼，铜锍中的 Fe 会发生造渣反应，炉内生成炉渣。当 Fe 含量<0.06%时，阶段造渣视为完成，可倒渣，或者加入下一批次铜锍。倒渣时角度≥86°，倒出渣量应该在理论产生渣量±3 t 范围内，既不能留渣太多，也不能倒渣过量，导致将铜大量倒出。

加石英溶剂时，要求单次加入量≤2 t，少量多次分散加入。所需要的石英量可根据如下计算得出：本次加料量×0.091 6。

6. 成分温度要求

在冶炼过程中，要求最高温度控制在 1 300 ℃以内，温度的升降与加冷料、送风流量、送氧流量相关，在正常冶炼送风 24 000 m^3/h，送氧 1 000 m^3/h 的情况下，温度每分钟升高 2 ℃，增加送风送氧强度，温升加快，降低强度，温升减慢。当送氧流量为 0，送风流量<22 817 m^3/h 时，温度转为下降，且供风越小下降越快。当停止吹炼时，熔体降温速度为 9 ℃/min。

入炉铜锍的默认成分和粗铜目标成分见表 7-1。

表 7-1　冰铜和粗铜成分　　单位：%

元素	Cu	Fe	S	O	其他
入炉冰铜成分	59.000	16.070	21.070	1.700	2.160
粗铜目标成分	98.70	0.04	0.06	—	1.20

入炉冰铜成分可在管理系统中调整，Cu 计划配置中设定在 55%~60%，Fe 设定在 15%~18%，S 设定在 19%~22%，O 设定在 1.6%~1.9%，其他成分设定在 2%~5%，成分相加要求达到 100%。粗铜目标成分不可更改。当吹炼结束时，要求熔体实际成分接近粗铜目标成分，衡量标准就是所用风量、氧量折算为纯氧量 = 风量×0.206+氧量×0.801，与理论所需纯氧量偏差在±300 m^3 以内。

7. 连锁条件

程序中设定有较多的连锁条件，现将其运行逻辑介绍如下。

自动模式：活动小车、炉后挡火板、供风阀、放风阀参与连锁，炉子处于“程控”状态下，此时点击开始吹炼，转炉会自动从当前角度回炉到 0°（2 °/s），过程中当回炉角度到达 60°时自动停止 2 s，送风阀自动打开，放风阀自动关闭，密封小车（活动小车）自动下降到下限位，2 s 内阀门执行到位，炉子继续回炉；到 45°时停止 2 s，检测送风量是否≥18 000 m^3/h，如果满足风量要求，继续回炉，不满足要求停在45°不动作，需要调整风量到18 000 m^3/h以上炉子继续回炉；继续回炉到35°，转炉回炉到0位后停止，挡火板自动降到下限位，进入吹炼过程，如果要回炉到<0范围，需要切到手动模式。点击停止吹炼，挡火板自动打开到上限，倾炉至50°时放风阀自动打开，60°时送风阀自动关闭，65°时炉子停止，活动小车自动提升到上限，如果要继续倾炉，需要切换到手动模式。

手动模式：手动倾炉状态下，活动小车、炉后挡火板、送风阀、放风阀不参与连锁，转炉在45°、60°、80°、140°会自动停止，需复位后才能操作；手动回炉状态下，转炉在60°、45°、0°、-20°会自动停止，需复位后才能操作。活动小车、炉后挡火板、供风阀、放风阀不会自动动作，需要手动操作开闭。

其他连锁条件如下。

密封小车提升到位：连锁投入，如果没有提升到上限位，则倾炉不允许红色，倾炉操作炉子不动作，切除不受限制。

<60密封小车下降到位：连锁投入，手动回炉到60°时，需要将密封小车下降到下限位，才能继续回炉，否则不能回炉到60°以下，切除不受限制。

事故倾转连锁如下。

风量低连锁投入：转炉供风流量低于15 000 Nm^3/h，炉子发生事故倾转自动倾炉到70°。

压力低连锁投入：转炉供风压力低于0.035 MPa，炉子发生事故倾转自动倾炉到70°。

紧急停产连锁投入：转炉紧急停炉，炉子发生事故倾转自动倾炉到70°。

密封烟罩进水流量连锁：当沉降室画面中烟罩进水流量≤40 m^3/h时，炉子发生事故倾转自动倾炉到70°。

放风阀故障：炉子角度在-20°~+30°吹炼过程中，放风阀故障导致阀门打开，炉子发生事故倾转自动倾炉到70°。

放风阀连锁：投入时，炉子角度在-20°~+70°，放风阀故障导致阀门打开，炉子发生事故倾转自动倾炉到70°。

压力高连锁投入：投入时，转炉供风流量高于0.12 MPa，炉子发生事故倾转自动倾炉到70°。

风机停机：硫酸5500风机故障停机，炉子发生事故倾转自动倾炉到70°。

炉子倾转机械限位：炉子倾转至+80°和-15°位置时，炉子停止转动，若需继续转动，需要将机械限位解除。转炉要越过-15°，需要解除回炉限位，要越过+80°转动需要解除倾炉限位。

1.3 通过管理器登录铜仿真界面

(1)点击“用户”“密码”，登录自己的账号。

(2)点击【铜冶炼虚拟仿真平台】。

(3)根据计划选择铜仿真操作或者考核评价。

(4)选择要操作的炉型，下载程序安装，安装完成后再点击要操作的炉型，启动仿真程序。

登录界面如图7-2所示。

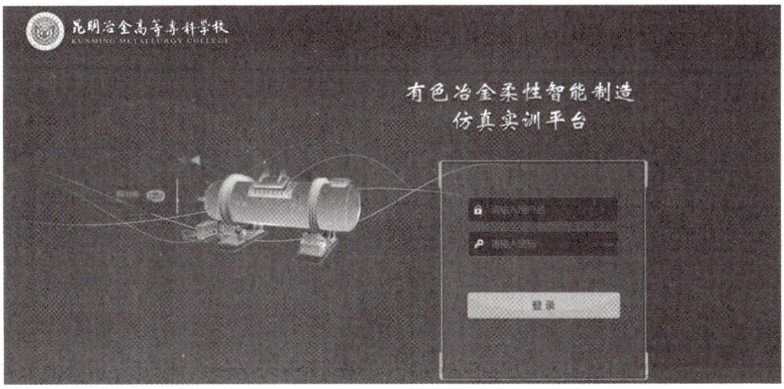

图 7-2

选择操作模块如图 7-3 所示。

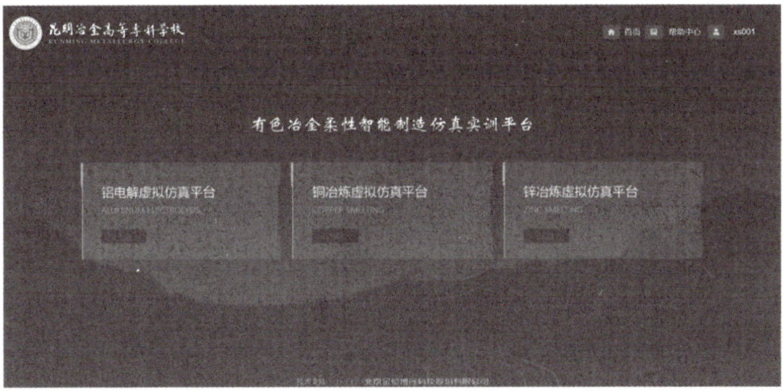

图 7-3

选择仿真或者考核评价如图 7-4 所示。

图 7-4

选择操作炉型如图 7-5 所示。

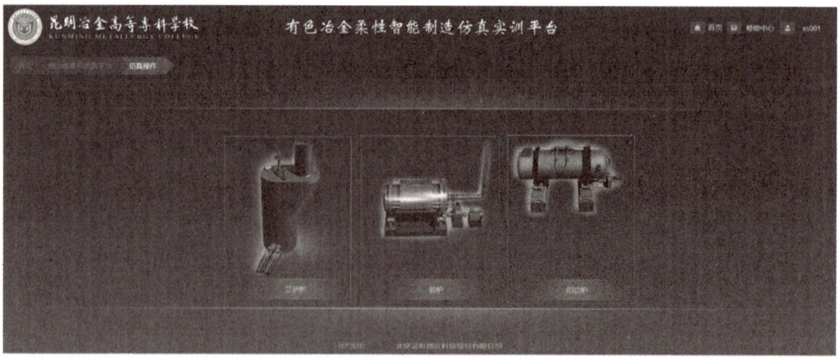

图 7-5

任务 2　准 备 工 作

转炉仿真程序启动后，水冷系统默认关闭，在【报警】界面可看到红色字体的报警信息。点击【沉降室】界面，点击右上角“冷却停止”按钮，切换到冷却启动状态。点击“高温蝶阀—开”，打开高温蝶阀。点击主画面中的环保蝶阀、主烟气蝶阀，将其打开。此时报警界面红色字体变为绿色，报警消除。

点击右侧显示虚拟场景画面按钮，可显示 3D 虚拟场景，可通过鼠标滚轮调整虚拟场景窗口大小。如果是一机双屏，则虚拟场景自动在第二扩展屏上全屏显示，可随时关闭/打开，点击任意一个小画面可放大，再次点击还原。

在主画面中，点击右侧操作台按钮，可打开手动控制操作台。在【计划信息】界面可以查看当前操作的入炉冰铜成分，目标粗铜成分要求，如图 7-6 所示。

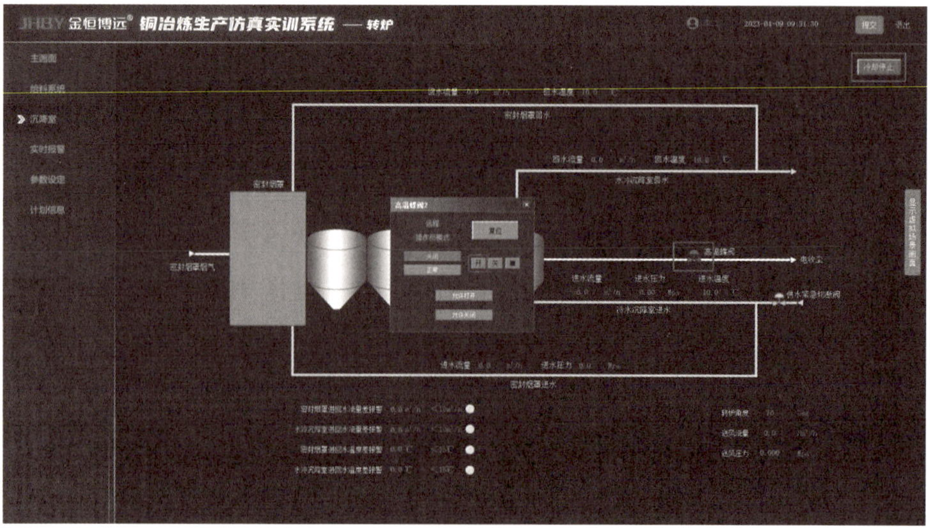

图 7-6

启动水冷如图 7-7 所示。

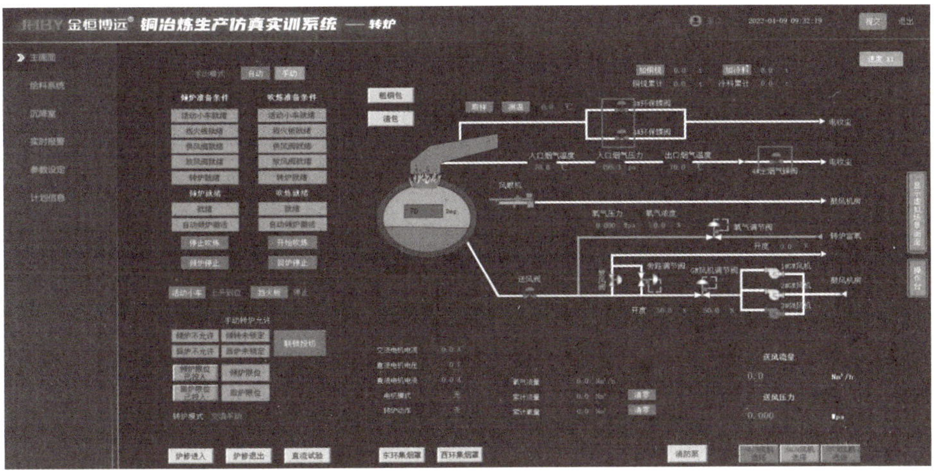

图 7-7

任务 3　加 料 操 作

在主画面中,“加铜锍”按钮处设定铜锍加入重量,首次加料要求在 60~80 t,加冷料首次要求在 10~15 t。点击加铜锍按钮,按钮变为绿色,表明正在加料过程,同时 3D 画面显示加料动作。按钮变灰加铜锍完成。再点击“加冷料”按钮,完成加料操作。

转炉冶炼过程是加料、吹炼、造渣、加料、造渣、倒渣、加料交替进行的过程,分批多次加入冰铜,加料时转炉旋转角度必须在 65°~70°位置,且集烟罩打开,如图 7-8 所示。

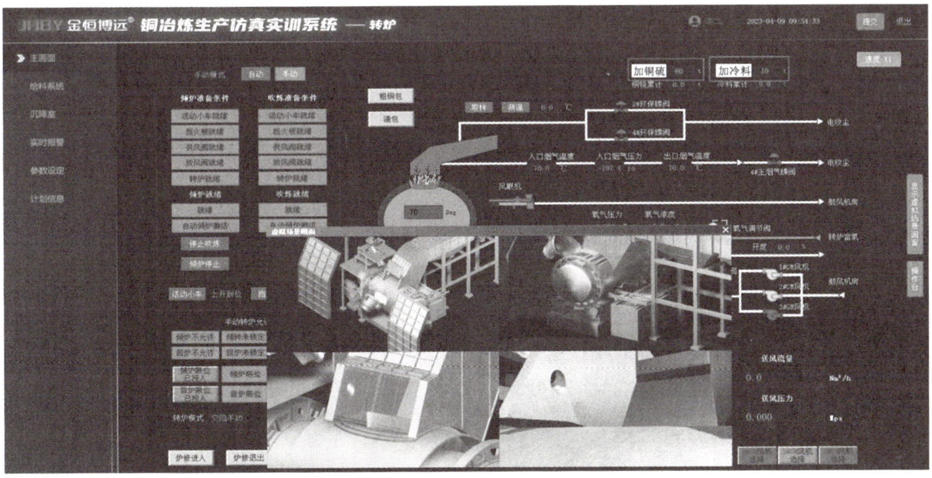

图 7-8

任务 4　吹 炼 操 作

4.1　开始吹炼

点击“自动”按钮，转炉切换为自动模式，点击“开始吹炼”（图 7-9），转炉会自动回炉到 0°，过程中回炉角度到达 60 ℃时自动停止 2 s，送风阀自动打开，放风阀自动关闭，密封小车（活动小车）自动下降到下限位，炉子继续回炉，到 45 ℃时，检测送风量是否≥18 000 m^3/h，如果满足风量要求，继续回炉；转炉回炉到 0 位后停止，挡火板 7 自动降到下限位，进入吹炼过程。吹炼过程点击“测温”按钮可检测炉内熔体温度，点击“取样”按钮，可查看当前熔体成分信息。取样会被记录到计划信息中。

点击右上角的“速度切换”按钮，可切换到 10 倍速，反应过程加快，节省操作时间。在虚拟画面窗口中，可看到炉口的棕红色火焰。

随着冶炼的进行，风眼会逐渐堵塞，风量逐渐减小，风压增大。点击风眼机图标启动风眼机，疏通风眼，30 s 后疏通完毕，风眼机自动停止，供风流量和压力恢复正常。

注意：10 倍速时，如果停止吹炼，熔体降温会非常迅速，所以停止吹炼操作前，一定将速度切换成正常，否则熔体温度无法保证。

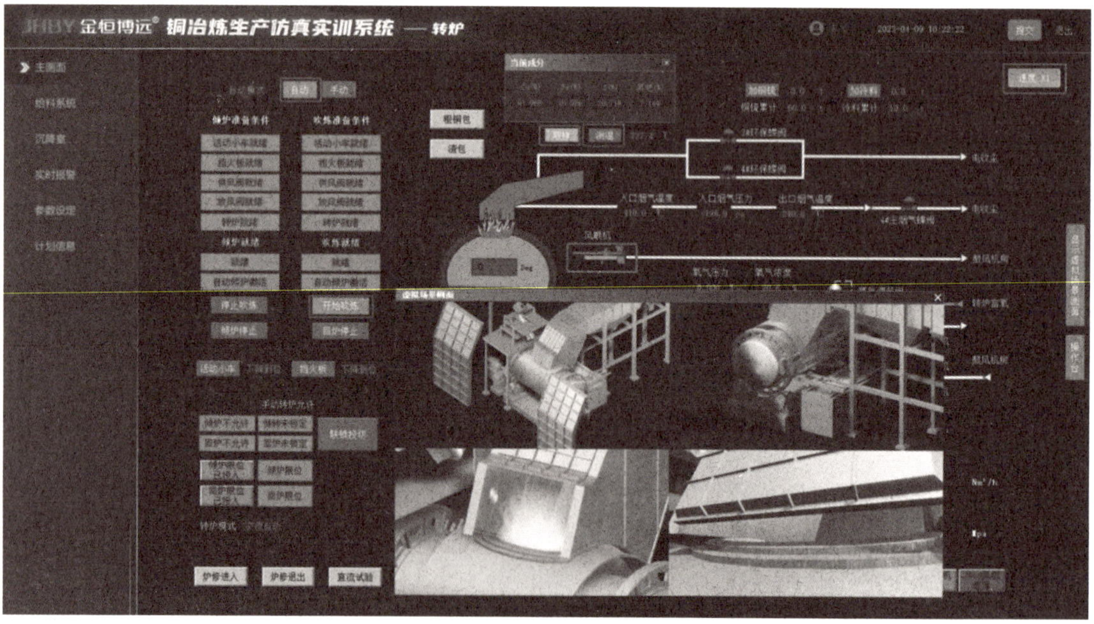

图 7-9

4.2　停止吹炼

点击“停止吹炼”(图7-10),挡火板自动打开到上限,转炉自动倾炉,倾炉至50°时放风阀自动打开,60°时送风阀自动关闭,65°时炉子停止,活动小车自动提升到上限位。此时可重复加料操作,完成多批次加冰铜和冷料。

注意:冰铜+冷料加入总量需要控制在140~160 t。

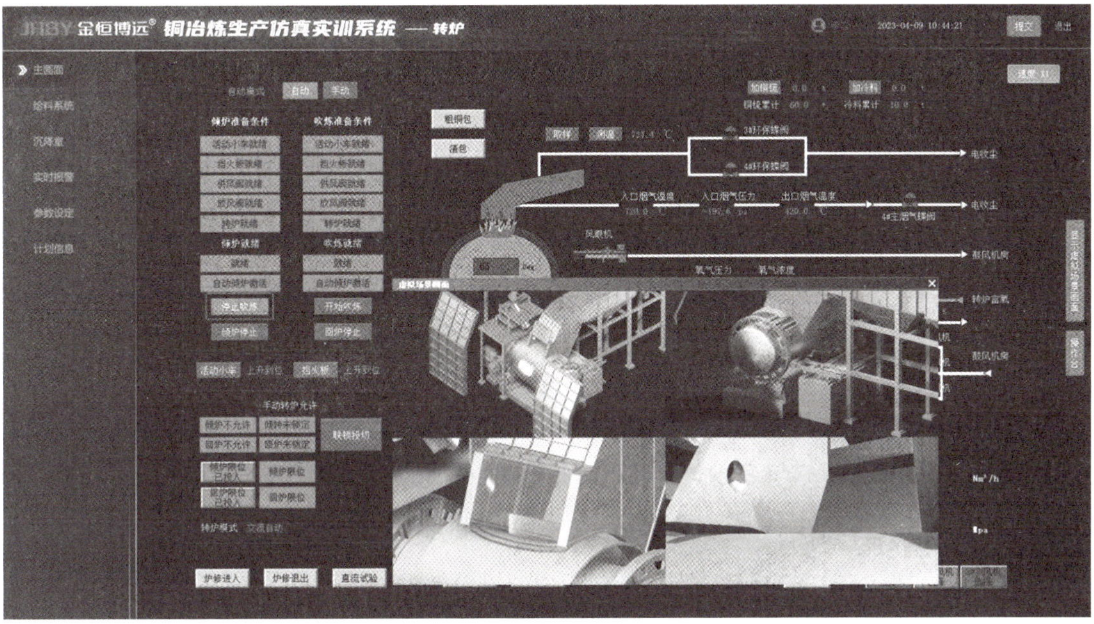

图7-10

4.3　加入溶剂造渣

在冶炼过程中,点击给料系统界面,在设定中输入要加入的溶剂量,点击“启动”按钮,将石英加入炉中,开始造渣。分批加入炉内熔体所需石英量,每次不超2 t。计算方法:将要造渣的熔体重量×0.091 6,当造渣完成时(取样Fe含量≤0.06%),可再次加入下一批铜锍或冷料,也可将炉内渣子倒出,再重新加入下一批铜锍,如图7-11所示。

当造渣完成后,炉口火焰会由棕红色变为水蓝色,此时如果总加料量达到了140~160 t,不用再加入铜锍,需要进行筛炉操作,即将炉内渣子倒出,准备进入造铜期。火焰颜色设定规则如下:

①铜锍累计+冷料累计<140 t,Fe≥0.06%,火焰棕红色;

②铜锍累计+冷料累计<140 t,Fe<0.06%,炉内剩余渣量>2 t,火焰呈淡蓝色,需要倒渣;

③铜锍累计+冷料累计<140 t,Fe<0.06%,炉内剩余渣量≤2 t,火焰呈淡蓝色,需要进料;

④铜锍累计+冷料累计≥140 t,Fe≥0.06%,火焰呈棕红色;

⑤铜锍累计+冷料累计≥140 t,Fe<0.06%,炉内剩余渣量>2 t,火焰呈淡蓝色,需要筛炉,此时如果倒渣,当倒渣完成时,炉口流体颜色会改变,筛炉完成;

⑥铜锍累计+冷料累计≥140 t,Fe<0.06%,炉内剩余渣量≤2 t,S 含量≥0.08%时,火焰呈棕红色,处于造铜期;

⑦铜锍累计+冷料累计≥140 t,Fe<0.06%,炉内剩余渣量≤2t,S 含量<0.08%时,火焰呈淡蓝色,可以出铜。

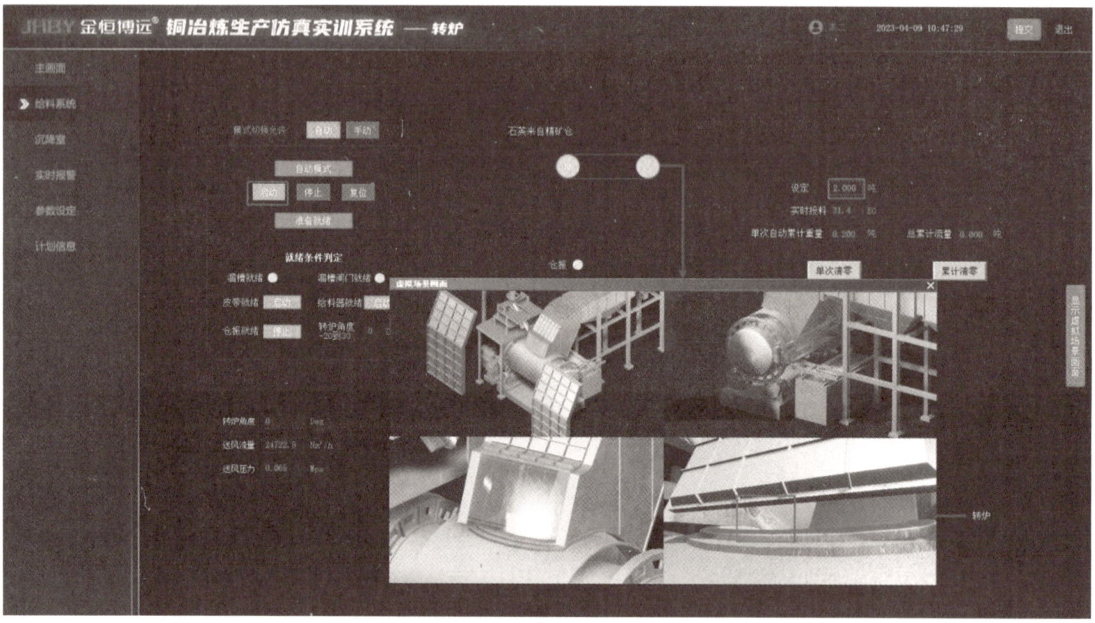

图 7-11

4.4 倒渣

当到达造渣终点需要倒渣时,点击【总貌】界面的“停止吹炼”按钮,转炉停止在 65°,点击“手动”按钮,将转动切换为手动控制模式,点击“渣包”按钮,将渣包吊至炉前地面,点击“操作盘”按钮,调出操作盘,点击“交流倾炉”,转炉继续倾炉到 80°自动停止,点击倾炉连锁切换为已解除状态,点击操作盘上的复位,再点击交流倾炉,转炉继续倾炉,当转炉角度达到 86°时,点击操作盘上复位按钮,停止转动,此时炉渣从炉口倾倒进入渣包中。

当倒渣量符合要求时,炉口流体颜色由微红色变为亮黄色,立即点击操作盘上的“交流回炉”按钮,将转炉回炉到 86°以内,停止倒渣。如图 7-12 所示。

倒渣炉口流体颜色对比。

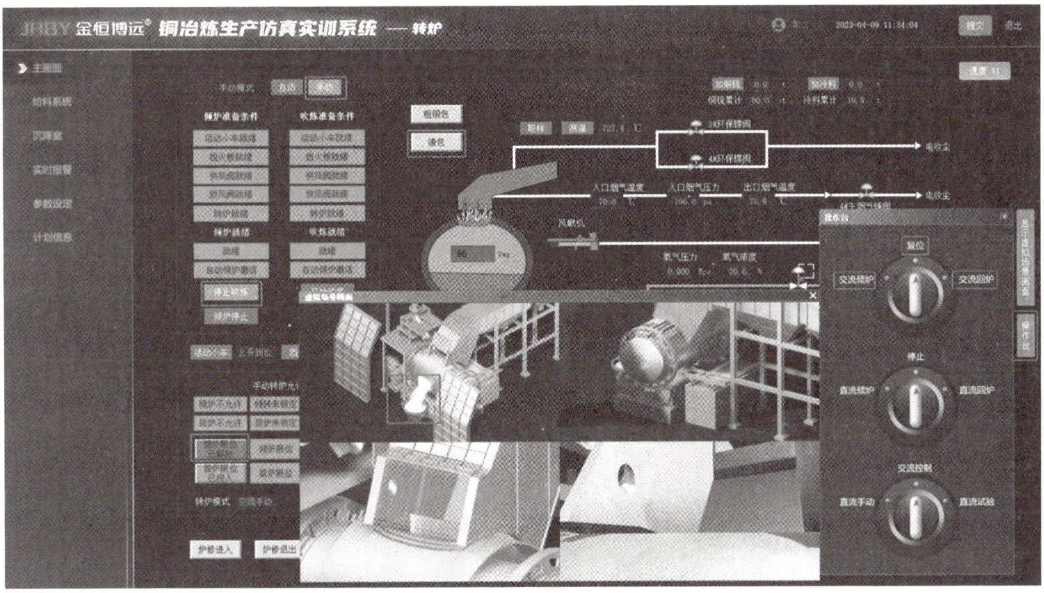

图 7-12

4.5　造铜期吹炼

当铜锍和冷料总加入量 140~160 t 时，造渣完成，将渣子倒出后完成筛炉。点击主画面中的自动按钮，点击“开始吹炼”，转炉自动旋转至 0°并送风送氧，进入造铜期。

注意：需要关注送风流量和送风压力，及时疏通风眼，防止流量过低造成事故倾炉。及时测温，掌握熔体温度，必要时可调整送风送氧流量，调整升温速度。如图 7-13 所示。

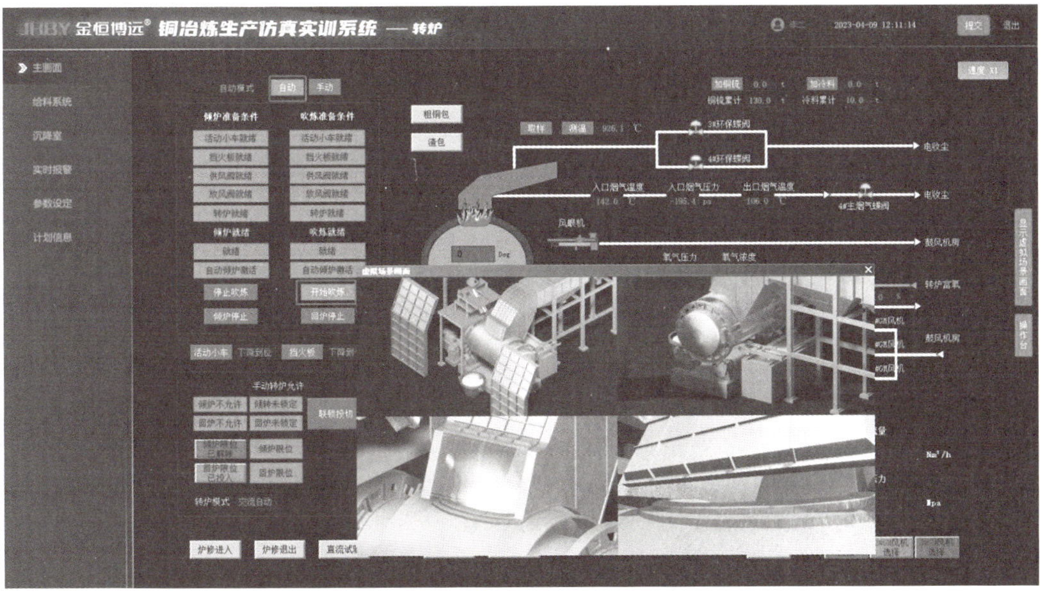

图 7-13

4.6 到达吹炼终点

当熔体取样 S 含量≤0.06%时，炉口火焰颜色会变为淡蓝色，到达吹炼终点。点击主画面“粗铜包”按钮，将粗铜包放置于炉前地面，点击“停止吹炼”按钮将炉子转出，准备出铜，如图 7-14 所示。

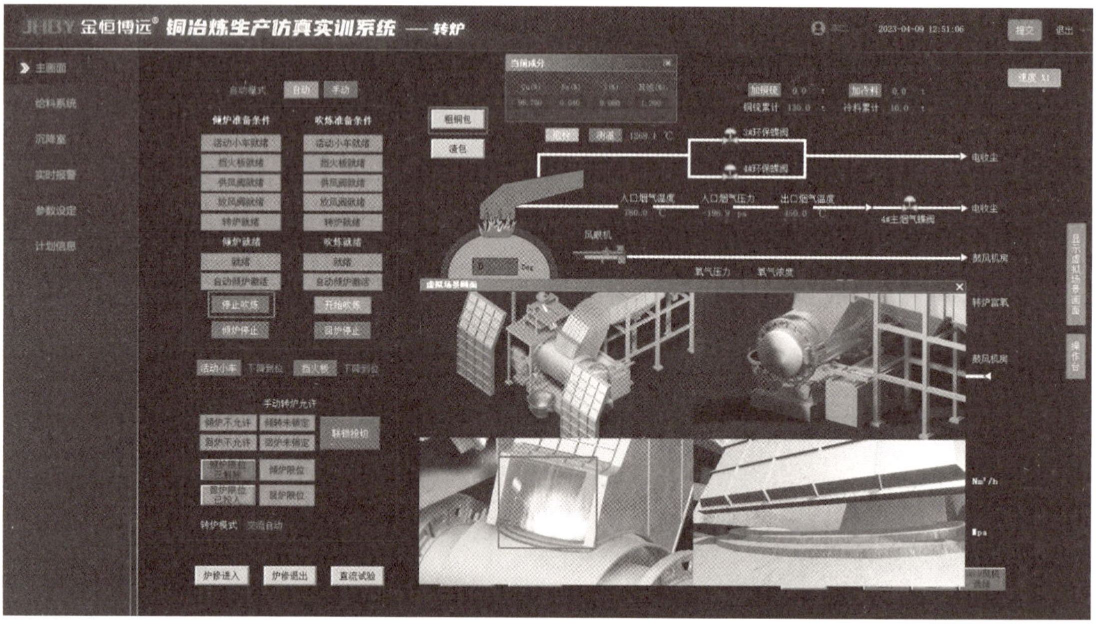

图 7-14

任务 5　出 铜 操 作

随着熔炼的进行，自动控制状态下的喷枪高度达到 2.0~2.2 m 时，点击【总貌】界面的放铜按钮，打开放铜口，冰铜会从放铜口流出，炉中熔体液面下降，喷枪高度也随之降低。当自动控制的喷枪高度到达 0.6~0.79 m 时，点击“堵口”按钮，停止放铜，整个冶炼操作完成，如图 7-15 所示。

点击右上角的“提交”按钮，将成绩上传至管理系统，同时弹出成绩列表，可预览本次操作得分情况，正常操作部分结束。

炉子转出到 65°停止。倒渣操作，将炉子转动到 86°以上，开始出铜。到此，整个正常操作结束，点击右上角的提交按钮，将成绩提交给管理系统，并预览本次操作的得分情况。

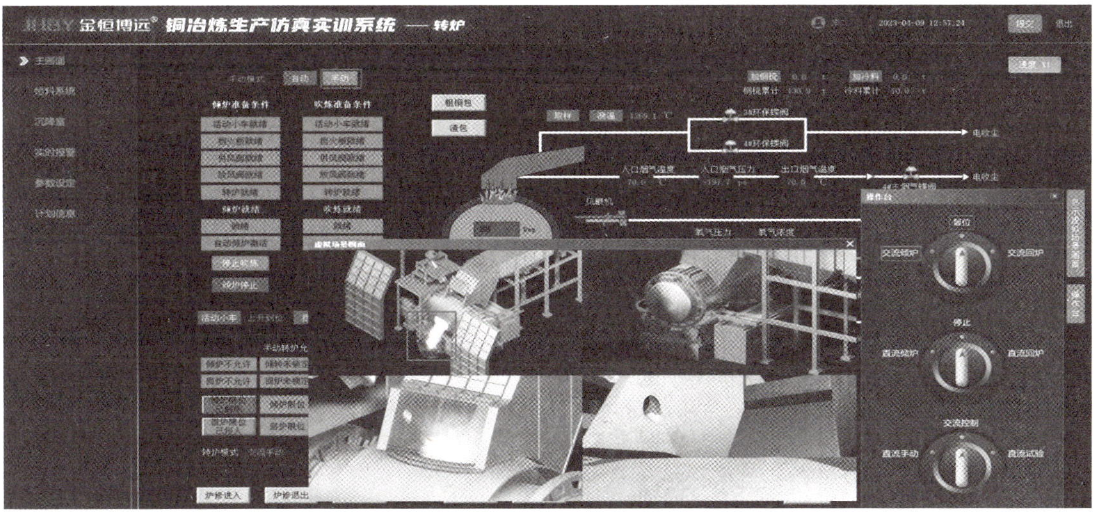

图 7-15

提交正常操作成绩如图 7-16 所示。

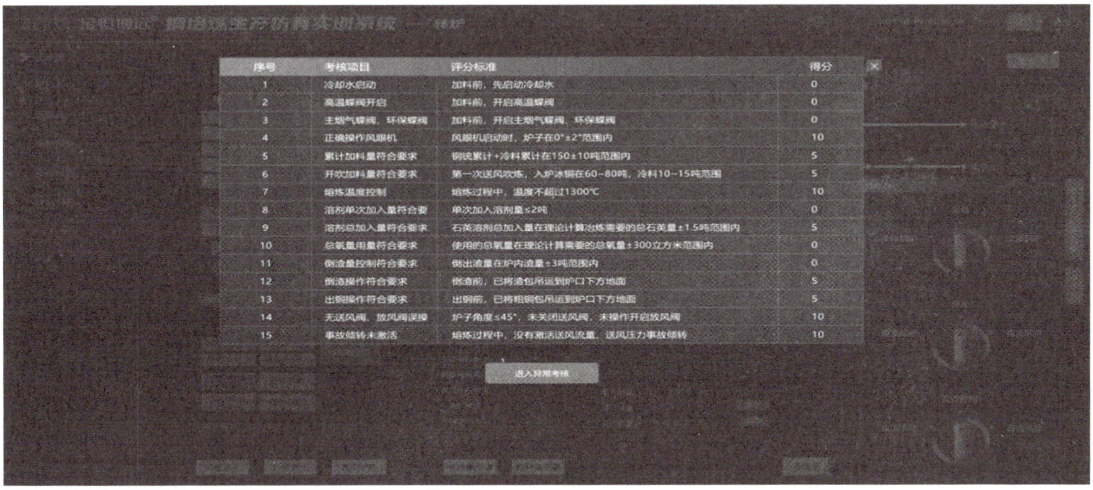

序号	考核项目	评分标准	得分
1	冷却水启动	加料前，先启动冷却水	0
2	高温蝶阀开启	加料前，开启高温蝶阀	0
3	主烟气蝶阀、环保蝶阀	加料前，开启主烟气蝶阀、环保蝶阀	0
4	正确操作风眼机	风眼机启动时，炉子在0°±2°范围内	10
5	累计加料量符合要求	铜锍累计+冷料累计在150±10吨范围内	5
6	开吹加料量符合要求	第一次送风吹炼，入炉冰铜在60~80吨，冷料10~15吨范围	5
7	熔炼温度控制	熔炼过程中，温度不超过1300℃	10
8	溶剂单次加入量符合要	单次加入溶剂量≤2吨	0
9	溶剂总加入量符合要求	石英溶剂总加入量在理论计算冶炼需要的总石英量±1.5吨范围内	5
10	总氧量用量符合要求	使用的总氧量在理论计算需要的总氧量±300立方米范围内	0
11	倒渣量控制符合要求	倒出渣量在炉内渣量±3吨范围内	0
12	倒渣操作符合要求	倒渣前，已将渣包吊运到炉口下方地面	5
13	出铜操作符合要求	出铜前，已将粗铜包吊运到炉口下方地面	5
14	无送风阀、放风阀误操	炉子角度≤45°，未关闭送风阀，未操作开启放风阀	10
15	事故倾转未激活	熔炼过程中，没有激活送风流量、送风压力事故倾转	10

图 7-16

任务 6　异常工况考核

正常操作提交后，在弹出的成绩预览窗口下方，点击“进入异常考核”按钮，进入异常工况处理。软件共设置 5 种异常工况，进入异常工况后，会随机弹出一张图片，对应右侧一种异常工况，需要根据图片找到对应的异常名称，点击进入异常处理。选择错误则不进入下一级界面，需要重新选择。

每个异常中设置都存在干扰项，需要将正确选项勾选，然后点击右上角的“提交”按钮，完成当前异常工况的处理，然后系统跳回图片界面，系统会自动随机更换另一张图片，然后继续选择对应的异常，进入处理。

6.1 入炉风压低（图 7-17 至图 7-18）

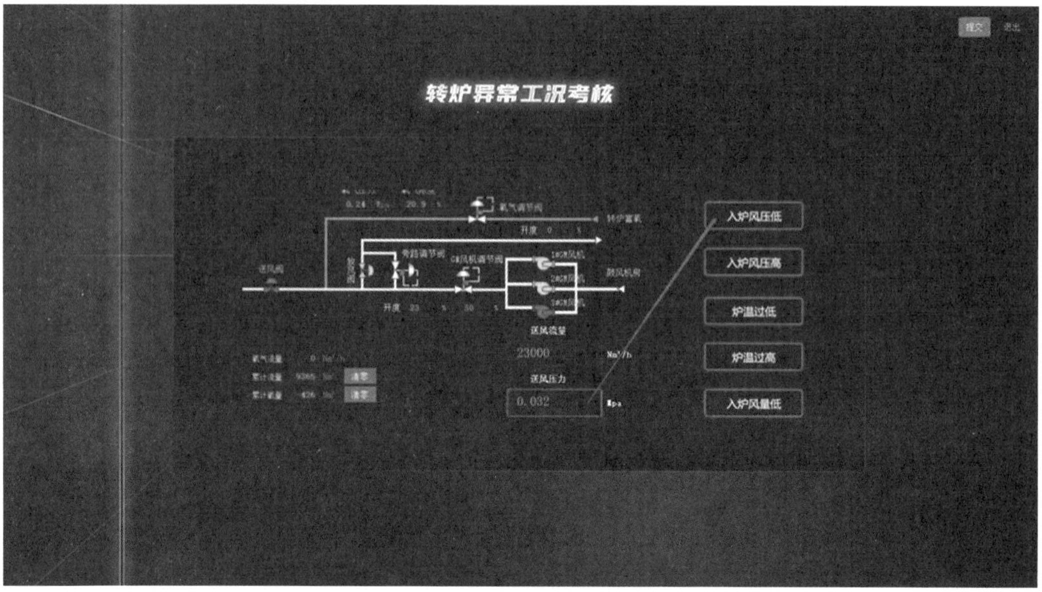

图 7-17

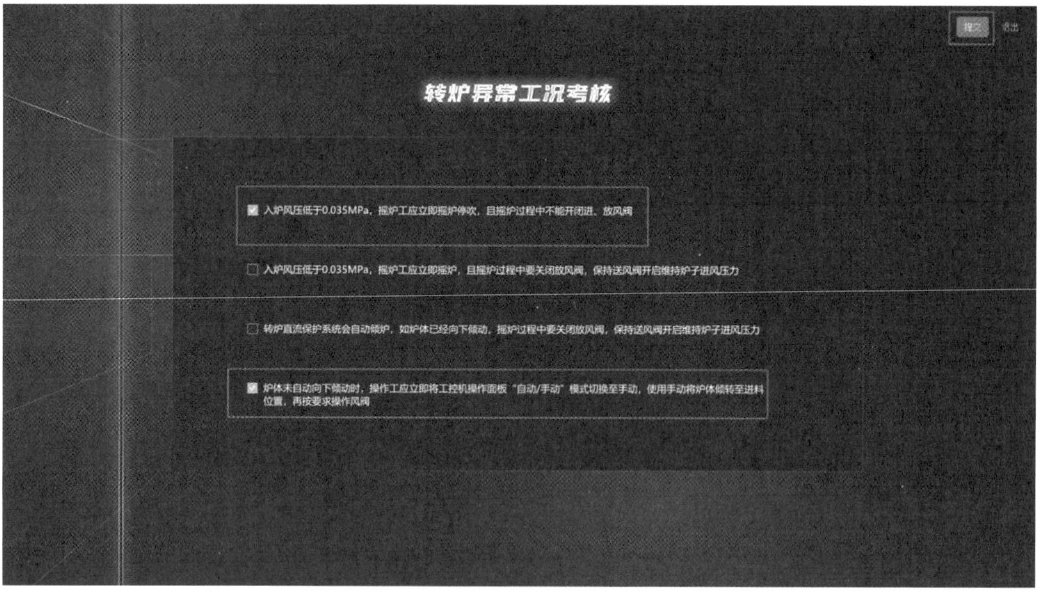

图 7-18

6.2　入炉风量低(图7-19至图7-20)

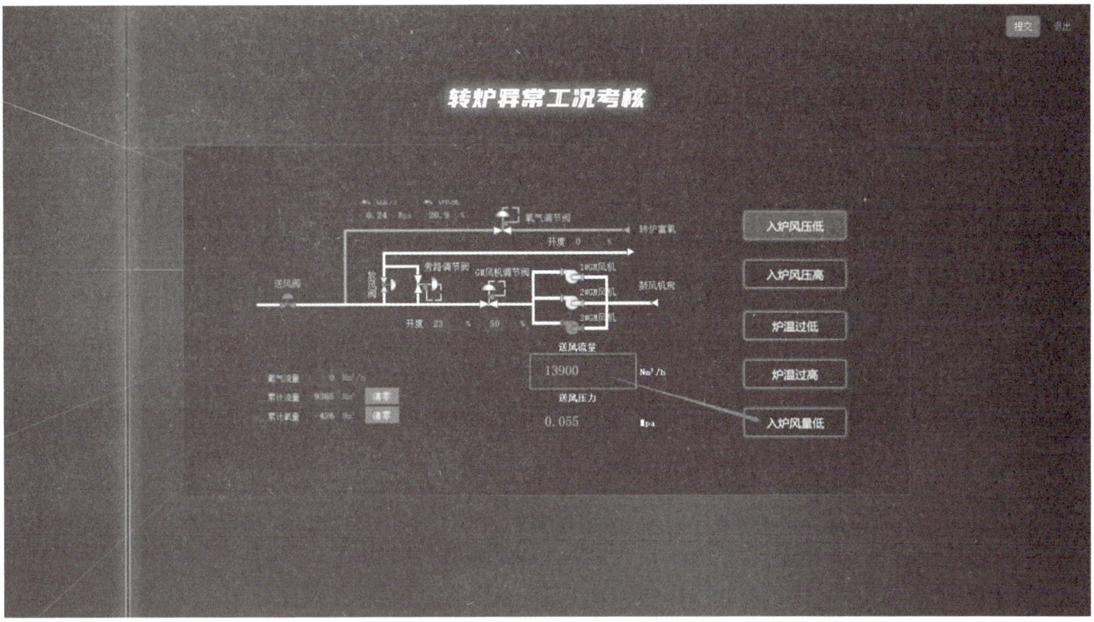

图7-19

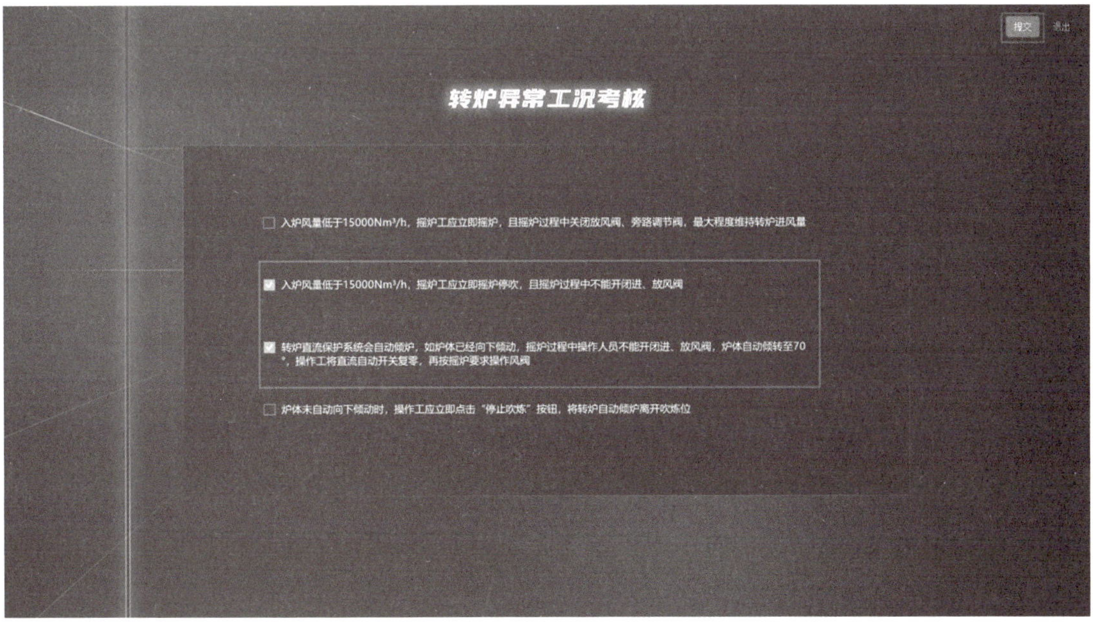

图7-20

6.3 入炉风压高(图 7-21 至图 7-22)

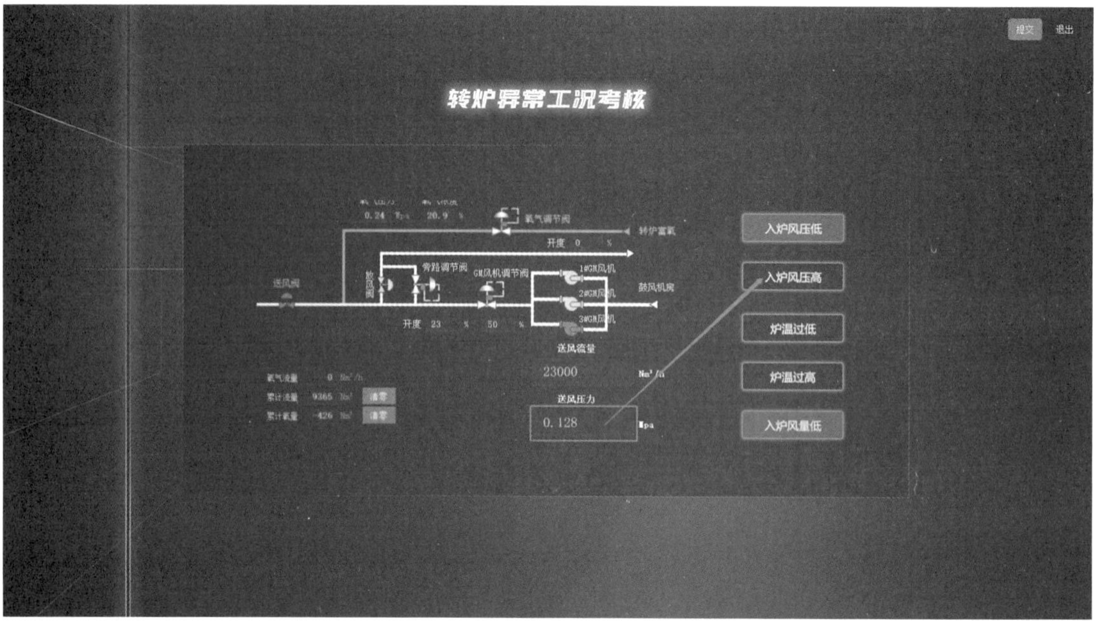

图 7-21

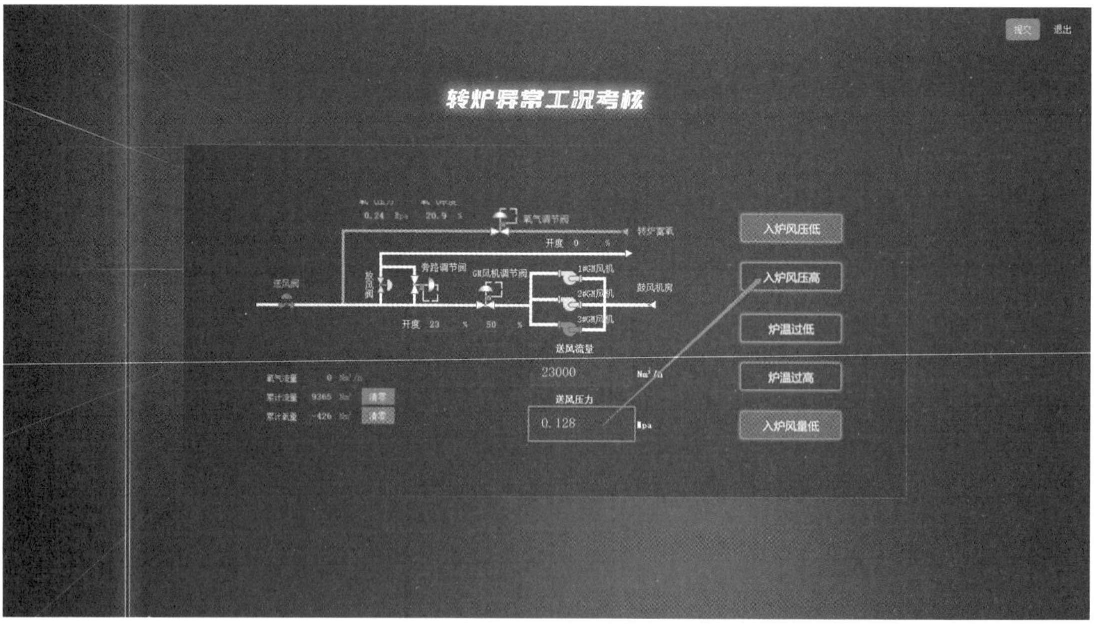

图 7-22

6.4　炉温过低(图 7-23 至图 7-24)

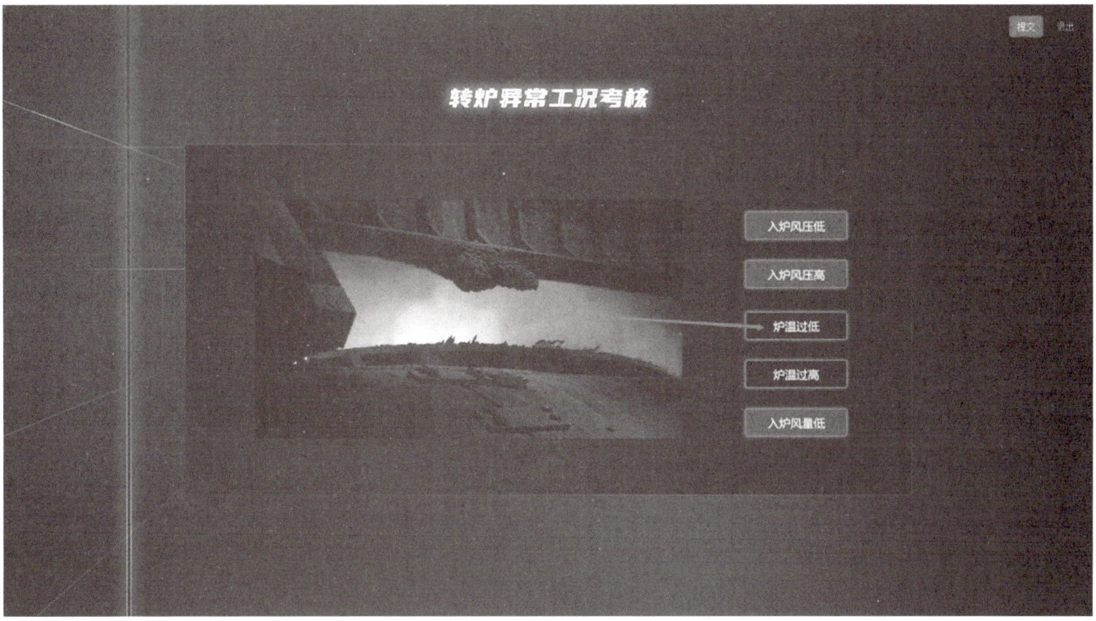

图 7-23

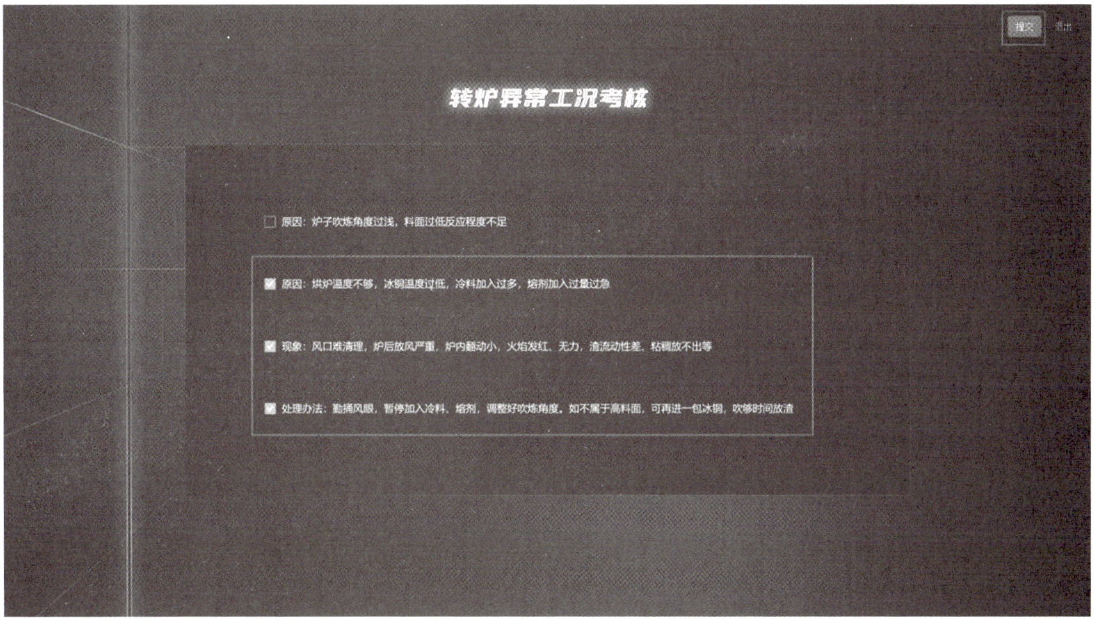

图 7-24

6.5 炉温过高（图 7-25 至图 7-26）

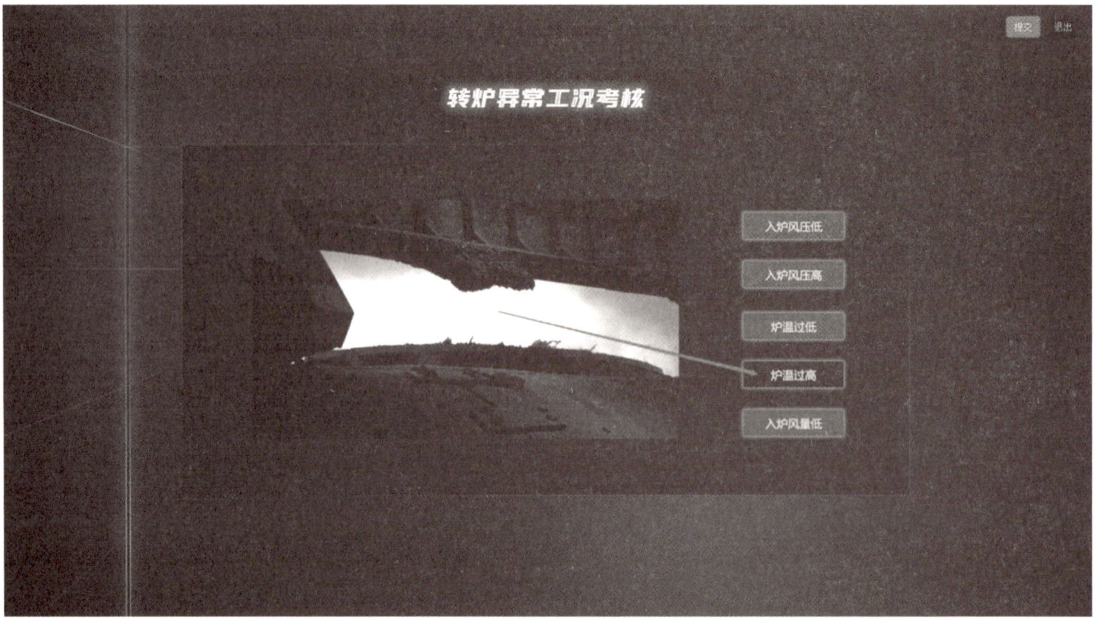

图 7-25

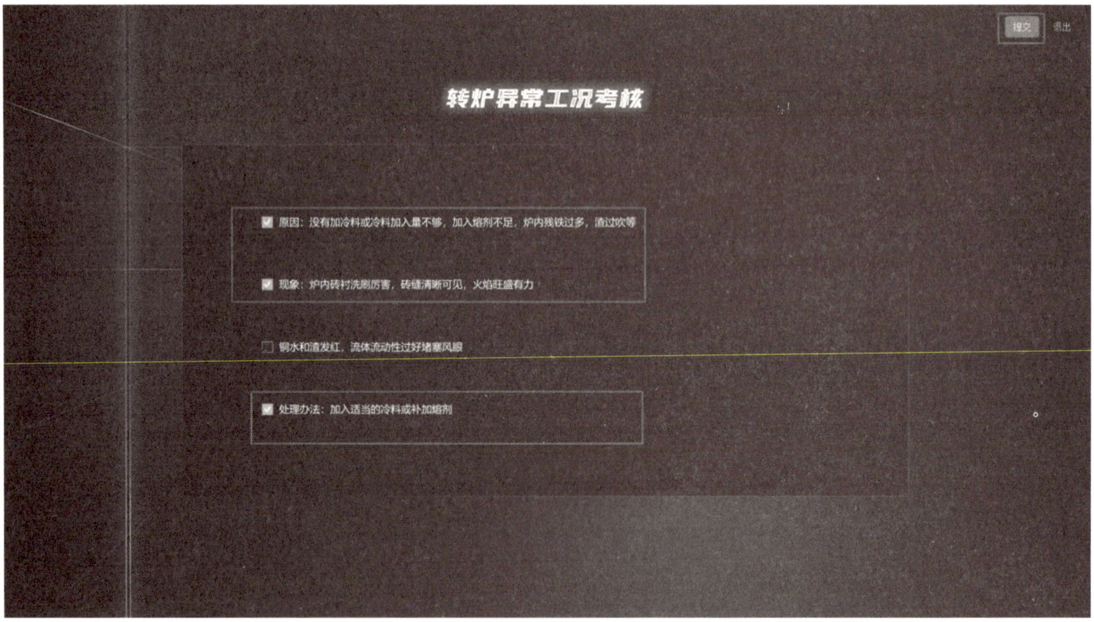

图 7-26

当所有异常项都处理完毕，异常项都亮起，不可再点击进入。点击右上角的“提交”按钮，弹出“确认”窗口，点击“是”将异常项处理结果提交到管理系统记录成绩，全部操作完成，系统自动退出（图 7-27）。在管理系统中可查询考试成绩。

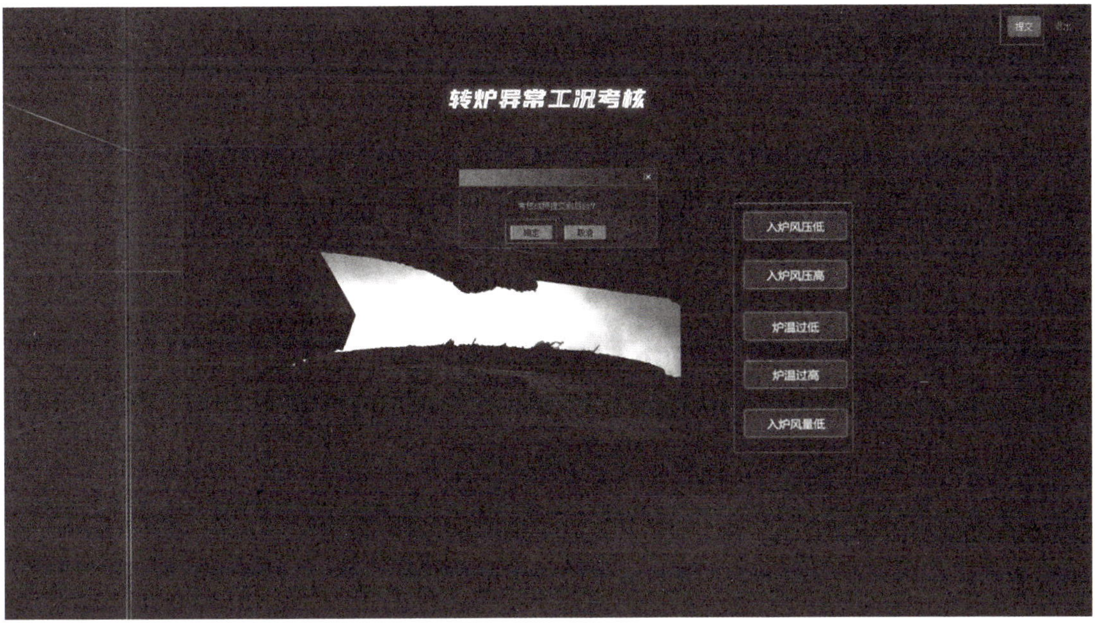

图 7-27

实训总结

【项目小结】

1. 转炉炼铜工艺仿真实训项目供了生动、逼真的学习情境，可在电脑上反复操作练习，不受温度、试剂和设备的制约，允许试错，不存在实验成本投入。

2. 通过练习加料、吹炼、加溶剂造渣、倒渣、造铜、出铜等铜转炉冶炼的基本流程，充分调动学生学习积极性和参与性，可加深对转炉炼铜各生产系统工艺及设备的记忆和理解。

3. 通过反复操作练习可记住工艺操作要点，并进行调整操作，真正意义上的对转炉炼铜过程进行整体把握，最终冶炼一炉合格的铜水。

【项目反思】

1. 转炉炼铜的基本原理是什么？
2. 转炉炼铜工艺流程及其特点？
3. 转炉炼铜的设备组成是什么？

【项目评价】

按照表 7-2 进行评价：

表 7-2

<table>
<tr><th>考核项目</th><th>内容</th><th>考核要求</th><th>计分标准</th><th>分值</th><th>组号</th><th>得分</th></tr>
<tr><td rowspan="5">项目实施态度</td><td rowspan="5">1. 实训的积极性；
2. 遵守安全操作规程情况；
3. 遵守纪律情况</td><td rowspan="5">1. 积极参加实训；
2. 遵守安全操作规程；
3. 有良好的职业道德和敬业精神</td><td rowspan="5">1. 遵守操作规程得 20 分；
2. 遵守劳动纪律得 20 分</td><td rowspan="5">40</td><td>1</td><td></td></tr>
<tr><td>2</td><td></td></tr>
<tr><td>3</td><td></td></tr>
<tr><td>4</td><td></td></tr>
<tr><td>5</td><td></td></tr>
<tr><td rowspan="5">理论知识掌握</td><td rowspan="5">1. 转炉炼铜系统各设备组成；
2. 转炉炼铜的基本工艺流程</td><td rowspan="5">1. 能够描述转炉炼铜系统各设备组成；
2. 能够描述转炉炼铜的基本工艺流程</td><td rowspan="5">1. 描述正确得 10 分；
2. 描述正确得 10 分</td><td rowspan="5">20</td><td>1</td><td></td></tr>
<tr><td>2</td><td></td></tr>
<tr><td>3</td><td></td></tr>
<tr><td>4</td><td></td></tr>
<tr><td>5</td><td></td></tr>
<tr><td rowspan="5">转炉炼铜系统的操作</td><td rowspan="5">具备转炉炼铜操作的基本技能</td><td rowspan="5">能够操作转炉炼铜系统进行加料、吹炼、加溶剂造渣、倒渣、造铜、出铜等转炉炼铜生产及控制过程</td><td rowspan="5">根据系统操作得分折算，满分 30 分</td><td rowspan="5">30</td><td>1</td><td></td></tr>
<tr><td>2</td><td></td></tr>
<tr><td>3</td><td></td></tr>
<tr><td>4</td><td></td></tr>
<tr><td>5</td><td></td></tr>
<tr><td rowspan="5">转炉炼铜工艺中常见异常工况处理</td><td rowspan="5">对常见的 5 种异常工况进行处理</td><td rowspan="5">具备常见的 5 种异常工况的处理能力</td><td rowspan="5">根据系统操作得分折算，满分 10 分</td><td rowspan="5">10</td><td>1</td><td></td></tr>
<tr><td>2</td><td></td></tr>
<tr><td>3</td><td></td></tr>
<tr><td>4</td><td></td></tr>
<tr><td>5</td><td></td></tr>
<tr><td>合计得分</td><td colspan="6"></td></tr>
</table>

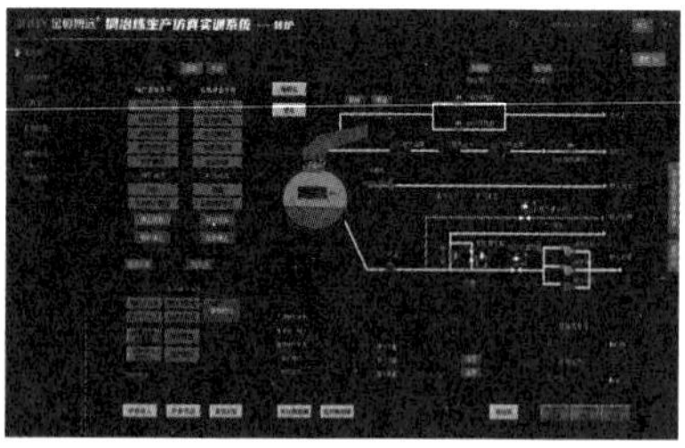

转炉炼铜工艺仿真实训视频

项目8　阳极炉炼铜工艺仿真实训

【项目描述】

1. 通过阳极炉炼铜工艺仿真实训，熟知阳极炉炼铜的主要生产控制工艺，掌握阳极炉炼铜的基本原理，熟练地操作阳极炉炼铜设备（包括对其进行检查、维护和一般故障的判断）。

2. 操作过程中能按照仿真实训规程，提高对含加料、氧化期精炼、倒渣、还原期精炼、浇铸铜等阳极炉炼铜生产及控制过程的认知，获得较好的炼铜技术经济指标。

3. 按照生产要求完成冶炼一炉铜的完整操作，具备高等技术人才应有的生产操作的技能、独立分析问题和解决现场实际问题的能力，以及组织安全生产的能力。

【项目分析】

1. 知识目标

（1）能够熟悉阳极炉炼铜车间和设备，明确各炼铜工序的冶金功能，掌握阳极炉炼铜的基础理论和基本原理。

（2）能够描述出阳极炉炼铜工艺操作要点，掌握铜阳极炉冶炼的基本流程，包含含加料、氧化期精炼、倒渣、还原期精炼、浇铸等。

（3）具备阳极炉炼铜工艺中常见异常工况处理的相关知识。

2. 技能目标

（1）熟悉并掌握阳极炉铜冶炼的生产流程和操作方法。

（2）能够按照生产要求高效平稳地完成冶炼一炉铜的完整操作。

【项目实施】

通过对阳极炉炼铜的含加料、氧化期精炼、倒渣、还原期精炼、浇铸铜等阳极炉炼铜生产及控制，完成对冶炼一炉铜的仿真操作过程。

项目具体实施以下分解任务。

任务 1　仿真系统基本操作

1.1　阳极炉炼铜操作流程图(图 8-1)

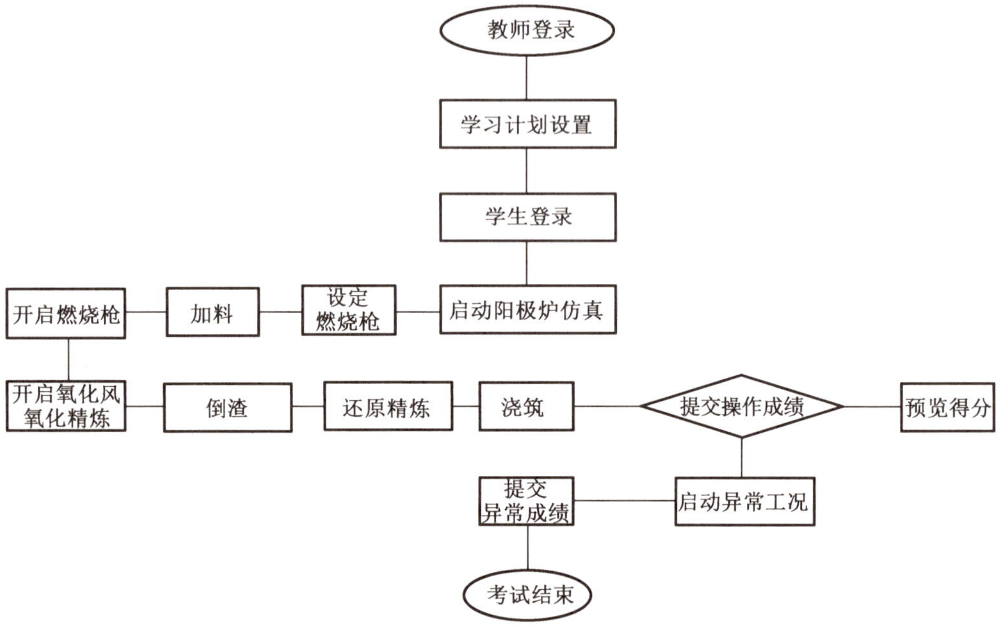

图 8-1

1.2　冶炼过程标准和主要技术参数

1. 初始状态

极炉吹炼仿真系统共由【燃烧枪控制】【氧化还原控制】【炉体驱动】【圆盘浇铸】【计划信息】等界面组成,外加 3D 虚拟场景窗口,实现阳极炉冶炼过程的加料、吹炼、放渣、浇铸等操作,同时 3D 虚拟场景窗口展示相应炉体动作,达到还原现场生产的效果。

燃烧枪处于关闭状态,安全连锁切除,手动控制模式,各阀门关闭状态,气体设定值是 0。

氧化还原系统处于停止状态,炉体角度处于 90°位置,炉门、滑动门处于关闭状态,圆盘铸机处于停止状态,手动状态,液压站、蒸汽排风机处于停止状态。

2. 阳极炉倾动

阳极炉倾动角度为 0°~120°,90°炉口向上,0°炉口水平。阳极炉前转、后转速度为 2°/S。加料角度为 45°~50°,吹炼角度为 35°~40°,倒渣角度为≤9°,浇铸角度为 100°~110°。

3. 加料操作

阳极炉倾动角度为 45°~50°,且在滑动门和炉门打开的情况下才允许加料,一次性加够精炼所需粗铜 90～130 t。

4. 氧化还原参数

氧化和还原过程都需要通入压缩空气作为氧化媒介和搅拌动力来源。风量要求在 30～50 Nm^3/min。还原剂设定量为 900～1 100 kg/h。

5. 浇铸

当精炼到达还原终点时，停止还原剂和风量供应，炉子需要转到 100°～110°，阳极铜从炉后水口放出进入浇铸系统。浇铸系统只能在自动模式下进行，设定好状态后可自行浇铸，无须手动干预。

6. 成分温度要求

还原结束时，要求炉内熔体温度在 1 200～1 250 ℃，氧化结束要求成分接近目标要求，避免氧化不足，且氧化风量折合氧气不能超过理论用氧量的 20 m^3，避免氧化过度。还原剂的用量要求在理论用量的±100 kg 范围，避免还原不足或过度还原。

入炉铜锍的默认成分和粗铜目标成分见表 8-1 所示。

表 8-1　冰铜和粗铜成分

单位：%

元素	Cu	Fe	S	O	其他
入炉粗铜成分	98. 700	0. 040	0. 060	0. 020	1. 180
氧化结束目标成分	99. 170	0. 001	0. 001	0. 120	0. 708
还原结束目标成分	99. 150	0. 004	0. 001	0. 060	0. 785

入炉粗铜成分可在管理系统中调整，Cu 计划配置中设定在 98. 5%～98. 7%，Fe 在 0. 03%～0. 04%，S 在 0. 05%～0. 06%，O 在 0. 02%～0. 03%，其他成分在 1. 16%～1. 18%，成分相加要求达到 100%。氧化和还原结束目标成分不可更改。

1. 3　通过管理器登录铜仿真界面

(1)点击“用户”“密码”，登录自己的账号。

(2)点击铜冶炼虚拟仿真平台。

(3)根据计划选择铜仿真操作或者考核评价。

(4)选择要操作的炉型，下载程序安装，安装完成再点击要操作的炉型，启动仿真程序。

登录界面如图 8-2 所示。

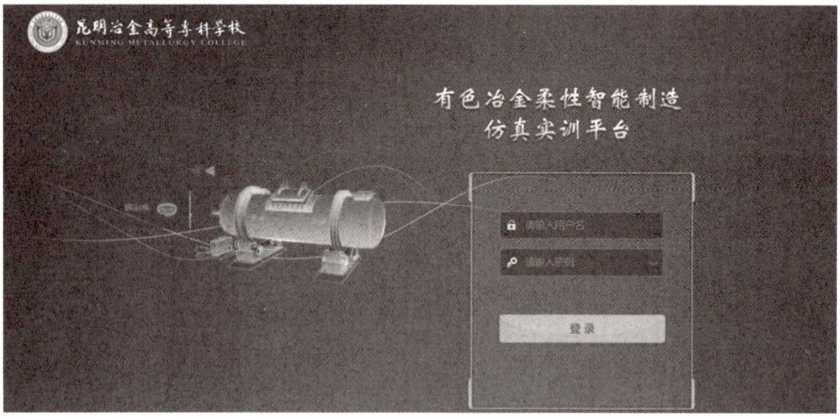

图 8-2

选择操作模块如图 8-3 所示。

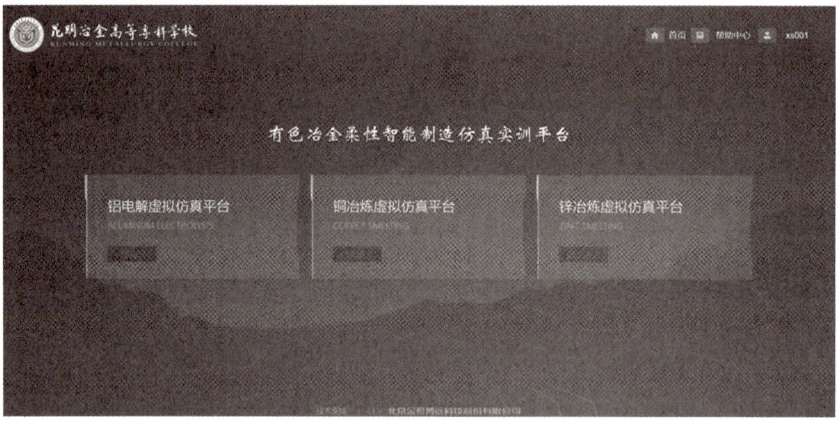

图 8-3

选择仿真或者考核评价如图 8-4 所示。

图 8-4

选择操作炉型如图 8-5 所示。

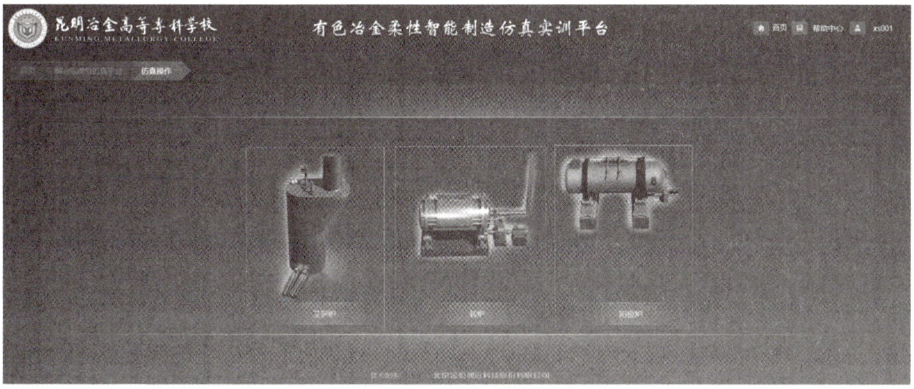

图 8-5

任务 2　燃烧枪设置

阳极炉仿真程序启动后，点击两个“保护投切”按钮弹出窗口，点击窗口中的项目，将除火检灭火保护以外的保护项点击切换为投入状态。点击“手动配比—切换”，点击“手动控制”，切换为“自动控制”，燃烧枪设定完成，如图 8-6 所示。

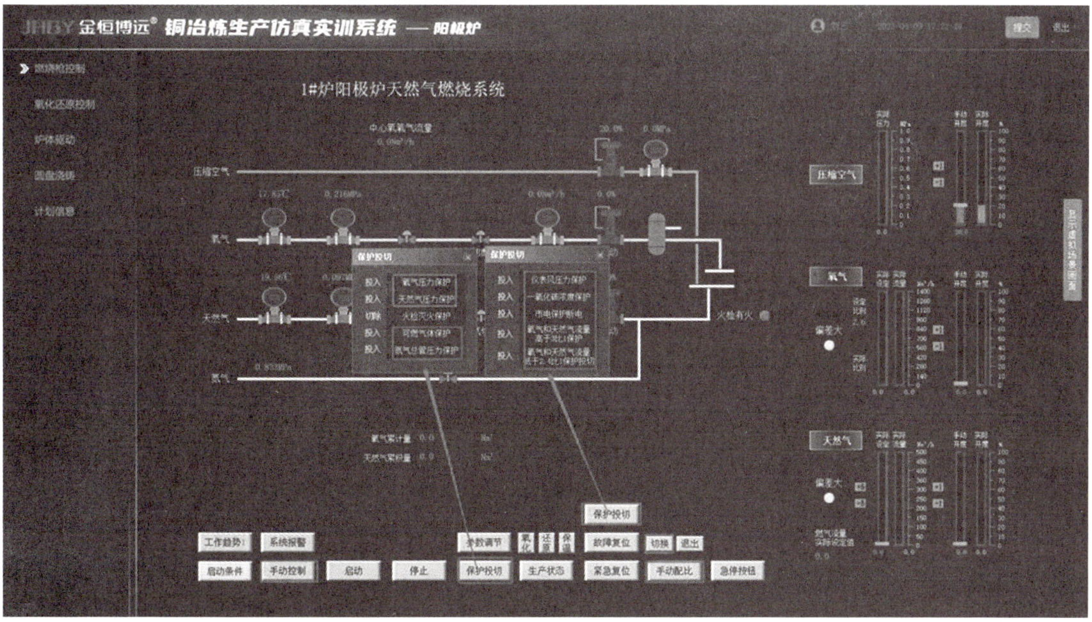

图 8-6

任务3　加 料 操 作

在【炉体驱动】界面，点击右侧“显示虚拟场景画面”，可显示3D虚拟场景，可通过鼠标滚轮调整虚拟场景窗口大小。如果是一机双屏，则虚拟场景自动在第二扩展屏上全屏显示，可随时关闭/打开，点击任意一个小画面可放大，再次点击还原。

点击“滑动门开”“炉门打开”，然后点击“后转”按钮，将阳极炉角度转到45°~50°时，点击“停止”按钮。在“粗铜设定”按钮后输入90~130 t，点击“加料”按钮，按钮变为绿色，正在加料过程中，同时虚拟场景界面同步出现加料动作。加料完成后，点击“炉门关闭”，滑动门关，加料操作完成。如图8-7所示。

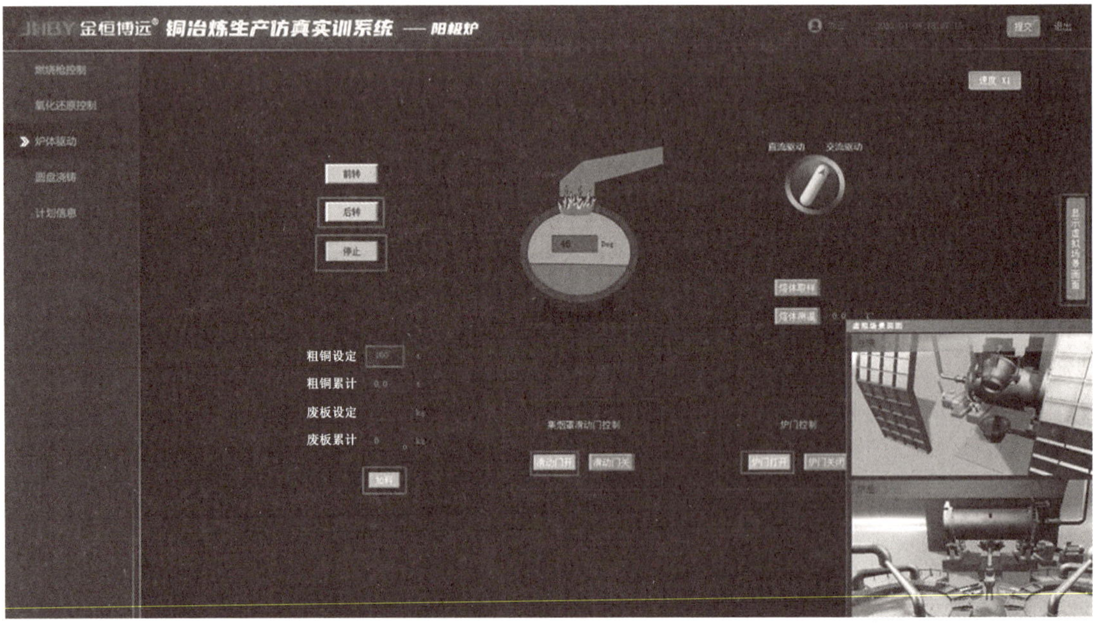

图8-7

任务4　氧化期精炼操作

4.1　精炼角度

在【炉体驱动】界面，点击“前转”按钮，将阳极炉角度前转至35~40°时，点击“停止”按钮。如图8-8所示。

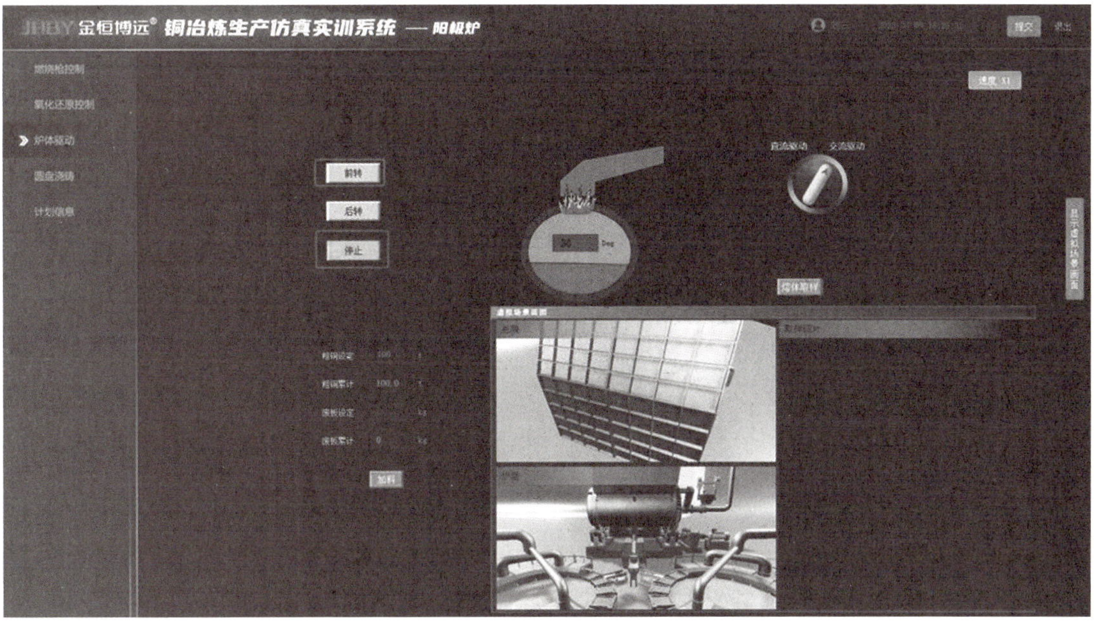

图 8-8

4.2　启动燃烧枪

在【燃烧枪控制】界面，拖动天然气设定滑块，将天然气流量设定到 230～300 m^3/h 时，点击“启动”按钮，燃烧枪点火，炉内开始升温，如图 8-9 所示。

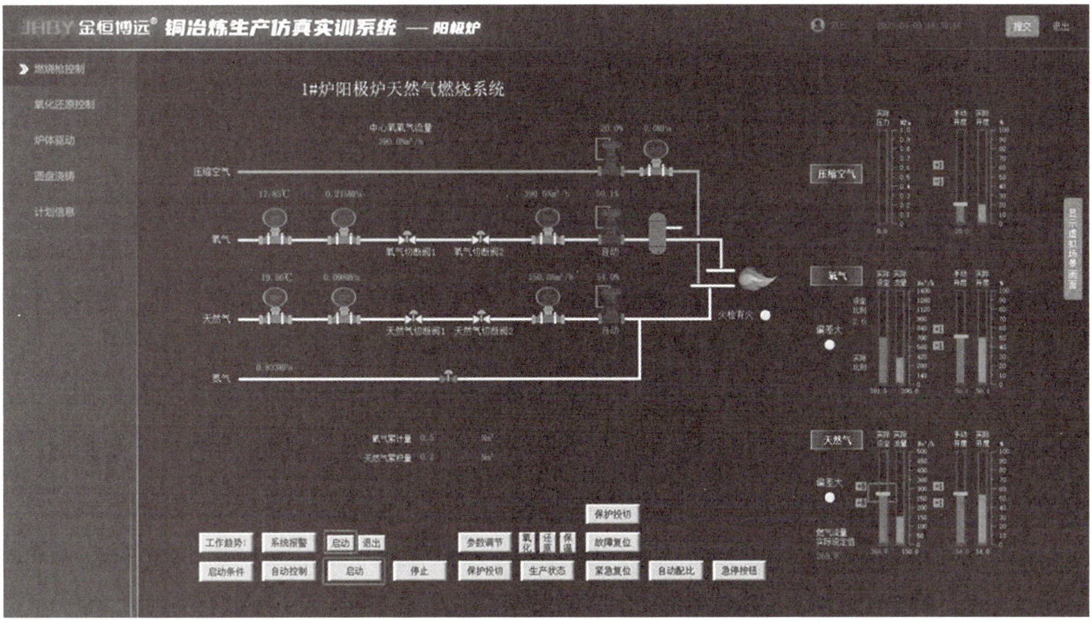

图 8-9

4.3 启动氧化风

在【氧化还原控制】界面，自动风量设定中，设定风量 30~50 m^3/min，点击"氧化模式启动"，开始氧化期精炼，如图 8-10 所示。

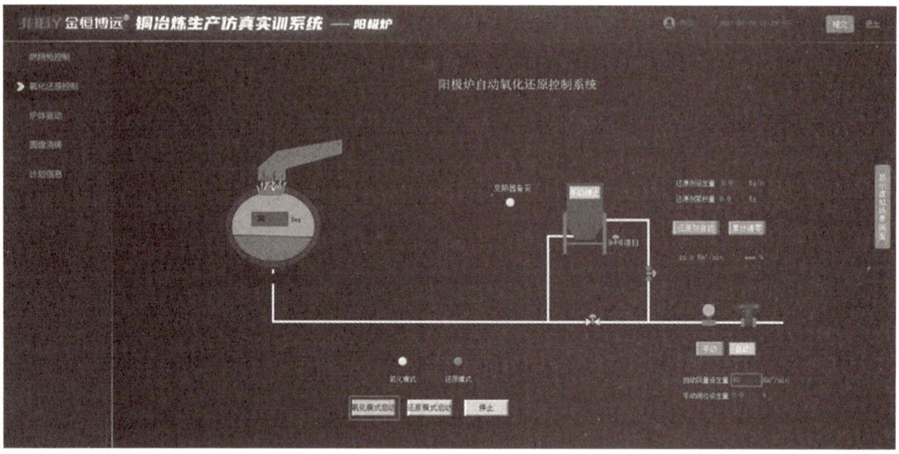

图 8-10

4.4 过程控制

精炼过程中，在【炉体驱动】界面，点击右上角的"速度×1"按钮，可将冶炼速度切换到 5 倍速，加快反应过程，如图 8-11 所示。点击"熔体取样"，弹出当前成分窗口，同时成分会记录在【计划信息】界面中，同时虚拟场景界面中会展示当前阶段实物照片。点击"熔体测温"按钮，可对炉内熔体测量温度。

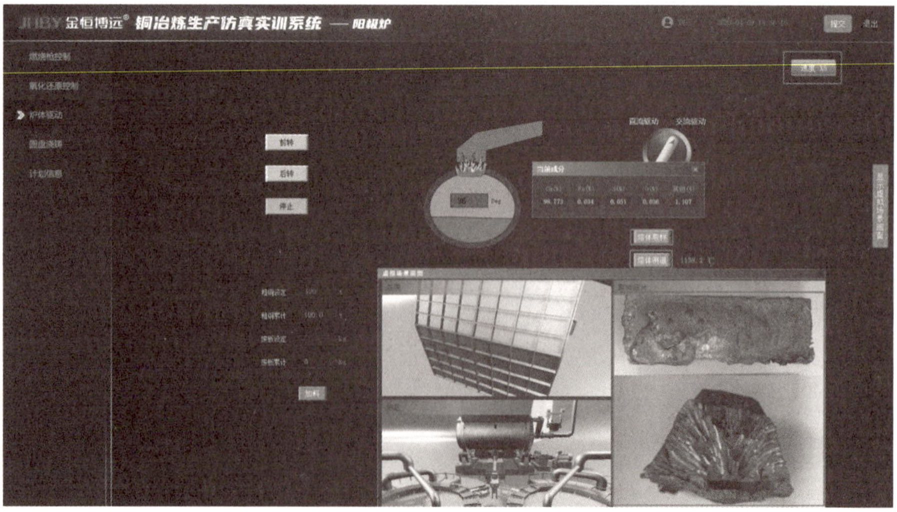

图 8-11

注意：速度×5 的时候，不仅反应过程会加快，倒渣速度也会加快，当需要倒渣时，需要将速度切换到正常速度。

过程样示意如图 8-12 和图 8-13 所示。

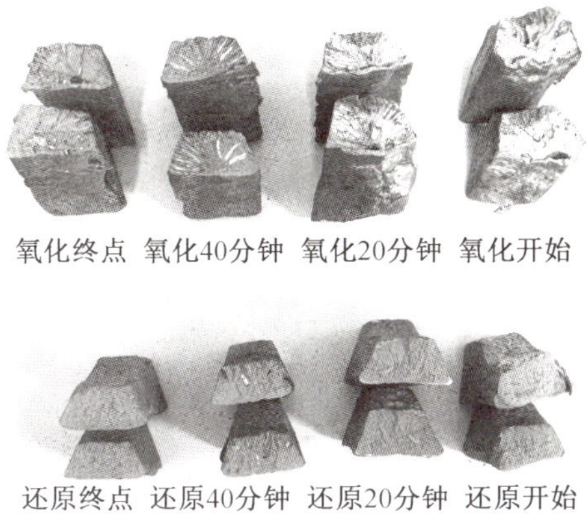

图 8-12

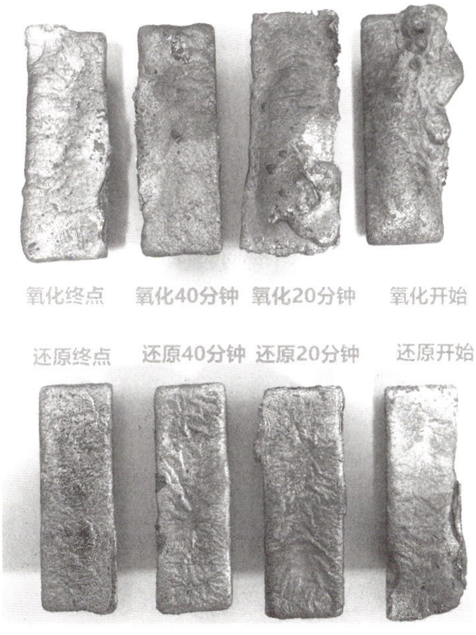

图 8-13

4.5　氧化终点倒渣

当取样成分到达氧化终点时，需要停止氧化风，停止燃烧枪，将氧化精炼过程产生的炉渣倒出。点击氧化还原控制中的“停止”按钮，点击燃烧枪控制中的“停止”按钮。

在【炉体驱动】界面，点击“滑动门开”，炉门打开，点击“前转”按钮，将炉子角度转至≤9°，点击“停止”按钮，开始倒渣。需要观察炉口流体颜色，当炉渣倒完后，流体颜色会从浅红色变成亮黄色，此时立即点击“后转”按钮停止倒渣，并将炉子转到 35°~40°停止。

氧化停止如图 8-14 所示。

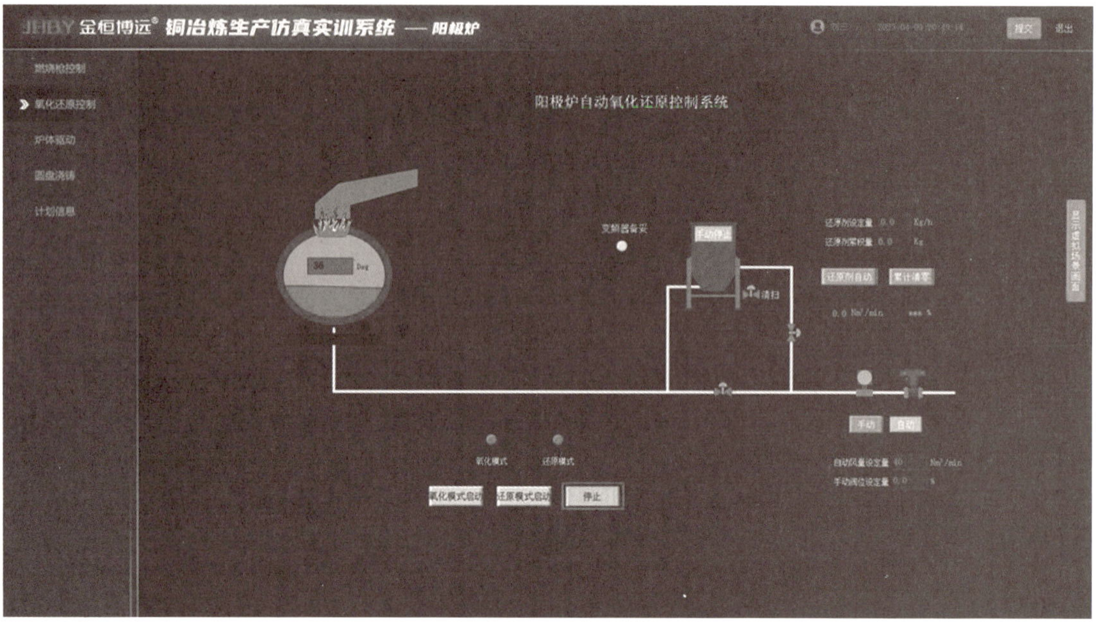

图 8-14

燃烧枪停止如图 8-15 所示。

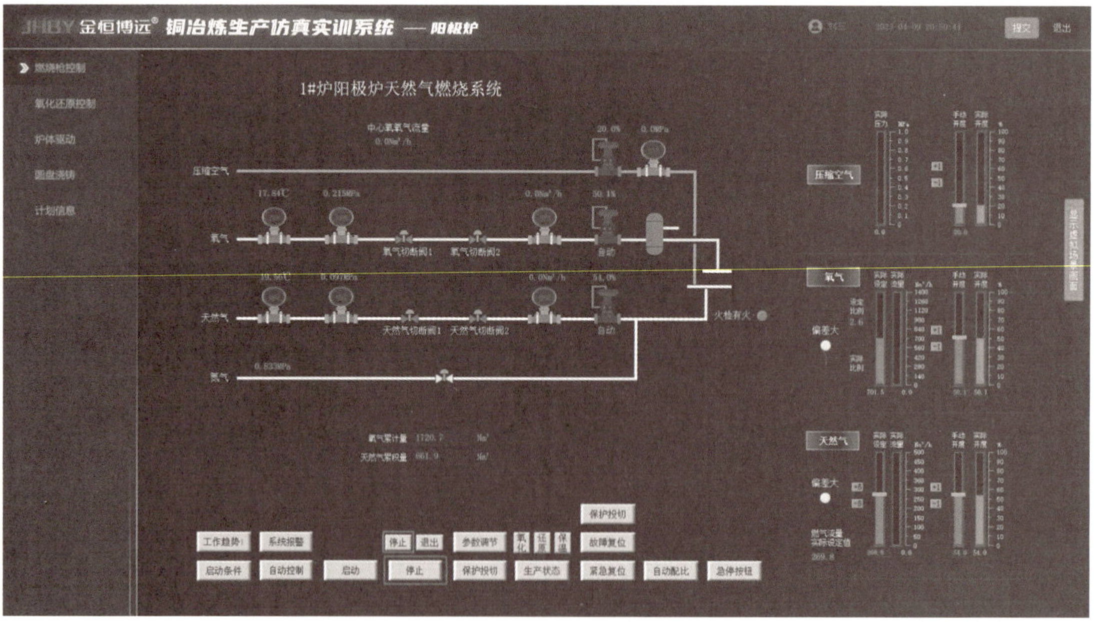

图 8-15

倒渣操作如图 8-16 所示。

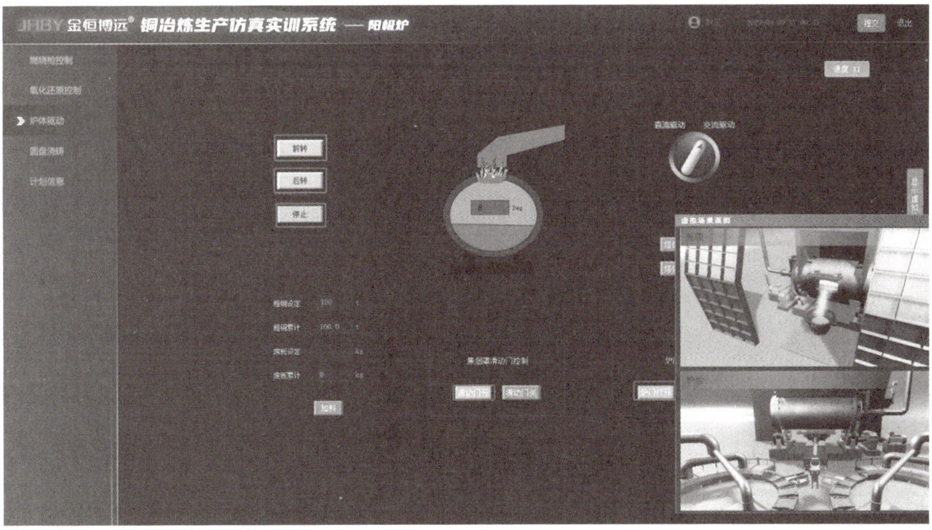

图 8-16

4.6　还原期精炼

到达氧化终点倒渣完毕后，进入还原期精炼。炉子角度在35°～40°时，在【炉体驱动】界面关闭炉门、滑动门。在【氧化还原控制】界面，自动风量设定保持30～50 m^3/min，还原剂设定量为900～1 100 kg/h，点击“还原模式”启动，点击“还原剂自动”，开始还原期精炼。

在还原期精炼过程中，同样可以通过【炉体驱动】界面中的熔体测温、熔体取样，获得熔体温度和成分(包括虚拟场景中的实物样照片)，通过速度按钮切换到5倍反应速度，加快精炼进程。

关闭炉门、滑动门如图8-17所示。

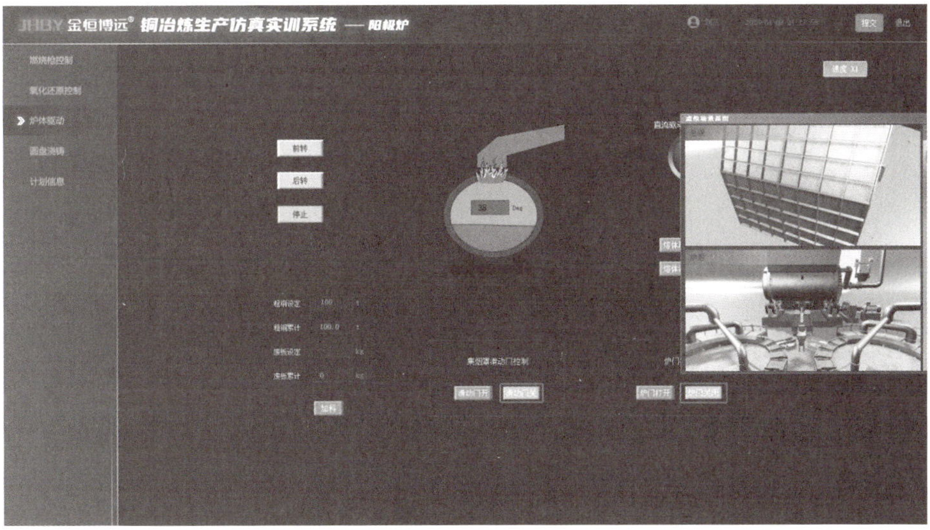

图 8-17

还原精炼设置如图 8-18 所示。

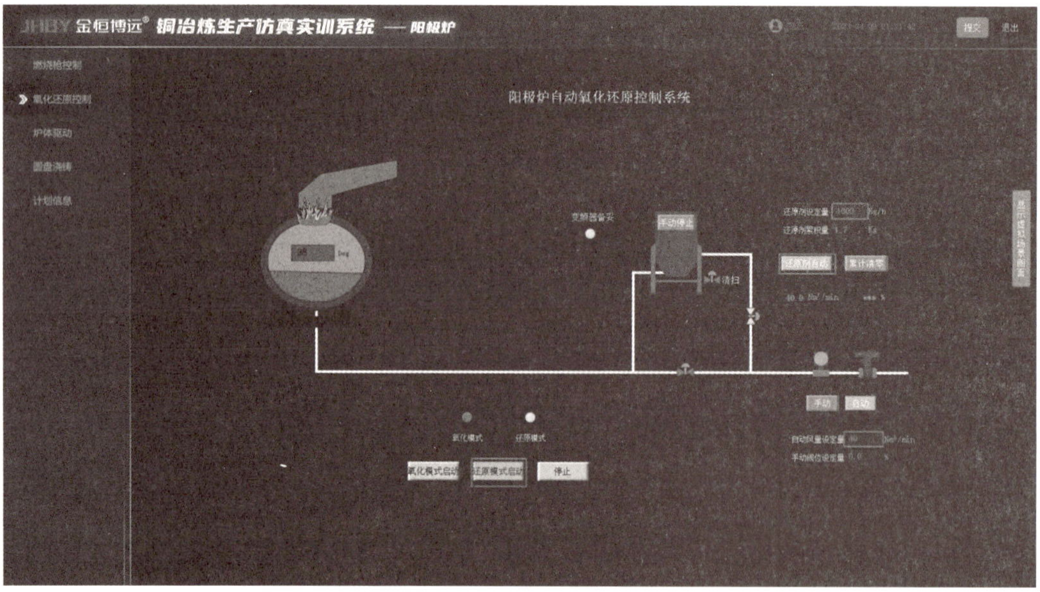

图 8-18

4.7　到达还原精炼终点

当取样成分到达还原终点时，点击氧化还原控制中的“手动停止”按钮，停止还原剂供应。点击“停止”按钮，停止风量供应。如图 8-19 所示。

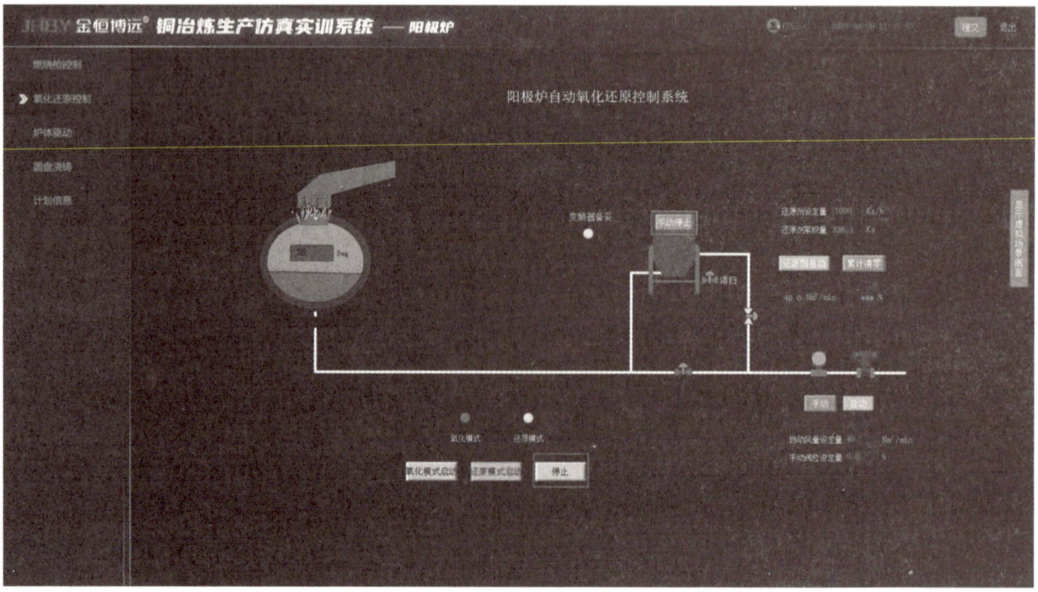

图 8-19

任务5 浇铸操作

精炼到达还原终点，进入浇铸工序。在【炉体驱动】界面，点击“后转”按钮将炉体角度转至100°~110°停止，熔体从炉后水口流出，进入浇铸系统。

浇铸角度调整如图8-20所示。

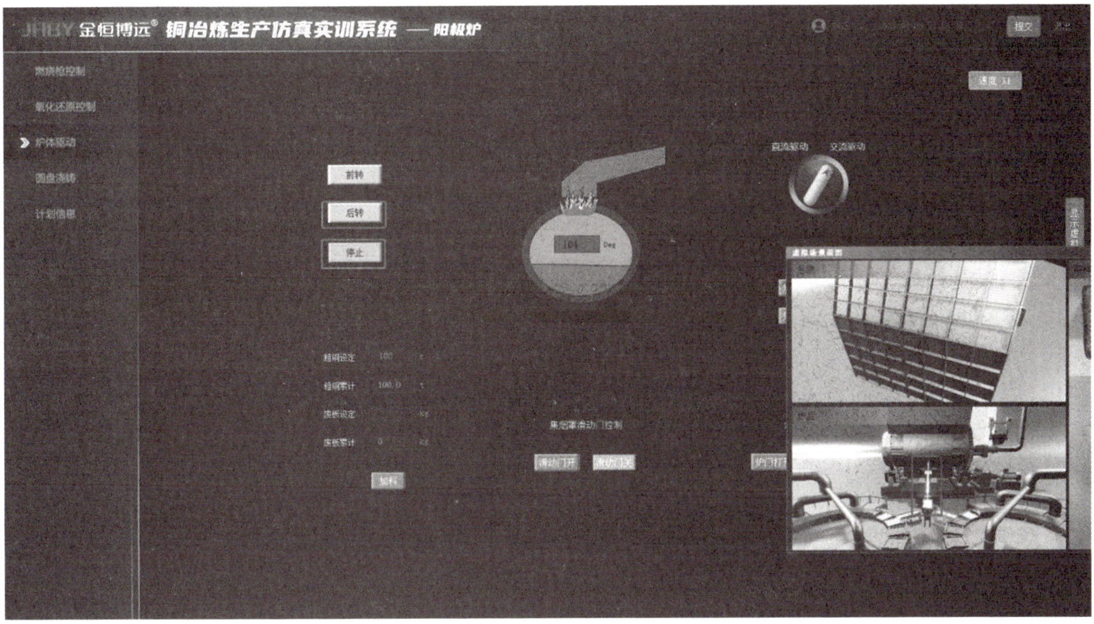

图8-20

在【圆盘浇铸】界面，点击“浇铸允许—是”，浇铸、圆盘切换为自动，设定模温在160~220 ℃，涂料比例设定有1:6或1:7，点击液压站按钮，弹出画面中点击三台液压泵开始，点击“蒸汽排风机”按钮，在弹出画面中点击“开始”按钮，所有设定完成后，点击“自动启动”，圆盘浇铸机自动进行浇铸，如图8-21所示。

浇铸开始后，当浇铸阳极板数大于0时，说明全部正常操作已完成，点击右上角的“提交”按钮，将成绩提交给管理系统，并预览本次操作的得分情况。

提交正常操作成绩如图8-22所示。

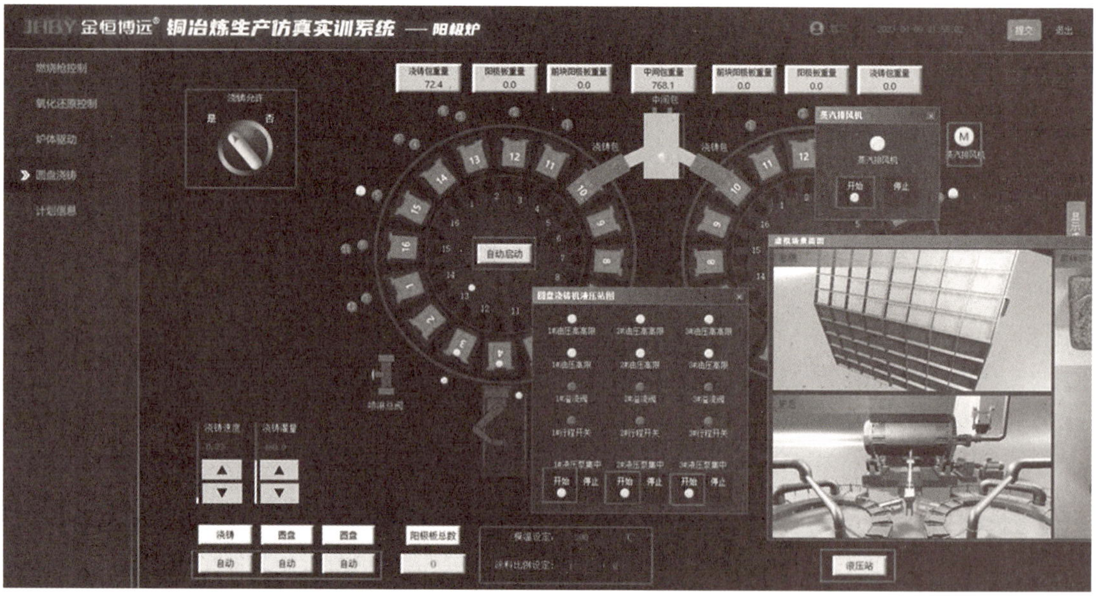

图 8-21

序号	考核项目	考核项目	得分
1	检查燃烧枪保护连锁	燃烧枪保护连锁设定正确	10
2	氧化终点控制正确	开启还原剂时，熔体成分到达氧化结束目标成分，且没有过度氧化	0
3	氧化期燃烧枪天然气设定	氧化期，天然气设定在230~300m³/h范围内	5
4	炉门控制正确	加料前、倒渣前，打开炉门	5
5	还原剂设定量正确	还原期，还原剂流量设定1000±100kg/h范围	5
6	累计加料量符合要求	粗铜累计加入量在90~130吨范围内	5
7	倒渣量控制符合要求	倒渣后炉内渣量控制在0~1吨范围内	0
8	还原终点控制正确	还原剂用量在理论用量±100kg范围内	0
9	精炼温度控制	精炼过程中，温度控制在1200~1250℃范围内	10
10	浇铸模温设置正确	模温设置160~220℃范围内	5
11	喷涂料比例设置正确	涂料比例设定1：6~1：7范围内	5
12	圆盘铸机蒸汽排风机检查	自动启动浇铸前，启动蒸汽排风机	5
13	圆盘铸机液压站检查	自动启动浇铸前，启动液压站	5
14	氧化期风量设定正确	氧化期，风量在30~50m³/h范围内	5
15	还原期风量设定正确	还原期，风量在30~50m³/h范围内	5

图 8-22

任务 6　异常工况考核

正常操作提交后，在弹出的成绩预览窗口下方，点击进入"异常考核"按钮，进入异常工况处理。软件共设置 6 种异常工况，需要识别每种工况里面的正确选项并勾选，排除干扰项，达到异常工况处理知识的学习目的。

6.1　出铜温度低(图 8-23)

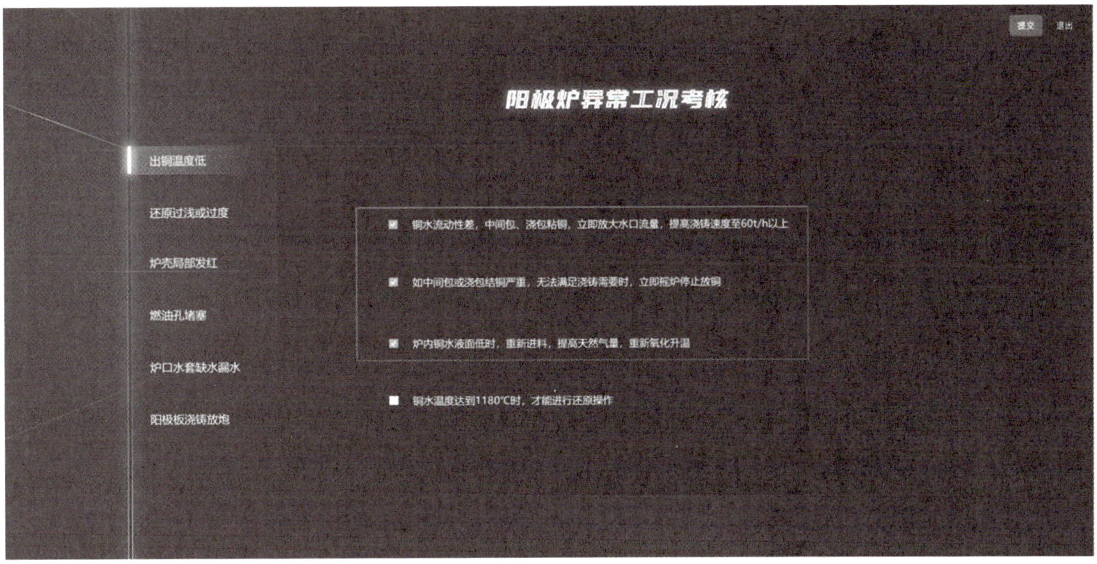

图 8-23

6.2　还原过浅或过度(图 8-24)

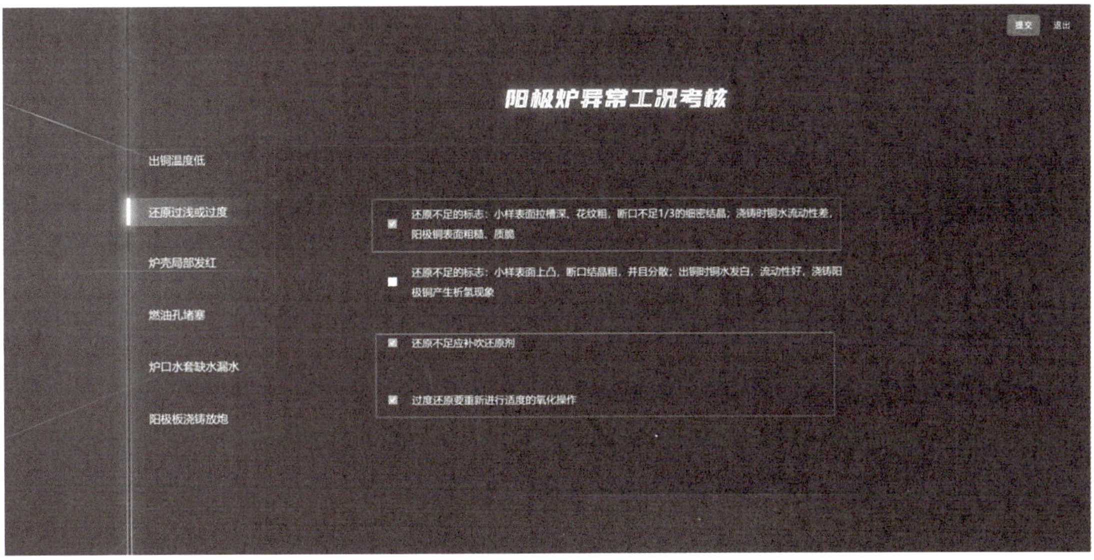

图 8-24

6.3 炉壳局部发红(图 8-25)

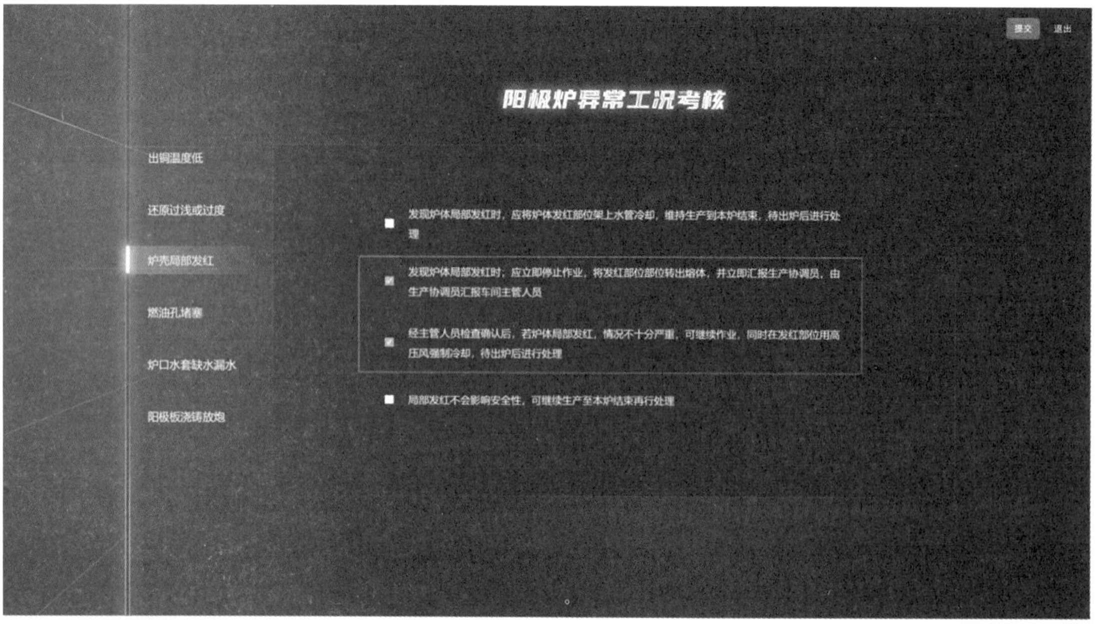

图 8-25

6.4 燃油孔堵塞(图 8-26)

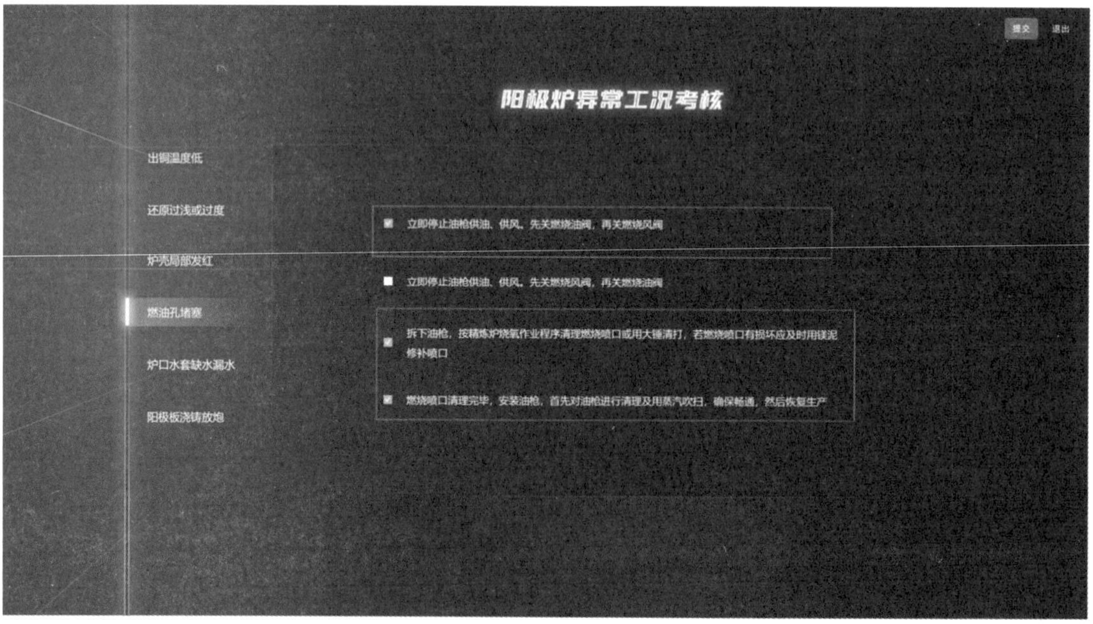

图 8-26

6.5　炉口水套缺水漏水(图8-27)

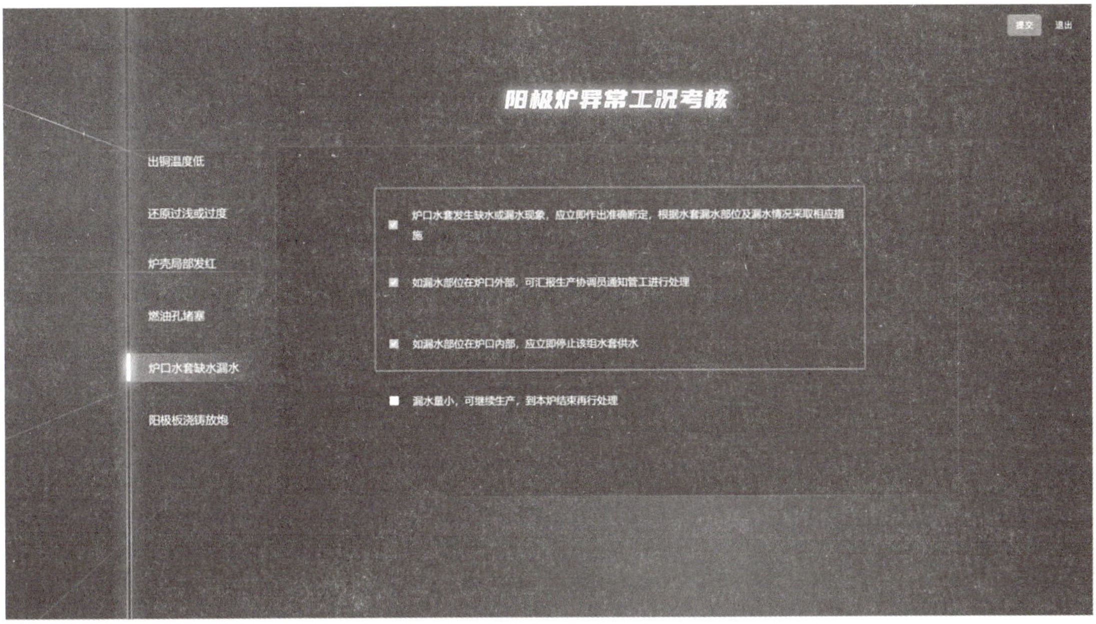

图8-27

6.6　阳极板浇铸放炮(图8-28)

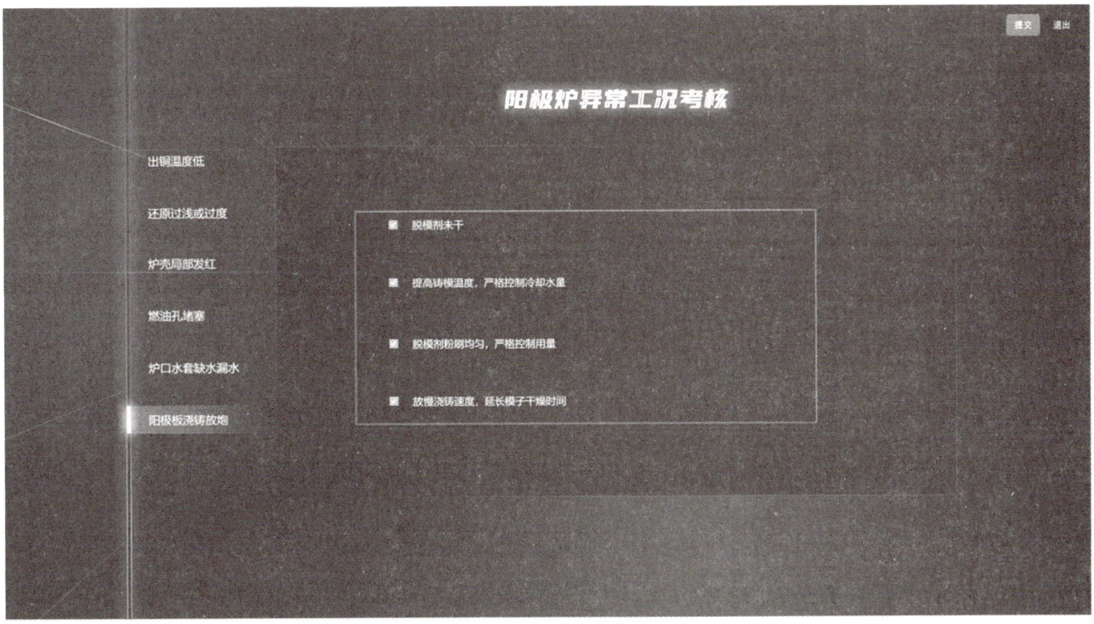

图8-28

当所有异常项都处理完毕，点击右上角的“提交”按钮，弹出确认窗口，点击“是”将异常项处理结果提交到管理系统记录成绩，全部操作完成后系统自动退出，如图 8-29 所示。在管理系统中可查询考试成绩。

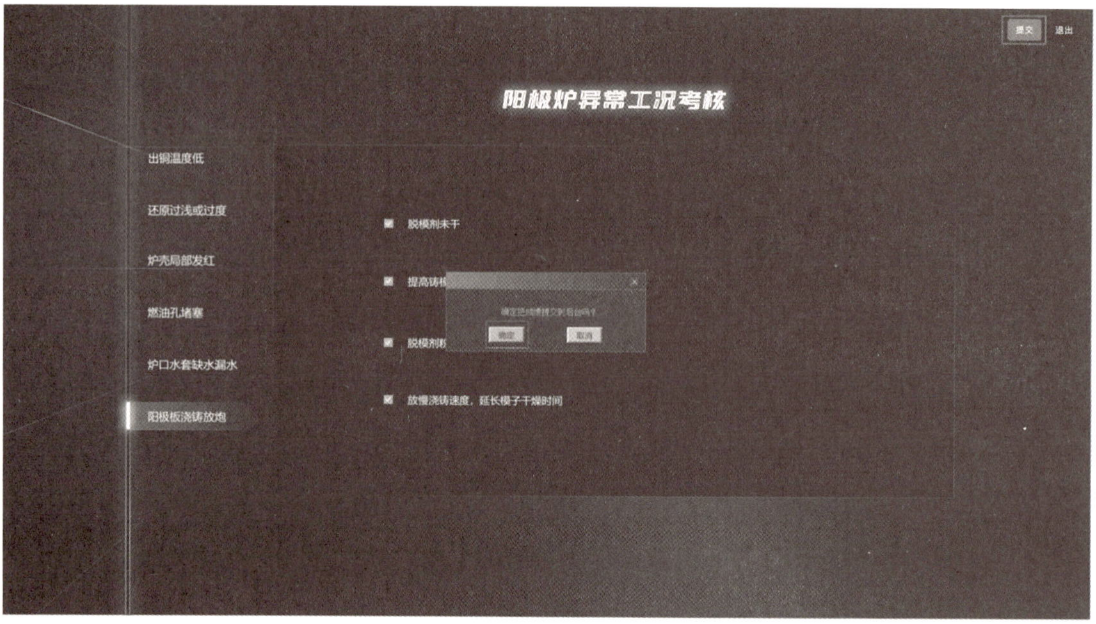

图 8-29

实训总结

【项目小结】

1. 阳极炉炼铜工艺仿真实训项目供了生动、逼真的学习情境，可在电脑上反复操作练习，不受温度、试剂和设备的制约，允许试错，不存在实验成本投入。

2. 通过练习含加料、氧化期精炼、倒渣、还原期精炼、浇铸等铜阳极炉冶炼的基本流程，充分调动学生学习积极性和参与性，可加深对阳极炉炼铜各生产系统工艺及设备的记忆和理解。

3. 通过反复操作练习可记住工艺操作要点，并进行调整操作，真正意义上对阳极炉炼铜过程进行整体把握，最终冶炼一炉合格的铜水。

【项目反思】

1. 阳极炉炼铜的基本原理是什么？
2. 阳极炉炼铜的工艺流程及其特点？
3. 阳极炉炼铜的设备组成是什么？

【项目评价】

按照表 8-2 进行评价：

表 8-2

考核项目	内容	考核要求	计分标准	分值	组号	得分
项目实施态度	1. 实训的积极性； 2. 遵守安全操作规程情况； 3. 遵守纪律情况	1. 积极参加实训； 2. 遵守安全操作规程； 3. 有良好的职业道德和敬业精神	1. 遵守操作规程得 20 分； 2. 遵守劳动纪律得 20 分	40	1	
					2	
					3	
					4	
					5	
理论知识掌握	1. 阳极炉炼铜系统各设备组成； 2. 阳极炉炼铜的基本工艺流程	1. 能够描述阳极炉炼铜系统各设备组成； 2. 能够描述阳极炉炼铜的基本工艺流程	1. 描述正确得 10 分； 2. 描述正确得 10 分	20	1	
					2	
					3	
					4	
					5	
阳极炉炼铜系统的操作	具备阳极炉炼铜操作的基本技能	能够操作阳极炉炼铜系统进行含加料、氧化期精炼、倒渣、还原期精炼、浇铸等阳极炉炼铜生产及控制过程	根据系统操作得分折算，满分 30 分	30	1	
					2	
					3	
					4	
					5	
阳极炉炼铜工艺中常见异常工况处理	对常见的 6 种异常工况进行	具备常见的 6 种异常工况的处理能力	根据系统操作得分折算，满分 10 分	10	1	
					2	
					3	
					4	
					5	
合计得分						

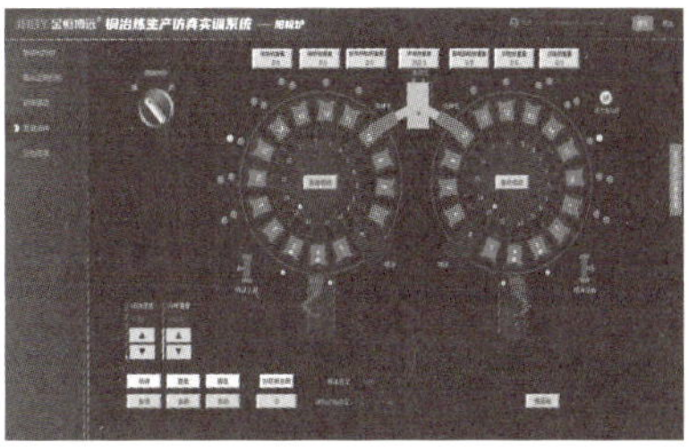

阳极炉炼铜工艺仿真实训